高等学校理工科材料类规划教材

Application of Computer in Materials Science and Engineering

计算机在材料科学与工程中的应用

张立文 主编

图书在版编目(CIP)数据

计算机在材料科学与工程中的应用 / 张立文主编
. — 大连 : 大连理工大学出版社, 2016.3(2019.1)
ISBN 978-7-5685-0308-2

Ⅰ. ①计… Ⅱ. ①张… Ⅲ. ①计算机应用—材料科学—高等学校—教材 Ⅳ. ①TB3-39

中国版本图书馆 CIP 数据核字(2016)第 028836 号

大连理工大学出版社出版
地址:大连市软件园路 80 号　邮政编码:116023
发行:0411-84708842　传真:0411-84701466　邮购:0411-84708943
E-mail:dutp@dutp.cn　URL:http://dutp.dlut.edu.cn

大连力佳印务有限公司　　大连理工大学出版社发行

幅面尺寸:185mm×260mm　印张:17.25　字数:397 千字
2016 年 3 月第 1 版　　2019 年 1 月第 2 次印刷

责任编辑:于建辉　　责任校对:许　蕾
封面设计:冀贵收

ISBN 978-7-5685-0308-2　　定价:39.80 元

前　言

计算机技术经历了近70年的发展，计算能力飞速提高，已应用到自然科学的各个领域，在材料科学与工程领域也得到了广泛应用。例如，材料加工制备过程的计算机控制，材料设计、加工及使用过程的计算机数值模拟与工艺优化，材料数据库系统及材料网络销售系统等。其中，计算机数值模拟在材料科学与工程领域应用近20年取得了很大的进展，逐步形成了独立于实验科学和理论科学的一门材料科学分支——计算材料学。

“计算机在材料科学与工程中的应用”是金属材料工程专业的必修课。课程的任务是：使学生在先修的相关基础课程之上，了解计算机在材料科学与工程方面的应用及未来的发展方向；学习传热学、力学的基本原理，具有把材料科学与工程中的问题化为传热学和力学问题的分析能力及建模能力；掌握用有限差分法计算温度场的基本原理和程序设计的基本方法，具有一定的计算机编程能力；了解有限元数值模拟的基本原理和方法；了解材料科学与工程领域常用的有限元数值模拟软件的应用；掌握计算机数值模拟计算的基本原理和数值模拟计算软件设计及应用的基本方法。

本书主要介绍计算机数值模拟技术在材料科学与工程中的应用，同时也涉及计算机数据采集及数据库技术在材料工程中的应用。材料科学与工程专业主要包括铸造、锻压、焊接、热处理等方向。这些专业方向的共性问题是传热、力学和微观组织转变。因此本书第1章首先介绍计算机在材料科学与工程中应用的概况，第2章介绍传热学的基本原理和传热学模型建立，第3章重点阐述温度场计算的有限差分法，第4章介绍温度场计算的有限元法，第5章介绍热处理过程温度场及组织场的数值模拟，第6章介绍材料固态加工过程的力学原理及有限元法，第7章介绍计算机数据采集及数据库技术在材料科学与工程中的应用，第8章介绍计算机数值模拟技术在材料加工领域的应用进展。

在编写本书的过程中，作者参阅并引用了国内外相关教材、科技著作及论文，在此特向这些文献的作者表示衷心感谢！由于参考文献未一一列出，仅列举了部分书目和论文，敬请海涵。

感谢大连理工大学教务处的重点教改立项资助。感谢大连理工大学材料科学与工程学院的大力支持，感谢金属材料工程专业负责人赵杰教授的鼓励和支持。感谢作者在近20年指导过的王荣山、魏利霞、王大鹏、裴继斌、王明伟、吕成、邓小虎、岳重祥等

50余名博士和硕士研究生，是他们在读期间的研究工作成果，丰富了本书的内容。

由于编者水平有限，加上时间紧迫，书中难免有疏漏和错误之处，敬请广大读者批评指正。

您有任何意见或建议，请通过以下方式与大连理工大学出版社联系：

邮箱　jcjf@dutp.cn

电话　0411-84708947

张立文

2016年2月

目　录

第1章

绪　论

1.1　电子计算机的发展概述

1946年美国研制出了第一台电子计算机ENIAC，标志着人类进入了电子计算机时代。电子计算机技术发展的速度惊人，仅半个多世纪的时间，电子计算机就已经历了四代的更新和升级，目前正在进行第五代电子计算机的研制。

表1-1列出了各代电子计算机性能指标及计算规模。表1-2列出了PC电子计算机近二十年的发展情况。可见随着电子计算机的发展，其性能迅速提高，计算规模不断增大。这就为电子计算机在材料科学与工程领域的应用奠定了硬件基础。

表1-1　各代计算机性能指标及计算规模

代	时间	代表机型	运算速度/(次·秒$^{-1}$)	内存/B	计算规模
第一代	1946～1958	IBM701 IBM709	5万～6万	10^3	一般数据处理
第二代	1958～1964	IBM7090 Univac1107	几十万	10^5	大量数据处理
第三代	1964～1970	IBM360	几百万	10^6	中小规模有限元数值计算
第四代	1970至今	IBM370 Cray-1	数十亿	10^9	大规模有限元数值计算
第五代	1980～?	—	数万亿	10^{19}	超大规模有限元数值计算

表1-2　PC计算机近二十年的发展情况

机型	年代	价格/元	主频/MHz	内存/B	硬盘	操作系统	可用内存/B	运算速度/(次·秒$^{-1}$)
286-486	1989～1995	1万～2万	33～66	1 M～8 M	40 M～300 M	DOS-WIN3.x 16位	640 K	1万～10万
PⅠ	1996	1万以下	233	32 M	2 G	WIN5.0 32位	4 G	2 000万
PⅡ	1998	1万以下	300	128 M	9 G	WIN98 32位	4 G	5 000万
PⅢ	2000	1万以下	800	1 G	30 G	WIN2000 32位	4 G	1亿

（续表）

机型	年代	价格／元	主频／MHz	内存／B	硬盘	操作系统	可用内存／B	运算速度／（次·秒$^{-1}$）
PⅣ	2001～2010	1万以下	3 000	4 G	160 G	WIN2000 32位	4 G	10亿
Intel-i7-3970	2010～2015	1万～2万	3 500～4 000	16 G～64 G	4 T	WinXP，Win8 64位（多核多线程）	4 T	60亿（多核多线程并行计算）

1.2 计算机在材料科学与工程中的应用简介

电子计算机的历史虽然只有70余年，但它的应用已广泛渗透到科学与技术领域，有力地促进了这些科学与技术的发展。计算机的应用渗透到力学领域，出现了计算力学；计算机的应用渗透到物理学领域，出现了计算物理学；计算机的应用渗透到数学和化学领域，计算数学、计算化学也相继出现。计算机的应用也渗透到材料科学与工程的各个领域，逐步形成了一门独立于实验科学和理论科学的材料科学分支——“计算材料学”。材料科学与工程，作为一门新兴的综合性学科，今天已发展到较高水平，但它还远不是一门成熟的学科，还没有建立可以根据材料的成分准确预测材料的结构和性能的理论，仍处在不断的发展之中。它发展到现阶段，主要还是应用实验的方法来研究材料的成分、结构、工艺与它们的性能之间的相互关系。无论是传统材料的改造、新材料的研发，还是材料的加工成型及热处理工艺的制定，主要是凭经验和大量的实验来进行，即所谓的“炒菜法”。这种方法在很大程度上具有盲目性，耗费了大量的人力、物力和时间。材料的加工成型及热处理过程，如铸造、锻压、焊接、热处理等过程涉及传热、弹塑性变形、凝固、相变、再结晶等过程。自从计算机出现后，人们就试图利用计算机对材料加工成型及热处理过程的温度场、应力场、应变场及微观组织场进行定量的数值模拟计算。经历了几十年的发展，从最初的一维和二维问题的简单有限差分和有限元数值模拟计算发展到现在的复杂三维多场耦合问题的精确有限元数值模拟计算。由于早期的计算机计算能力较低，只能把材料加工成型及热处理过程的三维问题简化为一维或二维问题来进行数值模拟计算。计算结果不够精确，对实际材料加工成型及热处理过程的工艺优化指导意义不大。现在由于计算机计算能力的飞速发展，尤其是并行计算技术的发展，可以对材料加工成型及热处理过程的大型复杂三维多场耦合问题进行精确的有限元数值模拟计算。计算结果足够精确，对实际材料加工成型及热处理过程的工艺优化有重要的指导意义。在铸造、锻压、焊接、热处理等领域，科技工作者们经过几十年的努力，在这些领域的数值模拟计算和工艺优化方面取得了很多研究成果，有很多成功的应用范例，出版了一些专著，并开发出了相应的数值模拟软件。如铸造过程数值模拟软件ProCast、MAGMA等，塑性成型过程数值模拟软件DEFORM、Qform、Dynaform等，焊接过程数值模拟软件SYSWELD等，热处理过程数值模拟软件DEFORM-HT、COSMAP等。另外一些商业化有限元数值模拟软件也可用于材料加工成型及热处理过程的数值模拟，如MARC、ANSYS、ABAQUS等。在材料加工成型及热处理领域，可在实际生产之前，利用计算机对各种可能的材料加工成型及热处理工艺过程进行数值模拟计算，即实现虚拟材料加工成型及热处理。在此基础上优化出最佳的材料加工成型及热处理工艺参数，指导实际生产，节省大量的人力、物力和研发时间。

材料科学与工程所研究的物质系统，即“材料系统”是很复杂的，即便是简单的合金钢也是一个多元多相系统，比纯金属及简单溶体要复杂得多。这样一些复杂的问题，即使经过许多简化处理，也相当复杂，需要很大的计算量，如果没有电子计算机，要解决这样一些问题是不可能的。在材料科学与工程工作者的艰苦努力下，应用电子计算机，在一些方面已取得了一定的进展。在半导体材料领域，材料科学工作者采用固体及半导体的能带理论，应用大型电子计算机准确地计算出了一定成分和结构的半导体材料的能带结构，进而预测出了半导体材料的性能，指导了半导体材料的研制和开发，并取得了辉煌的成就，有力地促进了现代电子及电子计算机产业的发展。在镍基高温合金的研制方面，材料科学工作者应用电子计算机模拟了数十万种镍基高温合金的成分和结构，预测其性能，从中筛选出20种左右的合金，再通过实验选出最佳合金成分。这大大地缩短了材料的研制周期，节省了研制的费用，提高了研制的效率。在复合材料领域，材料科学工作者应用电子计算机设计并成功地制造出出了许多具有预期性能的复合材料，这在很大程度上实现了“材料设计”的理想。在材料的介观尺度研究方面，材料科学工作者采用元胞自动机法、相场法等，应用电子计算机，可以对金属材料的凝固、晶体生长、再结晶等过程进行数值模拟研究。在材料的微观尺度研究方面，材料科学工作者采用分子动力学方法，应用超级电子计算机，已能在原子及分子的尺度对材料的微观动力学过程进行模拟，这将使人们能够在原子及分子的水平上对材料进行设计。在材料微观物理化学过程的计算机数值模拟领域，也取得了较大的进展，开发出了金属材料相图计算及材料性能模拟软件 Thermo-Cal、JMatpro，分子动力学模拟软件 Materials Studio，以及基于赝势平面波基组的密度泛函软件 VASP 等。

计算机在材料科学与工程领域的应用主要有以下几个方面：

(1) 计算机控制

① 金属冶炼过程的计算机控制；

② 材料加工过程的计算机控制；

③ 金属材料热处理过程的计算机控制。

(2) 计算机数值模拟

① 铸造过程的计算机数值模拟；

② 锻造过程的计算机数值模拟；

③ 焊接过程的计算机数值模拟；

④ 热处理过程的计算机数值模拟；

⑤ 轧制过程的计算机数值模拟；

⑥ 冷压力加工过程的计算机数值模拟；

⑦ 复合材料的设计与性能计算及结构优化；

⑧ 材料服役过程的计算机数值模拟；

⑨ 材料微观物理化学过程的计算机数值模拟。

(3) 材料数据库及销售网络系统

① 成分、结构、性能、用途；

② 规格、价格、生产厂家。

近年来在材料科学与工程领域逐步形成了第三研究体系，即除了理论研究体系和实验研究体系以外的计算研究体系——计算材料学(Computational Material Science and Engineering)。计算材料学分为两个领域：计算材料科学(Computational Material Science)和计算材料工程(Computational Material Engineering)。计算材料科学主要是采用理论物理和理论化学的理论、概念和方法(第一原理)，通过计算机数值模拟计算，探索演绎法预测材料的性能和进行材料结构及成分设计的可能途径。计算材料工程主要是根据传热学、力学、相变、再结晶等原理，采用有限元法、有限差分法或边界元法等数值计算方法对材料的加工、成型、热处理、设计、使用等过程进行数值模拟计算，进而达到优化材料的加工、成型、热处理工艺，优化材料设计方案，预测材料使用寿命的目的。一门新的材料学科——"计算材料学"正在兴起。材料科学与工程学家们梦寐以求的"材料结构和成分设计"和"材料的加工及热处理工艺的优化设计"将逐步得到实现。

计算材料学的研究领域非常广阔，作为本科生教材，本书主要介绍计算机数值模拟技术在材料科学与工程中的应用，同时也涉及计算机数据采集及数据库技术在材料工程中的应用。材料科学与工程专业主要包括铸造、锻压、焊接、热处理等专业方向。其中的共性问题是传热、力学和微观组织转变。因此本书首先介绍计算机在材料科学与工程中应用的概况；然后介绍传热学的基本理论和温度场计算模型的建立，重点阐述温度场计算的有限差分法及相应的计算机程序设计基本方法；再介绍温度场计算的有限元法理论、热处理过程温度场及组织场数值模拟、材料固态加工过程的力学原理及有限元法，并简单介绍计算机数据采集及数据库技术在材料工程中的应用；最后介绍计算机数值模拟技术在材料加工领域的应用进展和未来的发展方向。

参考文献

[1] 邱大年. 计算机在材料科学中的应用[M]. 北京：北京工业大学出版社，1990.

[2] 许鑫华. 计算机在材料科学中的应用[M]. 北京：机械工业出版社，2003.

[3] 许鑫华，叶卫平. 计算机在材料科学中的应用[M]. 北京：机械工业出版社，2006.

[4] 曾令可，叶卫平. 计算机在材料科学与工程中的应用[M]. 武汉：武汉理工大学出版社，2014.

[5] 侯怀宇，张新平. 材料科学与工程中的计算机应用[M]. 北京：国防工业出版社，2015.

[6] 张朝辉，吴波. 计算机在材料科学中的应用[M]. 长沙：中南大学出版社，2008.

[7] 杨明波，胡红军. 计算机在材料科学与工程中的应用[M]. 北京：化学工业出版社，2008.

[8] 汤爱涛，胡红军，杨明波. 计算机在材料工程中的应用[M]. 重庆：重庆大学出版社，2008.

[9] 王军. 计算机在材料热加工工程中的应用[M]. 北京：化学工业出版社，2012.

[10] 梁志芳，王迎娜. 计算机在材料加工中的应用[M]. 北京：煤炭工业出版社，2012.

[11] Rabbe D. 计算材料学[M]. 项金钟，吴兴惠，译. 北京：化学工业出版社，2002.

[12] 张跃，谷景华，尚家香，等. 计算材料学基础[M]. 北京：北京航空航天大学出版社，2007.

[13] 坚增运，刘翠霞，吕志刚. 计算材料学[M]. 北京：化学工业出版社，2012.

[14] 江建军，缪灵，梁培. 计算材料学 —— 设计实践方法[M]. 北京：高等教育出版社，2010.

[15] 李莉，王香. 计算材料学[M]. 2 版. 哈尔滨：哈尔滨工业大学出版社，2008.

[16] 陈舜麟. 计算材料科学[M]. 北京：化学工业出版社，2005.

[17] 大中逸雄. 计算机传热凝固解析入门[M]. 许云祥，译. 北京：机械工业出版社，1988.

[18] 陈海清. 铸件凝固过程数值模拟[M]. 重庆：重庆大学出版社，1991.

[19] 程军. 计算机在铸造中的应用[M]. 北京：机械工业出版社，1993.

[20] 熊守美. 铸造过程模拟仿真技术[M]. 北京：机械工业出版社，2004.

[21] 陈如欣，胡忠民. 塑性有限元法及其在金属成型中的应用[M]. 重庆：重庆大学出版社，1989.

[22] 乔端，钱仁根. 非线性有限元法及其在塑性加工中的应用[M]. 北京：冶金工业出版社，1990.

[23] 吕丽萍. 有限元法及其在锻压过程中的应用[M]. 西安：西北工业大学出版社，1990.

[24] 汪凌云. 计算金属成型力学及应用[M]. 重庆：重庆大学出版社，1991.

[25] 刘相华. 刚塑性有限元及其在轧制中地应用[M]. 北京：冶金工业出版社，1994.

[26] 谢水生，王祖唐. 金属塑性成型工步的有限元数值模拟[M]. 北京：冶金工业出版社，1997.

[27] 钟志华，李光耀. 薄板冲压成型过程的计算机仿真与应用[M]. 北京：北京理工大学出版社，1998.

[28] 李尚健. 金属塑性成型过程模拟[M]. 北京：机械工业出版社，1999.

[29] 彭颖红. 金属塑性成型仿真技术[M]. 上海：上海交通大学出版社，1999.

[30] 张凯峰，魏艳红. 材料热加工过程的数值模拟[M]. 哈尔滨：哈尔滨工业大学出版社，2000.

[31] 刘建生，陈慧琴. 金属塑性成型有限元模拟技术与应用[M]. 北京：冶金工业出版社，2003.

[32] 董湘怀. 材料加工理论与数值模拟[M]. 北京：高等教育出版社，2005.

[33] 谢水生，李雷. 金属塑性成型的有限元模拟技术及应用[M]. 北京：科学出版社，2008.

[34] 陈楚. 数值分析在焊接中的应用[M]. 上海：上海交通大学出版社，1985.

[35] 武传松. 焊接热过程数值分析[M]. 哈尔滨：哈尔滨工业大学出版社，1990.

[36] 刘庄，吴肇基，吴景之，等. 热处理过程的数值模拟[M]. 北京：科学出版社，1996.

[37] 徐瑞. 材料科学中数值模拟与计算[M]. 哈尔滨：哈尔滨工业大学出版社，2005.

[38] 李依依，李殿中，朱苗勇，等. 金属材料制备工艺的计算机模拟[M]. 北京：科学出版社，2006.

[39] 刘相华. 刚塑性有限元 —— 理论、方法及应用[M]. 北京：科学出版社，2013.

第2章

传热学的基本原理及传热学模型建立

2.1 传热学的基本原理

传热学是一门研究热量传递规律的科学。在很多材料科学与工程领域，如铸造、锻压、焊接、热处理等都涉及传热问题。要对材料加工成型及热处理等过程进行数值模拟研究，首先应对这些过程的传热问题进行分析，建立这些过程的传热学模型，然后才能采用各种数值模拟方法，应用电子计算机对这些传热过程的温度场进行数值模拟计算。在此基础上，可进一步计算微观组织场和应力场等。本章主要介绍传热学的基本原理和材料科学与工程领域一些传热过程的传热学模型建立。

2.1.1 温度场

温度是描述物体冷热程度的物理量，同一时刻 t 物体内温度 T 的分布叫作温度场。在 x、y、z 直角坐标系中，当温度场随时间改变时，叫作非稳态温度场，其数学表达式为 $T(x,y,z,t)$，它是空间位置和时间的函数。当温度场不随时间改变时，叫作稳态温度场，其数学表达式可简化为 $T(x,y,z)$。传热学是研究热量传递规律的，凡是有温度差的地方，都应有热量自发地从高温物体传向低温物体，或由物体的高温部分传向低温部分。就物体温度与时间的依赖关系而言，热量传递过程可分为稳态热传递过程与非稳态热传递过程两大类。凡是物体中各点温度不随时间而改变的热传递过程，均称为稳态热传递过程，反之则称为非稳态热传递过程。

2.1.2 热量传递的三种基本方式

热量传递有三种基本方式，即导热、对流换热和辐射换热。在这三种基本方式中，热量传递的物理本质是不同的。

导热常称为热传导，是指直接接触的物体各部分间热量传递现象。导热现象主要发生在固体中，在液体和气体中也能发生，但一般较弱。

对流换热是指流体内部各部分发生相对位移而引起的热量转移现象。但是，在工程中经常遇到的不是在流体内部进行纯粹热对流，而是流体掠过物体壁面时，由于温度差而引起的热量交换，这种壁面与流体间的热交换现象，称为对流换热，简称对流。

由物体表面直接向外界发射可见和不可见射线，在空间传递能量的现象称为热辐射。热辐射与导热和对流不同，在传递能量时，不需要相互接触，所以它是一种非接触传递能量的方式；热辐射的另一特点，是在能量传递过程中伴随有能量形式的变化，即热能与辐射能之间的转化。在工程实践中通常遇到的是物体之间相互辐射，最终必然会引起热量从温度较高的物体向温度较低的物体转移。这种两个不相互接触的物体表面间，或物体表面与周围气体间通过相互辐射进行热量交换的现象，称为辐射换热。

热量传递往往不是以导热、对流换热及辐射换热这三个基本方式的任一单独形式出现，而是以这三种基本方式的复杂组合出现。

2.1.3　热量传递的基本定律

1. 导热

导热的基本定律为傅立叶(Fourier) 定律。单位时间内通过单位截面积所传递的热量，正比于该截面法线方向上的温度变化率，即

$$Q_x = -\lambda A \frac{\partial T}{\partial x} \tag{2-1}$$

或

$$q_x = -\lambda \frac{\partial T}{\partial x} \tag{2-2}$$

式中　Q_x——x 方向上的热流率，即单位时间的热流量，W；

q_x——x 方向上单位截面积的热流率，称热流密度，W/m^2；

A—— 垂直于热流方向的截面积，m^2；

λ—— 材料的热导率，W/(m・℃)；

$\frac{\partial T}{\partial x}$——$x$ 方向上的温度梯度，℃/m；

负号表示传热的方向永远和温度梯度的方向相反。

2. 对流换热

对流换热的基本计算公式是牛顿冷却公式：

$$Q_k = Fh_k\Delta T \tag{2-3}$$

$$q_k = h_k\Delta T \tag{2-4}$$

式中　Q_k——k 方向上的热流率，即单位时间的热流量，W；

q_k——k 方向上单位表面积的热流率，称热流密度，W/m^2；

F—— 垂直于热流方向的表面积，m^2；

ΔT—— 流体温度和物体表面温度之间的温差，$\Delta T = |T_f - T_w|$，T_f 和 T_w 分别是流体温度和物体表面温度。

h_k—— 对流换热系数，简称换热系数，$W/(m^2 \cdot ℃)$。

3. 辐射换热

辐射换热的一个最重要的基本定律是斯蒂芬 - 玻尔兹曼(Stefan-Boltzmann) 定律：

$$q_r = \sigma\varepsilon(T^4 - T_a^4) \tag{2-5}$$

式中 T—— 物体表面温度，K；

T_a—— 环境温度，K；

q_r—— 辐射换热的热流密度，W/m^2；

ε—— 工件表面辐射率；

σ—— 斯蒂芬-玻尔兹曼常数，5.768×10^{-8} $W/(m^2\cdot K^4)$。

2.2 热传导方程

热传导方程是描述温度场随时间和空间变化的微分方程，可根据傅立叶定律和能量守恒定律采用微元体分析的方法进行推导。

2.2.1 直角坐标系下的热传导方程推导

在直角坐标系下，如图 2-1 和图 2-2 所示，采用微元分析方法对物体内部一个微元体的热量变化以及其与周围六个面的热量交换进行分析。

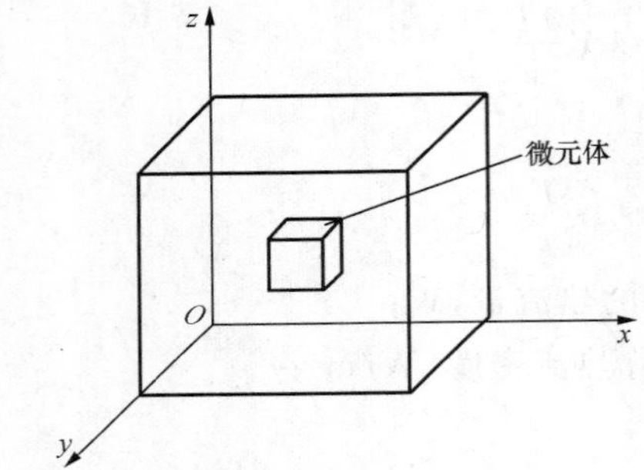

图 2-1 传热物体示意图

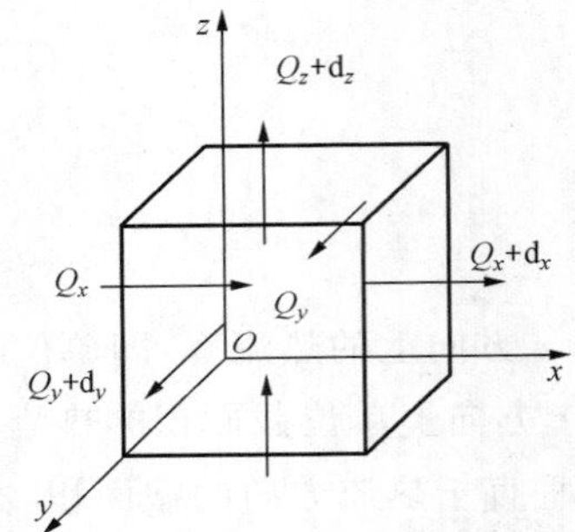

图 2-2 微元体传热示意图

dt 时间内沿 x 方向流入微元体的热量：

$$Q_x = q_x\,dydzdt \tag{2-6}$$

dt 时间内沿 x 方向流出微元体的热量：

$$Q_x + dx = (q_x + dq_x)dydzdt \tag{2-7}$$

dt 时间内沿 x 方向微元体的蓄热量：

$$dQ_x = Q_x - Q_x + dx = -dq_x dydzdt = -\frac{\partial q_x}{\partial x}dxdydzdt \tag{2-8}$$

同理可得

$$dQ_y = -\frac{\partial q_y}{\partial y}dxdydzdt \tag{2-9}$$

$$dQ_z = -\frac{\partial q_z}{\partial z}dxdydzdt \tag{2-10}$$

微元体中总的蓄热量为

$$dQ = dQ_x + dQ_y + dQ_z = -\left(\frac{\partial q_x}{\partial x} + \frac{\partial q_y}{\partial y} + \frac{\partial q_z}{\partial z}\right)dxdydzdt \tag{2-11}$$

根据傅立叶定律：

$$q_x = -\lambda \frac{\partial T}{\partial x} \tag{2-12}$$

$$q_y = -\lambda \frac{\partial T}{\partial y} \tag{2-13}$$

$$q_z = -\lambda \frac{\partial T}{\partial z} \tag{2-14}$$

代入式(2-11)得

$$dQ = -\left[\frac{\partial}{\partial x}\left(-\lambda \frac{\partial T}{\partial x}\right) + \frac{\partial}{\partial y}\left(-\lambda \frac{\partial T}{\partial y}\right) + \frac{\partial}{\partial z}\left(-\lambda \frac{\partial T}{\partial z}\right)\right] dxdydzdt \tag{2-15}$$

dt 时间内微元体的温度变化为 dT；微元体的密度为 ρ；微元体的比热为 C_p；微元体的热容量为 $\rho C_p dxdydz$，则

$$dQ = \rho C_p dxdydzdT \tag{2-16}$$

代入式(2-15)得

$$\rho C_p dxdydzdT = -\left[\frac{\partial}{\partial x}\left(-\lambda \frac{\partial T}{\partial x}\right) + \frac{\partial}{\partial y}\left(-\lambda \frac{\partial T}{\partial y}\right) + \frac{\partial}{\partial z}\left(-\lambda \frac{\partial T}{\partial z}\right)\right] dxdydzdt \tag{2-17}$$

整理后得

$$\rho C_p \frac{\partial T}{\partial t} = \frac{\partial}{\partial x}\left(\lambda \frac{\partial T}{\partial x}\right) + \frac{\partial}{\partial y}\left(\lambda \frac{\partial T}{\partial y}\right) + \frac{\partial}{\partial z}\left(\lambda \frac{\partial T}{\partial z}\right) \tag{2-18}$$

2.2.2　各种坐标系下的热传导方程

前面采用微元体分析的方法，根据傅立叶定律和能量守恒定律推导了直角坐标系下的热传导方程。同理，也可推导出柱坐标系下和球坐标系下的热传导方程。各种坐标系下的热传导方程如下。

1. 直角坐标系下的热传导方程

$$\rho C_p \frac{\partial T}{\partial t} = \frac{\partial}{\partial x}\left(\lambda \frac{\partial T}{\partial x}\right) + \frac{\partial}{\partial y}\left(\lambda \frac{\partial T}{\partial y}\right) + \frac{\partial}{\partial z}\left(\lambda \frac{\partial T}{\partial z}\right) + Q \tag{2-19}$$

式中　ρ—— 密度，kg/m^3；

C_p—— 比热，J/(kg · ℃)；

λ—— 热导率，W/(m · ℃)；

T—— 温度，℃；

Q—— 热生成速率，W/m^3；

t—— 时间，s。

2. 柱坐标系下的热传导方程

$$\rho C_p \frac{\partial T}{\partial t} = \frac{1}{r}\frac{\partial}{\partial r}\left(r\lambda \frac{\partial T}{\partial r}\right) + \frac{1}{r^2}\frac{\partial}{\partial \phi}\left(\lambda \frac{\partial T}{\partial \phi}\right) + \frac{\partial}{\partial z}\left(\lambda \frac{\partial T}{\partial z}\right) + Q \tag{2-20}$$

3. 球坐标系下的热传导方程

$$\rho C_p \frac{\partial T}{\partial t} = \frac{1}{r^2}\frac{\partial}{\partial r}\left(r^2\lambda \frac{\partial T}{\partial r}\right) + \frac{1}{r^2\sin^2\theta}\frac{\partial}{\partial \phi}\left(\lambda \frac{\partial T}{\partial \phi}\right) + \frac{1}{r^2\sin\theta}\frac{\partial}{\partial \theta}\left(\lambda\sin\theta \frac{\partial T}{\partial \theta}\right) + Q \tag{2-21}$$

2.3　热传导问题的边界条件及初始条件

求解热传导问题，实际上归结为对热传导方程的求解。对于上述热传导方程，通过数学

方法都可获得方程的通解。然而，就解答实际工程问题而言，不仅要求出这种通解，而且要求出既满足热传导方程，又满足根据问题给出的一些附加条件下的特解。这些使微分方程获得特解即唯一解的附加条件，在数学上称为定解条件。一般地说，非稳态热传导问题的定解条件有两个：初始时刻温度分布的初始条件，以及物体边界上的温度或换热情况的边界条件。热传导方程连同初始条件和边界条件才能够完整地描述一个具体的热传导问题。

2.3.1 边界条件

热传导问题的常见边界条件可归纳为以下三类：

1. 第一类边界条件

第一类边界条件是指物体边界上的温度或温度函数为已知。用公式表示为

$$T|_s = T_w(x,y,z,t) \tag{2-22}$$

式中 s—— 物体边界范围；

$T_w(x,y,z,t)$—— 已知的物体边界上的温度函数，随位置、时间的变化而变化。

2. 第二类边界条件

第二类边界条件是指物体边界上的热流密度 q_w 为已知。规定热流密度 q_w 的方向与边界外法线 n 的方向相同，其表达式为

$$-\lambda \frac{\partial T}{\partial n}|_s = q_w(x,y,z,,t) \tag{2-23}$$

式中 $q_w(x,y,z,t)$—— 已知的物体边界上的热流密度函数，随位置、时间的变化而变化。

最常用的是绝热边界，即

$$-\lambda \frac{\partial T}{\partial n}|_s = 0$$

3. 第三类边界条件

第三类边界条件又称牛顿对流边界，是指物体与其相接触的流体介质间的对流换热系数 h_k 和介质温度 T_c 为已知，其表达式为

$$-\lambda \frac{\partial T}{\partial n}|_s = h_k(T_w - T_c) \tag{2-24}$$

式中 h_k—— 物体与其相接触的流体介质间的对流换热系数，W/(m² · ℃)；

T_w—— 物体边界上的温度，℃；

T_c—— 介质温度，℃。

最常用的是对流和辐射混合换热边界，其表达式为

$$\begin{aligned}-\lambda \frac{\partial T}{\partial n}|_s &= h_k(T_w - T_c) + \sigma\varepsilon(T_w^4 - T_c^4)\\ &= h_k(T_w - T_c) + h_s(T_w - T_c)\\ &= h(T_w - T_c)\end{aligned} \tag{2-25}$$

式中 σ—— 斯蒂芬-玻尔兹曼常数；

ε—— 工件表面辐射率；

h—— 总换热系数，$h = h_k + h_s$，h_k 为对流换热系数，h_s 为辐射系数，W/(m² · ℃)。

其中

$$h_s = \sigma\varepsilon(T_w^2 + T_c^2)(T_w + T_c) \tag{2-26}$$

式中，温度要用绝对温度表示。

2.3.2　初始条件

初始条件是指初始时刻物体内的温度分布，即初始温度场是已知的。其表达式为

$$T|_{t=0} = T_0(x,y,z) \tag{2-27}$$

式中　$T_0(x,y,z)$——已知的初始时刻物体内的温度分布。它可以是均匀的，也可以是不均匀的。

2.4　温度场计算的传热学模型建立

对于特定的热传导问题，首先根据物体的形状，确定选用何种坐标系，写出热传导方程。然后考查物体边界的传热特点，给出边界条件；最后根据物体初始时刻的温度分布情况，给出初始条件。热传导方程、边界条件和初始条件确定后，这个热传导问题就化为求解在一定边界条件和初始条件下的偏微分方程的问题。这是一个数学问题，可以用解析法、有限差分法、有限元法、边界元法等进行求解。

2.4.1　无限长方柱体淬火冷却过程温度场的计算模型建立

钢铁材料在炉中加热到超过奥氏体转变点后，发生奥氏体化转变，然后放到淬火介质中快速冷却，就可获得马氏体，从而实现钢铁材料的淬火硬化。长方柱体是一种在工业界常用的工件，它的淬火硬化过程是一个涉及相变、热传导、热对流的三维非稳态传热问题。当长方柱体的长度与其截面尺寸相比较大时，可忽略 z 方向的热传导，这时可用二维模型来近似地描述长方柱体淬火冷却过程的热传导过程。如图 2-3 所示。

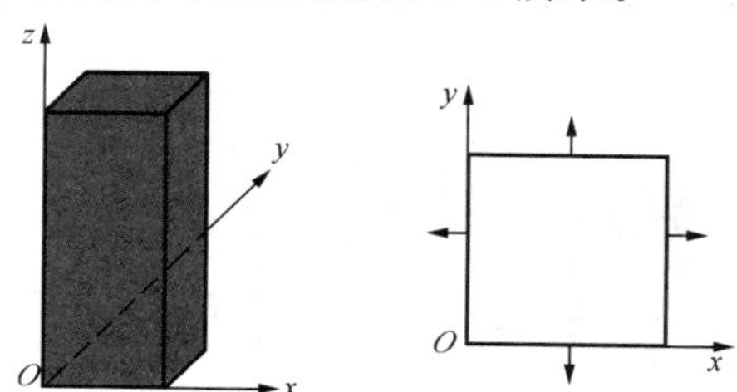

图 2-3　无限长方柱体淬火冷却过程示意图

(1)在这个二维模型中采用以下几点假定：

①工件为二维无限长方柱体；

②材料的热物性参数不随温度变化；

③不考虑相变潜热；

④考虑工件与淬火介质的对流换热；

⑤材料各向同性。

(2)热传导方程

根据工件的形状，如图 2-3 所示，采用直角坐标系，这样材料内部的热传导方程为

$$\frac{\partial T}{\partial t}=\alpha\left(\frac{\partial^2 T}{\partial x^2}+\frac{\partial^2 T}{\partial y^2}\right) \tag{2-28}$$

式中　α—— 材料的热扩散率，$\alpha=\dfrac{\lambda}{\rho C_p}$，$m^2/s$；

ρ—— 密度，kg/m^3；

C_p—— 比热，J/(kg·℃)；

λ—— 热导率，W/(m·℃)；

T—— 温度，℃；

t—— 时间，s。

材料的热物性参数(比热 C_p、热导率 λ 和密度 ρ)均不随温度变化。

(3)边界条件

边界条件为

$$-\lambda\frac{\partial T}{\partial n}=h(T-T_a) \tag{2-29}$$

式中　T—— 工件表面的温度，℃；

T_a—— 淬火介质温度，℃；

n—— 其他表面的外法线方向

h—— 材料表面与淬火介质的换热系数，$W/(m^2\cdot℃)$。

(4)初始条件

初始时刻工件整体温度分布均匀。$T|_{t=0}=T_0$，T_0 为一常数，取加热炉温，860 ℃。

2.4.2　圆柱体工件淬火冷却过程温度场的计算模型建立

圆柱体是一种在工业界常用的工件，由于轴对称性，在柱坐标系下可忽略环向热传导，热传导只在径向和轴向，这时可用二维模型来描述圆柱体淬火冷却过程的热传导过程，如图 2-4 所示。

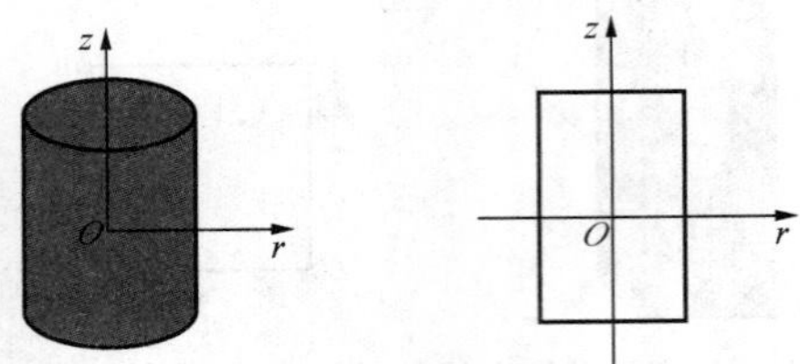

图 2-4　圆柱体淬火冷却过程示意图

(1)在这个二维模型中采用以下几点假定：

①工件为有限长圆柱体；

②材料的热物性参数不随温度变化；

③不考虑相变潜热；

④考虑工件与淬火介质的对流换热；

⑤材料各向同性。

(2)热传导方程

根据工件的形状，采用圆柱坐标系，由于圆柱体工件的轴对称性，沿 φ 方向热传导为零，这样材料内部的热传导方程为

$$\rho C_p \frac{\partial T}{\partial t} = \frac{1}{r}\frac{\partial}{\partial r}\left(r\lambda \frac{\partial T}{\partial r}\right) + \frac{\partial}{\partial z}\left(\lambda \frac{\partial T}{\partial z}\right) + Q \tag{2-30}$$

式中　ρ—— 密度，kg/m^3；

C_p—— 比热，J/(kg · ℃)；

λ—— 热导率，W/(m · ℃)；

T—— 温度，℃；

Q—— 热生成速率，W/m^3；

t—— 时间，s。

(3)边界条件

外表面

$$-\lambda \frac{\partial T}{\partial n} = h_k(T - T_a) \tag{2-31}$$

对称面

$$-\lambda \frac{\partial T}{\partial n} = 0 \tag{2-32}$$

式中　T—— 工件表面的温度，℃；

T_a—— 淬火介质温度，℃；

n—— 其他表面的外法线方向；

h_k —— 淬火介质的对流换热系数，$W/(m^2 \cdot ℃)$。

材料的热物性参数(比热 C_p、热导率 λ 和密度 ρ) 均随温度变化。

(4)初始条件

初始时刻工件整体温度分布均匀。$T\mid_{t=0} = T_0$，T_0 为一常数，取淬火加热温度，对 35CrMo 钢，取 860 ℃。

2.4.3　三维有限大平板激光相变硬化过程温度场的计算模型建立

激光相变硬化是采用高能量密度的激光对钢铁材料表面进行快速加热，超过奥氏体转变点，然后靠材料自身热传导实现快速冷却，获得马氏体，从而实现钢铁材料表面的局部淬火硬化。金属材料表面经激光相变硬化处理后的性能有显著的提高，特别是耐磨性及耐蚀性可提高几倍甚至十几倍，这样就可明显地提高机械零部件的使用寿命，有着非常大的经济效益和广泛的应用前景。激光相变硬化过程是一个涉及相变、热传导、对流换热、辐射换热的三维非稳态传热问题。激光相变硬化过程温度场的计算是进行激光表面相变硬化工艺参数优化的前提。为计算激光相变硬化过程的温度场，首先应建立激光相变硬化过程的传热学模型。如图 2-5 所示。

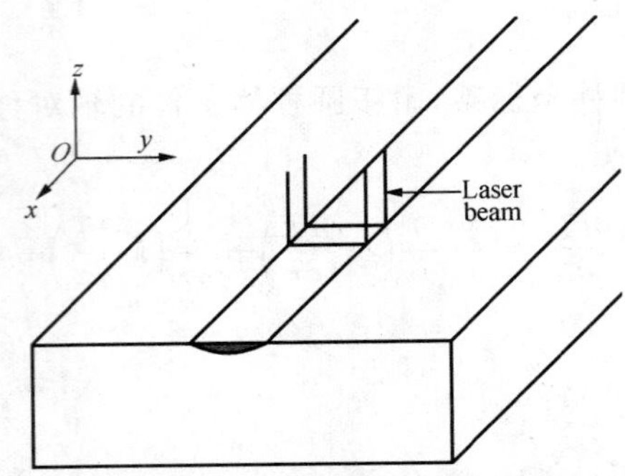

图 2-5　三维有限大平板激光相变硬化模型示意图

(1)模型中采用以下几点假定：

①材料表面对激光的吸收系数不随温度变化；

②材料的热物性参数随温度变化；

③考虑相变潜热；

④考虑工件的辐射换热及与空气的对流换热；

⑤入射激光束能量分布为高斯分布(TEM_{00})；

⑥材料各向同性；

⑦工件为三维有限大物体。

(2)热传导方程

根据工件的形状，如图 2-5 所示，采用直角坐标系，这样材料内部的热传导方程为

$$\rho C_p \frac{\partial T}{\partial t} = \frac{\partial}{\partial x}\left(\lambda \frac{\partial T}{\partial x}\right) + \frac{\partial}{\partial y}\left(\lambda \frac{\partial T}{\partial y}\right) + \frac{\partial}{\partial z}\left(\lambda \frac{\partial T}{\partial z}\right) + Q \tag{2-33}$$

式中　ρ—— 密度，kg/m^3；

C_p—— 比热，J/(kg·℃)；

λ—— 热导率，W/(m·℃)；

T—— 温度，℃；

Q—— 热生成速率，W/m^3；

t—— 时间，s。

(3)边界条件

上表面

$$-\lambda \frac{\partial T}{\partial z} = -Q(x,y,t) + h(T - T_a) \tag{2-34}$$

其他表面

$$-\lambda \frac{\partial T}{\partial n} = h(T - T_a) \tag{2-35}$$

式中　T—— 工件表面的温度，℃；

T_a—— 环境温度，℃；

n—— 其他表面的外法线方向；

h—— 材料表面总的换热系数，W/(m^2·℃)。包括空气对流换热和辐射换热，$h = h_k + h_s$，h_k 为对流换热系数，h_s 为辐射换热系数：

$$h_s = \sigma\varepsilon(T^2 + T_a^2)(T + T_a) \tag{2-36}$$

$Q(x,y,t)$—— 激光光斑能量分布函数：

$$Q(x,y,t) = \frac{PA}{2\pi R^2}\exp\left[-\frac{x^2+(y+3R-Vt)^2}{2R^2}\right] \tag{2-37}$$

式中　P—— 激光功率，W；

A—— 吸收系数；

R—— 激光光斑半径，m；

V—— 激光光斑运动速度，m/s。

材料的热物性参数（比热 C_p、热导率 λ 和密度 ρ）均随温度变化。

(4)初始条件

初始时刻工件整体温度分布均匀。$T|_{t=0} = T_0$，T_0 为一常数，取室温，20 ℃。

2.4.4　三维有限大长方体淬火冷却过程温度场的计算模型建立

三维有限大长方体是一种在工业界常用的工件，可用三维模型来描述三维有限大长方体淬火冷却的热传导过程，如图 2-6 所示。

(1)在这个三维模型中采用以下几点假定：

①工件为三维有限大长方体；

②材料的热物性参数不随温度变化；

③不考虑相变潜热；

④考虑工件与淬火介质的对流换热；

⑤材料各向同性。

(2)热传导方程

根据工件的形状，采用直角坐标系，这样材料内部的热传导方程为

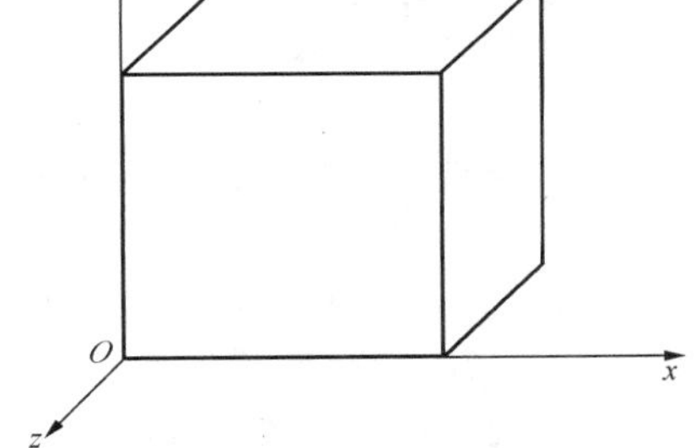

图 2-6　三维有限大长方体淬火冷却的热传导过程

$$\rho C_p\frac{\partial T}{\partial t} = \lambda\left(\frac{\partial^2 T}{\partial x^2} + \frac{\partial^2 T}{\partial y^2} + \frac{\partial^2 T}{\partial z^2}\right) \tag{2-38}$$

式中　ρ—— 密度，kg/m^3；

C_p—— 比热，J/(kg·℃)；

λ—— 热导率，W/(m·℃)；

T—— 温度，℃；

t—— 时间，s。

(3)边界条件

外表面

$$-\lambda\frac{\partial T}{\partial n} = h_k(T - T_a) \tag{2-39}$$

式中　T—— 工件表面的温度，℃；

T_a—— 淬火介质温度，℃；

n—— 其他表面的外法线方向；

h_k—— 淬火介质的对流换热系数，W/(m^2·℃)。

(4)初始条件

初始时刻工件整体温度分布均匀。$T|_{t=0} = T_0$，T_0 为一常数，取淬火加热温度，对 35CrMo 钢，取 860 ℃。

参考文献

[1] 张正容. 传热学[M]. 北京：人民教育出版社，1982.

[2] 姚仲鹏，王瑞君，张习军. 传热学[M]. 北京：北京理工大学出版社，1995.

[3] 许肇均. 传热学[M]. 北京：机械工业出版社，1998.

[4] 曹玉璋. 传热学[M]. 北京：北京航空航天大学出版社，2001.

[5] 杨世铭，陶文铨. 传热学[M]. 北京：高等教育出版社，1998.

[6] 杨世铭. 传热学基础[M]. 北京：高等教育出版社，2003.

[7] 曹红奋，梅国梁. 传热学[M]. 北京：人民交通出版社，2004.

[8] 张立文，赵志国，范权利，等. 35CrMo 钢大型锻件淬火过程组织分布的计算机预测[J]. 金属热处理学报，1994，15(4)：15.

[9] 赵志国，张立文，张兆彪. MoCu 球铁激光淬火过程温度场的数值计算[J]. 大连理工大学学报，1995，35(2)：164-169.

[10] 马天驰，陈概. 金属材料激光相变硬化三维数值模拟[J]. 中国激光，1996，23(12)：1127.

[11] 张立文，王晓辉，王富岗. 圆柱体激光相变硬化三维温度场数值计算[J]. 材料科学与工艺，2002，1：62-65.

[12] 原思宇，张立文，张国梁. 大型锻件淬冷过程数值模拟与实验验证[J]. 大连理工大学学报，2005，45(4)：547.

[13] 叶健松，李勇军，潘健生，等. 大型支承辊热处理过程的数值模拟[J]. 机械工程材料，2002，26(6)：12.

[14] 顾剑锋，潘健生，胡明娟，等. 冷轧辊淬冷过程数值模拟的研究[J]. 金属热处理学报，1999，20(2)：1-7.

第3章

温度场计算的有限差分法

建立了传热学模型后，热传导方程、边界条件和初始条件就确定了，传热问题就化为求解在一定边界条件和初始条件下的偏微分方程的问题。这是一个数学问题，可以用解析法求解，也可以用有限差分法、有限元法、边界元法等数值算法进行求解。然而只有在十分简单的情况下，才有可能求解这些偏微分方程的解析解。事实上，由于实际问题多种多样，边界条件和初始条件十分复杂，用解析的方法来解微分方程是十分困难的。为了满足生产和工程上的需要，必须应用数值算法进行求解。有限差分法正是被广泛应用的一种数值计算方法。

3.1 有限差分法的基本原理

有限差分法的基本原理是：将一个有限的连续求解空间用一系列网格划分开，线与线的交点称为节点，如图 3-1 所示。节点上的温度为 $T_{i,j,k}$，将所关心的传热过程这样一个较长的时间域划分成较小的时间段，各时间段上节点上的温度为 $T^n_{i,j,k}$，这样就实现了求解区域的离散化。非节点上的温度可以用相邻节点上温度的插值来求出。求解区域离散处理后，从热传导方程和边界条件出发，近似地用差分、差商来代替微分、微商，这样热传导方程和边界条件的求解就转变为差分方程的求解。有限差分法的程序设计比较简单，收敛性好，计算过程简单。

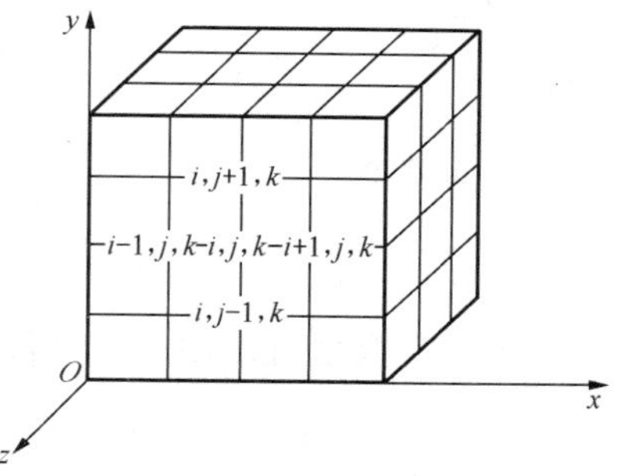

图 3-1　三维有限差分网格

3.2 有限差分方程的建立

差分方程的数学基础是用差商代替微商。对传热问题来说，物理基础是能量守恒定律。因此在传热问题中，建立差分方程的方法可分为微分方程的直接代换法和能量平衡法两种。

3.2.1 由微分方程的直接代换法建立相应的有限差分方程

1. 差商代替微商

用差商代替微商，通常有向前差商、向后差商和中心差商三种形式，一般采用向前差商法。在传热学中由于温度随时间变化，这就产生温度变化的时间概念问题。不同考虑方式会得出不同的差分格式。

温度场函数在 x 处是 $T(x)$，在 $x+\Delta x$ 处是 $T(x+\Delta x)$，按泰勒级数展开：

$$T(x+\Delta x)=T(x)+\Delta x\frac{\mathrm{d}T}{\mathrm{d}x}+\frac{(\Delta x)^2}{2!}\frac{\mathrm{d}^2T}{\mathrm{d}x^2}+\frac{(\Delta x)^3}{3!}\frac{\mathrm{d}^3T}{\mathrm{d}x^3}+\cdots+\frac{(\Delta x)^n}{n!}\frac{\mathrm{d}^nT}{\mathrm{d}x^n}+\cdots \tag{3-1}$$

整理后得

$$\frac{\Delta T}{\Delta x}=\frac{T(x+\Delta x)-T(x)}{\Delta x}=\frac{\mathrm{d}T}{\mathrm{d}x}+\frac{(\Delta x)}{2!}\frac{\mathrm{d}^2T}{\mathrm{d}x^2}+\cdots+\frac{(\Delta x)^{n-1}}{n!}\frac{\mathrm{d}^nT}{\mathrm{d}x^n}+\cdots \tag{3-2}$$

或

$$\frac{\Delta T}{\Delta x}-\frac{\mathrm{d}T}{\mathrm{d}x}=\frac{(\Delta x)}{2!}\frac{\mathrm{d}^2T}{\mathrm{d}x^2}+\cdots+\frac{(\Delta x)^{n-1}}{n!}\frac{\mathrm{d}^nT}{\mathrm{d}x^n}+\cdots=O(\Delta x) \tag{3-3}$$

$O(\Delta x)$ 表示数量级。在向前差商格式中，用差商 $\frac{\Delta T}{\Delta x}$ 代替微商 $\frac{\mathrm{d}T}{\mathrm{d}x}$ 所带来的偏差，通常称为截断误差，它与 Δx 同数量级。通常 Δx 取值很小，所以可以近似地用差商来代替微商。

向前差商：

$$\frac{\mathrm{d}T}{\mathrm{d}x}\approx\frac{T(x+\Delta x)-T(x)}{\Delta x} \tag{3-4}$$

向后差商：

$$\frac{\mathrm{d}T}{\mathrm{d}x}\approx\frac{T(x)-T(x-\Delta x)}{\Delta x} \tag{3-5}$$

中心差商：

$$\frac{\mathrm{d}T}{\mathrm{d}x}\approx\frac{T(x+\Delta x)-T(x-\Delta x)}{2\Delta x} \tag{3-6}$$

时间差商：

$$\frac{\mathrm{d}T}{\mathrm{d}t}\approx\frac{T(t+\Delta t)-T(t)}{\Delta t} \tag{3-7}$$

二阶微商也可以用差商来代替：

$$\frac{\mathrm{d}^2T}{\mathrm{d}x^2}\approx\frac{T(x+\Delta x)-2T(x)+T(x-\Delta x)}{(\Delta x)^2} \tag{3-8}$$

2. 一维直角坐标系下的有限差分方程

对于一维热传导问题，为使问题简化，假定热物性为常数，无内热源，这时热传导方程为

$$\frac{\partial T}{\partial t}=\alpha\frac{\partial^2T}{\partial x^2} \tag{3-9}$$

式中 α—— 材料的热扩散率，$\alpha=\frac{\lambda}{\rho C_p}$，$\mathrm{m^2/s}$。

首先对求解区域进行离散，节点间的距离称为步长，x 方向的步长为 Δx，时间步长为 Δt。节点编号为(i)，节点温度为 T_i^n；左右相邻两节点编号分别为$(i-1)$ 和$(i+1)$，节点温度分别为 T_{i-1}^n 和 T_{i+1}^n。用温度对时间的一阶向前差商来代替微商，温度对空间的二阶差商来代替微商，可导出显式差分格式：

$$\left(\frac{\partial T}{\partial t}\right)_i^n=\frac{T_i^{n+1}-T_i^n}{\Delta t} \tag{3-10}$$

$$\left(\frac{\partial^2 T}{\partial x^2}\right)_i^n = \frac{T_{i+1}^n - 2T_i^n + T_{i-1}^n}{(\Delta x)^2} \tag{3-11}$$

代入热传导方程(3-9)，得显式差分格式：

$$\frac{T_i^{n+1} - T_i^n}{\Delta t} = \alpha \frac{T_{i+1}^n - 2T_i^n + T_{i-1}^n}{(\Delta x)^2} \tag{3-12}$$

同理可得到完全隐式差分格式：

$$\frac{T_i^{n+1} - T_i^n}{\Delta t} = \alpha \frac{T_{i+1}^{n+1} - 2T_i^{n+1} + T_{i-1}^{n+1}}{(\Delta x)^2} \tag{3-13}$$

3. 二维直角坐标系下的有限差分方程

对于二维热传导问题，为使问题简化，假定热物性为常数，无内热源，这时热传导方程为

$$\frac{\partial T}{\partial t} = \alpha\left(\frac{\partial^2 T}{\partial x^2} + \frac{\partial^2 T}{\partial y^2}\right) \tag{3-14}$$

式中　α—— 材料的热扩散率，$\alpha = \dfrac{\lambda}{\rho C_p}$，$m^2/s$。

首先对求解区域进行离散，假定求解区域是一个矩形区域，在 x 方向和 y 方向用网格来离散求解区域，节点间的距离称为步长，x 方向的步长为 Δx，y 方向的步长为 Δy，时间步长为 Δt。内部某节点编号为 (i,j)，节点温度为 $T_{i,j}^n$；左右相邻两节点编号分别为 $(i-1,j)$ 和 $(i+1,j)$，节点温度分别为 $T_{i-1,j}^n$ 和 $T_{i+1,j}^n$；上下相邻两节点编号分别为 $(i,j+1)$ 和 $(i,j-1)$，节点温度分别为 $T_{i,j+1}^n$ 和 $T_{i,j-1}^n$。用温度对时间的一阶向前差商来代替微商，温度对空间的二阶差商来代替微商，可导出显式差分格式：

$$\left(\frac{\partial T}{\partial t}\right)_{i,j}^n = \frac{T_{i,j}^{n+1} - T_{i,j}^n}{\Delta t} \tag{3-15}$$

$$\left(\frac{\partial^2 T}{\partial x^2}\right)_{i,j}^n = \frac{T_{i+1,j}^n - 2T_{i,j}^n + T_{i-1,j}^n}{(\Delta x)^2} \tag{3-16}$$

$$\left(\frac{\partial^2 T}{\partial y^2}\right)_{i,j}^n = \frac{T_{i,j+1}^n - 2T_{i,j}^n + T_{i,j-1}^n}{(\Delta y)^2} \tag{3-17}$$

代入热传导方程(3-14)可得显式差分格式：

$$\frac{T_{i,j}^{n+1} - T_{i,j}^n}{\Delta t} = \alpha\left[\frac{T_{i+1,j}^n - 2T_{i,j}^n + T_{i-1,j}^n}{(\Delta x)^2} + \frac{T_{i,j+1}^n - 2T_{i,j}^n + T_{i,j-1}^n}{(\Delta y)^2}\right] \tag{3-18}$$

同理可得完全隐式差分格式：

$$\frac{T_{i,j}^{n+1} - T_{i,j}^n}{\Delta t} = \alpha\left[\frac{T_{i+1,j}^{n+1} - 2T_{i,j}^{n+1} + T_{i-1,j}^{n+1}}{(\Delta x)^2} + \frac{T_{i,j+1}^{n+1} - 2T_{i,j}^{n+1} + T_{i,j-1}^{n+1}}{(\Delta y)^2}\right] \tag{3-19}$$

4. 三维直角坐标系下的有限差分方程

对于三维热传导问题，为使问题简化，仍然假定热物性为常数，无内热源，这时热传导方程为

$$\frac{\partial T}{\partial t} = \alpha\left(\frac{\partial^2 T}{\partial x^2} + \frac{\partial^2 T}{\partial y^2} + \frac{\partial^2 T}{\partial z^2}\right) \tag{3-20}$$

式中　α—— 材料的热扩散率，$\alpha = \dfrac{\lambda}{\rho C_p}$，$m^2/s$。

首先对求解区域进行离散，假定求解区域是一个六面体区域，在 x 方向、y 方向和 z 方向用网格来离散求解区域。x 方向的步长为 Δx，y 方向的步长为 Δy，z 方向的步长为 Δz，时间

步长为 Δt。内部某节点编号为(i,j,k)，节点温度为 $T^n_{i,j,k}$；左右相邻两节点编号分别为$(i-1,j,k)$ 和$(i+1,j,k)$，节点温度分别为 $T^n_{i-1,j,k}$ 和 $T^n_{i+1,j,k}$；上下相邻两节点编号分别为$(i,j+1,k)$ 和$(i,j-1,k)$，节点温度分别为 $T^n_{i,j+1,k}$ 和 $T^n_{i,j-1,k}$；前后相邻两节点编号分别为$(i,j,k-1)$ 和$(i,j,k+1)$，节点温度分别为 $T^n_{i,j,k-1}$ 和 $T^n_{i,j,k+1}$。用温度对时间的一阶向前差商来代替微商，温度对空间的二阶差商来代替微商，可导出显式差分格式：

$$\left(\frac{\partial T}{\partial t}\right)^n_{i,j,k}=\frac{T^{n+1}_{i,j,k}-T^n_{i,j,k}}{\Delta t} \tag{3-21}$$

$$\left(\frac{\partial^2 T}{\partial x^2}\right)^n_{i,j,k}=\frac{T^n_{i+1,j,k}-2T^n_{i,j,k}+T^n_{i-1,j,k}}{(\Delta x)^2} \tag{3-22}$$

$$\left(\frac{\partial^2 T}{\partial y^2}\right)^n_{i,j,k}=\frac{T^n_{i,j+1,k}-2T^n_{i,j,k}+T^n_{i,j-1,k}}{(\Delta y)^2} \tag{3-23}$$

$$\left(\frac{\partial^2 T}{\partial z^2}\right)^n_{i,j,k}=\frac{T^n_{i,j,k+1}-2T^n_{i,j,k}+T^n_{i,j,k-1}}{(\Delta z)^2} \tag{3-24}$$

代入热传导方程(3-20) 可得显式差分格式：

$$\frac{T^{n+1}_{i,j,k}-T^n_{i,j,k}}{\Delta t}=\alpha\left[\frac{T^n_{i+1,j,k}-2T^n_{i,j,k}+T^n_{i-1,j,k}}{(\Delta x)^2}+\frac{T^n_{i,j+1,k}-2T^n_{i,j,k}+T^n_{i,j-1,k}}{(\Delta y)^2}+\frac{T^n_{i,j,k+1}-2T^n_{i,j,k}+T^n_{i,j,k-1}}{(\Delta z)^2}\right] \tag{3-25}$$

同理可得完全隐式差分格式：

$$\frac{T^{n+1}_{i,j,k}-T^n_{i,j,k}}{\Delta t}=\alpha\left[\frac{T^{n+1}_{i+1,j,k}-2T^{n+1}_{i,j,k}+T^{n+1}_{i-1,j,k}}{(\Delta x)^2}+\frac{T^{n+1}_{i,j+1,k}-2T^{n+1}_{i,j,k}+T^{n+1}_{i,j-1,k}}{(\Delta y)^2}+\frac{T^{n+1}_{i,j,k+1}-2T^{n+1}_{i,j,k}+T^{n+1}_{i,j,k-1}}{(\Delta z)^2}\right] \tag{3-26}$$

5. 圆柱坐标系下轴对称问题的有限差分方程

如图 3-2 所示，求解区域是一个矩形区域，由于是轴对称体，切向没有温度差，故没有热量传递。假定热物性为常数，内热源强度为 q，这时热传导方程为

$$\rho C_p\frac{\partial T}{\partial t}=\frac{1}{r}\frac{\partial}{\partial r}\left(r\lambda\frac{\partial T}{\partial r}\right)+\frac{\partial}{\partial z}\left(\lambda\frac{\partial T}{\partial z}\right)+q \tag{3-27}$$

在 r 方向和 z 方向用网格来离散求解区域，节点间的距离称为步长，r 方向的步长为 Δr，z 方向的步长为 Δz，时间步长为 Δt。内部某节点编号为(i,j)，节点温度为 $T^n_{i,j}$；左右相邻两节点编号分别为$(i-1,j)$ 和$(i+1,j)$，节点温度分别为 $T^n_{i-1,j}$ 和 $T^n_{i+1,j}$；上下相邻两节点编号分别为$(i,j+1)$ 和$(i,j-1)$，节点温度分别为 $T^n_{i,j+1}$ 和 $T^n_{i,j-1}$。用温度对时间的一阶向前差商来代替微商，温度对空间的二阶差商来代替微商，可导出显式差分格式：

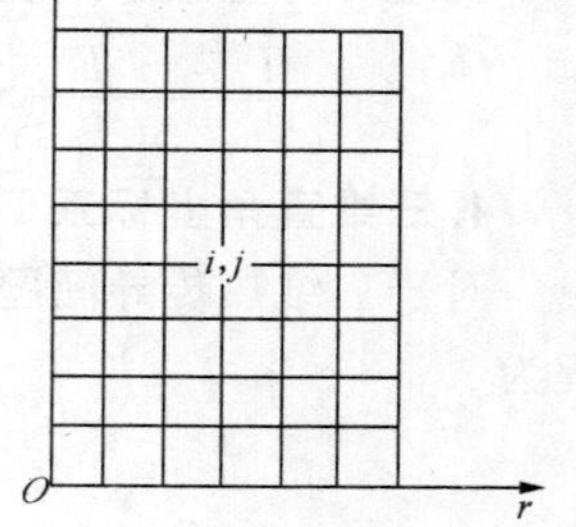

图 3-2　圆柱坐标系下轴对称有限差分网格

$$\left(\frac{\partial T}{\partial t}\right)^n_{i,j}=\frac{T^{n+1}_{i,j}-T^n_{i,j}}{\Delta t} \tag{3-28}$$

$$\left(\frac{\partial^2 T}{\partial r^2}\right)^n_{i,j}=\frac{T^n_{i+1,j}-2T^n_{i,j}+T^n_{i-1,j}}{(\Delta r)^2} \tag{3-29}$$

$$\left(\frac{\partial T}{\partial r}\right)_{i,j}^{n}=\frac{T_{i+1,j}^{n}-T_{i-1,j}^{n}}{2\Delta r} \tag{3-30}$$

$$\left(\frac{\partial^2 T}{\partial z^2}\right)_{i,j}^{n}=\frac{T_{i,j+1}^{n}-2T_{i,j}^{n}+T_{i,j-1}^{n}}{(\Delta z)^2} \tag{3-31}$$

代入热传导方程(3-27) 可得显式差分格式：

$$\frac{\rho C_p}{\lambda}\frac{T_{i,j}^{n+1}-T_{i,j}^{n}}{\Delta t}=\frac{T_{i+1,j}^{n}-2T_{i,j}^{n}+T_{i-1,j}^{n}}{(\Delta r)^2}+\frac{1}{r}\frac{T_{i+1,j}^{n}-T_{i-1,j}^{n}}{2\Delta r}+\frac{T_{i,j+1}^{n}-2T_{i,j}^{n}+T_{i,j-1}^{n}}{(\Delta z)^2}+\frac{q}{\lambda} \tag{3-32}$$

同理可得完全隐式差分格式：

$$\frac{\rho C_p}{\lambda}\frac{T_{i,j}^{n+1}-T_{i,j}^{n}}{\Delta t}=\frac{T_{i+1,j}^{n+1}-2T_{i,j}^{n+1}+T_{i-1,j}^{n+1}}{(\Delta r)^2}+\frac{1}{r}\frac{T_{i+1,j}^{n+1}-T_{i-1,j}^{n+1}}{2\Delta r}+\frac{T_{i,j+1}^{n+1}-2T_{i,j}^{n+1}+T_{i,j-1}^{n+1}}{(\Delta z)^2}+\frac{q}{\lambda} \tag{3-33}$$

为了进一步减小截断误差，在显式差分格式和完全隐式差分格式的基础上又提出了加权差分格式。如果通过下式来应用加权参数 $\theta\ (0<\theta<1)$，所取之值 $=\theta$(在 $t+\Delta t$ 的值)$+(1-\theta)$(在 t 的值)，则加权差分格式为

$$\frac{\rho C_p}{\lambda}\frac{T_{i,j}^{n+1}-T_{i,j}^{n}}{\Delta t}=\theta\left[\frac{T_{i+1,j}^{n+1}-2T_{i,j}^{n+1}+T_{i-1,j}^{n+1}}{(\Delta r)^2}+\frac{1}{r}\frac{T_{i+1,j}^{n+1}-T_{i-1,j}^{n+1}}{2\Delta r}+\frac{T_{i,j+1}^{n+1}-2T_{i,j}^{n+1}+T_{i,j-1}^{n+1}}{(\Delta z)^2}\right]+(1-\theta)\left[\frac{T_{i+1,j}^{n}-2T_{i,j}^{n}+T_{i-1,j}^{n}}{(\Delta r)^2}+\frac{1}{r}\frac{T_{i+1,j}^{n}-T_{i-1,j}^{n}}{2\Delta r}+\frac{T_{i,j+1}^{n}-2T_{i,j}^{n}+T_{i,j-1}^{n}}{(\Delta z)^2}\right]+\frac{q}{\lambda} \tag{3-34}$$

当 $\theta=0$ 时，式(3-34) 与式(3-32) 相同，对应的差分格式是显式差分格式。当 $\theta=1$ 时，式(3-34) 与式(3-33) 相同，对应的差分格式是完全隐式差分格式。在 θ 从 0 到 1 的变化过程中，可以得到不同的差分格式，除 $\theta=0$ 的情况外，其他所构成的差分格式都是完全隐式的。在 $0<\theta<1$ 的条件下，对于给定的 Δt 与 Δr、Δz，随着 θ 的增长，计算的精确度下降，而稳定性却能得到保证。其中，当 $\theta=1/2$ 时，对应的差分格式是 C-N 格式；当 $\theta=2/3$ 时，对应的差分格式称为加列金格式，也是常用的一种差分格式。

3.2.2　由能量平衡法建立相应的有限差分方程

能量平衡法是将导热的基本定律直接用于围绕每个节点的单元体，根据能量守恒原则和热量传递原则来建立差分方程。

1. 一维直角坐标系下的有限差分方程

图 3-3 所示是一维直角坐标系有限差分网格。

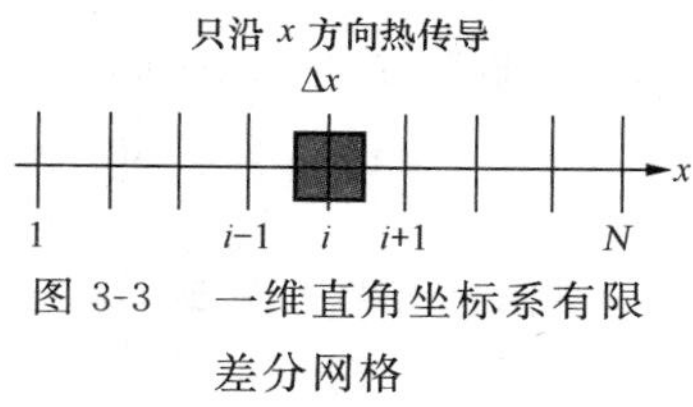

图 3-3　一维直角坐标系有限差分网格

为使问题简化，假定热物性为常数，无内热源。x 方向的步长为 Δx，时间步长为 Δt。内部某节点编号为(i)，左右相邻两节点编号分别为$(i-1)$ 和$(i+1)$。假定截面积为 1，围绕节点(i) 的单元体体积为 $\Delta x\cdot 1$。对(i) 单元体，Δt 时间间隔内的内能变化为

$$\frac{\Delta U}{\Delta t}=\rho C_p(\Delta x\cdot 1)\frac{T_i^{n+1}-T_i^n}{\Delta t} \tag{3-35}$$

在 Δt 时间间隔内，从左右两个相邻的单元体流入 (i) 单元体的热量分别为

$$Q_{i-1\to i}=\lambda\cdot\frac{T_{i-1}^n-T_i^n}{\Delta x} \tag{3-36}$$

$$Q_{i+1\to i}=\lambda\cdot\frac{T_{i+1}^n-T_i^n}{\Delta x} \tag{3-37}$$

根据能量守恒原则：

$$\frac{\Delta U}{\Delta t}=Q_{i-1\to i}+Q_{i+1\to i} \tag{3-38}$$

将式(3-35) ～ 式(3-37) 代入式(3-38)，整理后得

$$\frac{T_i^{n+1}-T_i^n}{\Delta t}=\frac{\lambda}{\rho C_p}\frac{T_{i+1}^n-2T_i^n+T_{i-1}^n}{(\Delta x)^2} \tag{3-39}$$

2. 二维直角坐标系下的有限差分方程

图 3-4 所示是二维直角坐标系有限差分网格。

为使问题简化，假定热物性为常数，无内热源。假定求解区域是一个矩形区域，在 x 方向和 y 方向用网格来离散求解区域，节点间的距离称为步长，x 方向的步长 Δt。内部某节点编号为 (i,j)，节点温度为 $T_{i,j}^n$，左右相邻两节点编号分别为 $(i-1,j)$ 和 $(i+1,j)$，节点温度分别为 $T_{i-1,j}^n$ 和 $T_{i+1,j}^n$，上下相邻两节点编号分别为 $(i,j+1)$ 和 $(i,j-1)$，节点温度分别为 $T_{i,j+1}^n$ 和 $T_{i,j-1}^n$。假定板厚为 1，围绕节点 (i,j) 的单元体体积为 $\Delta x\cdot\Delta y\cdot 1$。

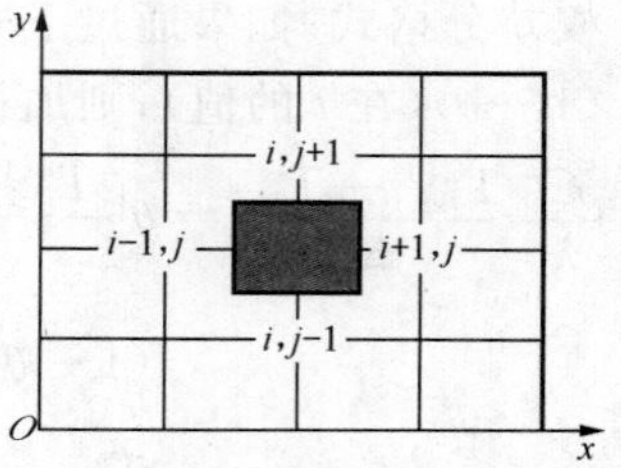

图 3-4　二维直角坐标系有限差分网格

对 (i,j) 单元体，Δt 时间间隔内的内能变化为

$$\frac{\Delta U}{\Delta t}=\rho C_p(\Delta x\cdot\Delta y\cdot 1)\frac{T_{i,j}^{n+1}-T_{i,j}^n}{\Delta t} \tag{3-40}$$

在 Δt 时间间隔内从周围四个相邻的单元体流入 (i,j) 单元体的热量分别为

$$Q_{i-1,j\to i,j}=\lambda(\Delta y\cdot 1)\frac{T_{i-1,j}^n-T_{i,j}^n}{\Delta x} \tag{3-41}$$

$$Q_{i+1,j\to i,j}=\lambda(\Delta y\cdot 1)\frac{T_{i+1,j}^n-T_{i,j}^n}{\Delta x} \tag{3-42}$$

$$Q_{i,j-1\to i,j}=\lambda(\Delta x\cdot 1)\frac{T_{i,j-1}^n-T_{i,j}^n}{\Delta y} \tag{3-43}$$

$$Q_{i,j+1\to i,j}=\lambda(\Delta x\cdot 1)\frac{T_{i,j+1}^n-T_{i,j}^n}{\Delta y} \tag{3-44}$$

根据能量守恒原则：

$$\frac{\Delta U}{\Delta t}=Q_{i-1,j\to i,j}+Q_{i+1,j\to i,j}+Q_{i,j-1\to i,j}+Q_{i,j+1\to i,j} \tag{3-45}$$

将式(3-40) ～ 式(3-44) 代入式(3-45)，整理后得

$$\frac{T_{i,j}^{n+1}-T_{i,j}^n}{\Delta t}=\frac{\lambda}{\rho C_p}\left[\frac{T_{i+1,j}^n-2T_{i,j}^n+T_{i-1,j}^n}{(\Delta x)^2}+\frac{T_{i,j+1}^n-2T_{i,j}^n+T_{i,j-1}^n}{(\Delta y)^2}\right] \tag{3-46}$$

3. 三维直角坐标系下的有限差分方程

图 3-5 所示是三维直角坐标系有限差分网格。

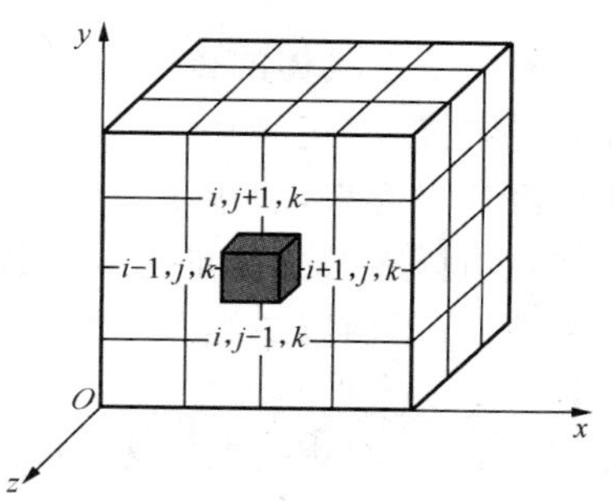

图 3-5　三维直角坐标系有限差分网格

为使问题简化，假定热物性为常数，无内热源。首先对求解区域进行离散，假定求解区域是一个六面体，在 x 方向、y 方向和 z 方向用网格来离散求解区域，x 方向的步长为 Δx，y 方向的步长为 Δy，z 方向的步长为 Δz，时间步长为 Δt。内部某节点编号为(i,j,k)，节点温度为 $T^n_{i,j,k}$；左右相邻两节点编号分别为$(i-1,j,k)$和$(i+1,j,k)$，节点温度分别为 $T^n_{i-1,j,k}$ 和 $T^n_{i+1,j,k}$；上下相邻两节点编号分别为$(i,j+1,k)$和$(i,j-1,k)$，节点温度分别为 $T^n_{i,j+1,k}$ 和 $T^n_{i,j-1,k}$；前后相邻两节点编号分别为$(i,j,k-1)$和$(i,j,k+1)$，节点温度分别为 $T^n_{i,j,k-1}$ 和 $T^n_{i,j,k+1}$。围绕节点(i,j,k)的单元体体积为 $\Delta x \cdot \Delta y \cdot \Delta z$。

对(i,j,k)单元体，Δt 时间间隔内的内能变化为

$$\frac{\Delta U}{\Delta t} = \rho C_p(\Delta x \cdot \Delta y \cdot \Delta z)\frac{T^{n+1}_{i,j,k} - T^n_{i,j,k}}{\Delta t} \tag{3-47}$$

在 Δt 时间间隔内从周围六个相邻的单元体流入(i,j,k)单元体的热量分别为

$$Q_{i-1,j,k\to i,j,k} = \lambda(\Delta y \cdot \Delta z)\frac{T^n_{i-1,j,k} - T^n_{i,j,k}}{\Delta x} \tag{3-48}$$

$$Q_{i+1,j,k\to i,j,k} = \lambda(\Delta y \cdot \Delta z)\frac{T^n_{i+1,j,k} - T^n_{i,j,k}}{\Delta x} \tag{3-49}$$

$$Q_{i,j-1,k\to i,j,k} = \lambda(\Delta x \cdot \Delta z)\frac{T^n_{i,j-1,k} - T^n_{i,j,k}}{\Delta y} \tag{3-50}$$

$$Q_{i,j+1,k\to i,j,k} = \lambda(\Delta x \cdot \Delta z)\frac{T^n_{i,j+1,k} - T^n_{i,j,k}}{\Delta y} \tag{3-51}$$

$$Q_{i,j,k-1\to i,j,k} = \lambda(\Delta x \cdot \Delta y)\frac{T^n_{i,j,k-1} - T^n_{i,j,k}}{\Delta z} \tag{3-52}$$

$$Q_{i,j,k+1\to i,j,k} = \lambda(\Delta x \cdot \Delta y)\frac{T^n_{i,j,k+1} - T^n_{i,j,k}}{\Delta z} \tag{3-53}$$

根据能量守恒原则：

$$\begin{aligned}\frac{\Delta U}{\Delta t} = {} & Q_{i-1,j,k\to i,j,k} + Q_{i+1,j,k\to i,j,k} + Q_{i,j-1,k\to i,j,k} + Q_{i,j+1,k\to i,j,k} + \\ & Q_{i,j,k-1\to i,j,k} + Q_{i,j,k+1\to i,j,k}\end{aligned} \tag{3-54}$$

将式(3-47) ～ 式(3-53) 代入式(3-54)，整理后得显式差分格式：

$$\begin{aligned}\frac{T^{n+1}_{i,j,k} - T^n_{i,j,k}}{\Delta t} = {} & \frac{\lambda}{\rho C_p}\left[\frac{T^n_{i+1,j,k} - 2T^n_{i,j,k} + T^n_{i-1,j,k}}{(\Delta x)^2} + \right. \\ & \left.\frac{T^n_{i,j+1,k} - 2T^n_{i,j,k} + T^n_{i,j-1,k}}{(\Delta y)^2} + \frac{T^n_{i,j,k+1} - 2T^n_{i,j,k} + T^n_{i,j,k-1}}{(\Delta z)^2}\right]\end{aligned} \tag{3-55}$$

可见用能量平衡法推导出的有限差分方程与由微分方程直接代换法建立的有限差分方程是一致的。

3.3 边界节点有限差分方程的建立

对于一个具体的传热问题，物体内部的传热由热传导方程来描述，而边界的传热则由边界条件来描述，边界条件影响着物体内部的温度场。在前面，物体内部热传导的有限差分方程已经建立起来，要想求解物体内部的温度场，还必须建立边界节点的有限差分方程。与内部节点有限差分方程的建立一样，边界节点有限差分方程也可以用直接代换法和能量平衡法来建立。下面以二维和三维直角坐标系为例，说明如何建立边界节点的有限差分方程。

3.3.1 第一类边界

对于三维热传导问题，已知边界上的温度，可对边界上的节点(i,j,k)直接写出温度结果：

$$T_{i,j,k}^{n} = T_{\mathrm{w}} \tag{3-56}$$

3.3.2 第二类边界

图 3-6 所示是二维热传导问题第二类热流边界。给定边界上的热流密度q，x方向的步长为Δx，y方向的步长为Δy，时间步长为Δt。边界某节点编号为(i,j)，节点温度为$T_{i,j}^{n}$；左右相邻两节点编号分别为$(i-1,j)$和$(i+1,j)$，节点温度分别为$T_{i-1,j}^{n}$和$T_{i+1,j}^{n}$；上边内部相邻节点编号为$(i,j+1)$，节点温度为$T_{i,j+1}^{n}$。假定板厚为1，围绕节点(i,j)的边界单元体体积为$1\cdot\Delta x\cdot\Delta y/2$。

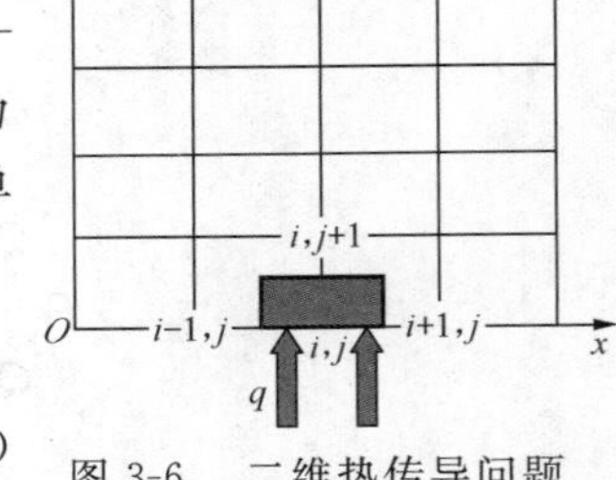

图 3-6 二维热传导问题第二类热流边界

对(i,j)边界单元体，Δt时间间隔内的内能变化为

$$\frac{\Delta U}{\Delta t} = \rho C_p\left(\Delta x\cdot\frac{\Delta y}{2}\cdot 1\right)\frac{T_{i,j}^{n+1}-T_{i,j}^{n}}{\Delta t} \tag{3-57}$$

在Δt时间间隔内从周围三个相邻的单元体流入(i,j)边界单元体的热量分别为

$$Q_{i-1,j\to i,j} = \lambda\left(\frac{\Delta y}{2}\cdot 1\right)\frac{T_{i-1,j}^{n}-T_{i,j}^{n}}{\Delta x} \tag{3-58}$$

$$Q_{i+1,j\to i,j} = \lambda\left(\frac{\Delta y}{2}\cdot 1\right)\frac{T_{i+1,j}^{n}-T_{i,j}^{n}}{\Delta x} \tag{3-59}$$

$$Q_{i,j+1\to i,j} = \lambda(\Delta x\cdot 1)\frac{T_{i,j+1}^{n}-T_{i,j}^{n}}{\Delta y} \tag{3-60}$$

从边界流入(i,j)边界单元体的热量为

$$Q = q(\Delta x\cdot 1) \tag{3-61}$$

根据能量守恒原则：

$$\frac{\Delta U}{\Delta t} = Q_{i-1,j\to i,j} + Q_{i+1,j\to i,j} + Q_{i,j+1\to i,j} + Q \tag{3-62}$$

将式(3-57)～式(3-61)代入式(3-62)，整理后得

$$\frac{T_{i,j}^{n+1}-T_{i,j}^{n}}{\Delta t} = \frac{\lambda}{\rho C_p}\left[\frac{T_{i+1,j}^{n}-2T_{i,j}^{n}+T_{i-1,j}^{n}}{(\Delta x)^2} + 2\frac{T_{i,j+1}^{n}-T_{i,j}^{n}}{(\Delta y)^2}\right] + \frac{2q}{\rho C_p\Delta y} \tag{3-63}$$

特殊情况，当 $q=0$ 时就是绝热边界。

3.3.3　第三类边界

图 3-7 所示是二维热传导问题第三类对流边界。h 为换热系数，T_f 为周围介质温度。x 方向的步长为 Δx，y 方向的步长为 Δy，时间步长为 t。边界某节点编号为 (i,j)，左右相邻两节点编号分别为 $(i-1,j)$ 和 $(i+1,j)$，上边内部相邻节点编号为 $(i,j+1)$。假定板厚为 1，围绕节点 (i,j) 的边界单元体体积为 $1\cdot\Delta x\cdot\Delta y/2$。

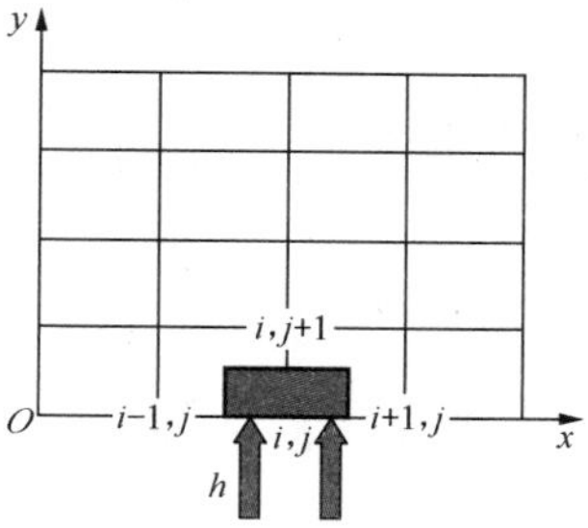

对 (i,j) 边界单元体，Δt 时间间隔内的内能变化为

$$\frac{\Delta U}{\Delta t}=\rho C_p\left(\Delta x\cdot\frac{\Delta y}{2}\cdot 1\right)\frac{T_{i,j}^{n+1}-T_{i,j}^{n}}{\Delta t}\tag{3-64}$$

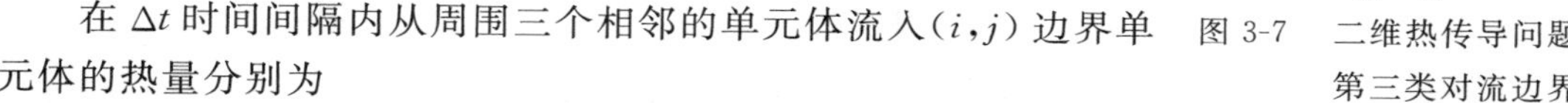

在 Δt 时间间隔内从周围三个相邻的单元体流入 (i,j) 边界单元体的热量分别为

图 3-7　二维热传导问题第三类对流边界

$$Q_{i-1,j\to i,j}=\lambda\left(\frac{\Delta y}{2}\cdot 1\right)\frac{T_{i-1,j}^{n}-T_{i,j}^{n}}{\Delta x}\tag{3-65}$$

$$Q_{i+1,j\to i,j}=\lambda\left(\frac{\Delta y}{2}\cdot 1\right)\frac{T_{i+1,j}^{n}-T_{i,j}^{n}}{\Delta x}\tag{3-66}$$

$$Q_{i,j+1\to i,j}=\lambda(\Delta x\cdot 1)\frac{T_{i,j+1}^{n}-T_{i,j}^{n}}{\Delta y}\tag{3-67}$$

从边界流入 (i,j) 边界单元体的热量为

$$Q=h(\Delta x\cdot 1)(T_f-T_{i,j}^{n})\tag{3-68}$$

根据能量守恒原则：

$$\frac{\Delta U}{\Delta t}=Q_{i-1,j\to i,j}+Q_{i+1,j\to i,j}+Q_{i,j+1\to i,j}+Q\tag{3-69}$$

将式(3-64) ~ 式(3-68)代入式(3-69)，整理后得

$$\frac{T_{i,j}^{n+1}-T_{i,j}^{n}}{\Delta t}=\frac{\lambda}{\rho C_p}\left[\frac{T_{i+1,j}^{n}-2T_{i,j}^{n}+T_{i-1,j}^{n}}{(\Delta x)^2}+2\frac{T_{i,j+1}^{n}-T_{i,j}^{n}}{(\Delta y)^2}\right]+\frac{2h}{\rho C_p\Delta y}(T_f-T_{i,j}^{n})\tag{3-70}$$

3.3.4　三维热传导问题边界节点有限差分方程的建立

图 3-8 所示是三维热传导问题示意图。

三维热传导问题有 1 类内部节点，8 类角节点，12 类棱节点，6 类面节点，共 27 类有限差分方程。内部节点的有限差分方程已推导过。三维热传导问题共有 6 个面边界，下面以前面的面边界为例，推导边界节点的有限差分方程。这个边界属于对流边界，h 为换热系数，T_f 为周围介质温度。x 方向的步长为 Δx，y 方向的步长为 Δy，z 方向的步长为 Δz，时间步长为 Δt。面边界上某节点编号为 (i,j,k)，节点温度为 $T_{i,j,k}^{n}$；左右相邻两节点编号分别为

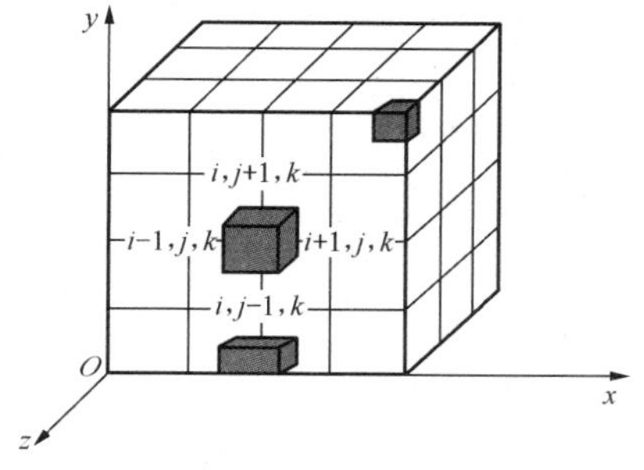

图 3-8　三维热传导问题示意图

$(i-1,j,k)$和$(i+1,j,k)$，节点温度分别为$T^n_{i-1,j,k}$和$T^n_{i+1,j,k}$，上下相邻两节点编号分别为$(i,j+1,k)$和$(i,j-1,k)$，节点温度分别为$T^n_{i,j+1,k}$和$T^n_{i,j-1,k}$，前面是边界，后面相邻节点编号为$(i,j,k+1)$，节点温度为$T^n_{i,j,k+1}$。围绕节点(i,j,k)的边界单元体体积为的$\Delta x\cdot\Delta y\cdot\Delta z/2$。

对(i,j,k)边界单元体，在Δt时间间隔内的内能变化为

$$\frac{\Delta U}{\Delta t}=\rho C_p\left(\Delta x\cdot\Delta y\cdot\frac{\Delta z}{2}\right)\frac{T^{n+1}_{i,j,k}-T^n_{i,j,k}}{\Delta t}\tag{3-71}$$

在Δt时间间隔内从周围五个相邻的单元体流入(i,j,k)边界单元体的热量分别为

$$Q_{i-1,j,k\to i,j,k}=\lambda\left(\Delta y\cdot\frac{\Delta z}{2}\right)\frac{T^n_{i-1,j,k}-T^n_{i,j,k}}{\Delta x}\tag{3-72}$$

$$Q_{i+1,j,k\to i,j,k}=\lambda\left(\Delta y\cdot\frac{\Delta z}{2}\right)\frac{T^n_{i+1,j,k}-T^n_{i,j,k}}{\Delta x}\tag{3-73}$$

$$Q_{i,j-1,k\to i,j,k}=\lambda\left(\Delta x\cdot\frac{\Delta z}{2}\right)\frac{T^n_{i,j-1,k}-T^n_{i,j,k}}{\Delta y}\tag{3-74}$$

$$Q_{i,j+1,k\to i,j,k}=\lambda\left(\Delta x\cdot\frac{\Delta z}{2}\right)\frac{T^n_{i,j+1,k}-T^n_{i,j,k}}{\Delta y}\tag{3-75}$$

$$Q_{i,j,k+1\to i,j,k}=\lambda(\Delta x\cdot\Delta y)\frac{T^n_{i,j,k+1}-T^n_{i,j,k}}{\Delta z}\tag{3-76}$$

从边界面流入(i,j,k)边界单元体的热量为

$$Q=h(\Delta x\cdot\Delta y)(T_f-T^n_{i,j,k})\tag{3-77}$$

根据能量守恒原则：

$$\frac{\Delta U}{\Delta t}=Q_{i-1,j,k\to i,j,k}+Q_{i+1,j,k\to i,j,k}+Q_{i,j-1,k\to i,j,k}+Q_{i,j+1,k\to i,j,k}+Q_{i,j,k+1\to i,j,k}+Q\tag{3-78}$$

将式(3-71)～式(3-77)代入(3-78)，整理后得

$$\frac{T^{n+1}_{i,j,k}-T^n_{i,j,k}}{\Delta t}=\frac{\lambda}{\rho C_p}\left[\frac{T^n_{i+1,j,k}-2T^n_{i,j,k}+T^n_{i-1,j,k}}{(\Delta x)^2}+\frac{T^n_{i,j+1,k}-2T^n_{i,j,k}+T^n_{i,j-1,k}}{(\Delta y)^2}+2\frac{T^n_{i,j,k+1}-T^n_{i,j,k}}{(\Delta z)^2}\right]+\frac{2h}{\rho C_p\Delta z}(T_f-T^n_{i,j,k})\tag{3-79}$$

同理，采用能量平衡法可推得其他面节点、棱节点、角节点的有限差分方程，边界可以是第二类边界，也可以是第三类边界。

3.4 有限差分方程的计算机解法

对于涉及n个节点的传热问题，有限差分方程是含n个未知数的线性代数方程组：

$$\begin{cases}a_{11}T_1+a_{12}T_2+\cdots+a_{1n}T_n=b_1\\a_{21}T_1+a_{22}T_2+\cdots+a_{2n}T_n=b_2\\\qquad\vdots\\a_{n1}T_1+a_{n2}T_2+\cdots+a_{nn}T_n=b_n\end{cases}\tag{3-80}$$

或简写为

$$\sum_{j=1}^{n}a_{ij}T_j=b_i\quad(i=1,2,3,\cdots,n)\tag{3-81}$$

显式有限差分方程组可直接求解，隐式有限差分方程组则需用迭代法求解。迭代法的基

本思想是：构造一个由 $\{T_1, T_2, \cdots, T_n\}$ 组成的向量序列，使其收敛于某个极限向量 $\{T_1^*, T_2^*, \cdots, T_n^*\}$，而且 $\{T_1^*, T_2^*, \cdots, T_n^*\}$ 就是方程组(3-80)的精确解。根据构造向量序列的方法不同，有限差分方程的解法可分为简单迭代法、高斯-赛德迭代法和超松弛迭代法。

3.4.1　简单迭代法

简单迭代法，也称为同步迭代法。迭代的最终目的是求解方程组(3-80)中的未知量 $T_1, T_2, \cdots, T_n$。若方程组(3-80)的系数矩阵的对角元 $a_{ij} \neq 0(i = 1,2,\cdots,n)$，则方程组(3-80)可改写成：

$$T_i = a_{ii}^{-1}\left(b_i - \sum_{\substack{j=1 \\ j\neq i}}^{n} a_{ij} T_j\right) \quad (i = 1,2,3,\cdots,n) \tag{3-82}$$

任意给定 $T_i^{(0)}(i = 1,2,\cdots,n)$ 作为解的第 0 次近似，把它们代入式(3-82)的右端，由此可算得

$$T_i^{(1)} = a_{ii}^{-1}\left(b_i - \sum_{\substack{j=1 \\ j\neq i}}^{n} a_{ij} T_j^{(0)}\right) \quad (i = 1,2,3,\cdots,n) \tag{3-83}$$

作为解的第 1 次近似。

把第 1 次近似得到的解再代入式(3-82)的右端，得到解的第 2 次近似。一般地，将已得到的解的第 K 次近似 $T_i^{(K)}$ 代入式(3-82)的右端得

$$T_i^{(K+1)} = a_{ii}^{-1}\left(b_i - \sum_{\substack{j=1 \\ j\neq i}}^{n} a_{ij} T_j^{(K)}\right) \quad (i = 1,2,3,\cdots,n) \tag{3-84}$$

作为解的第 $K+1$ 次近似。

这样所得到的序列 $\{T_1^{(K)}, T_2^{(K)}, \cdots, T_n^{(K)}\}(K = 0,1,2,3\cdots)$ 为式(3-82)的近似解。只要式(3-82)存在唯一解，则无论第 0 次近似如何选取，当 $K \to \infty$ 时，序列 $\{T_1, T_2, \cdots, T_n\}$ 必然收敛，且收敛于式(3-82)的精确解 $\{T_1^*, T_2^*, \cdots, T_n^*\}$。实际计算中，$K$ 不可能取 ∞，但可以认为，当 K 充分大时，序列 $\{T_1, T_2, \cdots, T_n\}$ 已足够精确地接近式(3-82)的解。通常，对于充分大的 K，如果其相邻两次迭代解 $T_i^{(K+1)}$ 和 $T_i^{(K)}(i = 1,2,3,\cdots,n)$ 之间的偏差小于预先给定的适当小量 $\varepsilon(\varepsilon > 0)$，即满足：

$$\left| T_i^{(K+1)} - T_i^{(K)} \right| < \varepsilon \quad (i = 1,2,3,\cdots,n) \tag{3-85}$$

就可以结束迭代，而取 $T_i^{(K+1)}(i = 1,2,3,\cdots,n)$ 作为式(3-82)的近似解。

3.4.2　高斯-赛德迭代法

简单迭代法虽然计算程序简单，但它计算每一个 $T_i^{(K+1)}(i = 1,2,3,\cdots,n)$ 时都要用到全部 $T_i^{(K)}$ 的值。因此在计算机上，必须有两套工作单元来存放全部未知量的旧值和新值。为了节省工作单元并加快收敛速度，对简单迭代法做了一些修改。当 $i = 1$ 时，式(3-84)写成：

$$T_1^{(K+1)} = a_{11}^{-1}\left(b_1 - \sum_{j=2}^{n} a_{ij} T_j^{(K)}\right) \tag{3-86}$$

当 $i = 2$ 时，式(3-84)中，$T_1^{(K)}$ 换成第一次算得的 $T_1^{(K+1)}$，即

$$T_2^{(K+1)} = a_{22}^{-1}\left(b_2 - a_{21}T_1^{(K+1)} - \sum_{j=3}^{n} a_{2j}T_j^{(K)}\right) \tag{3-87}$$

按此规律，可得 $T_i^{(K+1)}$ 的一般关系式：

$$T_i^{(K+1)} = a_{ii}^{-1}\left(b_i - \sum_{j=1}^{i-1} a_{ij}T_j^{(K+1)} - \sum_{j=i+1}^{n} a_{ij}T_j^{(K)}\right) \quad (i = 1,2,3,\cdots,n) \tag{3-88}$$

这种计算方法称为高斯 - 赛德迭代法，也称异步迭代法。用该迭代法时，必须将未知量按顺序排列，并逐个进行迭代。用高斯 - 赛德迭代法进行迭代求解时，只需用一套工作单元存放近似值 $T_i^{(K)}$ 或 $T_i^{(K+1)}$，节省了工作单元，同时在迭代过程中，有一半未知量用了迭代的新值，加快了收敛速度。

3.4.3 超松弛迭代法

实际计算表明，当未知量个数很多时，高斯 - 赛德迭代法的收敛速度仍然较慢，作为改进，人们又提出了超松弛迭代法。

对于式(3-82)，先假定第 0 次近似的向量序列为 $\{T_1^{(0)}, T_2^{(0)}, \cdots, T_n^{(0)}\}$，现在分两步来求第 1 次近似 $\{T_1^{(1)}, T_2^{(1)}, \cdots, T_n^{(1)}\}$。

第一步用高斯 - 赛德迭代法：

$$Z_i^{(1)} = a_{ii}^{-1}\left(b_i - \sum_{j=1}^{i-1} a_{ij}T_j^{(1)} - \sum_{j=i+1}^{n} a_{ij}T_j^{(0)}\right) \quad (i = 1,2,3,\cdots,n) \tag{3-89}$$

求出第 1 个近似解 $Z_i^{(1)}$。

第二步按下式来改善 $Z_i^{(1)}$，并得到第 1 次近似解 $T_i^{(1)}$：

$$T_i^{(1)} = (1-\omega)T_i^{(0)} + \omega Z_i^{(1)} \quad (i = 1,2,3,\cdots,n) \tag{3-90}$$

式中，ω 是一个适当的参数，用它来改善 $Z_i^{(1)}$。

把式(3-89) 代入式(3-90)，得

$$T_i^{(1)} = (1-\omega)T_i^{(0)} + \omega a_{ii}^{-1}\left(b_i - \sum_{j=1}^{i-1} a_{ij}T_j^{(1)} - \sum_{j=i+1}^{n} a_{ij}T_j^{(0)}\right) \quad (i = 1,2,3,\cdots,n) \tag{3-91}$$

一般来说，由 $T_i^{(K)}$ 算得 $T_i^{(K+1)}$ 的公式为

$$T_i^{(K+1)} = (1-\omega)T_i^{(K)} + \omega a_{ii}^{-1}\left(b_i - \sum_{j=1}^{i-1} a_{ij}T_j^{(K+1)} - \sum_{j=i+1}^{n} a_{ij}T_j^{(K)}\right) \quad (i = 1,2,3,\cdots,n) \tag{3-92}$$

这就是超松弛迭代法的计算公式。ω 为松弛因子，当 $\omega = 1$ 时，简化为高斯 - 赛德迭代法的计算公式。因此，式(3-92) 是更为一般的迭代公式。对于不同的 ω，超松弛迭代法收敛的快慢也不同。可以找出一个最佳松弛因子 ω，使其收敛得更快。ω 范围为 $1 < \omega < 2$，对于 $0 < \omega < 1$ 的情况称为欠松弛，一般不被采用；对于 $1 < \omega < 2$ 的情况称为超松弛。

3.5 有限差分方程的稳定性、精确度与误差

1. 稳定性

关于稳定性的概念可做如下的表述：如果初始条件和边界条件有微小的变化，且解的最

后变化是微小的，则称解是稳定的，否则是不稳定的。

保证解的稳定性在实际计算中是十分必要的。一个初始均匀的温度场，在边界热传导的作用下，暂不考虑相变潜热的作用，区域内任意一点的温度，加热时不应高于外侧节点，冷却时不能低于外侧节点，这是不言而喻的。不能满足这个条件，也就是失去了稳定性。它的重要性突出表现在两个方面：一是实际给定的初始条件与边界条件很多是实际测量的数据，而这种数据总包含着一定的测量误差，如果这种实测数据的分散性会导致解的不稳定，则整个求解过程就没有意义了；另一方面，在计算机做数值计算时，不可避免地有舍入误差，如果这种舍入误差在计算过程中被不断放大也会导致解的不稳定，则计算出的数值结果也是毫无意义的。总之，一切有实际意义的计算格式必须保证稳定性。

差分格式的稳定性可以从数学和物理两个方面讨论。下面针对一维系统的两种差分格式，仅从物理方面讨论它们的稳定性问题。当然，从中得出的有关结论，原则上对二维、三维系统的差分格式也是适用的。

显式差分格式的差分方程为

$$T_i^{n+1} = F_0 T_{i-1}^n + (1-2F_0)T_i^n + F_0 T_{i+1}^n \quad (i = 1,2,3,\cdots,N) \tag{3-93}$$

式中，$F_0 = \dfrac{\alpha\Delta t}{\Delta x^2} = \dfrac{\lambda\Delta t}{\rho C_p \Delta x^2}$，是傅立叶数。

由式(3-93)可看到：i 节点在 $n+1$ 时刻的温度 T_i^{n+1} 只受到 n 时刻 $i-1$、i、$i+1$ 三个节点的温度 T_{i-1}^n、T_i^n、T_{i+1}^n 的影响，T_{i-1}^n、T_i^n、T_{i+1}^n 三者系数之和为1。

由以上两点说明，T_i^{n+1} 是 T_{i-1}^n、T_i^n、T_{i+1}^n 三者的加权平衡，其中 F_0 是一种权系数。由此可知，要使显式差分格式的计算结果符合物理意义，T_{i-1}^n、T_i^n、T_{i+1}^n 三者的系数均应不小于零。由显式差分方程可见，T_{i-1}^n 和 T_{i+1}^n 的系数显然大于零，而要求 T_i^n 的系数不小于零，必然的结果是 $F_0 < 1/2$。如果 $F_0 > 1/2$，由式(3-93)可见，当 n 时刻 i 节点的温度 T_i^n 越高，则 $n+1$ 时刻 i 节点的温度 T_i^{n+1} 越低。如此继续下去，i 节点的温度会低于绝对零度，这显然是违反热力学第二定律的。

关于隐式差分方程无条件稳定的问题，可做如下解释。按照热力学的观点来看，一个无内热源的区域内的热传导过程，在已知区域内初始温度分布及整个区域边界温度分布的情况下，区域内任意一个节点 i，在任何时刻的温度都不应该大于初始温度或边界温度分布中的最大值，也不应该小于初始温度或边界温度分布中的最小值。换句话说，一个过程的极值温度只能出现在初始条件或边界条件之中，用隐式差分格式进行温度场计算，正是符合上述物理过程的。

将隐式差分方程稍加整理，可得

$$T_i^n = T_i^{n+1} + F_0(2T_i^{n+1} - T_{i+1}^{n+1} - T_{i-1}^{n+1}) \quad (i = 1,2,3,\cdots,N) \tag{3-94}$$

假定 $n+1$ 时刻，在区域内某一节点 i 处取区域内最高温度，即 T_i^{n+1} 为这一时刻区域内的最高温度，$T_i^{n+1} > T_{i+1}^{n+1}$，$T_i^{n+1} > T_{i-1}^{n+1}$。式(3-94)右边括号内三项的代数和必然大于零，从而必然有 $T_i^n > T_i^{n+1}$。也就是说，区域内 n 时刻的最高温度必然大于 $n+1$ 时刻的最高温度。依此类推，必然将最高温度或推到初始条件，或推到边界条件。倘若假定 $n+1$ 时刻在区域内某一节点 i 处取得区域内最低温度，式(3-94)括号内三项的代数和必然小于零，则 $T_i^n < T_i^{n+1}$。按照上面的分析方法可知，整个过程的最低温度，必然出现在边界条件或初始条件中。总之，不管 F_0 取任何值，式

(3-94) 的运算逻辑都是符合热力学原理的，即隐式差分方程是无条件稳定的。

另外，从热传导方程的扩散型特点来看，区域内任何一点的扰动将瞬时遍及整个区域，比较两种差分格式可以看出，在显式差分格式运算过程中，$n+1$ 时刻一个节点的温度只受 n 时刻三个节点温度的影响；反之，n 时刻一个节点的温度只影响 $n+1$ 时刻三个节点的温度，也就是温度扰动是以有限速度连续传播的。而在隐式差分格式运算过程中，$n+1$ 时刻区域内任何一点温度的求解，有赖于 n 时刻区域内全部节点的温度；反之，n 时刻一个节点的温度会影响到 $n+1$ 时刻区域内的全部节点，也就是温度扰动是以无限大速度传播的，可见隐式差分格式比较符合原有导热问题的数学模型，这也可以作为隐式差分格式符合无条件稳定的一种解释。

由以上可得出结论，隐式差分格式是无条件稳定的，显式差分格式是有条件稳定的。这一结论，原则上对二维、三维系统也是适用的。显式差分格式的稳定性条件是要求 T_i^n 项的系数大于零。由显式差分方程可导出具体的稳定性条件如下：

内部节点：一维直角坐标　$F_0 \leqslant \dfrac{1}{2}$

二维直角坐标　$F_0 \leqslant \dfrac{1}{4}$

三维直角坐标　$F_0 \leqslant \dfrac{1}{6}$

边界节点：一维直角坐标　$F_0 \leqslant \dfrac{1}{2(1+B_i)}$

二维直角坐标　$F_0 \leqslant \dfrac{1}{2(2+B_i)}$

三维直角坐标　$F_0 \leqslant \dfrac{1}{2(3+B_i)}$

其中，$B_i = \dfrac{h\Delta}{\lambda}$，是毕欧数。

2. 精确度

如果差分格式是稳定的，舍入误差很少，根本不会影响精确度，离散误差对精确度影响最为显著。无论哪种差分格式，随着步数的增加，定步长计算的精确度都是不断提高的。比较好的方法是采用变步长计算。在开始阶段选用小的步长，经短时间后，逐步加大步长，以达到既保证计算精确度又节约计算时间的目的。

3. 误差

所谓误差，是指其近似解与精确解之间的差值。误差有多种，在数值分析中，仅考虑两类误差。第一类为截断误差，即在网格的任一节点上差分方程的解与微分方程的精确解的差值。它是由用有限差分代替导数的计算造成的。第二类为舍入误差，数值计算只能进行到有限的小数位数，计算过程中的四舍五入，在每步计算中都会造成一些误差，这就是所谓的舍入误差。这两个误差积累造成数值解的计算总误差。计算实践表明，网格数和时间步长对三种差分格式计算的误差影响是有差别的。从走势上看，隐式差分格式的计算误差随网格数增多、时间步长减小而减小；显式差分格式计算误差有一个最低值，计算误差随网格数增多和时间步长减小而减小到最低值后，继续增加网格数和减小时间步长，误差反而增加。这是由于网格数多了和时间步长小了，使计算的次数明显增多，造成的舍入误差变大，从而导致总误差增大。从误差值来看，一般在同样网格数和时间步长条件下，计算误差以显式差分格式最小，隐式差分格式最大，加权差分格式居中，只有在大网格数和极小时间步长时，隐式差分格式的计算误差才略小于显式差分格式。

用差分方法进行数值模拟时，既要考虑计算稳定性和计算误差，又要考虑计算速度。选取少的网格数和小的时间步长，计算误差小，但是要以牺牲计算时间为代价。所以，对网格数与时间步长，要根据数值模拟的质量要求来，过少的网格数与过小的时间步长是没有必要的。总之，用显式差分格式求解导热问题，在离散化处理对象时，时间步长和空间步长的选取是受稳定性条件制约的。一般的习惯是先选定空间步长，再选取时间步长，以便空间离散化处理易于进行。

3.6　一维非稳态温度场的有限差分法

3.6.1　无限大平板淬火冷却过程非稳态温度场的有限差分法计算

1. 模型的建立

大平板是一种在工业界常用的工件，它的淬火冷却过程是一个涉及相变、热传导、对流换热的三维非稳态传热过程。当大平板的长度和宽度与其厚度相比很大时，可忽略长度和宽度方向的热传导，只考虑厚度方向的热传导，这时可用一维模型来近似地描述大平板淬火冷却的热传导过程。

在这个一维模型中采用以下几点假定：

(1)工件为无限大平板；

(2)材料的热物性参数不随温度变化；

(3)不考虑相变潜热；

(4)考虑工件与淬火介质的对流换热；

(5)材料各向同性。

图 3-9 是无限大平板淬火冷却过程示意图。

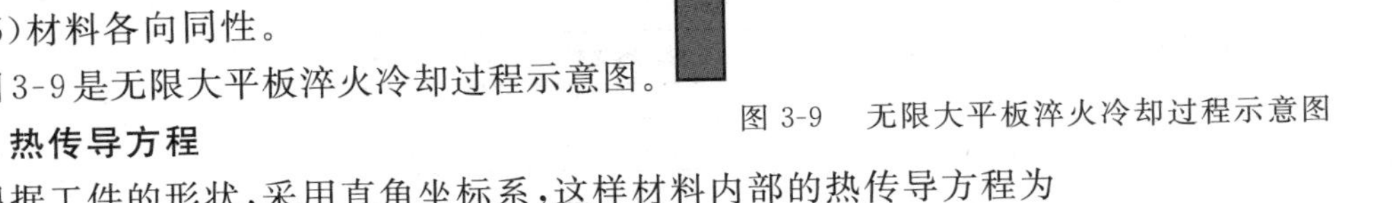

图 3-9　无限大平板淬火冷却过程示意图

2. 热传导方程

根据工件的形状，采用直角坐标系，这样材料内部的热传导方程为

$$\rho C_p \frac{\partial T}{\partial t} = \lambda \frac{\partial^2 T}{\partial x^2} \tag{3-95}$$

式中　ρ—— 密度，kg/m^3；

C_p—— 比热，J/(kg・℃)；

λ—— 热导率，W/(m・℃)；

T—— 温度，℃；

t—— 时间，s。

材料的热物性参数(比热 C_p、热导率 λ 和密度 ρ)均不随温度变化。

3. 边界条件

左边界：

$$-\lambda \frac{\partial T}{\partial n} = 0 \tag{3-96}$$

右边界：

$$-\lambda \frac{\partial T}{\partial n} = h(T - T_a) \tag{3-97}$$

式中 T—— 工件表面温度,℃；

T_a—— 淬火介质温度,℃；

n—— 工件表面的外法线方向；

h—— 材料表面与淬火介质的换热系数,W/(m^2·℃)。

4. 初始条件

初始时刻工件整体温度分布均匀。$T|_{t=0} = T_0$，T_0 为一常数，取加热炉温，860 ℃。

$$T(x,0) = T_0 \tag{3-98}$$

5. 有限差分方程

左边界(心部)节点有限差分方程：

$$T_1^{n+1} = T_1^n + 2F_x(T_2^n - T_1^n) \tag{3-99}$$

内部节点有限差分方程：

$$T_i^{n+1} = T_i^n + F_x(T_{i+1}^n - 2T_i^n + T_{i-1}^n) \quad (i = 2,3,\cdots,N-1) \tag{3-100}$$

右边界节点有限差分方程：

$$T_N^{n+1} = T_N^n + 2F_x(T_{N-1}^n - T_N^n) + 2F_x \frac{h\Delta x}{\lambda}(T_f - T_N^n) \tag{3-101}$$

$$F_x = \frac{\lambda \Delta t}{\rho C_p \Delta x^2} \tag{3-102}$$

6. 编程计算框图

图 3-10 是无限大平板淬火冷却过程温度场有限差分计算程序框图。

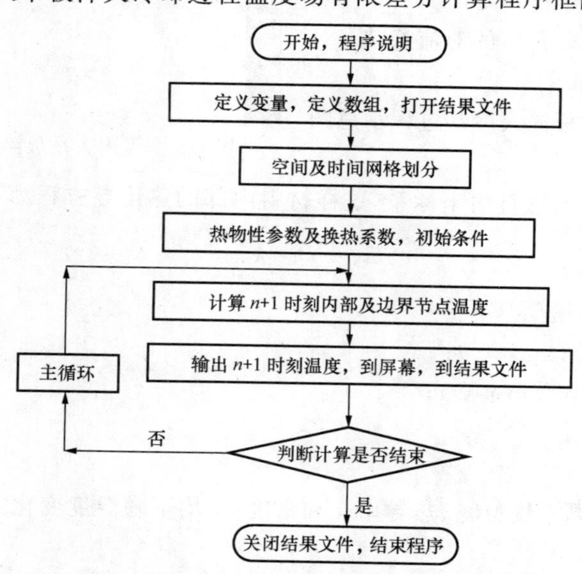

图 3-10　无限大平板淬火冷却过程温度场有限差分计算程序框图

7. 源程序

```
!C ************************** 1dplate ************************************************
!C ************************ 无限大平板沿厚度方向一维热传导 **************************
!C ************************ 一维显式差分格式 ***************************************
!C ************************************************************************ 定义变量类型
    double precision DX,DS,S,S1,TF,T0,P,CP,H,L,F1,F2,FX
!C ************************************************************************ 定义数组类型
    double precision T1(1000),T2(1000)
!C ************************************************************************ 打开结果文件
    OPEN(1,FILE = '1dplate.DAT')
!C ************************************************************************ 输入淬火时间
    WRITE( * , * )' 输入淬火时间 S1'
    READ( * , * )S1
    WRITE( * , * )S1
!C ******************************************************************* 划分空间及时间网格
    N1 = 101
    DX = 0.025
    DS = 0.003
!C *************************************************************** 初始条件及边界介质温度
    TF = 20.0
    T0 = 860.0
!C ***************************************************** 密度,比热,热导率,边界换热系数
    P = 7.8
    CP = 0.50
    L = 0.30
    H = 0.2                 !H = 2000
!C ************************************************************************ 计算傅立叶数
    FX = L * DS/(CP * P * DX * DX)
    WRITE( * , * )FX
    PAUSE
!C ************************************************************************** 赋初始条件
    DO 20 I = 1,N1
    T1(I) = T0
20    CONTINUE
!C **************************************************************************** 写初始值
    S = 0.0
    WRITE(1,200)S,T1(1),T1(51),T1(93),T1(101)
!C **************************************************************************** 开始循环
65    S = S + DS
    WRITE( * , * )S
!C ******************************************** 内部节点 ******************************
    DO 50 I = 2,N1 - 1
    T2(I) = T1(I) + FX * (T1(I + 1) - 2 * T1(I) + T1(I - 1))
50    CONTINUE
!C ******************************************** 心部节点 ******************************
    T2(1) = T1(1) + 2 * FX * (T1(2) - T1(1))
!C ******************************************** 外部节点 ******************************
    T2(N1) = T1(N1) + 2 * FX * (T1(N1 - 1) - T1(N1)) + 2 * FX * DX * H/L * (TF - T1(N1))
!C **************************************************************************** 结束循环
!C ****************************************************************************** 导数组
```

```
      DO 110 I = 1,N1
      T1(I) = T2(I)
110   CONTINUE
!C *************************************************************** 写结果文件
      MMM = MMM+1
      II = MOD(MMM,100)
      IF(II.NE.0) GOTO 6000
      WRITE(1,200)S,T1(1),T1(51),T1(93),T1(101)
6000  CONTINUE
200   FORMAT(1X,5F10.4)
!C *********************************************************** 判断计算是否结束
      IF(S.LT.(S1-0.00001)) GOTO 65
!C ************************************************************** 关闭结果文件
      CLOSE(1)
!C ***************************************************************** 停止程序
      STOP
!C ***************************************************************** 结束程序
      END
```

8. 显式差分格式计算结果

图 3-11 是无限大平板淬火冷却过程几个典型点温度随时间变化的计算结果。

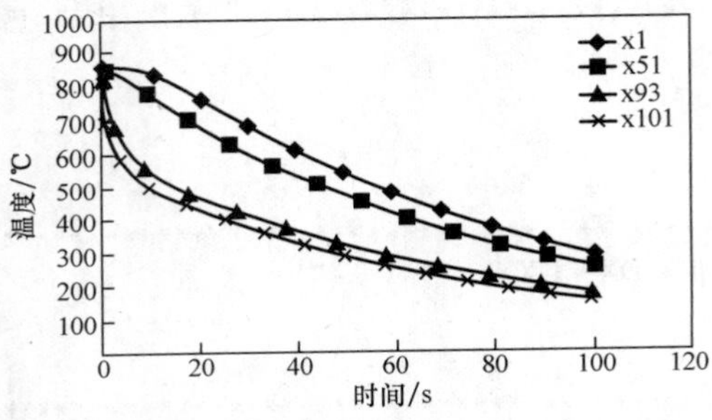

图 3-11　无限大平板淬火冷却过程几个典型点温度随时间变化的计算结果

3.6.2　无限长圆柱体淬火冷却过程非稳态温度场的有限差分法计算

1. 模型的建立

长圆柱体是一种在工业界常用的工件，它的淬火冷却过程是一个涉及相变、热传导、对流换热的三维非稳态传热过程。当长圆柱体的长度与其半径相比很大时，可忽略长度方向的热传导，只考虑径向的热传导，这时可用一维模型来近似地描述长圆柱体淬火冷却的热传导过程。在这个一维模型中采用以下几点假定：

(1)工件为无限长圆柱体；

(2)材料的热物性参数不随温度变化；

(3)不考虑相变潜热；

(4)考虑工件与淬火介质的对流换热；

(5)材料各向同性。

图 3-12 是无限长圆柱体淬火冷却过程示意图。

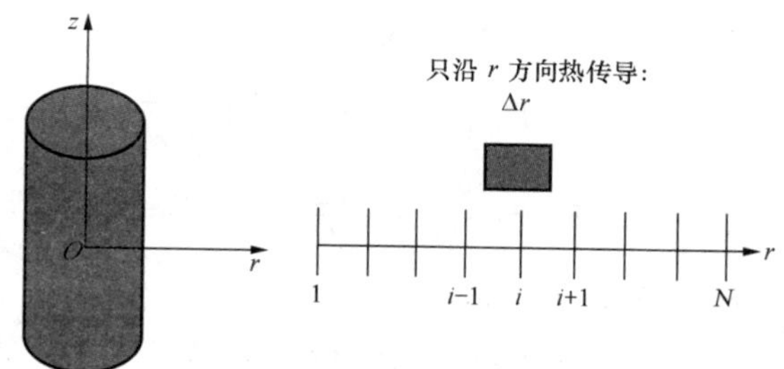

图 3-12　无限长圆柱体淬火冷却过程示意图

2. 热传导方程

根据工件的形状，采用柱坐标系，这样材料内部的热传导方程为

$$\rho C_p \frac{\partial T}{\partial t} = \frac{1}{r} \frac{\partial}{\partial r}\left(r\lambda \frac{\partial T}{\partial r}\right) \tag{3-103}$$

式中　ρ—— 密度，kg/m^3；

C_p—— 比热，J/(kg · ℃)；

λ—— 热导率，W/(m · ℃)；

T—— 温度，℃；

t—— 时间，s。

材料的热物性参数（比热 C_p、热导率 λ 和密度 ρ）均不随温度变化。

3. 边界条件

左边界：

$$-\lambda \frac{\partial T}{\partial n} = 0 \tag{3-104}$$

右边界：

$$-\lambda \frac{\partial T}{\partial n} = h(T - T_a) \tag{3-105}$$

式中　T—— 工件表面温度，℃；

T_a—— 淬火介质温度，℃；

n—— 工件表面的外法线方向；

h—— 材料表面与淬火介质的换热系数，$W/(m^2 \cdot ℃)$。

4. 初始条件

初始时刻工件整体温度分布均匀。$T|_{t=0} = T_0$，T_0 为一常数，取加热炉温，860 ℃。

$$T(r,0) = T_0 \tag{3-106}$$

5. 显式差分格式有限差分方程

左边界（心部）节点有限差分方程：

$$T_1^{n+1} = T_1^n + 4F_r(T_2^n - T_1^n) \tag{3-107}$$

内部节点有限差分方程：

$$T_i^{n+1} = T_i^n + F_r(T_{i+1}^n - 2T_i^n + T_{i-1}^n) + \frac{\Delta r}{2r}F_r(T_{i+1}^n - T_{i-1}^n) \quad (i = 2,3,\cdots,N-1) \tag{3-108}$$

右边界节点有限差分方程：

$$T_N^{n+1} = T_N^n + F_1^{柱} F_r (T_{N-1}^n - T_N^n) + F_2^{柱} F_r \frac{h\Delta r}{\lambda}(T_f^n - T_N^n) \tag{3-109}$$

$$F_r = \frac{\lambda \Delta t}{\rho C_p \Delta r^2}, \quad F_1^{柱} = \frac{8r_{N1} - 4\Delta r}{4r_{N1} - \Delta r}, \quad F_2^{柱} = \frac{8r_{N1}}{4r_{N1} - \Delta r} \tag{3-110}$$

6. 显式差分格式编程计算框图

无限长圆柱体淬火冷却过程温度场显式差分格式有限差分计算程序框图如图 3-10 所示。

7. 显式差分格式源程序

```
!C ************************ 1dcylinder *****************************************
!C ********************** 无限长圆柱体沿径向一维热传导 **************************
!C ********************** 一维显式差分格式 ***************************************
!C ********************************************************************* 定义变量类型
   double precision DR,DS,S,S1,TF,T0,P,CP,H,L,F1,F2,FR
!C ********************************************************************* 定义数组类型
   double precision T1(1000),T2(1000)
!C ********************************************************************* 打开结果文件
   OPEN(1,FILE = '1dcylinder.DAT')
!C ********************************************************************* 输入淬火时间
   WRITE( * , * )' 输入淬火时间 S1'
   READ( * , * )S1
   WRITE( * , * )S1
!C **************************************************************** 划分空间及时间网格
   N1 = 101
   DR = 0.025
   DS = 0.001
!C ************************************************************ 初始条件及边界介质温度
   TF = 20.0
   T0 = 860.0
!C ************************************************** 密度,比热,热导率,边界换热系数
   P = 7.8
   CP = 0.50
   L = 0.30
   H = 0.2             !H = 2000
!C ********************************************************************* 计算傅立叶数
   FR = L * DS/(CP * P * DR * DR)
   F1 = (8.0 * N1 - 12.0)/(4.0 * N1 - 5.0)
   F2 = 8.0 * (N1 - 1.0)/(4.0 * N1 - 5.0)
   WRITE( * , * )FR,F1,F2
   PAUSE
!C ************************************************************************ 赋初始条件
   DO 20 I = 1,N1
   T1(I) = T0
20   CONTINUE
!C ************************************************************************* 写初始值
   S = 0.0
   WRITE(1,200)S,T1(1),T1(51),T1(93),T1(101)
!C ************************************************************************* 开始循环
```

```
65  S = S+DS
    WRITE( * , * )S
!C ****************************************** 内部节点 ******************************
    DO 50 I = 2,N1 - 1
    !R = (I - 1) * DR
    T2(I) = T1(I + 1) * FR * (1.0 + 1.0/(2.0 * (I - 1.0))) + T1(I) * (1 - 2 * FR)
    + T1(I - 1) * FR * (1.0 - 1.0/(2.0 * (I - 1.0)))
50  CONTINUE
!C ****************************************** 心部节点 ******************************
    T2(1) = T1(1) * (1 - 4 * FR) + 4 * FR * T1(2)
!C ****************************************** 外部节点 ******************************
    T2(N1) = F1 * FR * T1(N1 - 1) + T1(N1) * (1 - F1 * FR - FR * F2 * DR * H/L) + TF * FR * F2 * DR * H/L
!C ********************************************************************* 循环结束
!C ********************************************************************** 导数组
    DO 110 I = 1,N1
    T1(I) = T2(I)
110  CONTINUE
!C ******************************************************************** 写结果文件
    MMM = MMM + 1
    II = MOD(MMM,100)
    IF(II.NE.0) GOTO 6000
    WRITE(1,200)S,T1(1),T1(51),T1(93),T1(101)
6000  CONTINUE
200  FORMAT(1X,5F10.4)
!C ************************************************************** 判断计算是否结束
    IF(S.LT.(S1 - 0.00001)) GOTO 65
!C ******************************************************************* 关闭结果文件
    CLOSE(1)
!C ********************************************************************** 停止程序
    STOP
!C ********************************************************************** 结束程序
    END
```

8. 显式差分格式计算结果

图 3-13 是无限长圆柱体淬火冷却过程几个典型点温度随时间变化的显式差分格式计算结果。

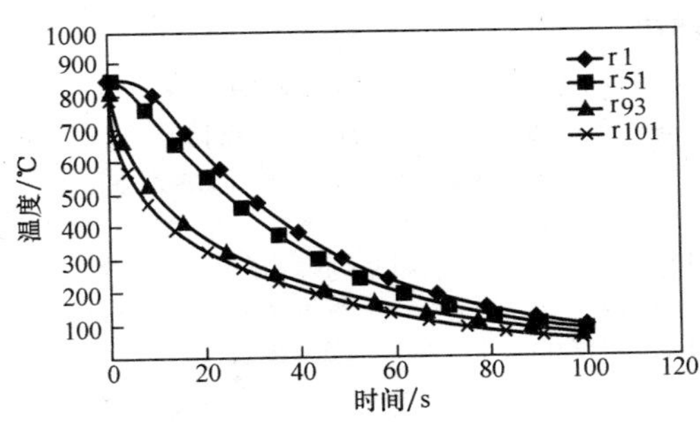

图 3-13　无限长圆柱体淬火冷却过程几个典型点温度随时间变化的显式差分格式计算结果

9. 隐式差分格式有限差分方程

左边界(心部) 节点有限差分方程:

$$T_1^{n+1} = T_1^n + 4F_r(T_2^{n+1} - T_1^{n+1}) \tag{3-111}$$

内部节点有限差分方程：

$$T_i^{n+1} = T_i^n + F_r(T_{i+1}^{n+1} - 2T_i^{n+1} + T_{i-1}^{n+1}) + \frac{\Delta r}{2r}F_r(T_{i+1}^{n+1} - T_{i-1}^{n+1}) \quad (i = 2,3,\cdots,N-1) \tag{3-112}$$

右边界节点有限差分方程：

$$T_N^{n+1} = T_N^n + F_1^{\text{挂}} F_r(T_{N-1}^{n+1} - T_N^{n+1}) + F_2^{\text{挂}} F_r \frac{h\Delta r}{\lambda}(T_f^{n+1} - T_N^{n+1}) \tag{3-113}$$

$$F_r = \frac{\lambda \Delta t}{\rho C_p \Delta r^2}, \quad F_1^{\text{挂}} = \frac{8r_{N1} - 4\Delta r}{4r_{N1} - \Delta r}, \quad F_2^{\text{挂}} = \frac{8r_{N1}}{4r_{N1} - \Delta r} \tag{3-114}$$

10. 隐式差分格式编程计算框图

图 3-14 是无限长圆柱体淬火冷却过程温度场隐式差分格式有限差分计算程序框图。

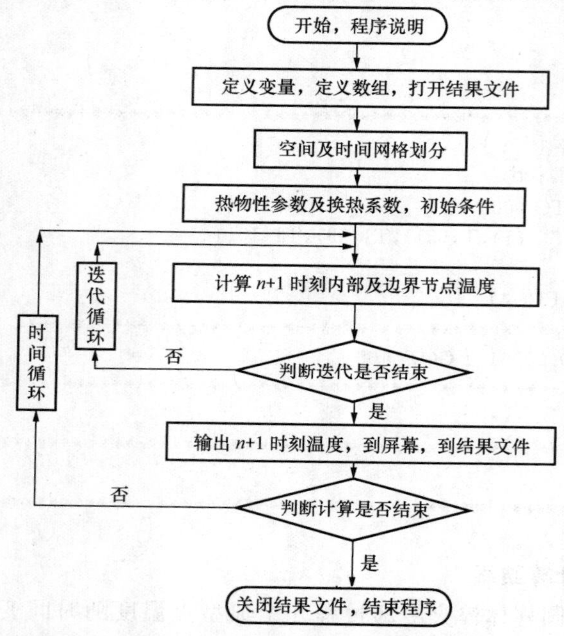

图 3-14　无限长圆柱体淬火冷却过程温度场隐式差分格式有限差分计算程序框图

11. 隐式差分格式源程序

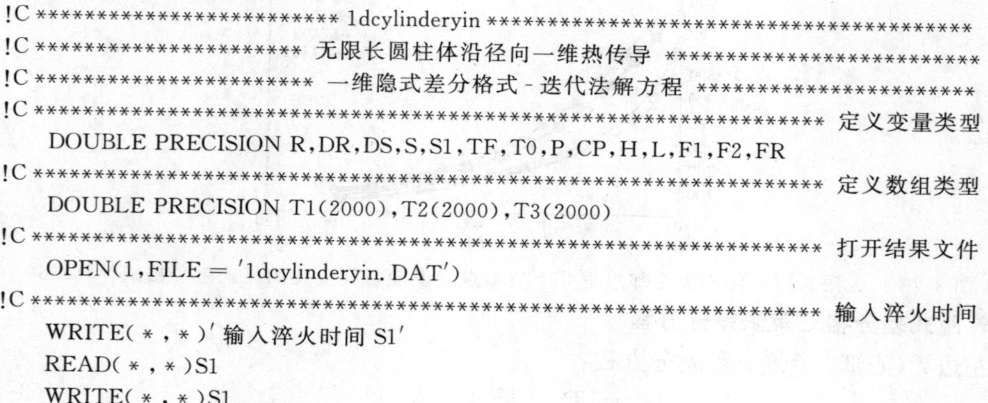

```
!C *************************** 1dcylinderyin *********************************
!C ************************ 无限长圆柱体沿径向一维热传导 ***************************
!C *********************** 一维隐式差分格式-迭代法解方程 *************************
!C ************************************************************************ 定义变量类型
   DOUBLE PRECISION R,DR,DS,S,S1,TF,T0,P,CP,H,L,F1,F2,FR
!C ************************************************************************ 定义数组类型
   DOUBLE PRECISION T1(2000),T2(2000),T3(2000)
!C ************************************************************************ 打开结果文件
   OPEN(1,FILE = '1dcylinderyin.DAT')
!C ************************************************************************ 输入淬火时间
   WRITE(*,*)'输入淬火时间 S1'
   READ(*,*)S1
   WRITE(*,*)S1
```

```
!C ************************************************************ 划分空间及时间网格
    N1 = 101
    R = 2.5
    DR = R/(N1 - 1)
    DS = 0.0001
!C ******************************************************** 初始条件及边界介质温度
    TF = 20.0
    T0 = 860.0
!C ********************************************** 密度,比热,热导率,边界换热系数
    P = 7.8
    CP = 0.50
    L = 0.30
    H = 0.2                    !H = 2000
!C ****************************************************************** 计算傅立叶数
    FR = L * DS/(CP * P * DR * DR)
    F1 = (8.0 * N1 - 12.0)/(4.0 * N1 - 5.0)
    F2 = 8.0 * (N1 - 1.0)/(4.0 * N1 - 5.0)
    WRITE( * , * )FR,F1,F2
!   PAUSE
!C ********************************************************************* 赋初始条件
    DO 20 I = 1,N1
    T1(I) = T0
20  CONTINUE
!C ******************************************************************************
    NP1 = 1
    NP2 = 1 + (N1 - 1)/2
    NP3 = 1 + (N1 - 1) * 92/100
    NP4 = N1
    write( * , * )NP1,NP2,NP3,NP4
!C *********************************************************************** 写初始值
    S = 0.0
    WRITE(1,200)S,T1(NP1),T1(NP2),T1(NP3),T1(NP4)
!C ******************************************************************* 开始时间循环
65  S = S + DS
    !WRITE( * , * )S
!C ******************************************************************* 开始迭代循环
    DO 2000 II = 1,8
    !WRITE( * , * )II
!C ***************************************** 内部节点 *****************************
    DO 50 I = 2,N1 - 1
    !R = (I - 1) * DR
    T3(I) = (T1(I) + T2(I + 1) * FR * (1.0 + 1.0/(2.0 * (I - 1.0)))
    + T2(I - 1) * FR * (1.0 - 1.0/(2.0 * (I - 1.0))))/(1.0 + 2.0 * FR)
50  CONTINUE
!C ***************************************** 心部节点 *****************************
    T3(1) = (T1(1) + 4 * FR * T2(2))/(1 + 4 * FR)
!C ***************************************** 外部节点 *****************************
    T3(N1) = (T1(N1)+FR * F1 * T2(N1-1)+FR * F2 * DR * H * TF/L)/(1+FR * F1+FR * F2 * DR * H/L)
```

```
!C ****************************************************************** 导数组
    DO 110 I = 1,N1
    T2(I) = T3(I)
110  CONTINUE
    !WRITE( * , * )II,T3(N1),T2(N1),T3(N1) - T2(N1)
2000  CONTINUE
!C ************************************************************* 结束迭代循环
!C ************************************************************* 结束时间循环
!C ****************************************************************** 导数组
    DO 120 I = 1,N1
    T1(I) = T3(I)
120  CONTINUE
!C *************************************************************** 写结果文件
    MMM = MMM + 1
    II = MOD(MMM,100)
    IF(II. NE. 0) GOTO 6000
    WRITE( * , * )S
    WRITE(1,200)S,T1(NP1),T1(NP2),T1(NP3),T1(NP4)
6000  CONTINUE
200  FORMAT(1X,5F10.4)
!C ********************************************************* 判断计算是否结束
    IF(S. LT. (S1 - 0. 00001)) GOTO 65
!C ************************************************************* 关闭结果文件
    CLOSE(1)
!C **************************************************************** 停止程序
    STOP
!C **************************************************************** 结束程序
    END
```

12. 隐式差分格式计算结果

图 3-15 是无限长圆柱体淬火冷却过程几个典型点温度随时间变化的隐式差分格式计算结果。

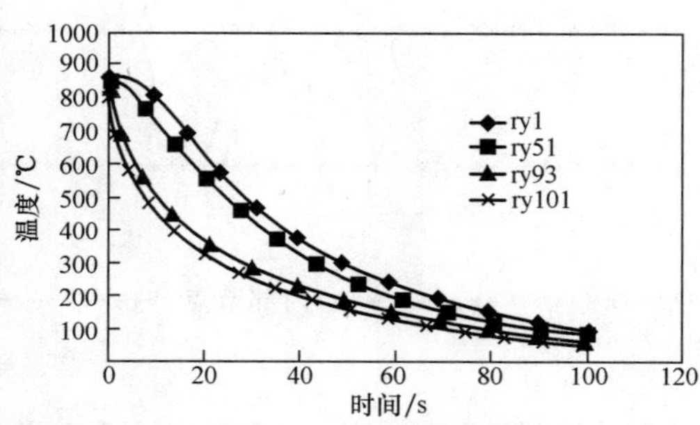

图 3-15　无限长圆柱体淬火冷却过程几个典型点温度随时间变化的隐式差分格式计算结果

3.6.3　球体淬火冷却过程非稳态温度场的有限差分法计算

1. 模型的建立

球体是一种在工业界常用的工件，它的淬火冷却过程是一个涉及相变、热传导、对流换热的三维非稳态传热过程。由于球体的对称性，只考虑球体径向的热传导，这时可用一维模型来近似地描述球体淬火冷却的传热过程。图 3-16 是球体淬火冷却过程示意图。

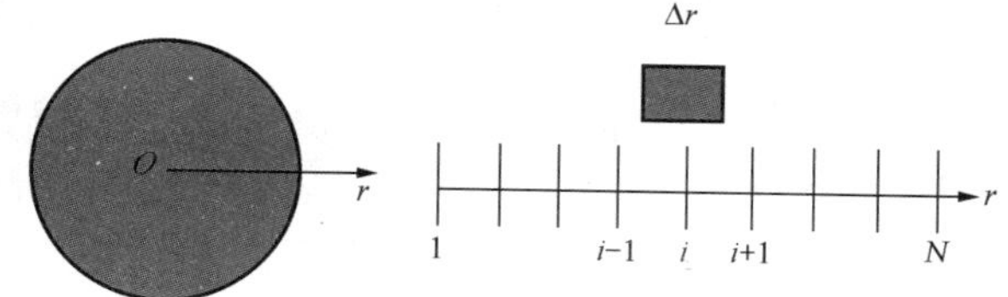

图 3-16　球体淬火冷却过程示意图

在这个一维模型中采用以下几点假定：

(1)工件为球体；

(2)材料的热物性参数不随温度变化；

(3)不考虑相变潜热；

(4)考虑工件与淬火介质的对流换热；

(5)材料各向同性。

2. 热传导方程

根据工件的形状，采用球坐标系，这样材料内部的热传导方程为

$$\rho C_p \frac{\partial T}{\partial t} = \frac{1}{r^2} \frac{\partial}{\partial r}\left(r^2 \lambda \frac{\partial T}{\partial r}\right) \tag{3-115}$$

式中　ρ—— 密度，$\mathrm{kg/m^3}$；

C_p—— 比热，J/(kg · ℃)；

λ—— 热导率，W/(m · ℃)；

T—— 温度，℃；

t—— 时间，s。

材料的热物性参数(比热 C_p、热导率 λ 和密度 ρ) 均不随温度变化。

3. 边界条件

左边界：

$$-\lambda \frac{\partial T}{\partial n} = 0 \tag{3-116}$$

右边界：

$$-\lambda \frac{\partial T}{\partial n} = h(T - T_a) \tag{3-117}$$

式中　T—— 工件表面温度，℃；

T_a—— 淬火介质温度，℃；

n—— 工件表面的外法线方向；

h—— 材料表面与淬火介质的换热系数，$\mathrm{W/(m^2 \cdot ℃)}$。

4. 初始条件

初始时刻工件整体温度分布均匀。$T|_{t=0} = T_0$，T_0 为一常数，取加热炉温，860 ℃。

$$T(r,0) = T_0 \tag{3-118}$$

5. 显式差分格式有限差分方程

左边界(心部) 节点有限差分方程：

$$T_1^{n+1} = T_1^n + 6F_r(T_2^n - T_1^n) \tag{3-119}$$

内部节点有限差分方程：

$$T_i^{n+1} = T_i^n + F_r(T_{i+1}^n - 2T_i^n + T_{i-1}^n) + \frac{\Delta r}{r_i}F_r(T_{i+1}^n - T_{i-1}^n) \quad (i = 2,3,\cdots,N-1) \tag{3-120}$$

右边界(球面)节点有限差分方程：

$$T_N^{n+1} = T_N^n + F_1^{球}F_r(T_{N-1}^n - T_N^n) + F_2^{球}F_r\frac{h\Delta r}{\lambda}(T_f^n - T_N^n) \tag{3-121}$$

$$F_r = \frac{\lambda\Delta t}{\rho C_p \Delta r^2},\quad F_1^{球} = \frac{4(r_N - \Delta r)}{2r_N - \Delta r},\quad F_2^{球} = \frac{4r_N}{2r_N - \Delta r} \tag{3-122}$$

6. 显式差分格式编程计算框图

球体淬火冷却过程温度场显式差分格式有限差分计算程序框图如图 3-10 所示。

7. 显式差分格式源程序

```
!C ************************** 1dsphere ****************************************************
!C ************************ 球体沿径向一维热传导 *****************************************
!C *********************** 一维显式差分格式 *********************************************
!C ****************************************************************************** 定义变量类型
   double precision DR,DS,S,S1,TF,T0,P,CP,H,L,F1,F2,FR
!C ****************************************************************************** 定义数组类型
   double precision T1(1000),T2(1000)
!C ****************************************************************************** 打开结果文件
   OPEN(1,FILE = '1dsphere.DAT')
!C ****************************************************************************** 输入淬火时间
   WRITE( * , * )' 输入淬火时间 S1'
   READ( * , * )S1
   WRITE( * , * )S1
!C ************************************************************************ 划分空间及时间网格
   N1 = 101
   DR = 0.025
   DS = 0.001
!C ********************************************************************** 初始条件及边界介质温度
   TF = 20.0
   T0 = 860.0
!C ************************************************************ 密度,比热,热导率,边界换热系数
   P = 7.8
   CP = 0.50
   L = 0.30
   H = 0.2                    !H = 2000
!C ****************************************************************************** 计算傅立叶数
   FR = L * DS/(CP * P * DR * DR)
   F1 = 4.0 * (N1 - 2.0)/(2.0 * N1 - 3.0)
   F2 = 4.0 * (N1 - 1.0)/(2.0 * N1 - 3.0)
   WRITE( * , * )FR,F1,F2
!C  PAUSE
!C ********************************************************************************* 赋初始条件
   DO 20 I = 1,N1
   T1(I) = T0
20 CONTINUE
```

```
!C ******************************************************************** 写初始值
    S = 0.0
    WRITE(1,200)S,T1(1),T1(51),T1(93),T1(101)
!C ******************************************************************** 开始循环
65  S = S+DS
    WRITE(*,*)S
!C ***************************************** 内部节点 ****************************
    DO 50 I = 2,N1 - 1
    !R = (I - 1) * DR
    T2(I) = T1(I)+FR*(T1(I+1)-2*T1(I)+T1(I-1))+1.0/(I-1.0)*FR*(T1(I+1)-T1(I-1))
50  CONTINUE
!C ***************************************** 心部节点 ****************************
    T2(1) = T1(1) + 6 * FR * (T1(2) - T1(1))
!C ***************************************** 外部节点 ****************************
    T2(N1) = T1(N1)+F1*FR*(T1(N1-1)-T1(N1))+F2*FR*DR*H/L*(TF-T1(N1))
!C ******************************************************************** 循环结束
!C ********************************************************************** 导数组
    DO 110 I = 1,N1
    T1(I) = T2(I)
110 CONTINUE
!C ****************************************************************** 写结果文件
    MMM = MMM + 1
    II = MOD(MMM,100)
    IF(II.NE.0) GOTO 6000
    WRITE(1,200)S,T1(1),T1(51),T1(93),T1(101)
6000 CONTINUE
200 FORMAT(1X,5F10.4)
!C ************************************************************* 判断计算是否结束
    IF(S.LT.(S1 - 0.00001)) GOTO 65
!C ***************************************************************** 关闭结果文件
    CLOSE(1)
!C ******************************************************************** 停止程序
    STOP
!C ******************************************************************** 结束程序
    END
```

8. 显式差分格式计算结果

图 3-17 是球体淬火冷却过程几个典型点温度随时间变化的显式差分格式有限差分计算结果。

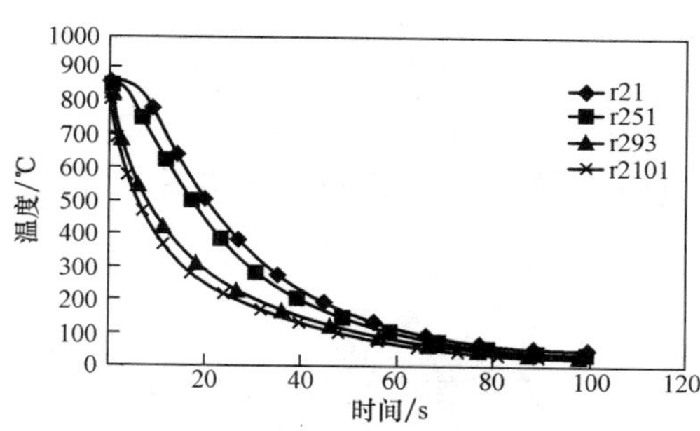

图 3-17　球体淬火冷却过程几个典型点温度随时间变化的显式差分格式有限差分计算结果

3.7 二维非稳态温度场的有限差分法

3.7.1 长方柱体淬火冷却过程二维非稳态温度场的有限差分法计算

1. 模型的建立

长方柱体是一种在工业界常用的工件，它的淬火冷却过程是一个涉及相变、热传导、对流换热的三维非稳态传热过程。当长方柱体的长度与其截面尺寸相比较大时，可忽略 z 方向热传导，这时可用二维模型来近似地描述长方柱体淬火冷却过程的传热过程，如图 3-18 所示。

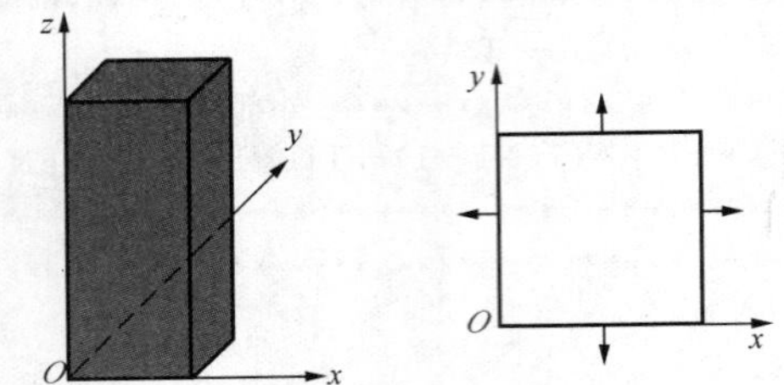

图 3-18 二维无限长方柱体淬火冷却过程示意图

在这个二维模型中采用以下几点假定：

(1)工件为二维无限长方柱体；

(2)材料的热物性参数不随温度变化；

(3)不考虑相变潜热；

(4)考虑工件与淬火介质的对流换热；

(5)材料各向同性。

2. 热传导方程

根据工件的形状，如图 3-18 所示，采用直角坐标系，这样材料内部的热传导方程为

$$\frac{\partial T}{\partial t} = \alpha\left(\frac{\partial^2 T}{\partial x^2} + \frac{\partial^2 T}{\partial y^2}\right) \tag{3-123}$$

式中 α—— 热扩散率，$\alpha = \dfrac{\lambda}{\rho C_p}$，$\mathrm{m^2/s}$；

ρ—— 密度，$\mathrm{kg/m^3}$；

C_p—— 比热，J/(kg · ℃)；

λ—— 热导率，W/(m · ℃)；

T—— 温度，℃；

t—— 时间，s。

材料的热物性参数（比热 C_p、热导率 λ 和密度 ρ）均不随温度变化。

3. 边界条件

边界条件为

$$-\lambda\frac{\partial T}{\partial n} = h(T - T_a) \tag{3-124}$$

式中 T—— 工件表面的温度，℃；

T_a—— 淬火介质温度,℃;

n—— 其他表面的外法线方向;

h—— 材料表面与淬火介质的换热系数,$W/(m^2 \cdot ℃)$。

4. 初始条件

初始时刻工件整体温度分布均匀。$T|_{t=0} = T_0$,T_0 为一常数,取加热炉温,860 ℃。

5. 有限差分方程

x 方向节点数为 N_1,y 方向节点数为 N_2。x 方向的步长为 Δx,y 方向的步长为 Δy,时间步长为 Δt。

内部节点有限差分方程:

$$\frac{T_{i,j}^{n+1} - T_{i,j}^{n}}{\Delta t} = \alpha\left[\frac{T_{i+1,j}^{n} - 2T_{i,j}^{n} + T_{i-1,j}^{n}}{(\Delta x)^2} + \frac{T_{i,j+1}^{n} - 2T_{i,j}^{n} + T_{i,j-1}^{n}}{(\Delta y)^2}\right] \tag{3-125}$$

令

$$F_x = \frac{\alpha \Delta t}{\Delta x^2},\quad F_y = \frac{\alpha \Delta t}{\Delta y^2},\quad F_1 = 1 - 2F_x - 2F_y$$

则内部节点有限差分方程变为

$$T_{i,j}^{n+1} = F_1 T_{i,j}^{n} + F_x(T_{i+1,j}^{n} + T_{i-1,j}^{n}) + F_y(T_{i,j+1}^{n} + T_{i,j-1}^{n}) \tag{3-126}$$

四条线边界节点的有限差分方程:

$$T_{1,j}^{n+1} = F_1 T_{1,j}^{n} + 2F_x T_{2,j}^{n} + F_y(T_{1,j+1}^{n} + T_{1,j-1}^{n}) + \frac{2h\Delta t}{\rho C_p \Delta x}(T_a - T_{1,j}^{n}) \tag{3-127}$$

$$T_{i,1}^{n+1} = F_1 T_{i,1}^{n} + F_x(T_{i+1,1}^{n} + T_{i-1,1}^{n}) + 2F_y T_{i,2}^{n} + \frac{2h\Delta t}{\rho C_p \Delta y}(T_a - T_{i,1}^{n}) \tag{3-128}$$

$$T_{i,N_2}^{n+1} = F_1 T_{i,N_2}^{n} + F_x(T_{i+1,N_2}^{n} + T_{i-1,N_2}^{n}) + 2F_y T_{i,N_2-1}^{n} + \frac{2h\Delta t}{\rho C_p \Delta y}(T_a - T_{i,N_2}^{n}) \tag{3-129}$$

$$T_{N_1,j}^{n+1} = F_1 T_{N_1,j}^{n} + 2F_x T_{N_1-1,j}^{n} + F_y(T_{N_1,j-1}^{n} + T_{N_1,j+1}^{n}) + \frac{2h\Delta t}{\rho C_p \Delta x}(T_a - T_{N_1,j}^{n}) \tag{3-130}$$

四个角边界节点的有限差分方程:

$$T_{1,1}^{n+1} = F_1 T_{1,1}^{n} + 2F_x T_{2,1}^{n} + 2F_y T_{1,2}^{n} + T_{1,j-1}^{n} + \frac{2h\Delta t}{\rho C_p}\left(\frac{1}{\Delta y} + \frac{1}{\Delta x}\right)(T_a - T_{1,1}^{n}) \tag{3-131}$$

$$T_{1,N_2}^{n+1} = F_1 T_{1,N_2}^{n} + 2F_x T_{2,N_2}^{n} + 2F_y T_{1,N_2-1}^{n} + \frac{2h\Delta t}{\rho C_p}\left(\frac{1}{\Delta y} + \frac{1}{\Delta x}\right)(T_a - T_{1,N_2}^{n}) \tag{3-132}$$

$$T_{N_1,1}^{n+1} = F_1 T_{N_1,1}^{n} + 2F_x T_{N_1-1,1}^{n} + 2F_y T_{N_1,2}^{n} + \frac{2h\Delta t}{\rho C_p}\left(\frac{1}{\Delta y} + \frac{1}{\Delta x}\right)(T_a - T_{N_1,1}^{n}) \tag{3-133}$$

$$T_{N_1,N_2}^{n+1} = F_1 T_{N_1,N_2}^{n} + 2F_x T_{N_1-1,N_2}^{n} + 2F_y T_{N_1,N_2-1}^{n} + \frac{2h\Delta t}{\rho C_p}\left(\frac{1}{\Delta y} + \frac{1}{\Delta x}\right)(T_a - T_{N_1,N_2}^{n}) \tag{3-134}$$

6. 计算机程序设计

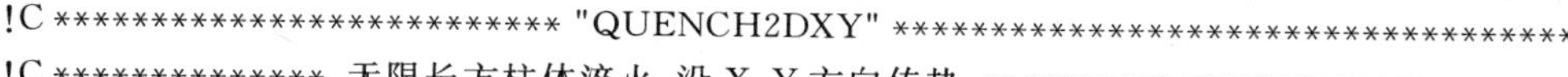

```
!C ************************** "QUENCH2DXY" ************************************
!C *************** 无限长方柱体淬火,沿 X,Y 方向传热 ***************************
!C ***************** 二维显式差分程序 ******************************************
!C ********************************************************************** 定义变量类型
```

```
      REAL T0,TA,C,P,K,DX,DY,DS,S1,S2,H
!C ************************************************************ 定义数组类型
      DIMENSION T1(1000,1000), T2(1000,1000)
!C ************************************************************ 打开结果文件
      OPEN(1,FILE = 'QUENCH2DXY.DAT')
      OPEN(2,FILE = 'QUENCH2DXY-t.DAT')
!C ************************************************************ 输入淬火时间
      WRITE(*,*)'输入淬火时间 S1'
      READ(*,*)S1
      WRITE(*,*)S1
!C ******************************************************** 划分空间及时间网格
      N1 = 31
      N2 = 31
      DX = 0.1
      DY = 0.1
      DS = 0.03
!C **************************************************** 初始条件及边界介质温度
      T0 = 860
      TA = 20
!C ******* 密度(1g/cm3 = 10^3 kg/m3),比热(1J/g℃ = 10^3 J/kg℃),热导率(1W/cm℃ = 10^2 W/m℃)
      P = 7.8
      C = 0.5
      K = 0.3
!C ********************************************* 边界换热系数(1W/cm2℃ = 10^4 W/m2℃)
      H = 0.2
!C ***********************************************************************
      WRITE(*,*)N1,N2,T0,TA,C,P,K,DX,DY,DS,S1,H
!C ************************************************************** 赋初始条件
      DO 20 I = 1,N1
      DO 10 J = 1,N2
      T1(I,J) = T0
10    CONTINUE
20    CONTINUE
!C ************************************************************ 计算傅立叶数
      FX = K*DS/(C*P*DX*DX)
      FY = K*DS/(C*P*DY*DY)
      F1 = 1-2*FX-2*FY
      WRITE(*,*)FX,FY,F1
      PAUSE
!C ************************************************************** 开始循环
      S = 0
65    S = S+DS
      WRITE(*,*)S
30    CONTINUE
!C ************************************************************** 内部节点
```

```
      DO 50 I = 2,N1 - 1
      DO 40 J = 2,N2 - 1
      T2(I,J) = F1 * T1(I,J) + FX * (T1(I+1,J) + T1(I-1,J)) + FY * (T1(I,J+1) + T1(I,J-1))
 40   CONTINUE
 50   CONTINUE
!C ******************************************************************** 左边界
      DO 60 J = 2,N2 - 1
      T2(1,J) = F1 * T1(1,J) + 2 * FX * T1(2,J) + FY * (T1(1,J + 1) + T1(1,J - 1)) +
      2 * H * DS * (TA - T1(1,J))/(P * C * DX)
 60   CONTINUE
!C ******************************************************************** 上边界
      DO 70 I = 2,N1 - 1
      T2(I,1) = F1 * T1(I,1) + FX * (T1(I + 1,1) + T1(I - 1,1)) + 2 * FY * T1(I,2) +
      2 * H * DS * (TA - T1(I,1))/(P * C * DY)
!C ******************************************************************** 下边界
      T2(I,N2) = F1 * T1(I,N2) + FX * (T1(I+1,N2) + T1(I-1,N2)) + 2 * FY * T1(I,N2 - 1) +
      2 * H * DS * (TA - T1(I,N2))/(P * C * DY)
 70   CONTINUE
!C ******************************************************************** 右边界
      DO 80 J = 2,N2 - 1
      T2(N1,J) = F1 * T1(N1,J) + 2 * FX * T1(N1 - 1,J) + FY * (T1(N1,J - 1) + T1(N1,J + 1)) +
      2 * H * DS * (TA - T1(N1,J))/(P * C * DX)
 80   CONTINUE
!C ******************************************************************** 左下角
      T2(1,1) = F1 * T1(1,1) + 2 * FX * T1(2,1) + 2 * FY * T1(1,2) + 2 * H * DS/(P * C) * (1/DX
      + 1/DY) * (TA - T1(1,1))
!C ******************************************************************** 右下角
      T2(1,N2) = F1 * T1(1,N2) + 2 * FX * T1(2,N2) + 2 * FY * T1(1,N2 - 1) +
      2 * H * DS/(P * C) * (1/DX + 1/DY) * (TA - T1(1,N2))
!C ******************************************************************** 左上角
      T2(N1,1) = F1 * T1(N1,1) + 2 * FX * T1(N1 - 1,1) + 2 * FY * T1(N1,2) +
      2 * H * DS/(P * C) * (1/DX + 1/DY) * (TA - T1(N1,1))
!C ******************************************************************** 右上角
      T2(N1,N2) = F1 * T1(N1,N2) + 2 * FX * T1(N1 - 1,N2) + 2 * FY * T1(N1,N2 - 1) +
      2 * H * DS/(P * C) * (1/DX + 1/DY) * (TA - T1(N1,N2))
!C ******************************************************************** 结束循环
!C ********************************************************** 从屏幕输出计算结果
      DO 100 J = 1,1
      DO 90 I = 1,N1
      WRITE( * , * )T2(I, J),T2(I, J + 1),T2(I, J + 2),T2(I, J + 3)
 90   CONTINUE
 100  CONTINUE
!C ****************************************************************** 写结果文件
      MMM = MMM + 1
      II = MOD(MMM,10)
```

```
      IF(II.NE.0) GOTO 6000
!C ************************************************************************
      WRITE(1,*)S
      WRITE(2,*)S,T2(1,1),T2(1,16),T2(16,16)
      WRITE(1,1000)I*H,((J-1)*DY,J=1,N2)
      DO 110 I=1,N1
      WRITE(1,1000)(I-1)*DX,(T2(I,J),J=1,N2)
1000  FORMAT(1X,100F8.2)
110   CONTINUE
6000  CONTINUE
!C ******************************************************************* 导数组
      DO 130 I=1,N1
      DO 120 J=1,N2
      T1(I,J)=T2(I,J)
120   CONTINUE
130   CONTINUE
!C *********************************************************** 判断计算是否结束
      IF(S.LT.S1-.000005) GOTO 65
!C ************************************************************** 关闭结果文件
      CLOSE(1)
      CLOSE(2)
!C ****************************************************************** 停止程序
      STOP
!C ****************************************************************** 结束程序
      END
```

7. 计算结果

图 3-19 是二维无限长方柱体淬火冷却过程 2.0 秒时温度场的立体图。图 3-20 是二维无限长方柱体淬火冷却过程 2.0 秒时温度场的等值线图。图 3-21 是二维无限长方柱体淬火冷却过程 2.0 秒时几条线上的温度分布图。图 3-22 是二维无限长方柱体淬火冷却过程几个典型点的温度随时间变化的曲线。

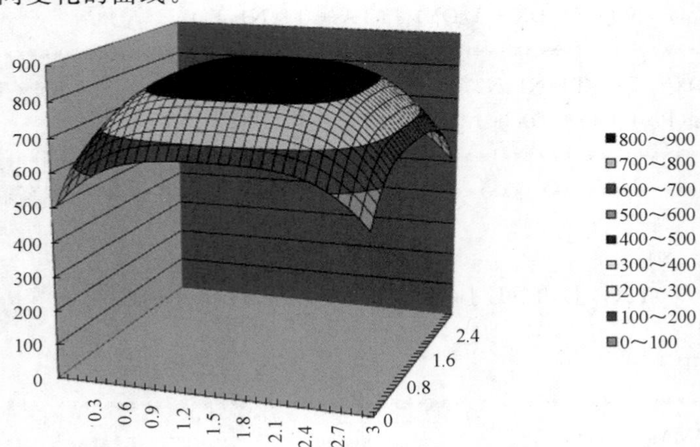

图 3-19　二维无限长方柱体淬火冷却过程 2.0 秒时温度场的立体图

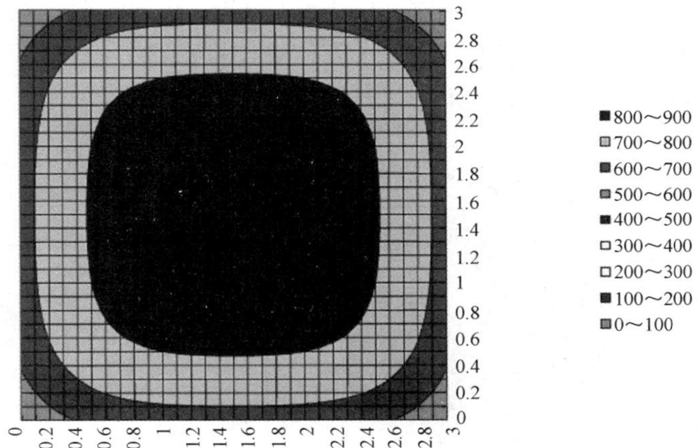

图 3-20　二维无限长方柱体淬火冷却过程 2.0 秒时温度场的等值线图

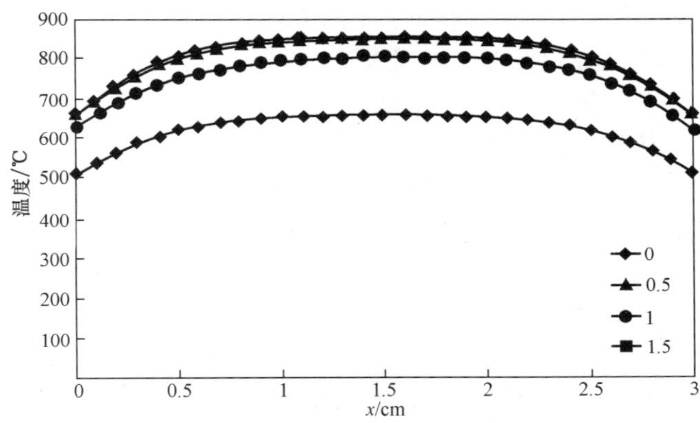

图 3-21　二维无限长方柱体淬火冷却过程 2.0 秒时几条线上的温度分布图

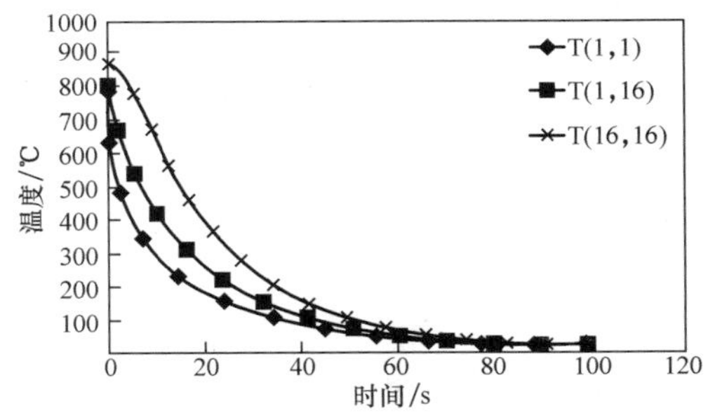

图 3-22 二维无限长方柱体淬火冷却过程几个典型点的温度随时间变化的曲线

3.7.2　激光相变硬化过程二维非稳态温度场的有限差分法计算

1. 模型的建立

激光相变硬化是采用高能量密度的激光对钢铁材料表面进行快速加热，超过奥氏体转变点，然后靠材料自身热传导实现快速冷却，获得马氏体，从而实现钢铁材料表面的局部淬火硬化。激光相变硬化过程是一个涉及相变、热传导、对流换热和辐射换热的三维非稳态传热过程。当激光束扫描速度较大时，忽略 z 方向传热，可用二维模型来近似地描述激光相变硬化过程的传热过程，如图 3-23 所示。

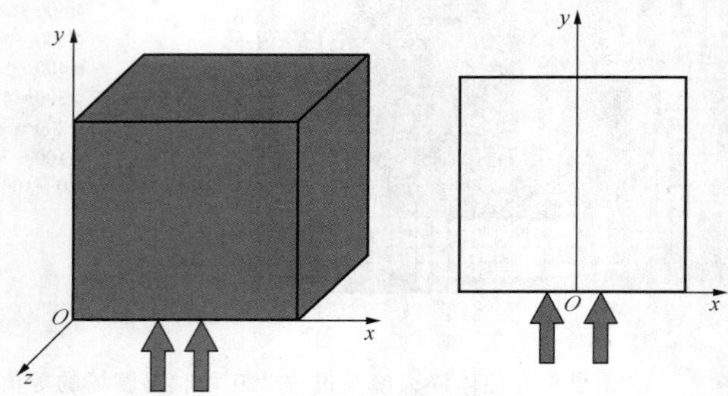

图 3-23　二维有限大平板激光相变硬化过程示意图

在这个二维模型中采用以下几点假定：

(1)材料表面对激光的吸收系数不随温度变化；

(2)材料的热物性参数不随温度变化；

(3)不考虑相变潜热；

(4)考虑工件的辐射换热及与空气的对流换热；

(5)入射激光束能量分布为高斯分布(TEM_{00})；

(6)材料各向同性；

(7)工件为二维有限大物体。

2. 热传导方程

根据工件的形状，如图 3-23 所示，采用直角坐标系，这样材料内部的热传导方程为

$$\frac{\partial T}{\partial t}=\alpha\left(\frac{\partial^2 T}{\partial x^2}+\frac{\partial^2 T}{\partial y^2}\right) \tag{3-135}$$

式中　α—— 热扩散率，$\alpha=\dfrac{\lambda}{\rho C_p}$，$m^2/s$；

ρ—— 密度，kg/m^3；

C_p—— 比热，J/(kg·℃)；

λ—— 热导率，W/(m·℃)；

T—— 温度，℃；

t—— 时间，s。

材料的热物性参数(比热 C_p、热导率 λ 和密度 ρ) 均不随温度变化。

3. 边界条件

边界条件为

上表面：

$$-\lambda\frac{\partial T}{\partial y}=-Q(x,t) \tag{3-136}$$

其他表面：

$$-\lambda \frac{\partial T}{\partial n} = h(T - T_a) \tag{3-137}$$

式中　T—— 工件表面的温度，℃；

T_a—— 环境温度，℃；

n—— 其他表面的外法线方向；

h—— 材料表面总的换热系数，W/(m^2·℃)。包括空气对流换热和辐射换热，$h = h_k + h_s$，h_k为对流换热系数，h_s 为辐射换热系数；

$Q(x,t)$—— 激光光斑能量分布函数：

$$Q(x,t) = \frac{PA}{2\pi R^2} \exp\left[-\frac{x^2 + (3R - Vt)^2}{2R^2}\right] \tag{3-138}$$

式中　P—— 激光功率，W；

A—— 吸收系数；

R—— 激光光斑半径，m；

V—— 激光束扫描速度，m/s。

4. 初始条件

初始时刻工件整体温度分布均匀。$T|_{t=0} = T_0$，T_0 为一常数，取室温，20 ℃ 或 293 K。

5. 有限差分方程

由于激光束的对称性，取工件整体区域的一半求解。x 方向节点数为 N_1，y 方向节点数为 N_2，x 方向的步长为 Δx，y 方向的步长为 Δy，时间步长为 Δt，如图 3-24 所示。

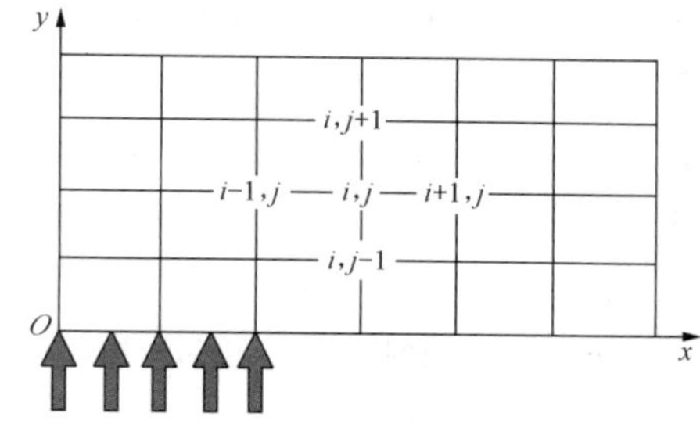

图 3-24　二维有限大平板激光相变硬化过程有限差分网格示意图

内部节点有限差分方程：

$$\frac{T_{i,j}^{n+1} - T_{i,j}^n}{\Delta t} = \alpha\left[\frac{T_{i+1,j}^n - 2T_{i,j}^n + T_{i-1,j}^n}{(\Delta x)^2} + \frac{T_{i,j+1}^n - 2T_{i,j}^n + T_{i,j-1}^n}{(\Delta y)^2}\right] \tag{3-139}$$

令

$$F_x = \frac{\alpha \Delta t}{\Delta x^2},\quad F_y = \frac{\alpha \Delta t}{\Delta y^2},\quad F_1 = 1 - 2F_x - 2F_y$$

则内部节点有限差分方程变为

$$T_{i,j}^{n+1} = F_1 T_{i,j}^n + F_x(T_{i+1,j}^n + T_{i-1,j}^n) + F_y(T_{i,j+1}^n + T_{i,j-1}^n) \tag{3-140}$$

四条线边界节点的有限差分方程：

$$T_{1,j}^{n+1} = F_1 T_{1,j}^n + 2F_x T_{2,j}^n + F_y(T_{1,j+1}^n + T_{1,j-1}^n) \tag{3-141}$$

$$T_{i,1}^{n+1} = F_1 T_{i,1}^n + F_x(T_{i+1,1}^n + T_{i-1,1}^n) + 2F_y T_{i,2}^n + \frac{2h\Delta t}{\rho C_p \Delta y}(T_a - T_{i,1}^n) + Q(i) \tag{3-142}$$

$$T_{i,N_2}^{n+1} = F_1 T_{i,N_2}^n + F_x(T_{i+1,N_2}^n + T_{i-1,N_2}^n) + 2F_y T_{i,N_2-1}^n + \frac{2h\Delta t}{\rho C_p \Delta y}(T_a - T_{i,N_2}^n) \tag{3-143}$$

$$T_{N_1,j}^{n+1} = F_1 T_{N_1,j}^n + 2F_x T_{N_1-1,j}^n + F_y(T_{N_1,j-1}^n + T_{N_1,j+1}^n) + \frac{2h\Delta t}{\rho C_p \Delta x}(T_a - T_{N_1,j}^n) \quad (3\text{-}144)$$

四个角边界节点的有限差分方程：

$$T_{1,1}^{n+1} = F_1 T_{1,1}^n + 2F_x T_{2,1}^n + 2F_y T_{1,2}^n + T_{1,j-1}^n + \frac{2h\Delta t}{\rho C_p \Delta y}(T_a - T_{1,1}^n) + Q(1) \quad (3\text{-}145)$$

$$T_{1,N_2}^{n+1} = F_1 T_{1,N_2}^n + 2F_x T_{2,N_2}^n + 2F_y T_{1,N_2-1}^n + \frac{2h\Delta t}{\rho C_p \Delta y}(T_a - T_{1,N_2}^n) \quad (3\text{-}146)$$

$$T_{N_1,1}^{n+1} = F_1 T_{N_1,1}^n + 2F_x T_{N_1-1,1}^n + 2F_y T_{N_1,2}^n + \frac{2h\Delta t}{\rho C_p \Delta y}(T_a - T_{N_1,1}^n) + Q(N_1) \quad (3\text{-}147)$$

$$T_{N_1,N_2}^{n+1} = F_1 T_{N_1,N_2}^n + 2F_x T_{N_1-1,N_2}^n + 2F_y T_{N_1,N_2-1}^n + \frac{2h\Delta t}{\rho C_p}\left(\frac{1}{\Delta y} + \frac{1}{\Delta x}\right)(T_a - T_{N_1,N_2}^n) \quad (3\text{-}148)$$

6. 计算机程序设计

```
!C ****************************** "LASER2D" ************************************
!C *************************** 方块体激光表面淬火,激光沿 Z 方向移动 *************
!C **************************** 二维传热,X,Y 方向热传导 **********************
!C ******************************** 外表面换热 ***********************************
!C ******************************** 显式差分格式 *********************************
! ********************************************************************** 定义变量
    REAL T0,TA,C,P,K,DX,DY,DS,S1,H,QM,R,V,BETA
! ****************************************************************** 定义数组
    DIMENSION T1(10000,1000), T2(10000,1000), Q(1000)
! ***************************************************************(**** 打开结果文件
    OPEN(1,FILE = '2Dlaserx. DAT')
    OPEN(2,FILE = '2Dlasert. DAT')
!C *************************************************************** 输入淬火时间
    WRITE(*,*)'输入淬火时间 S1'
    READ(*,*)S1
    WRITE(*,*)S1
! ********************************** 空间网格划分,空间步长(cm),时间步长(s)
    N1 = 101
    N2 = 101
    DX = 0.01
    DY = 0.01
    DS = 0.0002
! ********************************************** 初始温度,环境温度(℃)
    T0 = 20
    TA = 20
! ******************************** 热物性参数,比热,密度,热导率,换热系数
! ** 密度(1g/cm3 = 10^3 kg/m3),比热(1J/g℃ = 10^3 J/kg℃),热导率(1W/cm℃ = 10^2 W/m℃)
! ******************************************** 边界换热系数(1W/cm2℃ = 10^4 W/m2℃)
    P = 7.8
    C = 0.5
    K = 0.3
    H = 0.02
! ******************** 光斑扫描速度(cm/s),光斑半径(cm),激光功率(W),吸收系数
    V = 10.0
    R = 0.075
    QM = 800
```

```
      BETA = 0.54
      QM = QM * BETA
      QM = QM/(2 * 3.1415926 * R * * 2)
!C    WRITE( * , * )R
!C    WRITE( * , * )N1,N2,T0,TA,C,P,K,DX,DY,DS,S1,H,QM,R,V
!*************************************************************** 给节点赋初值
      DO 20 I = 1,N1
      DO 10 J = 1,N2
      T1(I,J) = T0
10    CONTINUE
20    CONTINUE
!*************************************************************** 计算 FX,FY,F1
      FX = K * DS/(C * P * DX * DX)
      FY = K * DS/(C * P * DY * DY)
      F1 = 1 - 2 * FX - 2 * FY
      WRITE( * , * )FX,FY,F1
      PAUSE
!******************************************************************* 开始循环
      S = 0
65    S = S + DS
      WRITE( * , * )S
!********************************************** 计算边界节点的激光热流 Q(I)
      DO 30 I = 1,N1
      X = ((I - 1) * DX) * * 2
      Y = (2 * R - V * S) * * 2
      X = - (X + Y)
      Q(I) = QM * EXP(X/(2 * R * * 2))
      Q(I) = 2 * Q(I) * DS/(C * P * DY)
30    CONTINUE
!***************************************************************** 内部节点
      DO 50 I = 2,N1 - 1
      DO 40 J = 2,N2 - 1
      T2(I,J) = F1 * T1(I,J) + FX * (T1(I + 1,J) + T1(I - 1,J)) + FY * (T1(I,J + 1) + T1(I,J - 1))
40    CONTINUE
50    CONTINUE
!******************************************************************* 左边界
      DO 60 J = 2,N2 - 1
      T2(1,J) = F1 * T1(1,J) + 2 * FX * T1(2,J) + FY * (T1(1,J + 1) + T1(1,J - 1))
60    CONTINUE
!******************************************************************* 下边界
      DO 70 I = 2,N1 - 1
      T2(I,1) = F1 * T1(I,1) + FX * (T1(I + 1,1) + T1(I - 1,1))
      & + 2 * FY * T1(I,2) + 2 * H * DS * (TA - T1(I,1))/(P * C * DY) + Q(I)
!******************************************************************* 上边界
      T2(I,N2) = F1 * T1(I,N2) + FX * (T1(I + 1,N2) + T1(I - 1,N2))
      & + 2 * FY * T1(I,N2 - 1) + 2 * H * DS * (TA - T1(I,N2))/(P * C * DY)
70    CONTINUE
!******************************************************************* 右边界
      DO 80 J = 2,N2 - 1
      T2(N1,J) = F1 * T1(N1,J) + 2 * FX * T1(N1 - 1,J) + FY * (T1(N1,J - 1)
```

```
    &+T1(N1,J+1))+2*H*DS*(TA-T1(N1,J))/(P*C*DX)
80  CONTINUE
!*********************************************************左下角
    T2(1,1)=F1*T1(1,1)+2*FX*T1(2,1)+2*FY*T1(1,2)
    &+2*H*DS*(TA-T1(1,1))/(P*C*DY)+Q(1)
!*********************************************************左上角
    T2(1,N2)=F1*T1(1,N2)+2*FX*T1(2,N2)+2*FY*T1(1,N2-1)
    &+2*H*DS/(P*C*DY)*(TA-T1(1,N2))
!*********************************************************右下角
    T2(N1,1)=F1*T1(N1,1)+2*FX*T1(N1-1,1)+2*FY*T1(N1,2)
    &+2*H*DS/(P*C)*(1/DX+1/DY)*(TA-T1(N1,1))+Q(N1)
!*********************************************************右上角
    T2(N1,N2)=F1*T1(N1,N2)+2*FX*T1(N1-1,N2)+2*FY*T1(N1,N2-1)
    &+2*H*DS/(P*C)*(1/DX+1/DY)*(TA-T1(N1,N2))
!****************************************************屏幕输出温度
    DO 100 J=1,1
    DO 90 I=1,92,4
    WRITE(*,*)T2(I,J),T2(I,J+1),T2(I,J+2),T2(I,J+3)
90  CONTINUE
100  CONTINUE
!**************************************************输出温度到文件
    WRITE(2,*)S,T2(1,1),T2(1,3),T2(1,10)
    WRITE(1,*)S
    WRITE(1,1000)I*H,((J-1)*DY,J=1,21)
    DO 110 I=1,31
    WRITE(1,1000)(I-1)*DX,(T2(I,J),J=1,21)
1000  FORMAT(1X,100F8.2)
110  CONTINUE
!*******************************************************替换数组
    DO 130 I=1,N1
    DO 120 J=1,N2
    T1(I,J)=T2(I,J)
120  CONTINUE
130  CONTINUE
!**************************************************判断计算是否结束
    IF(S.LT.S1-.000005) GOTO 65
!****************************************************关闭结果文件
    CLOSE(1)
    CLOSE(2)
!****************************************************停止程序运行
    STOP
!****************************************************结束程序运行
    END
```

7.计算结果

图3-25是激光相变硬化过程三个典型点温度随时间变化的曲线。图3-26是激光相变硬化过程温度场的立体图。图3-27是激光相变硬化过程温度场的等值线图。图3-28是激光相变硬化过程温度沿 x 方向分布图。图3-29是激光相变硬化过程温度沿 y 方向分布图。

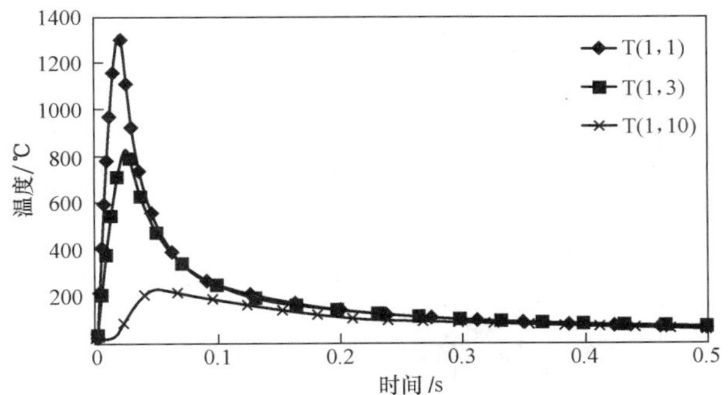

图3-25　激光相变硬化过程三个典型点温度随时间变化的曲线

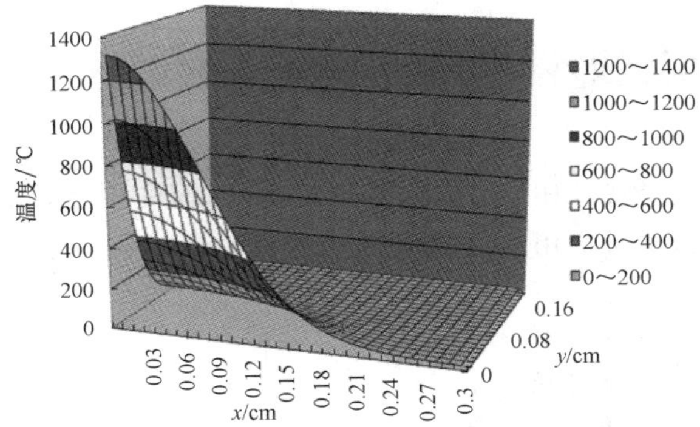

图3-26　激光相变硬化过程温度场的立体图

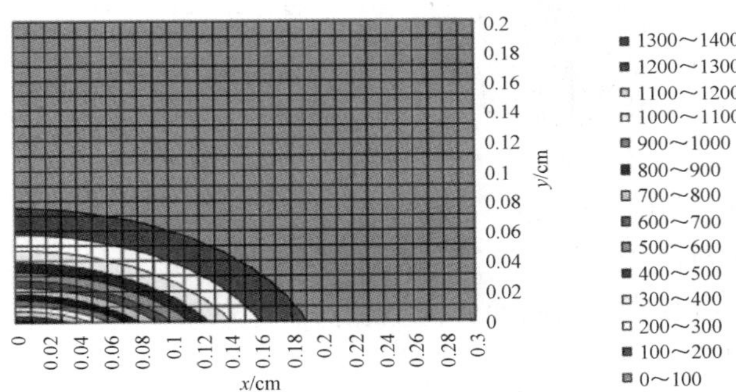

图3-27　激光相变硬化过程温度场的等值线图

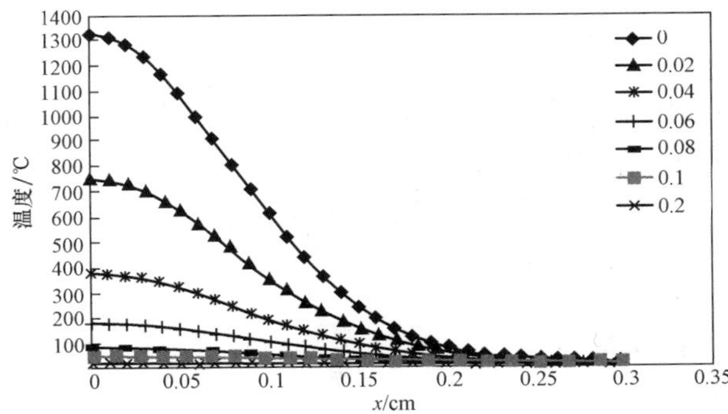

图3-28　激光相变硬化过程温度沿 x 方向分布图

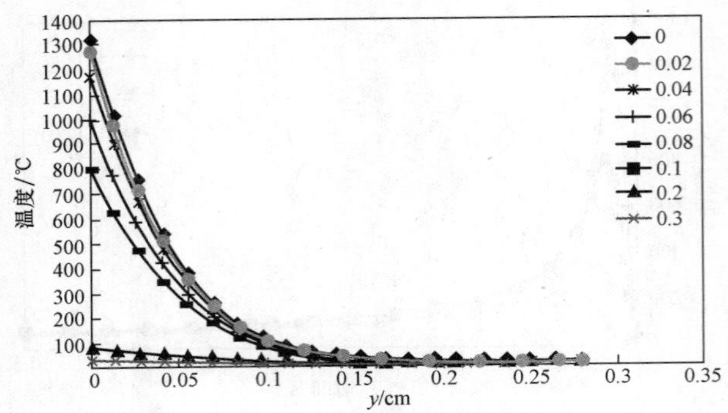

图 3-29　激光相变硬化过程温度沿 y 方向分布图

3.7.3　圆柱体淬火冷却过程非稳态温度场的有限差分法计算

1. 模型的建立

圆柱体是一种在工业界常用的工件，由于轴对称性，在柱坐标系下可忽略环向热传导，热传导只在径向和轴向，这时可用二维模型来描述圆柱体淬火冷却过程的传热过程，如图 3-30 所示。

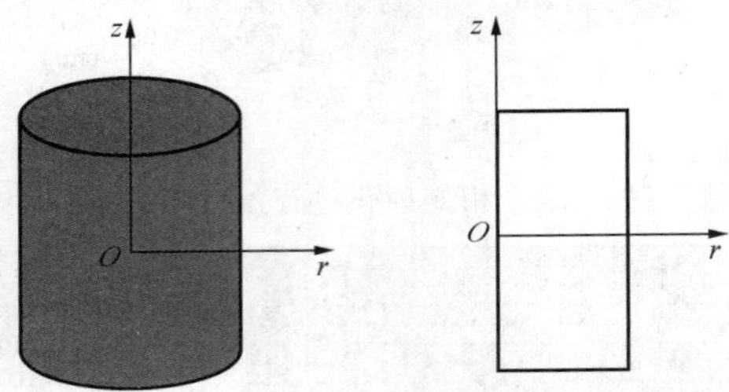

图 3-30　圆柱体工件淬火冷却过程示意图

在这个二维模型中采用以下几点假定：

(1)工件为有限长圆柱体；

(2)材料的热物性参数不随温度变化；

(3)不考虑相变潜热；

(4)考虑工件与淬火介质的对流换热；

(5)材料各向同性。

2. 热传导方程

根据工件的形状，采用圆柱坐标系，由于圆柱体工件的轴对称性，沿 φ 方向传热为零，这样材料内部的热传导方程为

$$\rho C_p \frac{\partial T}{\partial t} = \frac{1}{r}\frac{\partial}{\partial r}\left(r\lambda\frac{\partial T}{\partial r}\right) + \frac{\partial}{\partial z}\left(\lambda\frac{\partial T}{\partial z}\right) \tag{3-149}$$

式中　ρ—— 密度，kg/m³；

C_p—— 比热，J/(kg·℃)；

λ—— 热导率，W/(m·℃)；

T—— 温度，℃；

t—— 时间，s。

3. 边界条件

外表面：

$$-\lambda \frac{\partial T}{\partial n} = h_k (T - T_a) \tag{3-150}$$

对称面：

$$-\lambda \frac{\partial T}{\partial n} = 0 \tag{3-151}$$

式中　T—— 工件表面的温度，℃；

T_a—— 淬火介质温度，℃；

n—— 其他表面的外法线方向；

h_k —— 淬火介质的对流换热系数，W/(m^2 · ℃)。

4. 初始条件

初始时刻工件整体温度分布均匀。$T|_{t=0} = T_0$，T_0 为一常数，取淬火加热温度，对 35CrMo 钢，取 860 ℃。

5. 有限差分方程

r 方向节点数为 N_1，z 方向节点数为 N_2。r 方向的步长为 Δr，z 方向的步长为 Δz，时间步长为 Δt，如图 3-31 所示。

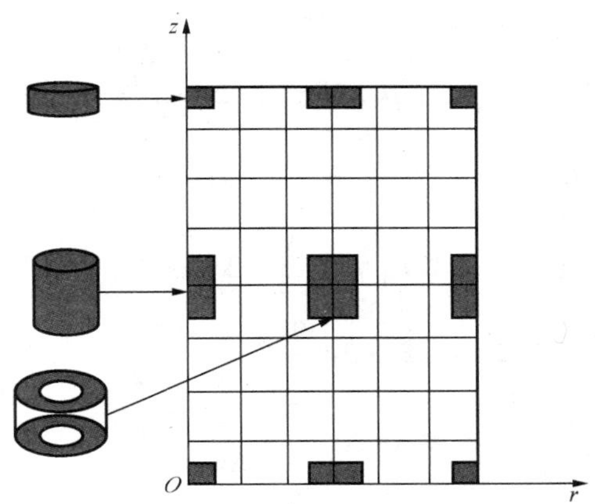

图 3-31　圆柱体工件淬火冷却过程有限差分网格示意图

内部节点热传导方程：

$$\rho C_p \frac{\partial T}{\partial t} = \lambda \frac{\partial^2 T}{\partial r^2} + \frac{\lambda}{r}\frac{\partial T}{\partial r} + \lambda \frac{\partial^2 T}{\partial z^2} \tag{3-152}$$

令 $\alpha = \dfrac{\lambda}{\rho C_p}$，采用差商直接替代微商法，则内部节点有限差分方程为

$$\frac{T_{i,j}^{n+1} - T_{i,j}^{n}}{\Delta t} = \alpha \left[\frac{T_{i+1,j}^{n} - 2T_{i,j}^{n} + T_{i-1,j}^{n}}{(\Delta r)^2} + \frac{1}{r_i} \frac{T_{i+1,j}^{n} - T_{i-1,j}^{n}}{2\Delta r} + \frac{T_{i,j+1}^{n} - 2T_{i,j}^{n} + T_{i,j-1}^{n}}{(\Delta z)^2} \right] \tag{3-153}$$

令 $F_r = \dfrac{\alpha \Delta t}{\Delta r^2}$，$F_z = \dfrac{\alpha \Delta t}{\Delta z^2}$，则内部节点有限差分方程变为

$$T_{i,j}^{n+1}=T_{i,j}^{n}+F_r(T_{i+1,j}^{n}-2T_{i,j}^{n}+T_{i-1,j}^{n})+\frac{\Delta r}{2r_i}F_r(T_{i+1,j}^{n}-T_{i-1,j}^{n})+F_z(T_{i,j+1}^{n}-2T_{i,j}^{n}+T_{i,j-1}^{n}) \tag{3-154}$$

采用能量平衡法推导有限差分方程：

(1)内部节点有限差分方程的推导

外圆半径： $r_i+\dfrac{\Delta r}{2}$

内圆半径： $r_i-\dfrac{\Delta r}{2}$

外圆面积： $S_{\text{out}}=\pi\left(r_i+\dfrac{\Delta r}{2}\right)^2$

内圆面积： $S_{\text{in}}=\pi\left(r_i-\dfrac{\Delta r}{2}\right)^2$

圆环面积： $\Delta S=S_{\text{out}}-S_{\text{in}}=\pi\left(r_i+\dfrac{\Delta r}{2}\right)^2-\pi\left(r_i-\dfrac{\Delta r}{2}\right)^2=2\pi r_i\Delta r$

圆环体高度： Δz

圆环体单元体积： $\Delta V=2\pi r_i\Delta r\Delta z$

圆环体外侧面积： $\Delta S_{\text{out}}=2\pi\left(r_i+\dfrac{\Delta r}{2}\right)\Delta z$

圆环体内侧面积： $\Delta S_{\text{in}}=2\pi\left(r_i-\dfrac{\Delta r}{2}\right)\Delta z$

圆环体单元内能的变化： $$\frac{\Delta U}{\Delta t}=\rho C_p(2\pi r_i\Delta r\Delta z)\frac{T_{i,j}^{n+1}-T_{i,j}^{n}}{\Delta t} \tag{3-155}$$

从内侧传入的热量： $$Q_{i-1\to i}=\lambda 2\pi\left(r_i-\frac{\Delta r}{2}\right)\Delta z\frac{T_{i-1,j}^{n}-T_{i,j}^{n}}{\Delta r} \tag{3-156}$$

从外侧传入的热量： $$Q_{i+1\to i}=\lambda 2\pi\left(r_i+\frac{\Delta r}{2}\right)\Delta z\frac{T_{i+1,j}^{n}-T_{i,j}^{n}}{\Delta r} \tag{3-157}$$

从下面传入的热量： $$Q_{j-1\to j}=\lambda 2\pi r_i\Delta r\frac{T_{i,j-1}^{n}-T_{i,j}^{n}}{\Delta z} \tag{3-158}$$

从上面传入的热量： $$Q_{j+1\to j}=\lambda 2\pi r_i\Delta r\frac{T_{i,j+1}^{n}-T_{i,j}^{n}}{\Delta z} \tag{3-159}$$

根据能量平衡原理： $$\frac{\Delta U}{\Delta t}=Q_{i-1\to i}+Q_{i+1\to i}+Q_{j-1\to j}+Q_{j+1\to j} \tag{3-160}$$

将式(3-155)～式(3-159)代入式(3-160)得

$$\begin{aligned}&\rho C_p(2\pi r_i\Delta r\Delta z)\frac{T_{i,j}^{n+1}-T_{i,j}^{n}}{\Delta t}\\&=\lambda 2\pi\left(r_i-\frac{\Delta r}{2}\right)\Delta z\frac{T_{i-1,j}^{n}-T_{i,j}^{n}}{\Delta r}+\lambda 2\pi\left(r_i+\frac{\Delta r}{2}\right)\Delta z\frac{T_{i+1,j}^{n}-T_{i,j}^{n}}{\Delta r}+\\&\lambda 2\pi r_i\Delta r\frac{T_{i,j-1}^{n}-T_{i,j}^{n}}{\Delta z}+\lambda 2\pi r_i\Delta r\frac{T_{i,j+1}^{n}-T_{i,j}^{n}}{\Delta z}\end{aligned} \tag{3-161}$$

整理后得

$$\frac{T_{i,j}^{n+1}-T_{i,j}^{n}}{\Delta t}=\frac{\lambda}{\rho C_p}\left[\frac{T_{i+1,j}^{n}-2T_{i,j}^{n}+T_{i-1,j}^{n}}{(\Delta r)^2}+\frac{1}{r_i}\frac{T_{i+1,j}^{n}-T_{i-1,j}^{n}}{2\Delta r}+\right.$$

$$\frac{T_{i,j+1}^{n}-2T_{i,j}^{n}+T_{i,j-1}^{n}}{(\Delta z)^{2}}\Bigg] \tag{3-162}$$

令 $F_r=\frac{\alpha\Delta t}{\Delta r^2}, F_z=\frac{\alpha\Delta t}{\Delta z^2}$，则内部节点的显式差分方程变为

$$T_{i,j}^{n+1}=T_{i,j}^{n}+F_r(T_{i+1,j}^{n}-2T_{i,j}^{n}+T_{i-1,j}^{n})+\frac{\Delta r}{2r_i}F_r(T_{i+1,j}^{n}-T_{i-1,j}^{n})+ F_z(T_{i,j+1}^{n}-2T_{i,j}^{n}+T_{i,j-1}^{n}) \tag{3-163}$$

内部节点的隐式差分方程变为

$$T_{i,j}^{n+1}=T_{i,j}^{n}+F_r(T_{i+1,j}^{n+1}-2T_{i,j}^{n+1}+T_{i-1,j}^{n+1})+\frac{\Delta r}{2r_i}F_r(T_{i+1,j}^{n+1}-T_{i-1,j}^{n+1})+ F_z(T_{i,j+1}^{n+1}-2T_{i,j}^{n+1}+T_{i,j-1}^{n+1}) \tag{3-164}$$

(2)左边界节点有限差分方程的推导

圆柱体半径： $\frac{\Delta r}{2}$

圆面积： $\Delta S=\pi\left(\frac{\Delta r}{2}\right)^2$

圆柱体高度： Δz

圆柱体单元体积： $\Delta V=\pi\left(\frac{\Delta r}{2}\right)^2\Delta z$

圆柱体外侧面积： $\Delta S_{\text{out}}=\pi\Delta r\Delta z$

圆柱体单元内能的变化： $\frac{\Delta U}{\Delta t}=\rho C_p\left[\pi\left(\frac{\Delta r}{2}\right)^2\Delta z\right]\frac{T_{1,j}^{n+1}-T_{1,j}^{n}}{\Delta t}$ (3-165)

从外侧传入的热量： $Q_{2\to1}=\lambda\pi\Delta r\Delta z\,\frac{T_{2,j}^{n}-T_{1,j}^{n}}{\Delta r}$ (3-166)

从下面传入的热量： $Q_{j-1\to j}=\lambda\pi\left(\frac{\Delta r}{2}\right)^2\frac{T_{1,j-1}^{n}-T_{1,j}^{n}}{\Delta z}$ (3-167)

从上面传入的热量： $Q_{j+1\to j}=\lambda\pi\left(\frac{\Delta r}{2}\right)^2\frac{T_{1,j+1}^{n}-T_{1,j}^{n}}{\Delta z}$ (3-168)

根据能量平衡原理： $\frac{\Delta U}{\Delta t}=Q_{2\to1}+Q_{j-1\to j}+Q_{j+1\to j}$ (3-169)

将式(3-165) ～ 式(3-168) 代入式(3-169) 得

$$\rho C_p\left[\pi\left(\frac{\Delta r}{2}\right)^2\Delta z\right]\frac{T_{1,j}^{n+1}-T_{1,j}^{n}}{\Delta t}=\lambda\pi\Delta r\Delta z\,\frac{T_{2,j}^{n}-T_{1,j}^{n}}{\Delta r}+\lambda\pi\left(\frac{\Delta r}{2}\right)^2\frac{T_{1,j-1}^{n}-T_{1,j}^{n}}{\Delta z}+ \lambda\pi\left(\frac{\Delta r}{2}\right)^2\frac{T_{1,j+1}^{n}-T_{1,j}^{n}}{\Delta z} \tag{3-170}$$

整理后得

$$\frac{T_{1,j}^{n+1}-T_{1,j}^{n}}{\Delta t}=\frac{\lambda}{\rho C_p}\left[4\,\frac{T_{2,j}^{n}-T_{1,j}^{n}}{(\Delta r)^2}+\frac{T_{1,j-1}^{n}-T_{1,j}^{n}}{(\Delta z)^2}+\frac{T_{1,j+1}^{n}-T_{1,j}^{n}}{(\Delta z)^2}\right] \tag{3-171}$$

令 $F_r=\frac{\alpha\Delta t}{\Delta r^2}, F_z=\frac{\alpha\Delta t}{\Delta z^2}$，则左边界节点的显式差分方程变为

$$T_{1,j}^{n+1}=T_{1,j}^{n}+4F_r(T_{2,j}^{n}-T_{1,j}^{n})+F_z(T_{1,j+1}^{n}-2T_{1,j}^{n}+T_{1,j-1}^{n}) \tag{3-172}$$

(3)右边界节点有限差分方程的推导

外圆半径： r_{N_1}

内圆半径： $r_{N_1}-\dfrac{\Delta r}{2}$

外圆面积： $S_{\text{out}}=\pi r_{N_1}^2$

内圆面积： $S_{\text{in}}=\pi\left(r_{N_1}-\dfrac{\Delta r}{2}\right)^2$

圆环面积： $\Delta S=S_{\text{out}}-S_{\text{in}}=\pi r_{N_1}^2-\pi\left(r_{N_1}-\dfrac{\Delta r}{2}\right)^2=\pi\left(r_{N_1}-\dfrac{\Delta r}{4}\right)\Delta r$

圆环体高度： Δz

圆环体单元体积： $\Delta V=\pi\left(r_{N_1}-\dfrac{\Delta r}{4}\right)\Delta r\Delta z$

圆环体外侧面积： $\Delta S_{\text{out}}=2\pi r_{N_1}\Delta z$

圆环体内侧面积： $\Delta S_{\text{in}}=2\pi\left(r_{N_1}-\dfrac{\Delta r}{2}\right)\Delta z$

圆环体单元内能的变化： $\dfrac{\Delta U}{\Delta t}=\rho C_p\left[\pi\left(r_{N_1}-\dfrac{\Delta r}{4}\right)\Delta r\Delta z\right]\dfrac{T_{N_1,j}^{n+1}-T_{N_1,j}^{n}}{\Delta t}$ (3-173)

从内侧传入的热量： $Q_{N_1-1\to N_1}=\lambda 2\pi\left(r_{N_1}-\dfrac{\Delta r}{2}\right)\Delta z\dfrac{T_{N_1-1,j}^{n}-T_{N_1,j}^{n}}{\Delta r}$ (3-174)

从外侧传入的热量： $Q_{S\to N_1}=(2\pi r_{N_1}\Delta z)h(T_{\text{f}}-T_{N_1,j}^{n})$ (3-175)

从下面传入的热量： $Q_{j-1\to j}=\lambda\pi\left(r_{N_1}-\dfrac{\Delta r}{4}\right)\Delta r\dfrac{T_{N_1,j-1}^{n}-T_{N_1,j}^{n}}{\Delta z}$ (3-176)

从上面传入的热量： $Q_{j+1\to j}=\lambda\pi\left(r_{N_1}-\dfrac{\Delta r}{4}\right)\Delta r\dfrac{T_{N_1,j+1}^{n}-T_{N_1,j}^{n}}{\Delta z}$ (3-177)

根据能量平衡原理： $\dfrac{\Delta U}{\Delta t}=Q_{N_1-1\to N_1}+Q_{S\to N_1}+Q_{j-1\to j}+Q_{j+1\to j}$ (3-178)

将式(3-173)～式(3-177)代入式(3-178)得

$$\rho C_p\left[\pi\left(r_{N_1}-\frac{\Delta r}{4}\right)\Delta r\Delta z\right]\frac{T_{N_1,j}^{n+1}-T_{N_1,j}^{n}}{\Delta t}$$

$$=\lambda 2\pi\left(r_{N_1}-\frac{\Delta r}{2}\right)\Delta z\frac{T_{N_1-1,j}^{n}-T_{N_1,j}^{n}}{\Delta r}+(2\pi r_{N_1}\Delta z)h(T_{\text{f}}-T_{N_1,j}^{n})+$$

$$\lambda\pi\left(r_{N_1}-\frac{\Delta r}{4}\right)\Delta r\frac{T_{N_1,j-1}^{n}-T_{N_1,j}^{n}}{\Delta z}+\lambda\pi\left(r_{N_1}-\frac{\Delta r}{4}\right)\Delta r\frac{T_{N_1,j+1}^{n}-T_{N_1,j}^{n}}{\Delta z} \tag{3-179}$$

整理后得

$$\frac{T_{N_1,j}^{n+1}-T_{N_1,j}^{n}}{\Delta t}=\frac{\lambda}{\rho C_p}\frac{8r_{N_1}-4\Delta r}{4r_{N_1}-\Delta r}\frac{T_{N_1-1,j}^{n}-T_{N_1,j}^{n}}{(\Delta r)^2}+\frac{\lambda}{\rho C_p(\Delta r)^2}\frac{8r_{N_1}}{4r_{N_1}-\Delta r}\frac{h\Delta r}{\lambda}(T_{\text{f}}-T_{N_1,j}^{n})+$$

$$\frac{\lambda}{\rho C_p}\frac{T_{N_1,j+1}^{n}-2T_{N_1,j}^{n}+T_{N_1,j-1}^{n}}{(\Delta z)^2} \tag{3-180}$$

令 $F_1=\dfrac{8r_{N_1}-4\Delta r}{4r_{N_1}-\Delta r}$，$F_2=\dfrac{8r_{N_1}}{4r_{N_1}-\Delta r}$，则右边界节点的显式差分方程变为

$$T_{N_1,j}^{n+1} = T_{N_1,j}^{n} + F_1 F_r (T_{N_1-1,j}^{n} - T_{N_1,j}^{n}) + F_2 F_r \frac{h\Delta r}{\lambda}(T_f - T_{N_1,j}^{n}) + F_z (T_{N_1,j+1}^{n} - 2T_{N_1,j}^{n} + T_{N_1,j-1}^{n}) \tag{3-181}$$

(4)下边界节点有限差分方程的推导

外圆半径：　$r_i + \dfrac{\Delta r}{2}$

内圆半径：　$r_i - \dfrac{\Delta r}{2}$

外圆面积：　$S_{out} = \pi\left(r_i + \dfrac{\Delta r}{2}\right)^2$

内圆面积：　$S_{in} = \pi\left(r_i - \dfrac{\Delta r}{2}\right)^2$

圆环面积：　$\Delta S = S_{out} - S_{in} = \pi\left(r_i + \dfrac{\Delta r}{2}\right)^2 - \pi\left(r_i - \dfrac{\Delta r}{2}\right)^2 = 2\pi r_i \Delta r$

圆环体高度：　$\dfrac{\Delta z}{2}$

圆环体单元体积：　$\Delta V = \pi r_i \Delta r \Delta z$

圆环体外侧面积：　$\Delta S_{out} = \pi\left(r_i + \dfrac{\Delta r}{2}\right)\Delta z$

圆环体内侧面积：　$\Delta S_{in} = \pi\left(r_i - \dfrac{\Delta r}{2}\right)\Delta z$

圆环体单元内能的变化：　$$\frac{\Delta U}{\Delta t} = \rho C_p (\pi r_i \Delta r \Delta z)\frac{T_{i,1}^{n+1} - T_{i,1}^{n}}{\Delta t} \tag{3-182}$$

从内侧传入的热量：　$$Q_{i-1\to i} = \lambda\left[\pi\left(r_i - \frac{\Delta r}{2}\right)\Delta z\right]\frac{T_{i-1,1}^{n} - T_{i,1}^{n}}{\Delta r} \tag{3-183}$$

从外侧传入的热量：　$$Q_{i+1\to i} = \lambda\left[\pi\left(r_i + \frac{\Delta r}{2}\right)\Delta z\right]\frac{T_{i+1,1}^{n} - T_{i,1}^{n}}{\Delta r} \tag{3-184}$$

从下面传入的热量：　0

从上面传入的热量：　$$Q_{i,2\to i,1} = \lambda(2\pi r_i \Delta r)\frac{T_{i,2}^{n} - T_{i,1}^{n}}{\Delta z} \tag{3-185}$$

根据能量平衡原理：　$$\frac{\Delta U}{\Delta t} = Q_{i-1\to i} + Q_{i+1\to i} + Q_{i,2\to i,1} \tag{3-186}$$

将式(3-182)～式(3-185)代入式(3-186)得

$$\rho C_p (\pi r_i \Delta r \Delta z)\frac{T_{i,1}^{n+1} - T_{i,1}^{n}}{\Delta t} = \lambda\left[\pi\left(r_i - \frac{\Delta r}{2}\right)\Delta z\right]\frac{T_{i-1,1}^{n} - T_{i,1}^{n}}{\Delta r} + \lambda\left[\pi\left(r_i + \frac{\Delta r}{2}\right)\Delta z\right]\frac{T_{i+1,1}^{n} - T_{i,1}^{n}}{\Delta r} + \lambda(2\pi r_i \Delta r)\frac{T_{i,2}^{n} - T_{i,1}^{n}}{\Delta z} \tag{3-187}$$

整理后得

$$\frac{T_{i,1}^{n+1} - T_{i,1}^{n}}{\Delta t} = \frac{\lambda}{\rho C_p}\left[\frac{T_{i+1,1}^{n} - 2T_{i,1}^{n} + T_{i-1,1}^{n}}{(\Delta r)^2} + \frac{1}{r_i}\frac{T_{i+1,1}^{n} - T_{i-1,1}^{n}}{2\Delta r} + 2\frac{T_{i,2}^{n} - T_{i,1}^{n}}{(\Delta z)^2}\right] \tag{3-188}$$

进一步整理得

$$T_{i,1}^{n+1}=T_{i,1}^{n}+F_r(T_{i+1,1}^{n}-2T_{i,1}^{n}+T_{i-1,1}^{n})+\frac{\Delta r}{2r_i}F_r(T_{i+1,1}^{n}-T_{i-1,1}^{n})+2F_z(T_{i,2}^{n}-T_{i,1}^{n}) \tag{3-189}$$

(5)上边界节点有限差分方程的推导

外圆半径： $r_i+\frac{\Delta r}{2}$

内圆半径： $r_i-\frac{\Delta r}{2}$

外圆面积： $S_{\text{out}}=\pi\left(r_i+\frac{\Delta r}{2}\right)^2$

内圆面积： $S_{\text{in}}=\pi\left(r_i-\frac{\Delta r}{2}\right)^2$

圆环面积： $\Delta S=S_{\text{out}}-S_{\text{in}}=\pi\left(r_i+\frac{\Delta r}{2}\right)^2-\pi\left(r_i-\frac{\Delta r}{2}\right)^2=2\pi r_i\Delta r$

圆环体高度： $\frac{\Delta z}{2}$

圆环体单元体积： $\Delta V=\pi r_i\Delta r\Delta z$

圆环体外侧面积： $\Delta S_{\text{out}}=\pi\left(r_i+\frac{\Delta r}{2}\right)\Delta z$

圆环体内侧面积： $\Delta S_{\text{in}}=\pi\left(r_i-\frac{\Delta r}{2}\right)\Delta z$

圆环体单元内能的变化： $$\frac{\Delta U}{\Delta t}=\rho C_p(\pi r_i\Delta r\Delta z)\frac{T_{i,N_2}^{n+1}-T_{i,N_2}^{n}}{\Delta t} \tag{3-190}$$

从内侧传入的热量： $$Q_{i-1\to i}=\lambda\pi\left(r_i-\frac{\Delta r}{2}\right)\Delta z\frac{T_{i-1,N_2}^{n}-T_{i,N_2}^{n}}{\Delta r} \tag{3-191}$$

从外侧传入的热量： $$Q_{i+1\to i}=\lambda\pi\left(r_i+\frac{\Delta r}{2}\right)\Delta z\frac{T_{i+1,N_2}^{n}-T_{i,N_2}^{n}}{\Delta r} \tag{3-192}$$

从下面传入的热量： $$Q_{i,N_2-1\to i,N_2}=\lambda(2\pi r_i\Delta r)\frac{T_{i,N_2-1}^{n}-T_{i,N_2}^{n}}{\Delta z} \tag{3-193}$$

从上面传入的热量： $$Q_{i,S\to i,N_2}=(2\pi r_i\Delta r)h(T_{\text{f}}-T_{i,N_2}^{n}) \tag{3-194}$$

根据能量平衡原理： $$\frac{\Delta U}{\Delta t}=Q_{i-1\to i}+Q_{i+1\to i}+Q_{i,S\to i,N_2}+Q_{i,N_2-1\to i,N_2} \tag{3-195}$$

将式(3-190)～式(3-194)代入式(3-195)得

$$\begin{aligned}&\rho C_p(\pi r_i\Delta r\Delta z)\frac{T_{i,N_2}^{n+1}-T_{i,N_2}^{n}}{\Delta t}\\&=\lambda\pi\left(r_i-\frac{\Delta r}{2}\right)\Delta z\frac{T_{i-1,N_2}^{n}-T_{i,N_2}^{n}}{\Delta r}+\lambda\pi\left(r_i+\frac{\Delta r}{2}\right)\Delta z\frac{T_{i+1,N_2}^{n}-T_{i,N_2}^{n}}{\Delta r}+\\&\quad(2\pi r_i\Delta r)h(T_{\text{f}}-T_{i,N_2}^{n})+\lambda(2\pi r_i\Delta r)\frac{T_{i,N_2-1}^{n}-T_{i,N_2}^{n}}{\Delta z}\end{aligned} \tag{3-196}$$

整理后得

$$\frac{T_{i,N_2}^{n+1}-T_{i,N_2}^{n}}{\Delta t}=\frac{\lambda}{\rho C_p}\left[\frac{T_{i+1,N_2}^{n}-2T_{i,N_2}^{n}+T_{i-1,N_2}^{n}}{(\Delta r)^2}+\frac{1}{r_i}\frac{T_{i+1,N_2}^{n}-T_{i-1,N_2}^{n}}{2\Delta r}+\right.$$

$$\frac{2h\Delta z}{\lambda}\frac{T_{\mathrm{f}}-T_{i,N_2}^{n}}{(\Delta z)^2}+2\frac{T_{i,N_2-1}^{n}-T_{i,N_2}^{n}}{(\Delta z)^2}\Bigg] \tag{3-197}$$

进一步整理得

$$T_{i,N_2}^{n+1}=T_{i,N_2}^{n}+F_r(T_{i+1,N_2}^{n}-2T_{i,N_2}^{n}+T_{i-1,N_2}^{n})+\frac{\Delta r}{2r_i}F_r(T_{i+1,N_2}^{n}-T_{i-1,N_2}^{n})+$$
$$2F_z(T_{i,N_2-1}^{n}-T_{i,N_2}^{n})+\frac{2h\Delta z}{\lambda}F_z(T_{\mathrm{f}}-T_{i,N_2}^{n}) \tag{3-198}$$

(6)左下角边界节点有限差分方程的推导

圆柱体半径：$\dfrac{\Delta r}{2}$

圆面积：$\Delta S=\pi\left(\dfrac{\Delta r}{2}\right)^2$

圆柱体高度：$\dfrac{\Delta z}{2}$

圆柱体单元体积：$\Delta V=\pi\left(\dfrac{\Delta r}{2}\right)^2\dfrac{\Delta z}{2}$

圆柱体外侧面积：$\Delta S_{\mathrm{out}}=\pi\Delta r\dfrac{\Delta z}{2}$

圆柱体单元内能的变化：
$$\frac{\Delta U}{\Delta t}=\rho C_p\pi\left(\frac{\Delta r}{2}\right)^2\frac{\Delta z}{2}\frac{T_{1,1}^{n+1}-T_{1,1}^{n}}{\Delta t} \tag{3-199}$$

从外侧传入的热量：
$$Q_{2,1\to1,1}=\lambda\pi\Delta r\frac{\Delta z}{2}\frac{T_{2,1}^{n}-T_{1,1}^{n}}{\Delta r} \tag{3-200}$$

从下面传入的热量：0

从上面传入的热量：
$$Q_{1,2\to1,1}=\lambda\pi\left(\frac{\Delta r}{2}\right)^2\frac{T_{1,2}^{n}-T_{1,1}^{n}}{\Delta z} \tag{3-201}$$

根据能量平衡原理：
$$\frac{\Delta U}{\Delta t}=Q_{2,1\to1,1}+Q_{1,2\to1,1} \tag{3-202}$$

将式(3-199)～式(3-201)代入式(3-202)得

$$\rho C_p\pi\left(\frac{\Delta r}{2}\right)^2\frac{\Delta z}{2}\frac{T_{1,1}^{n+1}-T_{1,1}^{n}}{\Delta t}=\lambda\pi\Delta r\frac{\Delta z}{2}\frac{T_{2,1}^{n}-T_{1,1}^{n}}{\Delta r}+\lambda\pi\left(\frac{\Delta r}{2}\right)^2\frac{T_{1,2}^{n}-T_{1,1}^{n}}{\Delta z} \tag{3-203}$$

整理后得

$$\frac{T_{1,1}^{n+1}-T_{1,1}^{n}}{\Delta t}=\frac{\lambda}{\rho C_p}\left[4\frac{T_{2,1}^{n}-T_{1,1}^{n}}{(\Delta r)^2}+2\frac{T_{1,2}^{n}-T_{1,1}^{n}}{(\Delta z)^2}\right] \tag{3-204}$$

进一步整理得

$$T_{1,1}^{n+1}=T_{1,1}^{n}+4F_r(T_{2,1}^{n}-T_{1,1}^{n})+2F_z(T_{1,2}^{n}-T_{1,1}^{n}) \tag{3-205}$$

(7)左上角边界节点有限差分方程的推导

圆柱体半径：$\dfrac{\Delta r}{2}$

圆面积：$\Delta S=\pi\left(\dfrac{\Delta r}{2}\right)^2$

圆柱体高度：$\dfrac{\Delta z}{2}$

圆柱体单元体积：　$\Delta V = \pi\left(\frac{\Delta r}{2}\right)^2 \frac{\Delta z}{2}$

圆柱体外侧面积：　$\Delta S_{out} = \pi\Delta r \frac{\Delta z}{2}$

圆柱体单元内能的变化：　$$\frac{\Delta U}{\Delta t} = \rho C_p \pi\left(\frac{\Delta r}{2}\right)^2 \frac{\Delta z}{2} \frac{T_{1,N_2}^{n+1} - T_{1,N_2}^{n}}{\Delta t} \tag{3-206}$$

从外侧传入的热量：　$$Q_{2,N_2\to 1,N_2} = \lambda\pi\Delta r \frac{\Delta z}{2} \frac{T_{2,N_2}^{n} - T_{1,N_2}^{n}}{\Delta r} \tag{3-207}$$

从上面传入的热量：　$$Q_{1,S\to 1,N_2} = \pi\left(\frac{\Delta r}{2}\right)^2 h(T_f - T_{1,N_2}^{n}) \tag{3-208}$$

从下面传入的热量：　$$Q_{1,N_2-1\to 1,N_2} = \lambda\pi\left(\frac{\Delta r}{2}\right)^2 \frac{T_{1,N_2-1}^{n} - T_{1,N_2}^{n}}{\Delta z} \tag{3-209}$$

根据能量平衡原理：　$$\frac{\Delta U}{\Delta t} = Q_{2,N_2\to 1,N_2} + Q_{1,S\to 1,N_2} + Q_{1,N_2-1\to 1,N_2} \tag{3-210}$$

将式(3-206)～式(3-209)代入式(3-210)得

$$\rho C_p \pi\left(\frac{\Delta r}{2}\right)^2 \frac{\Delta z}{2} \frac{T_{1,N_2}^{n+1} - T_{1,N_2}^{n}}{\Delta t} = \lambda\pi\Delta r \frac{\Delta z}{2} \frac{T_{2,N_2}^{n} - T_{1,N_2}^{n}}{\Delta r} + \pi\left(\frac{\Delta r}{2}\right)^2 h(T_f - T_{1,N_2}^{n}) + \lambda\pi\left(\frac{\Delta r}{2}\right)^2 \frac{T_{1,N_2-1}^{n} - T_{1,N_2}^{n}}{\Delta z} \tag{3-211}$$

整理后得

$$\frac{T_{1,N_2}^{n+1} - T_{1,N_2}^{n}}{\Delta t} = \frac{\lambda}{\rho C_p}\left[4\frac{T_{2,N_2}^{n} - T_{1,N_2}^{n}}{(\Delta r)^2} + 2\frac{T_{1,N_2-1}^{n} - T_{1,N_2}^{n}}{(\Delta z)^2} + \frac{2h\Delta z}{\lambda}\frac{T_f - T_{1,N_2}^{n}}{(\Delta z)^2}\right] \tag{3-212}$$

进一步整理得

$$T_{1,N_2}^{n+1} = T_{1,N_2}^{n} + 4F_r(T_{2,N_2}^{n} - T_{1,N_2}^{n}) + 2F_z(T_{1,N_2-1}^{n} - T_{1,N_2}^{n}) + 2F_z\frac{h\Delta z}{\lambda}(T_f - T_{1,N_2}^{n}) \tag{3-213}$$

(8)右下角边界节点有限差分方程的推导

外圆半径：　r_{N_1}

内圆半径：　$r_{N_1} - \frac{\Delta r}{2}$

外圆面积：　$S_{out} = \pi r_{N_1}^2$

内圆面积：　$S_{in} = \pi\left(r_{N_1} - \frac{\Delta r}{2}\right)^2$

圆环面积：　$\Delta S = S_{out} - S_{in} = \pi r_{N_1}^2 - \pi\left(r_{N_1} - \frac{\Delta r}{2}\right)^2 = \pi\left(r_{N_1} - \frac{\Delta r}{4}\right)\Delta r$

圆环体高度：　$\frac{\Delta z}{2}$

圆环体单元体积：　$\Delta V = \pi\left(r_{N_1} - \frac{\Delta r}{4}\right)\Delta r \frac{\Delta z}{2}$

圆环体外侧面积：　$\Delta S_{out} = \pi r_{N_1}\Delta z$

圆环体内侧面积：　$\Delta S_{in} = \pi\left(r_{N_1} - \frac{\Delta r}{2}\right)\Delta z$

圆环体单元内能的变化：$\dfrac{\Delta U}{\Delta t}=\rho C_p\pi\left(r_{N_1}-\dfrac{\Delta r}{4}\right)\Delta r\dfrac{\Delta z}{2}\dfrac{T_{N_1,1}^{n+1}-T_{N_1,1}^{n}}{\Delta t}$　(3-214)

从内侧传入的热量：$Q_{N_1-1,1\to N_1,1}=\lambda\pi\left(r_{N_1}-\dfrac{\Delta r}{2}\right)\Delta z\dfrac{T_{N_1-1,1}^{n}-T_{N_1,1}^{n}}{\Delta r}$　(3-215)

从外侧传入的热量：$Q_{S,1\to N_1,1}=(\pi r_{N_1}\Delta z)h(T_f-T_{N_1,1}^{n})$　(3-216)

从下面传入的热量：0

从上面传入的热量：$Q_{N_1,2\to N_1,1}=\lambda\pi\left(r_{N_1}-\dfrac{\Delta r}{4}\right)\Delta r\dfrac{T_{N_1,2}^{n}-T_{N_1,1}^{n}}{\Delta z}$　(3-217)

根据能量平衡原理：$\dfrac{\Delta U}{\Delta t}=Q_{N_1-1,1\to N_1,1}+Q_{S,1\to N_1,1}+Q_{N_1,2\to N_1,1}$　(3-218)

将式(3-214)～式(3-217)代入式(3-218)得

$$\rho C_p\pi\left(r_{N_1}-\frac{\Delta r}{4}\right)\Delta r\frac{\Delta z}{2}\frac{T_{N_1,1}^{n+1}-T_{N_1,1}^{n}}{\Delta t}$$
$$=\lambda\pi\left(r_{N_1}-\frac{\Delta r}{2}\right)\Delta z\frac{T_{N_1-1,1}^{n}-T_{N_1,1}^{n}}{\Delta r}+(\pi r_{N_1}\Delta z)h(T_f-T_{N_1,1}^{n})+$$
$$\lambda\pi\left(r_{N_1}-\frac{\Delta r}{4}\right)\Delta r\frac{T_{N_1,2}^{n}-T_{N_1,1}^{n}}{\Delta z}\tag{3-219}$$

整理后得

$$\frac{T_{N_1,1}^{n+1}-T_{N_1,1}^{n}}{\Delta t}=\frac{\lambda}{\rho C_p}\frac{8r_{N_1}-4\Delta r}{4r_{N_1}-\Delta r}\frac{T_{N_1-1,1}^{n}-T_{N_1,1}^{n}}{(\Delta r)^2}+\frac{\lambda}{\rho C_p(\Delta r)^2}\frac{8r_{N_1}}{4r_{N_1}-\Delta r}\frac{h\Delta r}{\lambda}(T_f-T_{N_1,1}^{n})+$$
$$\frac{2\lambda}{\rho C_p}\frac{T_{N_1,2}^{n}-T_{N_1,1}^{n}}{(\Delta z)^2}\tag{3-220}$$

进一步整理得

$$T_{N_1,1}^{n+1}=T_{N_1,1}^{n}+F_1F_r(T_{N_1-1,1}^{n}-T_{N_1,1}^{n})+F_2F_r\frac{h\Delta r}{\lambda}(T_f-T_{N_1,1}^{n})+2F_z(T_{N_1,2}^{n}-T_{N_1,1}^{n})\tag{3-221}$$

(9)右上角边界节点有限差分方程的推导

外圆半径：r_{N_1}

内圆半径：$r_{N_1}-\dfrac{\Delta r}{2}$

外圆面积：$S_{out}=\pi r_{N_1}^2$

内圆面积：$S_{in}=\pi\left(r_{N_1}-\dfrac{\Delta r}{2}\right)^2$

圆环面积：$\Delta S=S_{out}-S_{in}=\pi r_{N_1}^2-\pi\left(r_{N_1}-\dfrac{\Delta r}{2}\right)^2=\pi\left(r_{N_1}-\dfrac{\Delta r}{4}\right)\Delta r$

圆环体高度：$\dfrac{\Delta z}{2}$

圆环体单元体积：$\Delta V=\pi\left(r_{N_1}-\dfrac{\Delta r}{4}\right)\Delta r\dfrac{\Delta z}{2}$

圆环体外侧面积：$\Delta S_{out}=\pi r_{N_1}\Delta z$

圆环体内侧面积： $\Delta S_{\text{in}} = \pi\left(r_{N_1} - \frac{\Delta r}{2}\right)\Delta z$

圆环体单元内能的变化： $\frac{\Delta U}{\Delta t} = \rho C_p \pi\left(r_{N_1} - \frac{\Delta r}{4}\right)\Delta r \frac{\Delta z}{2} \frac{T^{n+1}_{N_1,N_2} - T^n_{N_1,N_2}}{\Delta t}$ (3-222)

从内侧传入的热量： $Q_{N_1-1,N_2\to N_1,N_2} = \lambda 2\pi\left(r_{N_1} - \frac{\Delta r}{2}\right)\frac{\Delta z}{2} \frac{T^n_{N_1-1,N_2} - T^n_{N_1,N_2}}{\Delta r}$ (3-223)

从外侧传入的热量： $Q_{S,N_2\to N_1,N_2} = 2\pi r_{N_1} \frac{\Delta z}{2} h(T_{\text{f}} - T^n_{N_1,N_2})$ (3-224)

从下面传入的热量： $Q_{N_1,N_2-1\to N_1,N_2} = \lambda\pi\left(r_{N_1} - \frac{\Delta r}{4}\right)\Delta r \frac{T^n_{N_1,N_2-1} - T^n_{N_1,N_2}}{\Delta z}$ (3-225)

从上面传入的热量： $Q_{N_1,S\to N_1,N_2} = \pi\left(r_{N_1} - \frac{\Delta r}{4}\right)\Delta r h(T_{\text{f}} - T^n_{N_1,N_2})$ (3-226)

根据能量平衡原理：

$$\frac{\Delta U}{\Delta t} = Q_{N_1-1,N_2\to N_1,N_2} + Q_{S,N_2\to N_1,N_2} + Q_{N_1,N_2-1\to N_1,N_2} + Q_{N_1,S\to N_1,N_2} \tag{3-227}$$

将式(3-222) ～ 式(3-226) 代入式(3-227) 得

$$\begin{aligned}
&\rho C_p \pi\left(r_{N_1} - \frac{\Delta r}{4}\right)\Delta r \frac{\Delta z}{2} \frac{T^{n+1}_{N_1,N_2} - T^n_{N_1,N_2}}{\Delta t} \\
&= \lambda 2\pi\left(r_{N_1} - \frac{\Delta r}{2}\right)\frac{\Delta z}{2} \frac{T^n_{N_1-1,N_2} - T^n_{N_1,N_2}}{\Delta r} + 2\pi r_{N_1} \frac{\Delta z}{2} h(T_{\text{f}} - T^n_{N_1,N_2}) + \\
&\quad \lambda\pi\left(r_{N_1} - \frac{\Delta r}{4}\right)\Delta r \frac{T^n_{N_1,N_2-1} - T^n_{N_1,N_2}}{\Delta z} + \pi\left(r_{N_1} - \frac{\Delta r}{4}\right)\Delta r h(T_{\text{f}} - T^n_{N_1,N_2})
\end{aligned} \tag{3-228}$$

整理后得

$$\begin{aligned}
\frac{T^{n+1}_{N_1,N_2} - T^n_{N_1,N_2}}{\Delta t} &= \frac{\lambda}{\rho C_p} \frac{8r_{N_1} - 4\Delta r}{4r_{N_1} - \Delta r} \frac{T^n_{N_1-1,N_2} - T^n_{N_1,N_2}}{(\Delta r)^2} + \\
&\quad \frac{\lambda}{\rho C_p (\Delta r)^2} \frac{8r_{N_1}}{4r_{N_1} - \Delta r} \frac{h\Delta r}{\lambda}(T_{\text{f}} - T^n_{N_1,N_2}) + \\
&\quad \frac{2\lambda}{\rho C_p} \frac{T^n_{N_1,N_2-1} - T^n_{N_1,N_2}}{(\Delta z)^2} + \frac{\lambda}{\rho C_p (\Delta z)^2} \frac{h\Delta z}{\lambda}(T_{\text{f}} - T^n_{N_1,N_2})
\end{aligned} \tag{3-229}$$

进一步整理得

$$\begin{aligned}
T^{n+1}_{N_1,N_2} &= T^n_{N_1,N_2} + F_1 F_r (T^n_{N_1-1,N_2} - T^n_{N_1,N_2}) + F_2 F_r \frac{h\Delta r}{\lambda}(T_{\text{f}} - T^n_{N_1,N_2}) + \\
&\quad 2F_z (T^n_{N_1,N_2-1} - T^n_{N_1,N_2}) + F_z \frac{h\Delta z}{\lambda}(T_{\text{f}} - T^n_{N_1,N_2})
\end{aligned} \tag{3-230}$$

内部节点的有限差分方程：

$$\begin{aligned}
T^{n+1}_{i,j} &= T^n_{i,j} + F_r (T^n_{i+1,j} - 2T^n_{i,j} + T^n_{i-1,j}) + \frac{\Delta r}{2r_i} F_r (T^n_{i+1,j} - T^n_{i-1,j}) + \\
&\quad F_z (T^n_{i,j+1} - 2T^n_{i,j} + T^n_{i,j-1})
\end{aligned} \tag{3-231}$$

四条线边界节点的有限差分方程：

$$T^{n+1}_{i,1} = T^n_{i,1} + F_r (T^n_{i+1,1} - 2T^n_{i,1} + T^n_{i-1,1}) + \frac{\Delta r}{2r_i} F_r (T^n_{i+1,1} - T^n_{i-1,1}) + 2F_z (T^n_{i,2} - T^n_{i,1}) \tag{3-232}$$

$$T_{i,N_2}^{n+1} = T_{i,N_2}^n + F_r(T_{i+1,N_2}^n - 2T_{i,N_2}^n + T_{i-1,N_2}^n) + \frac{\Delta r}{2r_i}F_r(T_{i+1,N_2}^n - T_{i-1,N_2}^n) + 2F_z(T_{i,N_2-1}^n - T_{i,N_2}^n) + 2F_z\frac{h\Delta z}{\lambda}(T_f - T_{i,N_2}^n) \tag{3-233}$$

$$T_{1,j}^{n+1} = T_{1,j}^n + 4F_r(T_{2,j}^n - T_{1,j}^n) + F_z(T_{1,j+1}^n - 2T_{1,j}^n + T_{1,j-1}^n) \tag{3-234}$$

$$T_{N_1,j}^{n+1} = T_{N_1,j}^n + F_1F_r(T_{N_1-1,j}^n - T_{N_1,j}^n) + F_2F_r\frac{h\Delta r}{\lambda}(T_f - T_{N_1,j}^n) + F_z(T_{N_1,j+1}^n - 2T_{N_1,j}^n + T_{N_1,j-1}^n) \tag{3-235}$$

$$F_1 = \frac{8r_{N_1} - 4\Delta r}{4r_{N_1} - \Delta r},\quad F_2 = \frac{8r_{N_1}}{4r_{N_1} - \Delta r},\quad r_{N_1} = (N_1 - 1)\Delta r \tag{3-236}$$

四个角边界节点的有限差分方程：

$$T_{1,1}^{n+1} = T_{1,1}^n + 4F_r(T_{2,1}^n - T_{1,1}^n) + 2F_z(T_{1,2}^n - T_{1,1}^n) \tag{3-237}$$

$$T_{1,N_2}^{n+1} = T_{1,N_2}^n + 4F_r(T_{2,N_2}^n - T_{1,N_2}^n) + 2F_z(T_{1,N_2-1}^n - T_{1,N_2}^n) + \frac{2h\Delta z}{\lambda}F_z(T_f - T_{1,N_2}^n) \tag{3-238}$$

$$T_{N_1,1}^{n+1} = T_{N_1,1}^n + F_1F_r(T_{N_1-1,1}^n - T_{N_1,1}^n) + F_2F_r\frac{h\Delta r}{\lambda}(T_f - T_{N_1,1}^n) + 2F_z(T_{N_1,2}^n - T_{N_1,1}^n) \tag{3-239}$$

$$T_{N_1,N_2}^{n+1} = T_{N_1,N_2}^n + F_1F_r(T_{N_1-1,N_2}^n - T_{N_1,N_2}^n) + F_2F_r\frac{h\Delta r}{\lambda}(T_f - T_{N_1,N_2}^n) + 2F_z(T_{N_1,N_2-1}^n - T_{N_1,N_2}^n) + F_z\frac{h\Delta z}{\lambda}(T_f - T_{N_1,N_2}^n) \tag{3-240}$$

6. 计算机程序设计

```
!C ******** QUEN2DRZ ************************************************************
!C ****** 有限长圆柱体(右上 1/2 轴截面 101 * 201) ***********************************
! ****** 初始温度 860 度,边界换热 H ***********************************************
!C ****** 显式差分程序 ************************************************************
!C ****************************************************************** 定义变量类型
      double precision DR,DZ,DS,S,S1,TF,T0,P,CP,H,L,F1,F2,FR,FZ
!C ****************************************************************** 定义数组类型
      DIMENSION T1(1000,1000),T2(1000,1000)
!C ****************************************************************** 打开结果文件
      OPEN(1,FILE = 'QUEN2DRZ－1.DAT')
      OPEN(2,FILE = 'QUEN2DRZ－2.DAT')
      OPEN(3,FILE = 'QUEN2DRZ－3.DAT')
!C ****************************************************************** 输入淬火时间
      WRITE(*,*)'输入淬火时间 S1'
      READ(*,*)S1
      WRITE(*,*)S1
!C ************************************************************ 划分空间及时间网格
      N1 = 101
      N2 = 201
      DR = 0.025
      DZ = 0.025
```

```
      DS = 0.001
!C ******************************************************** 初始条件及边界介质温度
      TF = 60.0
      T0 = 860.0
!C ************************************************************ 密度,比热,热导率
      P = 7.8
      CP = 0.5
      L = 0.3
!C ***************************************************************** 边界换热系数
      H = 0.2             !H = 2000
!C ***************************************************************** 计算傅立叶数
      FR = L * DS/(CP * P * DR * DR)
      FZ = L * DS/(CP * P * DZ * DZ)
      F1 = (8.0 * N1 - 12.0)/(4.0 * N1 - 5.0)
      F2 = 8.0 * (N1 - 1.0)/(4.0 * N1 - 5.0)
      WRITE( * , * )FR,FZ,F1,F2
!C    PAUSE
!C ******************************************************************* 赋初始条件
      DO 20 I = 1,N1
      DO 10 J = 1,N2
      T1(I,J) = T0
10    CONTINUE
20    CONTINUE
!C ************************************************************ 写初始值到结果文件
      S = 0.0
      WRITE(1,200)S,T1(1,1),T1((N1 - 1)/5,1),T1((N1 - 1)/2,1),T1(N1,1)
      WRITE(2,200)S,T1(1,N2),T1((N1 - 1)/5,N2),T1((N1 - 1)/2,N2),T1(N1,N2)
!C ********************************************************************** 开始循环
65    S = S + DS
      WRITE( * , * )S
!C ********************************************************************** 内部节点
      DO 50 I = 2,N1 - 1
      DO 40 J = 2,N2 - 1
      !R = (I - 1) * DR
      T2(I,J) = T1(I,J) + FR * (1.0 - 1.0/(2.0 * (I - 1.0))) * (T1(I - 1,J) - T1(I,J)) + FR *
      (1.0 + 1.0/(2.0 * (I - 1.0))) * (T1(I + 1,J) - T1(I,J)) + FZ * (T1(I,J - 1) - T1(I,J)) +
      FZ * (T1(I,J + 1) - T1(I,J))
40    CONTINUE
50    CONTINUE
!C ************************************************************************ 四条边
!C ************************************************************************* 上边
      DO 60 I = 2,N1 - 1
      !R = (I - 1) * DR
      T2(I,N2) = T1(I,N2) + FR * (1.0 - 1.0/(2.0 * (I - 1))) * (T1(I - 1,N2) - T1(I,N2)) +
      FR * (1.0 + 1.0/(2.0 * (I - 1.0))) * (T1(I + 1,N2) - T1(I,N2)) + 2 * FZ * (T1(I,N2 - 1) -
      T1(I,N2)) + 2 * FZ * DZ/L * H * (TF - T1(I,N2))
```

```
60 CONTINUE
!C ************************************************************************ 下边
   DO 70 I = 2,N1 - 1
   !R = (I - 1) * DR
   T2(I,1) = T1(I,1) + 2 * FZ * (T1(I,2) - T1(I,1)) + FR * (1.0 + 1.0/(2.0 * (I - 1.
   0))) * (T1(I+1,1) - T1(I,1)) + FR * (1.0 - 1.0/(2.0 * (I - 1.0))) * (T1(I - 1,1) - T1(I,1))
70 CONTINUE
!C ************************************************************************ 左边
   DO 80 J = 2,N2 - 1
   T2(1,J) = T1(1,J) + FZ * (T1(1,J + 1) - T1(1,J)) + FZ * (T1(1,J - 1) - T1(1,J)) +
   4 * FR * (T1(2,J) - T1(1,J))
80 CONTINUE
!C ************************************************************************ 右边
   DO 90 J = 2,N2 - 1
   T2(N1,J) = T1(N1,J) + FZ * (T1(N1,J+1) - T1(N1,J)) + FZ * (T1(N1,J - 1) - T1(N1,J))
   + FR * F1 * (T1(N1 - 1,J) - T1(N1,J)) + FR * F2 * DR/L * H * (TF - T1(N1,J))
90 CONTINUE
!C ************************************************************************ 四个角
!C ************************************************************************ 左上角
   T2(1,N2) = T1(1,N2) + 4 * FR * (T1(2,N2) - T1(1,N2)) + 2 * FZ * (T1(1,N2 - 1) - T1(1,
   N2)) + 2 * FZ * DZ/L * H * (TF - T1(1,N2))
!C ************************************************************************ 左下角
   T2(1,1) = T1(1,1) + 2 * FZ * (T1(1,2) - T1(1,1)) + 4 * FR * (T1(2,1) - T1(1,1))
!C ************************************************************************ 右上角
   T2(N1,N2) = T1(N1,N2) + FR * F1 * (T1(N1 - 1,N2) - T1(N1,N2)) + 2 * FZ * (T1(N1,N2
   - 1) - T1(N1,N2)) + 2 * FZ * DZ/L * H * (TF - T1(N1,N2)) + FR * F2 * DR/L * H * (TF -
   T1(N1,N2))
!C ************************************************************************ 右下角
   T2(N1,1) = T1(N1,1) + 2 * FZ * (T1(N1,2) - T1(N1,1)) + FR * F1 * (T1(N1 - 1,1) -
   T1(N1,1)) + FR * F2 * DR/L * H * (TF - T1(N1,1))
!C ************************************************************************ 结束循环
!C ************************************************************************ 导数组
   DO 110 I = 1,N1
   DO 100 J = 1,N2
   T1(I,J) = T2(I,J)
100 CONTINUE
110 CONTINUE
!C ************************************************************************ 写结果文件
   MMM = MMM + 1
   II = MOD(MMM,100)
   IF(II. NE. 0) GOTO 6000
   WRITE(1,200)S,T1(1,1),T1((N1 - 1)/5,1),T1((N1 - 1)/2,1),T1(N1,1)
   WRITE(2,200)S,T1(1,N2),T1((N1 - 1)/5,N2),T1((N1 - 1)/2,N2),T1(N1,N2)
   WRITE(3, * )S
   WRITE(3,1000)I * DR,((I - 1) * DR,I = 1,N1,5)
   DO 1110 J = 1,N2,5
```

```
      WRITE(3,1000)(J-1)*DZ,(T2(I, J),I=1,N1,5)
1000  FORMAT(1X,210F8.2)
1110  CONTINUE
6000  CONTINUE
200   FORMAT(1X,5F10.4)
!C*************************************************************判断计算是否结束
      IF(S.LT.(S1-0.00001)) GOTO 65
!C*****************************************************************关闭结果文件
      CLOSE(1)
      CLOSE(2)
      CLOSE(3)
!C*********************************************************************停止程序
      STOP
!C*********************************************************************结束程序
      END
```

7. 计算结果

图 3-32 ～ 图 3-34 分别是有限长圆柱体淬火冷却 10 秒、50 秒、100 秒时的温度场。图 3-35、图 3-36 分别是有限长圆柱体淬火冷却过程对称面和顶面上沿径向不同距离各点温度随时间变化的曲线。

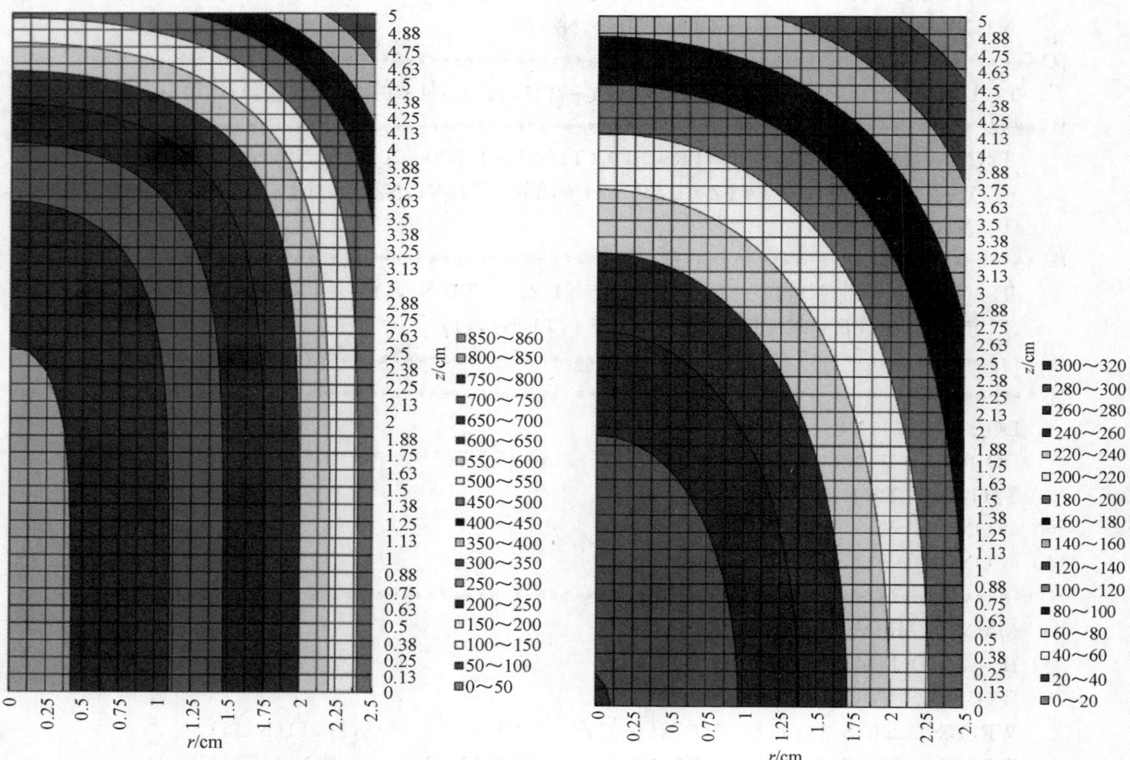

图 3-32　有限长圆柱体淬火冷却 10 秒时的温度场

图 3-33　有限长圆柱体淬火冷却 50 秒时的温度场

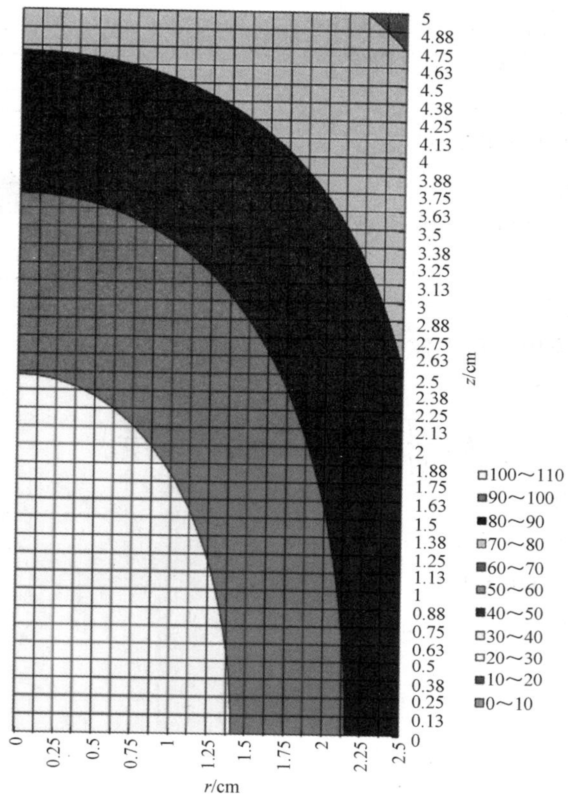

图 3-34　有限长圆柱体淬火冷却 100 秒时的温度场

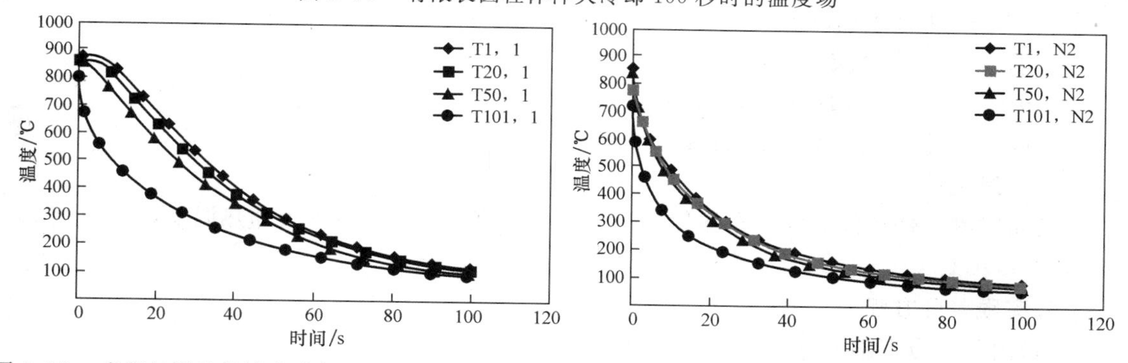

图 3-35　有限长圆柱体淬火冷却过程对称面上沿径向不同距离各点温度随时间变化的曲线

图 3-36　有限长圆柱体淬火冷却过程顶面上沿径向不同距离各点温度随时间变化的曲线

3.8　三维非稳态温度场的有限差分法

3.8.1　三维有限大长方体淬火冷却过程非稳态温度场的有限差分法计算

1. 模型的建立

三维有限大长方体是一种在工业界常用的工件，可用三维模型来描述三维有限大长方体淬火冷却过程的传热过程，如图 3-37 所示。

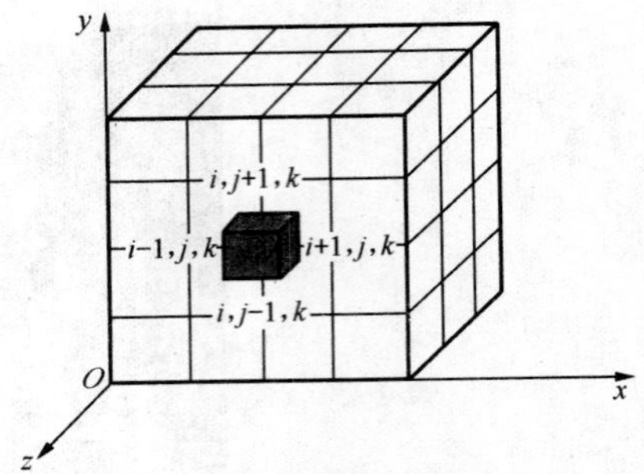

图 3-37　三维有限大长方体淬火冷却过程示意图

在这个三维模型中采用以下几点假定：

(1)工件为三维有限大长方体；

(2)材料的热物性参数不随温度变化；

(3)不考虑相变潜热；

(4)考虑工件与淬火介质的对流换热；

(5)材料各向同性。

2. 热传导方程

根据工件的形状，采用直角坐标系，这样材料内部的热传导方程为

$$\rho C_p \frac{\partial T}{\partial t}=\lambda\left(\frac{\partial^2 T}{\partial x^2}+\frac{\partial^2 T}{\partial y^2}+\frac{\partial^2 T}{\partial z^2}\right) \tag{3-241}$$

式中　ρ—— 密度，kg/m^3；

C_p—— 比热，J/(kg·℃)；

λ—— 热导率，W/(m·℃)；

T—— 温度，℃；

t—— 时间，s。

3. 边界条件

外表面：

$$-\lambda \frac{\partial T}{\partial n}=h_k(T-T_a) \tag{3-242}$$

式中　T—— 工件表面的温度，℃；

T_a—— 淬火介质温度，℃；

n—— 其他表面的外法线方向；

h_k—— 淬火介质的对流换热系数，$W/(m^2 \cdot ℃)$。

4. 初始条件

初始时刻工件整体温度分布均匀。$T|_{t=0}=T_0$，T_0 为常数，取淬火加热温度，对 35CrMo 钢，取 860 ℃。

5. 有限差分方程

(1)内部节点有限差分方程

三维热传导问题有 1 类内部节点，6 类面节点，12 类棱节点，8 类角节点，共 27 类有限差分方程。x 方向节点数为 N_1，y 方向节点数为 N_2，z 方向节点数为 N_3；x 方向的步长为 Δx，y 方向的步长为 Δy，z 方向的步长为 Δz，时间步长为 Δt。

内部节点热传导方程：

$$\rho C_p \frac{\partial T}{\partial t}=\lambda\left(\frac{\partial^2 T}{\partial x^2}+\frac{\partial^2 T}{\partial y^2}+\frac{\partial^2 T}{\partial z^2}\right) \tag{3-243}$$

采用差商直接替代微商法，则内部节点有限差分方程为

$$\frac{T_{i,j,k}^{n+1}-T_{i,j,k}^{n}}{\Delta t}=\frac{\lambda}{\rho C_p}\left[\frac{T_{i+1,j,k}^{n}-2T_{i,j,k}^{n}+T_{i-1,j,k}^{n}}{(\Delta x)^2}+\right.$$

$$\left.\frac{T^n_{i,j+1,k}-2T^n_{i,j,k}+T^n_{i,j-1,k}}{(\Delta y)^2}+\frac{T^n_{i,j,k+1}-2T^n_{i,j,k}+T^n_{i,j,k-1}}{(\Delta z)^2}\right] \tag{3-244}$$

令

$$F_x=\frac{\lambda\Delta t}{\rho C_p(\Delta x)^2},\quad F_y=\frac{\lambda\Delta t}{\rho C_p(\Delta y)^2},\quad F_z=\frac{\lambda\Delta t}{\rho C_p(\Delta z)^2}$$
$$F_1=1-2F_x-2F_y-2F_z \tag{3-245}$$

则式(3-244)整理得

$$T^{n+1}_{i,j,k}=F_1T^n_{i,j,k}+F_x(T^n_{i+1,j,k}+T^n_{i-1,j,k})+F_y(T^n_{i,j+1,k}+T^n_{i,j-1,k})+F_z(T^n_{i,j,k+1}+T^n_{i,j,k-1}) \tag{3-246}$$

采用能量平衡法推导内部节点有限差分方程：

内部某节点编号为(i,j,k)，左右相邻两节点编号分别为$(i-1,j,k)$和$(i+1,j,k)$，上下相邻两节点编号分别为$(i,j+1,k)$和$(i,j-1,k)$，前后相邻两节点编号分别为$(i,j,k-1)$和$(i,j,k+1)$。围绕节点(i,j,k)的单元体体积为$\Delta x\cdot\Delta y\cdot\Delta z$。对$(i,j,k)$单元体，时间间隔$\Delta t$内的内能变化为

$$\frac{\Delta U}{\Delta t}=\rho C_p(\Delta x\cdot\Delta y\cdot\Delta z)\frac{T^{n+1}_{i,j,k}-T^n_{i,j,k}}{\Delta t} \tag{3-247}$$

在时间间隔Δt内从周围6个相邻的单元体流入(i,j,k)单元体的热量分别为

$$Q_{i-1,j,k\to i,j,k}=\lambda(\Delta y\cdot\Delta z)\frac{T^n_{i-1,j,k}-T^n_{i,j,k}}{\Delta x} \tag{3-248}$$

$$Q_{i+1,j,k\to i,j,k}=\lambda(\Delta y\cdot\Delta z)\frac{T^n_{i+1,j,k}-T^n_{i,j,k}}{\Delta x} \tag{3-249}$$

$$Q_{i,j-1,k\to i,j,k}=\lambda(\Delta x\cdot\Delta z)\frac{T^n_{i,j-1,k}-T^n_{i,j,k}}{\Delta y} \tag{3-250}$$

$$Q_{i,j+1,k\to i,j,k}=\lambda(\Delta x\cdot\Delta z)\frac{T^n_{i,j+1,k}-T^n_{i,j,k}}{\Delta y} \tag{3-251}$$

$$Q_{i,j,k-1\to i,j,k}=\lambda(\Delta x\cdot\Delta y)\frac{T^n_{i,j,k-1}-T^n_{i,j,k}}{\Delta z} \tag{3-252}$$

$$Q_{i,j,k+1\to i,j,k}=\lambda(\Delta x\cdot\Delta y)\frac{T^n_{i,j,k+1}-T^n_{i,j,k}}{\Delta z} \tag{3-253}$$

根据能量守恒原则：

$$\frac{\Delta U}{\Delta t}=Q_{i-1,j,k\to i,j,k}+Q_{i+1,j,k\to i,j,k}+Q_{i,j-1,k\to i,j,k}+Q_{i,j+1,k\to i,j,k}+Q_{i,j,k-1\to i,j,k}+Q_{i,j,k+1\to i,j,k} \tag{3-254}$$

将式(3-247)～式(3-253)代入式(3-254)，整理后得显式差分格式：

$$\frac{T^{n+1}_{i,j,k}-T^n_{i,j,k}}{\Delta t}=\frac{\lambda}{\rho C_p}\left[\frac{T^n_{i+1,j,k}-2T^n_{i,j,k}+T^n_{i-1,j,k}}{(\Delta x)^2}+\right.$$
$$\left.\frac{T^n_{i,j+1,k}-2T^n_{i,j,k}+T^n_{i,j-1,k}}{(\Delta y)^2}+\frac{T^n_{i,j,k+1}-2T^n_{i,j,k}+T^n_{i,j,k-1}}{(\Delta z)^2}\right] \tag{3-255}$$

令

$$F_x=\frac{\lambda\Delta t}{\rho C_p(\Delta x)^2},\quad F_y=\frac{\lambda\Delta t}{\rho C_p(\Delta y)^2},\quad F_z=\frac{\lambda\Delta t}{\rho C_p(\Delta z)^2}$$
$$F_1=1-2F_x-2F_y-2F_z \tag{3-256}$$

式(3-255)整理得

$$T_{i,j,k}^{n+1}=F_1T_{i,j,k}^n+F_x(T_{i+1,j,k}^n+T_{i-1,j,k}^n)+F_y(T_{i,j+1,k}^n+T_{i,j-1,k}^n)+F_z(T_{i,j,k+1}^n+T_{i,j,k-1}^n) \tag{3-257}$$

(2)六个面的有限差分方程

六个面属于对流边界，h 为换热系数，T_a 为周围介质温度。以前面为例推导有限差分方程，其面边界上某节点编号为$(i,j,1)$，左右相邻两节点编号分别为$(i-1,j,1)$和$(i+1,j,1)$，上下相邻两节点编号分别为$(i,j+1,1)$和$(i,j-1,1)$。前面是边界，后面相邻节点编号为$(i,j,2)$，围绕节点$(i,j,1)$的边界单元体体积为$\Delta x\cdot\Delta y\cdot\Delta z/2$。对$(i,j,1)$边界单元体，时间间隔$\Delta t$内的内能变化为

$$\frac{\Delta U}{\Delta t}=\rho C_p\left(\Delta x\cdot\Delta y\cdot\frac{\Delta z}{2}\right)\frac{T_{i,j,1}^{n+1}-T_{i,j,1}^n}{\Delta t} \tag{3-258}$$

在时间间隔Δt内从周围五个相邻的单元体流入$(i,j,1)$边界单元体的热量分别为

$$Q_{i-1,j,1\to i,j,1}=\lambda\left(\Delta y\cdot\frac{\Delta z}{2}\right)\frac{T_{i-1,j,1}^n-T_{i,j,1}^n}{\Delta x} \tag{3-259}$$

$$Q_{i+1,j,1\to i,j,1}=\lambda\left(\Delta y\cdot\frac{\Delta z}{2}\right)\frac{T_{i+1,j,1}^n-T_{i,j,1}^n}{\Delta x} \tag{3-260}$$

$$Q_{i,j-1,1\to i,j,1}=\lambda\left(\Delta x\cdot\frac{\Delta z}{2}\right)\frac{T_{i,j-1,1}^n-T_{i,j,1}^n}{\Delta y} \tag{3-261}$$

$$Q_{i,j+1,1\to i,j,1}=\lambda\left(\Delta x\cdot\frac{\Delta z}{2}\right)\frac{T_{i,j+1,1}^n-T_{i,j,1}^n}{\Delta y} \tag{3-262}$$

$$Q_{i,j,2\to i,j,1}=\lambda(\Delta x\cdot\Delta y)\frac{T_{i,j,2}^n-T_{i,j,1}^n}{\Delta z} \tag{3-263}$$

从面边界流入$(i,j,1)$边界单元体的热量为

$$Q=h(\Delta x\cdot\Delta y)(T_a-T_{i,j,1}^n) \tag{3-264}$$

根据能量守恒原则：

$$\frac{\Delta U}{\Delta t}=Q_{i-1,j,1\to i,j,1}+Q_{i+1,j,1\to i,j,1}+Q_{i,j-1,1\to i,j,1}+Q_{i,j+1,1\to i,j,1}+Q_{i,j,2\to i,j,1}+Q \tag{3-265}$$

将式(3-258)～式(3-264)代入式(3-265)，整理后得

$$\frac{T_{i,j,1}^{n+1}-T_{i,j,1}^n}{\Delta t}=\frac{\lambda}{\rho C_p}\left[\frac{T_{i+1,j,1}^n-2T_{i,j,1}^n+T_{i-1,j,1}^n}{(\Delta x)^2}+\frac{T_{i,j+1,1}^n-2T_{i,j,1}^n+T_{i,j-1,1}^n}{(\Delta y)^2}+2\frac{T_{i,j,2}^n-T_{i,j,1}^n}{(\Delta z)^2}\right]+\frac{2h}{\rho C_p\Delta z}(T_a-T_{i,j,1}^n) \tag{3-266}$$

进一步整理得出前面的有限差分方程：

$$T_{i,j,1}^{n+1}=F_1T_{i,j,1}^n+F_x(T_{i+1,j,1}^n+T_{i-1,j,1}^n)+F_y(T_{i,j+1,1}^n+T_{i,j-1,1}^n)+2F_z(T_{i,j,2}^n+T_{i,j,1}^n)+\frac{2h\Delta t}{\rho C_p\Delta z}(T_a-T_{i,j,1}^n) \tag{3-267}$$

同理可推导出后面的有限差分方程：

$$T_{i,j,N_3}^{n+1}=F_1T_{i,j,N_3}^n+F_x(T_{i+1,j,N_3}^n+T_{i-1,j,N_3}^n)+F_y(T_{i,j+1,N_3}^n+T_{i,j-1,N_3}^n)+2F_z(T_{i,j,N_3-1}^n+T_{i,j,N_3}^n)+\frac{2h\Delta t}{\rho C_p\Delta z}(T_a-T_{i,j,N_3}^n) \tag{3-268}$$

下面的有限差分方程：

$$T_{i,1,k}^{n+1} = F_1 T_{i,1,k}^n + F_x(T_{i+1,1,k}^n + T_{i-1,1,k}^n) + F_z(T_{i,1,k+1}^n + T_{i,1,k-1}^n) + 2F_y(T_{i,2,k}^n + T_{i,1,k}^n) + \frac{2h\Delta t}{\rho C_p \Delta y}(T_a - T_{i,1,k}^n) \tag{3-269}$$

上面的有限差分方程：

$$T_{i,N_2,k}^{n+1} = F_1 T_{i,N_2,k}^n + F_x(T_{i+1,N_2,k}^n + T_{i-1,N_2,k}^n) + F_z(T_{i,N_2,k+1}^n + T_{i,N_2,k-1}^n) + 2F_y(T_{i,N_2-1,k}^n + T_{i,N_2,k}^n) + \frac{2h\Delta t}{\rho C_p \Delta y}(T_a - T_{i,N_2,k}^n) \tag{3-270}$$

左面的有限差分方程：

$$T_{1,j,k}^{n+1} = F_1 T_{1,j,k}^n + 2F_x(T_{2,j,k}^n + T_{1,j,k}^n) + \frac{2h\Delta t}{\rho C_p \Delta x}(T_a - T_{1,j,k}^n) + F_y(T_{1,j+1,k}^n + T_{1,j-1,k}^n) + F_z(T_{1,j,k+1}^n + T_{1,j,k-1}^n) \tag{3-271}$$

右面的有限差分方程：

$$T_{N_1,j,k}^{n+1} = F_1 T_{N_1,j,k}^n + 2F_x(T_{N_1-1,j,k}^n + T_{N_1,j,k}^n) + \frac{2h\Delta t}{\rho C_p \Delta x}(T_a - T_{N_1,j,k}^n) + F_y(T_{N_1,j+1,k}^n + T_{N_1,j-1,k}^n) + F_z(T_{N_1,j,k+1}^n + T_{N_1,j,k-1}^n) \tag{3-272}$$

(3)十二条棱的有限差分方程

平行于 x 方向的四条棱：

$$T_{i,1,1}^{n+1} = F_1 T_{i,1,1}^n + F_x(T_{i+1,1,1}^n + T_{i-1,1,1}^n) + 2F_y(T_{i,2,1}^n + T_{i,1,1}^n) + 2F_z(T_{i,1,2}^n + T_{i,1,1}^n) + \frac{2h\Delta t}{\rho C_p}\left(\frac{1}{\Delta y} + \frac{1}{\Delta z}\right)(T_a - T_{i,1,1}^n) \tag{3-273}$$

$$T_{i,N_2,1}^{n+1} = F_1 T_{i,N_2,1}^n + F_x(T_{i+1,N_2,1}^n + T_{i-1,N_2,1}^n) + 2F_y(T_{i,N_2-1,1}^n + T_{i,N_2,1}^n) + 2F_z(T_{i,N_2,2}^n + T_{i,N_2,1}^n) + \frac{2h\Delta t}{\rho C_p}\left(\frac{1}{\Delta y} + \frac{1}{\Delta z}\right)(T_a - T_{i,N_2,1}^n) \tag{3-274}$$

$$T_{i,N_2,N_3}^{n+1} = F_1 T_{i,N_2,N_3}^n + F_x(T_{i+1,N_2,N_3}^n + T_{i-1,N_2,N_3}^n) + 2F_y(T_{i,N_2-1,N_3}^n + T_{i,N_2,N_3}^n) + 2F_z(T_{i,N_2,N_3-1}^n + T_{i,N_2,N_3}^n) + \frac{2h\Delta t}{\rho C_p}\left(\frac{1}{\Delta y} + \frac{1}{\Delta z}\right)(T_a - T_{i,N_2,N_3}^n) \tag{3-275}$$

$$T_{i,1,N_3}^{n+1} = F_1 T_{i,1,N_3}^n + F_x(T_{i+1,1,N_3}^n + T_{i-1,1,N_3}^n) + 2F_y(T_{i,2,N_3}^n + T_{i,1,N_3}^n) + 2F_z(T_{i,1,N_3-1}^n + T_{i,1,N_3}^n) + \frac{2h\Delta t}{\rho C_p}\left(\frac{1}{\Delta y} + \frac{1}{\Delta z}\right)(T_a - T_{i,1,N_3}^n) \tag{3-276}$$

平行于 y 方向的四条棱：

$$T_{1,j,1}^{n+1} = F_1 T_{1,j,1}^n + F_y(T_{1,j+1,1}^n + T_{1,j-1,1}^n) + 2F_x(T_{2,j,1}^n + T_{1,j,1}^n) + 2F_z(T_{1,j,2}^n + T_{1,j,1}^n) + \frac{2h\Delta t}{\rho C_p}\left(\frac{1}{\Delta x} + \frac{1}{\Delta z}\right)(T_a - T_{1,j,1}^n) \tag{3-277}$$

$$T_{N_1,j,1}^{n+1} = F_1 T_{N_1,j,1}^n + F_y(T_{N_1,j+1,1}^n + T_{N_1,j-1,1}^n) + 2F_x(T_{N_1-1,j,1}^n + T_{N_1,j,1}^n) + 2F_z(T_{N_1,j,2}^n + T_{N_1,j,1}^n) + \frac{2h\Delta t}{\rho C_p}\left(\frac{1}{\Delta x} + \frac{1}{\Delta z}\right)(T_a - T_{N_1,j,1}^n) \tag{3-278}$$

$$T_{N_1,j,N_3}^{n+1} = F_1 T_{N_1,j,N_3}^n + F_y(T_{N_1,j+1,N_3}^n + T_{N_1,j-1,N_3}^n) + 2F_x(T_{N_1-1,j,N_3}^n + T_{N_1,j,N_3}^n) + 2F_z(T_{N_1,j,N_3-1}^n + T_{N_1,j,N_3}^n) + \frac{2h\Delta t}{\rho C_p}\left(\frac{1}{\Delta x} + \frac{1}{\Delta z}\right)(T_a - T_{N_1,j,N_3}^n) \tag{3-279}$$

$$T_{1,j,N_3}^{n+1} = F_1 T_{1,j,N_3}^n + F_y(T_{1,j+1,N_3}^n + T_{1,j-1,N_3}^n) + 2F_x(T_{2,j,N_3}^n + T_{1,j,N_3}^n) + 2F_z(T_{1,j,N_3-1}^n + T_{1,j,N_3}^n) + \frac{2h\Delta t}{\rho C_p}\left(\frac{1}{\Delta x} + \frac{1}{\Delta z}\right)(T_a - T_{1,j,N_3}^n) \tag{3-280}$$

平行于 z 方向的四条棱：

$$T_{1,1,k}^{n+1} = F_1 T_{1,1,k}^n + F_z(T_{1,1,k+1}^n + T_{1,1,k-1}^n) + 2F_x(T_{2,1,k}^n + T_{1,1,k}^n) + 2F_y(T_{1,2,k}^n + T_{1,1,k}^n) + \frac{2h\Delta t}{\rho C_p}\left(\frac{1}{\Delta x} + \frac{1}{\Delta y}\right)(T_a - T_{1,1,k}^n) \tag{3-281}$$

$$T_{N_1,1,k}^{n+1} = F_1 T_{N_1,1,k}^n + F_z(T_{N_1,1,k+1}^n + T_{N_1,1,k-1}^n) + 2F_x(T_{N_1-1,1,k}^n + T_{N_1,1,k}^n) + 2F_y(T_{N_1,2,k}^n + T_{N_1,1,k}^n) + \frac{2h\Delta t}{\rho C_p}\left(\frac{1}{\Delta x} + \frac{1}{\Delta y}\right)(T_a - T_{N_1,1,k}^n) \tag{3-282}$$

$$T_{N_1,N_2,k}^{n+1} = F_1 T_{N_1,N_2,k}^n + F_z(T_{N_1,N_2,k+1}^n + T_{N_1,N_2,k-1}^n) + 2F_x(T_{N_1-1,N_2,k}^n + T_{N_1,N_2,k}^n) + 2F_y(T_{N_1,N_2-1,k}^n + T_{N_1,N_2,k}^n) + \frac{2h\Delta t}{\rho C_p}\left(\frac{1}{\Delta x} + \frac{1}{\Delta y}\right)(T_a - T_{N_1,N_2,k}^n) \tag{3-283}$$

$$T_{1,N_2,k}^{n+1} = F_1 T_{1,N_2,k}^n + F_z(T_{1,N_2,k+1}^n + T_{1,N_2,k-1}^n) + 2F_x(T_{2,N_2,k}^n + T_{1,N_2,k}^n) + 2F_y(T_{1,N_2-1,k}^n + T_{1,N_2,k}^n) + \frac{2h\Delta t}{\rho C_p}\left(\frac{1}{\Delta x} + \frac{1}{\Delta y}\right)(T_a - T_{1,N_2,k}^n) \tag{3-284}$$

(4)八个角的有限差分方程

前面四个角：

$$T_{1,1,1}^{n+1} = F_1 T_{1,1,1}^n + 2F_x(T_{2,1,1}^n + T_{1,1,1}^n) + 2F_y(T_{1,2,1}^n + T_{1,1,1}^n) + 2F_z(T_{1,1,2}^n + T_{1,1,1}^n) + \frac{2h\Delta t}{\rho C_p}\left(\frac{1}{\Delta x} + \frac{1}{\Delta y} + \frac{1}{\Delta z}\right)(T_a - T_{1,1,1}^n) \tag{3-285}$$

$$T_{N_1,1,1}^{n+1} = F_1 T_{N_1,1,1}^n + 2F_x(T_{N_1-1,1,1}^n + T_{N_1,1,1}^n) + 2F_y(T_{N_1,2,1}^n + T_{N_1,1,1}^n) + 2F_z(T_{N_1,1,2}^n + T_{N_1,1,1}^n) + \frac{2h\Delta t}{\rho C_p}\left(\frac{1}{\Delta x} + \frac{1}{\Delta y} + \frac{1}{\Delta z}\right)(T_a - T_{N_1,1,1}^n) \tag{3-286}$$

$$T_{N_1,N_2,1}^{n+1} = F_1 T_{N_1,N_2,1}^n + 2F_x(T_{N_1-1,N_2,1}^n + T_{N_1,N_2,1}^n) + 2F_y(T_{N_1,N_2-1,1}^n + T_{N_1,N_2,1}^n) + 2F_z(T_{N_1,N_2,2}^n + T_{N_1,N_2,1}^n) + \frac{2h\Delta t}{\rho C_p}\left(\frac{1}{\Delta x} + \frac{1}{\Delta y} + \frac{1}{\Delta z}\right)(T_a - T_{N_1,N_2,1}^n) \tag{3-287}$$

$$T_{1,N_2,1}^{n+1} = F_1 T_{1,N_2,1}^n + 2F_x(T_{2,N_2,1}^n + T_{1,N_2,1}^n) + 2F_y(T_{1,N_2-1,1}^n + T_{1,N_2,1}^n) + 2F_z(T_{1,N_2,2}^n + T_{1,N_2,1}^n) + \frac{2h\Delta t}{\rho C_p}\left(\frac{1}{\Delta x} + \frac{1}{\Delta y} + \frac{1}{\Delta z}\right)(T_a - T_{1,N_2,1}^n) \tag{3-288}$$

后面四个角：

$$T_{1,1,N_3}^{n+1} = F_1 T_{1,1,N_3}^n + 2F_x(T_{2,1,N_3}^n + T_{1,1,N_3}^n) + 2F_y(T_{1,2,N_3}^n + T_{1,1,N_3}^n) + 2F_z(T_{1,1,N_3-1}^n + T_{1,1,N_3}^n) + \frac{2h\Delta t}{\rho C_p}\left(\frac{1}{\Delta x} + \frac{1}{\Delta y} + \frac{1}{\Delta z}\right)(T_a - T_{1,1,N_3}^n) \tag{3-289}$$

$$T_{N_1,1,N_3}^{n+1} = F_1 T_{N_1,1,N_3}^n + 2F_x(T_{N_1-1,1,N_3}^n + T_{N_1,1,N_3}^n) + 2F_y(T_{N_1,2,N_3}^n + T_{N_1,1,N_3}^n) + 2F_z(T_{N_1,1,N_3-1}^n + T_{N_1,1,N_3}^n) + \frac{2h\Delta t}{\rho C_p}\left(\frac{1}{\Delta x} + \frac{1}{\Delta y} + \frac{1}{\Delta z}\right)(T_a - T_{N_1,1,N_3}^n) \tag{3-290}$$

$$T_{N_1,N_2,N_3}^{n+1} = F_1 T_{N_1,N_2,N_3}^n + 2F_x(T_{N_1-1,N_2,N_3}^n + T_{N_1,N_2,N_3}^n) + 2F_y(T_{N_1,N_2-1,N_3}^n + T_{N_1,N_2,N_3}^n) + 2F_z(T_{N_1,N_2,N_3-1}^n + T_{N_1,N2,N_3}^n) + \frac{2h\Delta t}{\rho C_p}\left(\frac{1}{\Delta x} + \frac{1}{\Delta y} + \frac{1}{\Delta z}\right)(T_a - T_{N_1,N_2,N_3}^n) \tag{3-291}$$

$$T_{1,N_2,N_3}^{n+1} = F_1 T_{1,N_2,N_3}^n + 2F_x(T_{2,N_2,N_3}^n + T_{1,N_2,N_3}^n) + 2F_y(T_{1,N_2-1,N_3}^n + T_{1,N_2,N_3}^n) + 2F_z(T_{1,N_2,N_3-1}^n + T_{1,N_2,N_3}^n) + \frac{2h\Delta t}{\rho C_p}\left(\frac{1}{\Delta x} + \frac{1}{\Delta y} + \frac{1}{\Delta z}\right)(T_a - T_{1,N_2,N_3}^n) \tag{3-292}$$

6. 计算机程序设计

```
!C ************************** "Quench3D" ****************************************
!C ******************** 大长方体三维传热,X,Y,Z 方向热传导 ********************
!C ***************************** 外表面换热 ************************************
!C **************************** 显式差分格式 *************************************
!C ************************************************************************ 定义变量
    REAL T0,TA,C,P,KK,DX,DY,DZ,DS,S1,S2,H
    REAL T1,T2,S,F1,FX,FY,FZ
!C ************************************************************************ 定义数组
    DIMENSION T1(101,101,51),T2(101,101,51)
! ********************************************************************** 打开结果文件
    OPEN(1,FILE = 'quench3d1 - t.DAT')
    OPEN(2,FILE = 'quench3d2 - t.DAT')
    OPEN(3,FILE = 'quench3d3 - t.DAT')
    OPEN(4,FILE = 'quench3d - xy.DAT')
!C ********************************************************************* 输入淬火时间
    WRITE(*,*)'输入淬火时间 S1'
    READ(*,*)S1
    WRITE(*,*)S1
! *************************************************************** 空间,时间网格划分
    N1 = 101
    N2 = 101
    N3 = 51
    DX = 0.1
    DY = 0.1
    DZ = 0.1
    DS = 0.01
! ********************************************************* 初始条件及边界介质温度
    T0 = 860
    TA = 20
! *************************************************************** 密度,比热,热导率
    C = 0.5
    P = 7.8
    KK = 0.3
! ********************************************************************** 边界换热系数
    H = 0.2
! ************************************************************************ 赋初始条件
    DO 30 I = 1,N1
    DO 20 J = 1,N2
    DO 10 K = 1,N3
    T1(I,J,K) = T0
10  CONTINUE
```

```
20  CONTINUE
30  CONTINUE
!*************************************************************** 计算傅立叶数
    FX = KK * DS/(C * P * DX * DX)
    FY = KK * DS/(C * P * DY * DY)
    FZ = KK * DS/(C * P * DZ * DZ)
    F1 = 1 - 2 * FX - 2 * FY - 2 * FZ
    WRITE( * , * )FX,FY,FZ,F1
!       PAUSE
!*************************************************************** 开始循环
    MM = 0
    S = 0
65  S = S + DS
    MM = MM + 1
    WRITE( * , * ) S,MM
!*************************************************************** 内部节点
    DO 130 I = 2,N1 - 1
    DO 120 J = 2,N2 - 1
    DO 110 K = 2,N3 - 1
    T2(I,J,K) = F1 * T1(I,J,K) + FX * (T1(I + 1,J,K) + T1(I - 1,J,K))
    &. + FY * (T1(I,J + 1,K) + T1(I,J - 1,K)) + FZ * (T1(I,J,K + 1) + T1(I,J,K - 1))
110  CONTINUE
120  CONTINUE
130  CONTINUE
!C *************************************************************** BOTTOM
    DO 150 I = 2,N1 - 1
    DO 140 J = 2,N2 - 1
    T2(I,J,1) = F1 * T1(I,J,1) + FX * (T1(I + 1,J,1) + T1(I - 1,J,1))
    &. + FY * (T1(I,J + 1,1) + T1(I,J - 1,1)) + 2 * FZ * T1(I,J,2)
    &. + 2 * H * DS * (TA - T1(I,J,1))/(P * C * DZ)
140  CONTINUE
150  CONTINUE
!C *************************************************************** UP
    DO 170 I = 2,N1 - 1
    DO 160 J = 2,N2 - 1
    T2(I,J,N3) = F1 * T1(I,J,N3) + FX * (T1(I + 1,J,N3) + T1(I - 1,J,N3))
    &. + FY * (T1(I,J + 1,N3) + T1(I,J - 1,N3)) + 2 * FZ * T1(I,J,N3 - 1)
    &. + 2 * H * DS * (TA - T1(I,J,N3))/(P * C * DZ)
160  CONTINUE
170  CONTINUE
!C *************************************************************** LEFT
    DO 190 I = 2,N1 - 1
    DO 180 K = 2,N3 - 1
    T2(I,1,K) = F1 * T1(I,1,K) + FX * (T1(I + 1,1,K) + T1(I - 1,1,K))
    &. + FZ * (T1(I,1,K + 1) + T1(I,1,K - 1)) + 2 * FY * T1(I,2,K)
    &. + 2 * H * DS * (TA - T1(I,1,K))/(P * C * DY)
180  CONTINUE
```

```
190  CONTINUE
!C ************************************************************** RIGHT
     DO 210 I = 2,N1 - 1
     DO 200 K = 2,N3 - 1
     T2(I,N2,K) = F1 * T1(I,N2,K) + FX * (T1(I + 1,N2,K) + T1(I - 1,N2,K))
     & + FZ * (T1(I,N2,K + 1) + T1(I,N2,K - 1)) + 2 * FY * T1(I,N2 - 1,K)
     & + 2 * H * DS * (TA - T1(I,N2,K))/(P * C * DY)
200  CONTINUE
210  CONTINUE
!C ************************************************************** FRONT
     DO 230 J = 2,N2 - 1
     DO 220 K = 2,N3 - 1
     T2(1,J,K) = F1 * T1(1,J,K) + FY * (T1(1,J + 1,K) + T1(1,J - 1,K))
     & + FZ * (T1(1,J,K + 1) + T1(1,J,K - 1)) + 2 * FX * T1(2,J,K)
     & + 2 * H * DS * (TA - T1(1,J,K))/(P * C * DX)
220  CONTINUE
230  CONTINUE
!C ************************************************************** BEHIND
     DO 250 J = 2,N2 - 1
     DO 240 K = 2,N3 - 1
     T2(N1,J,K) = F1 * T1(N1,J,K) + FY * (T1(N1,J + 1,K) + T1(N1,J - 1,K))
     & + FZ * (T1(N1,J,K + 1) + T1(N1,J,K - 1)) + 2 * FX * T1(N1 - 1,J,K)
     & + 2 * H * DS * (TA - T1(N1,J,K))/(P * C * DX)
240  CONTINUE
250  CONTINUE
!C ************************************************************** PRISM1
     DO 260 J = 2,N2 - 1
     T2(1,J,1) = F1 * T1(1,J,1) + FY * (T1(1,J + 1,1) + T1(1,J - 1,1))
     & + 2 * FX * T1(2,J,1) + 2 * FZ * T1(1,J,2)
     & + 2 * H * DS * (1/DX + 1/DZ) * (TA - T1(1,J,1))/(P * C)
260  CONTINUE
!C ************************************************************** PRISM2
     DO 270 J = 2,N2 - 1
     T2(N1,J,1) = F1 * T1(N1,J,1) + FY * (T1(N1,J + 1,1) + T1(N1,J - 1,1))
     & + 2 * FX * T1(N1 - 1,J,1) + 2 * FZ * T1(N1,J,2)
     & + 2 * H * DS * (1/DX + 1/DZ) * (TA - T1(N1,J,1))/(P * C)
270  CONTINUE
!C ************************************************************** PRISM3
     DO 280 J = 2,N2 - 1
     T2(N1,J,N3) = F1 * T1(N1,J,N3) + FY * (T1(N1,J + 1,N3) + T1(N1,J - 1,N3))
     & + 2 * FX * T1(N1 - 1,J,N3) + 2 * FZ * T1(N1,J,N3 - 1)
     & + 2 * H * DS * (1/DX + 1/DZ) * (TA - T1(N1,J,N3))/(P * C)
280  CONTINUE
!C ************************************************************** PRISM4
     DO 290 J = 2,N2 - 1
     T2(1,J,N3) = F1 * T1(1,J,N3) + FY * (T1(1,J + 1,N3) + T1(1,J - 1,N3))
     & + 2 * FX * T1(2,J,N3) + 2 * FZ * T1(1,J,N3 - 1)
```

```
     &.+2*H*DS*(1/DX+1/DZ)*(TA-T1(N1,J,N3))/(P*C)
290  CONTINUE
!C*************************************************************** PRISM5
     DO 300 I=2,N1-1
     T2(I,1,1)=F1*T1(I,1,1)+FX*(T1(I+1,1,1)+T1(I-1,1,1))
     &.+2*FY*T1(I,2,1)+2*FZ*T1(I,1,2)
     &.+2*H*DS*(1/DY+1/DZ)*(TA-T1(I,1,1))/(P*C)
300  CONTINUE
!C*************************************************************** PRISM6
     DO 310 I=2,N1-1
     T2(I,1,N3)=F1*T1(I,1,N3)+FX*(T1(I+1,1,N3)+T1(I-1,1,N3))
     &.+2*FY*T1(I,2,N3)+2*FZ*T1(I,1,N3-1)
     &.+2*H*DS*(1/DY+1/DZ)*(TA-T1(I,1,N3))/(P*C)
310  CONTINUE
!C*************************************************************** PRISM7
     DO 320 I=2,N1-1
     T2(I,N2,N3)=F1*T1(I,N2,N3)+FX*(T1(I+1,N2,N3)+T1(I-1,N2,N3))
     &.+2*FY*T1(I,N2-1,N3)+2*FZ*T1(I,N2,N3-1)
     &.+2*H*DS*(1/DY+1/DZ)*(TA-T1(I,N2,N3))/(P*C)
320  CONTINUE
!C*************************************************************** PRISM8
     DO 330 I=2,N1-1
     T2(I,N2,1)=F1*T1(I,N2,1)+FX*(T1(I+1,N2,1)+T1(I-1,N2,1))
     &.+2*FY*T1(I,N2-1,1)+2*FZ*T1(I,N2,2)
     &.+2*H*DS*(1/DY+1/DZ)*(TA-T1(I,N2,1))/(P*C)
330  CONTINUE
!C*************************************************************** PRISM9
     DO 340 K=2,N3-1
     T2(1,1,K)=F1*T1(1,1,K)+FZ*(T1(1,1,K+1)+T1(1,1,K-1))
     &.+2*FX*T1(2,1,K)+2*FY*T1(1,2,K)
     &.+2*H*DS*(1/DX+1/DY)*(TA-T1(1,1,K))/(P*C)
340  CONTINUE
!C*************************************************************** PRISM10
     DO 350 K=2,N3-1
     T2(1,N2,K)=F1*T1(1,N2,K)+FZ*(T1(1,N2,K+1)+T1(1,N2,K-1))
     &.+2*FX*T1(2,N2,K)+2*FY*T1(1,N2-1,K)
     &.+2*H*DS*(1/DX+1/DY)*(TA-T1(1,N2,K))/(P*C)
350  CONTINUE
!C*************************************************************** PRISM11
     DO 360 K=2,N3-1
     T2(N1,N2,K)=F1*T1(N1,N2,K)+FZ*(T1(N1,N2,K+1)+T1(N1,N2,K-1))
     &.+2*FX*T1(N1-1,N2,K)+2*FY*T1(N1,N2-1,K)
     &.+2*H*DS*(1/DX+1/DY)*(TA-T1(N1,N2,K))/(P*C)
360  CONTINUE
!C*************************************************************** PRISM12
     DO 370 K=2,N3-1
     T2(N1,1,K)=F1*T1(N1,1,K)+FZ*(T1(N1,1,K+1)+T1(N1,1,K-1))
```

```
     & + 2 * FX * T1(N1 - 1,1,K) + 2 * FY * T1(N1,2,K)
     & + 2 * H * DS * (1/DX + 1/DY) * (TA - T1(N1,1,K))/(P * C)
370  CONTINUE
!C ****************************************************************** CONER1
     T2(1,1,1) = F1 * T1(1,1,1) + 2 * FX * T1(2,1,1)
     & + 2 * FY * T1(1,2,1) + 2 * FZ * T1(1,1,2)
     & + 2 * H * DS * (1/DX + 1/DY + 1/DZ) * (TA - T1(1,1,1))/(P * C)
!C ****************************************************************** CONER2
     T2(1,N2,1) = F1 * T1(1,N2,1) + 2 * FX * T1(2,N2,1) + 2 * FY * T1(1,N2 - 1,1)
     & +2 * FZ * T1(1,N2,2)+2 * H * DS * (1/DX+1/DY+1/DZ) * (TA-T1(1,N2,1))/(P * C)
!C ****************************************************************** CONER3
     T2(N1,N2,1) = F1 * T1(N1,N2,1) + 2 * FX * T1(N1 - 1,N2,1) + 2 * FY * T1(N1,N2 - 1,1)
     & + 2 * FZ * T1(N1,N2,2) + 2 * H * DS * (1/DX + 1/DY + 1/DZ) * (TA - T1(N1,N2,
     1))/(P * C)
!C ****************************************************************** CONER4
     T2(N1,1,1) = F1 * T1(N1,1,1) + 2 * FX * T1(N1 - 1,1,1) + 2 * FY * T1(N1,2,1)
     & +2 * FZ * T1(N1,1,2)+2 * H * DS * (1/DX+1/DY+1/DZ) * (TA-T1(N1,1,1))/(P * C)
!C ****************************************************************** CONER5
     T2(1,1,N3) = F1 * T1(1,1,N3) + 2 * FX * T1(2,1,N3) + 2 * FY * T1(1,2,N3)
     & + 2 * FZ * T1(1,1,N3 - 1) + 2 * H * DS * (1/DX + 1/DY + 1/DZ) * (TA - T1(1,1,
     1))/(P * C)
!C ****************************************************************** CONER6
     T2(1,N2,N3) = F1 * T1(1,N2,N3) + 2 * FX * T1(2,N2,N3) + 2 * FY * T1(1,N2 - 1,N3)
     & + 2 * FZ * T1(1,N2,N3 - 1) + 2 * H * DS * (1/DX + 1/DY + 1/DZ) * (TA - T1(1,N2,
     1))/(P * C)
!C ****************************************************************** CONER7
     T2(N1,N2,N3) = F1 * T1(N1,N2,N3) + 2 * FX * T1(N1 - 1,N2,N3)
     & + 2 * FY * T1(N1,N2 - 1,N3) + 2 * FZ * T1(N1,N2,N3 - 1)
     & + 2 * H * DS(1/DX + 1/DY + 1/DZ) * (TA - T1(N1,N2,N3))/(P * C)
!C ****************************************************************** CONER8
     T2(N1,1,N3) = F1 * T1(N1,1,N3) + 2 * FX * T1(N1 - 1,1,N3) + 2 * FY * T1(N1,2,N3)
     & + 2 * FZ * T1(N1,1,N3 - 1)
     & + 2 * H * DS *  (1/DX + 1/DY + 1/DZ) * (TA - T1(N1,1,N3))/(P * C)
! ************************************************ 结束循环从屏幕输出计算结果
     DO 390 J = 1,N2,5
     WRITE( * ,1000)(T2(I,J,26),I = 1,N1,20)
390  CONTINUE
! ****************************************************************** 导数组
     DO 430 K = 1,N3
     DO 420 I = 1,N1
     DO 410 J = 1,N2
     T1(I,J,K) = T2(I,J,K)
410  CONTINUE
420  CONTINUE
430  CONTINUE
! ************************************************************** 写结果文件
     II = MOD(MM,10)
```

```
      IF(II.NE.0) GOTO 6000
      WRITE(1,*)S,T1(1,51,26),T1(5,51,26),T1(21,51,26),T1(51,51,26)
      WRITE(2,*)S,T1(1,51,1),T1(5,51,1),T1(21,51,1),T1(51,51,1)
      WRITE(3,*)S,T1(1,1,1),T1(1,1,26),T1(51,51,26)
      WRITE(4,*)S
      WRITE(4,1000)I*DX,((I-1)*DX,I=1,N1,5)
      DO 1110 J=1,N2,5
      WRITE(4,1000)(J-1)*DY,(T2(I,J,26),I=1,N1,5)
1000  FORMAT(1X,210F8.2)
1110  CONTINUE
6000  CONTINUE
!*********************************************************** 判断计算是否结束
      IF(S.LT.S1-0.00001) GOTO 65
!*************************************************************** 关闭结果文件
      CLOSE(1)
      CLOSE(2)
      CLOSE(3)
      CLOSE(4)
!C ***************************************************************** 停止程序
      STOP
!C ***************************************************************** 结束程序
      END
```

7. 计算结果：

图 3-38 ～ 图 3-41 是三维有限大长方体冷却不同时间时中间截面的温度场。

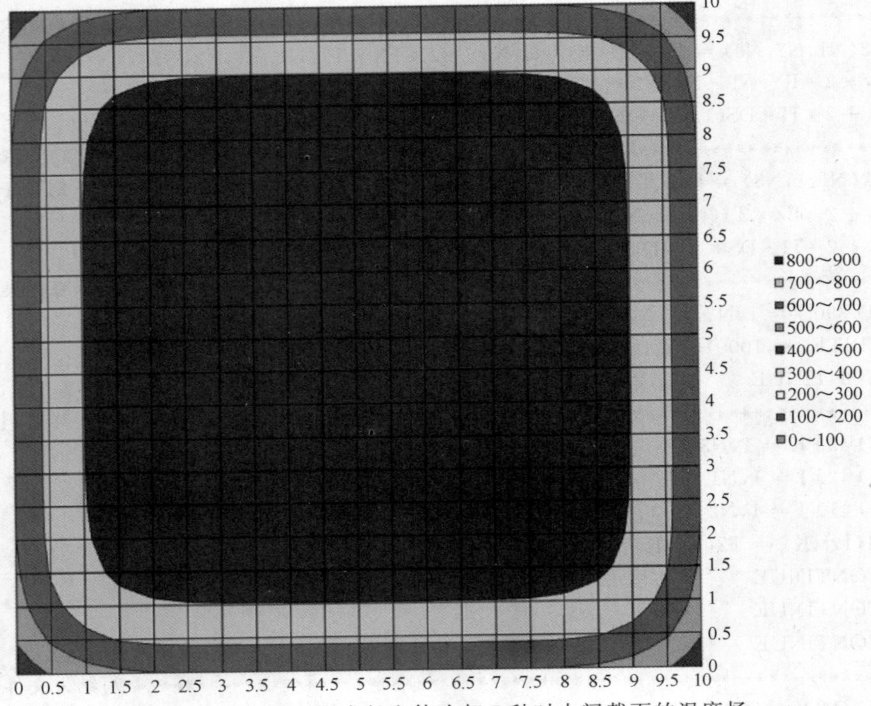

图 3-38　三维有限大长方体冷却 5 秒时中间截面的温度场

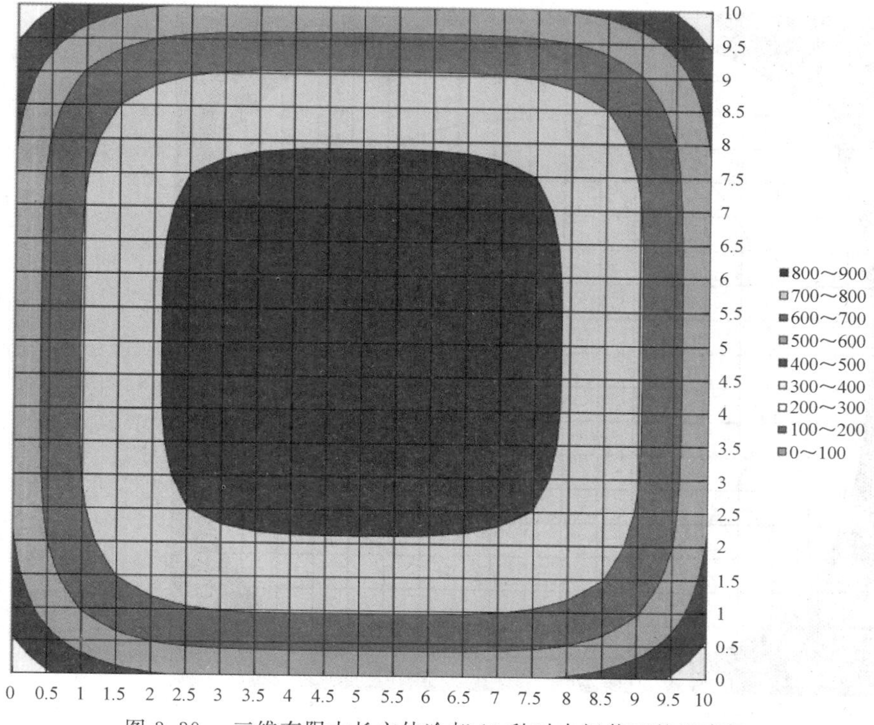

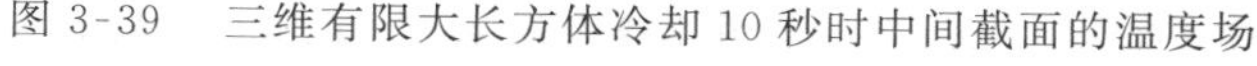
图 3-39　三维有限大长方体冷却 10 秒时中间截面的温度场

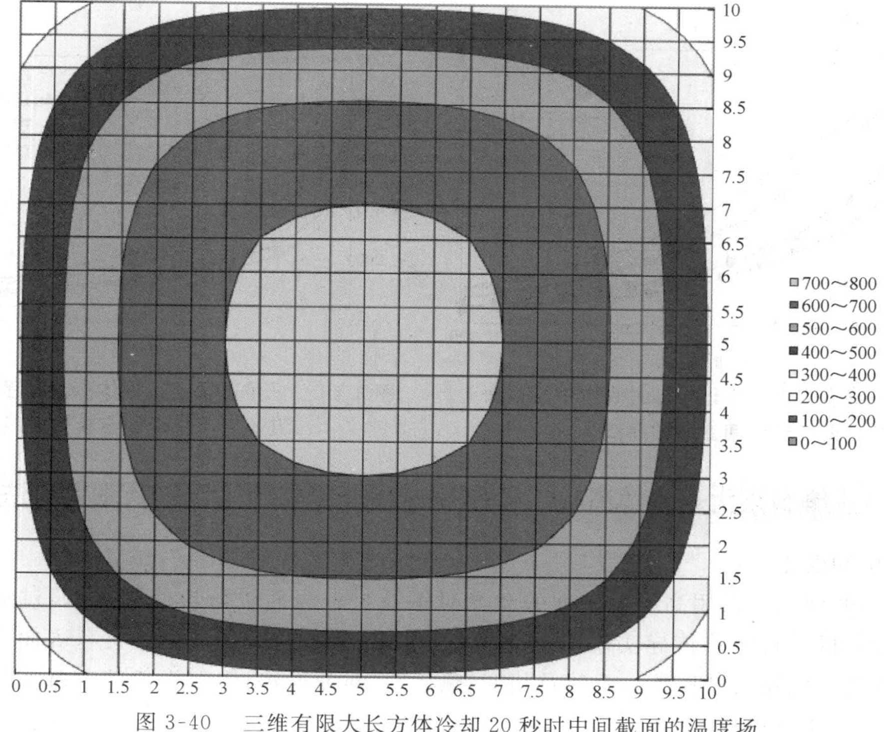

图 3-40　三维有限大长方体冷却 20 秒时中间截面的温度场

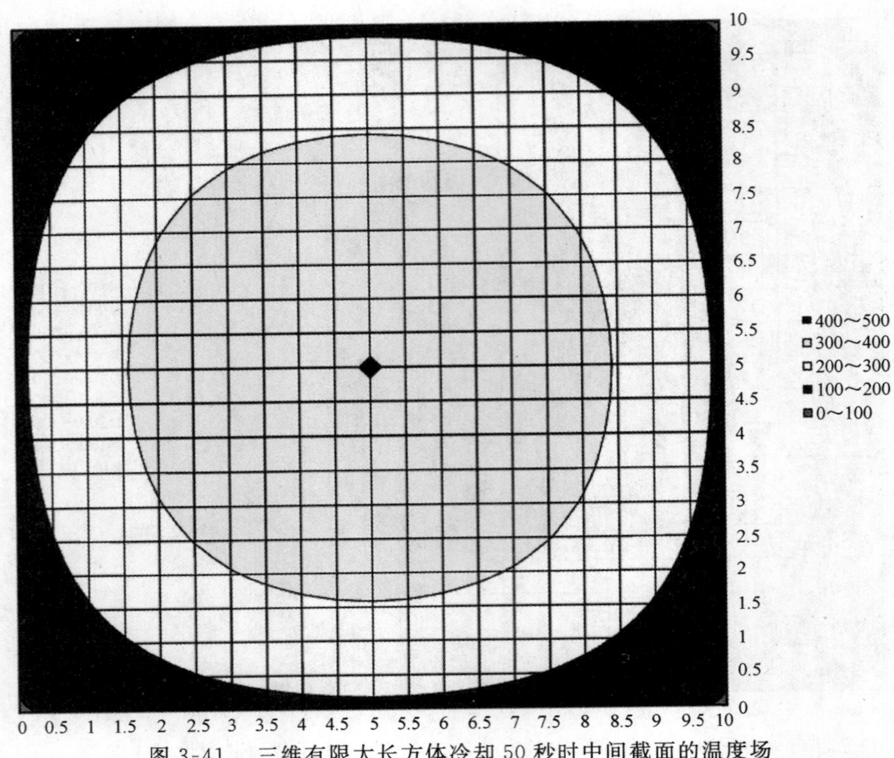

图 3-41　三维有限大长方体冷却 50 秒时中间截面的温度场

图 3-42 和图 3-43 分别是三维有限大长方体冷却过程中中间截面和表面上几点温度随时间变化的曲线。

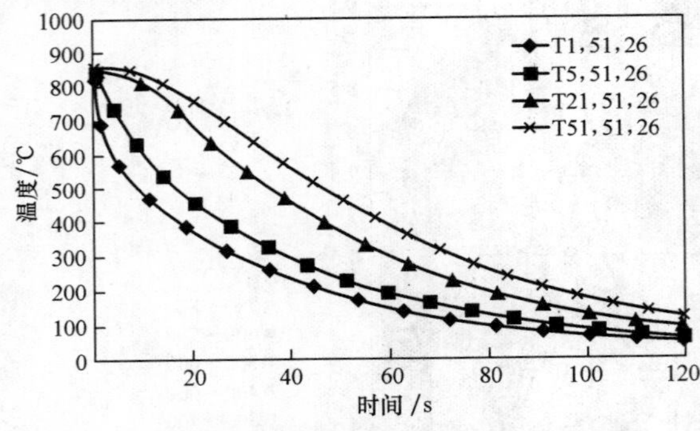

图 3-42　三维有限大长方体冷却过程中中间截面上几点温度随时间变化的曲线

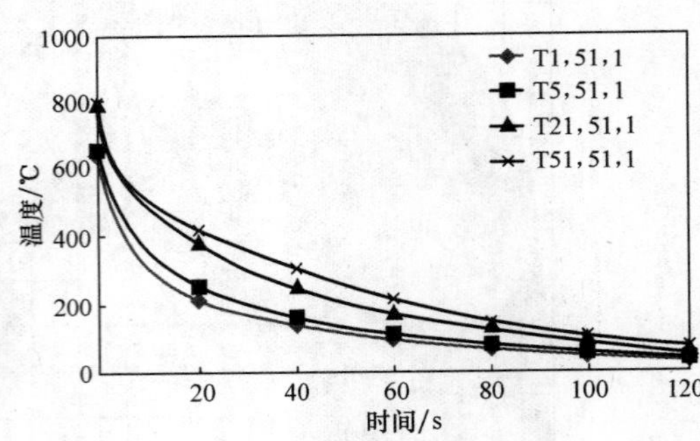

图 3-43　三维有限大长方体冷却过程中表面上几点温度随时间变化的曲线

3.8.2　三维有限大长方体激光相变硬化过程非稳态温度场的有限差分法计算

1. 模型的建立

激光相变硬化是采用高能量密度的激光对钢铁材料表面进行快速加热，超过奥氏体转变点，然后靠材料自身热传导实现快速冷却，获得马氏体，从而实现钢铁材料表面的局部淬火硬化。激光相变硬化过程是一个涉及相变、热传导、对流换热、辐射换热的三维非稳态传热过程，如图 3-44 所示。

在这个三维模型中采用以下几点假定：

(1)工件为三维有限大长方体；

(2)材料的热物性参数不随温度变化；

(3)不考虑相变潜热；

(4)考虑工件的辐射换热及与空气的对流换热；

(5)入射激光束能量分布为高斯分布(TEM_{00})；

(6)材料各向同性；

(7)材料表面对激光的吸收系数不随温度变化。

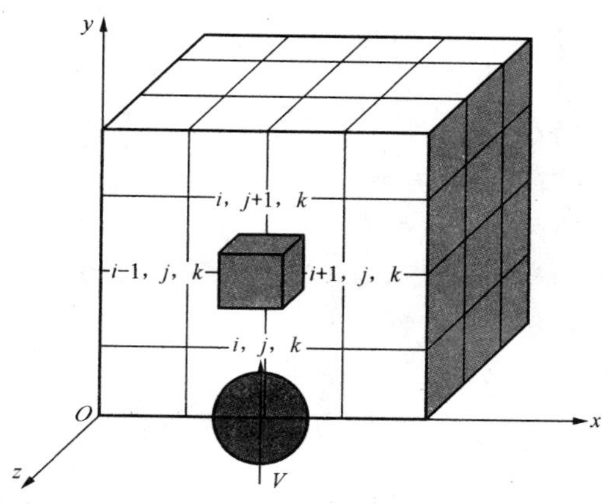

图 3-44　三维有限大长方体激光相变硬化过程示意图

2. 热传导方程

根据工件的形状，采用直角坐标系，这样材料内部的热传导方程为

$$\rho C_p \frac{\partial T}{\partial t} = \lambda\left(\frac{\partial^2 T}{\partial x^2} + \frac{\partial^2 T}{\partial y^2} + \frac{\partial^2 T}{\partial z^2}\right) \tag{3-293}$$

式中　ρ—— 密度，kg/m^3；

C_p—— 比热，J/(kg·℃)；

λ—— 热导率，W/(m·℃)；

T—— 温度，℃；

t—— 时间，s。

3. 边界条件

在激光加热的外表面(x,y)面：

$$-\lambda \frac{\partial T}{\partial z} = Q(x,y,t) + h(T - T_a) \tag{3-294}$$

在其他外表面：

$$-\lambda \frac{\partial T}{\partial n} = h(T - T_a) \tag{3-295}$$

式中　T—— 工件表面的温度，℃；

T_a—— 环境温度，℃；

n—— 其他表面的外法线方向；

h—— 环境的对流换热系数，$W/(m^2 \cdot ℃)$；

$Q(x,y,t)$—— 激光光斑能量密度分布函数。

对于高斯光斑：

$$Q(x,y,t) = \frac{PA}{2\pi R^2}\exp\left[-\frac{x^2 + (y - Vt)^2}{2R^2}\right] \tag{3-296}$$

式中　P—— 激光功率，W；

A—— 吸收系数；

R—— 激光光斑半径，m；

V—— 激光束扫描速度，m/s。

4. 初始条件

初始时刻工件整体温度分布均匀。$T|_{t=0} = T_0$，T_0 为一常数，取室温，20 ℃。

5. 有限差分方程

(1)内部节点的有限差分方程

对于三维问题，有1类内部节点、6类面节点、12类棱节点、8类角节点，共27类有限差分方程。x 方向节点数为 N_1，y 方向节点数为 N_2，z 方向节点数为 N_3；x 方向的步长为 Δx，y 方向的步长为 Δy，z 方向的步长为 Δz，时间步长为 Δt。内部节点热传导方程：

$$\rho C_p \frac{\partial T}{\partial t} = \lambda\left(\frac{\partial^2 T}{\partial x^2} + \frac{\partial^2 T}{\partial y^2} + \frac{\partial^2 T}{\partial z^2}\right) \tag{3-297}$$

采用差商直接替代微商法，则内部节点有限差分方程变为

$$\frac{T_{i,j,k}^{n+1} - T_{i,j,k}^{n}}{\Delta t} = \frac{\lambda}{\rho C_p}\left[\frac{T_{i+1,j,k}^{n} - 2T_{i,j,k}^{n} + T_{i-1,j,k}^{n}}{(\Delta x)^2} + \frac{T_{i,j+1,k}^{n} - 2T_{i,j,k}^{n} + T_{i,j-1,k}^{n}}{(\Delta y)^2} + \frac{T_{i,j,k+1}^{n} - 2T_{i,j,k}^{n} + T_{i,j,k-1}^{n}}{(\Delta z)^2}\right] \tag{3-298}$$

令

$$F_x = \frac{\lambda \Delta t}{\rho C_p (\Delta x)^2},\quad F_y = \frac{\lambda \Delta t}{\rho C_p (\Delta y)^2},\quad F_z = \frac{\lambda \Delta t}{\rho C_p (\Delta z)^2} \tag{3-299}$$

$$F_1 = 1 - 2F_x - 2F_y - 2F_z$$

则式(3-298)整理得

$$T_{i,j,k}^{n+1} = F_1 T_{i,j,k}^{n} + F_x(T_{i+1,j,k}^{n} + T_{i-1,j,k}^{n}) + F_y(T_{i,j+1,k}^{n} + T_{i,j-1,k}^{n}) + F_z(T_{i,j,k+1}^{n} + T_{i,j,k-1}^{n}) \tag{3-300}$$

(2)六个面的有限差分方程

六个面属于对流边界，h 为换热系数，T_a 为周围介质温度。前面有激光热流，而且还与外界换热，以前面为例推导有限差分方程，其面边界上某节点编号为$(i,j,1)$，左右相邻两节点编号分别为$(i-1,j,1)$ 和$(i+1,j,1)$，上下相邻两节点编号分别为$(i,j+1,1)$ 和$(i,j-1,1)$。前面是边界，后面相邻节点编号为$(i,j,2)$，围绕节点$(i,j,1)$ 的边界单元体体积为 $\Delta x \cdot \Delta y \cdot \Delta z/2$。对$(i,j,1)$ 边界单元体，在时间间隔 Δt 内的内能变化为

$$\frac{\Delta U}{\Delta t} = \rho C_p\left(\Delta x \cdot \Delta y \cdot \frac{\Delta z}{2}\right)\frac{T_{i,j,1}^{n+1} - T_{i,j,1}^{n}}{\Delta t} \tag{3-301}$$

在时间间隔 Δt 内，从周围五个相邻的单元体流入$(i,j,1)$ 边界单元体的热量分别为

$$Q_{i-1,j,1\to i,j,1} = \lambda\left(\Delta y \cdot \frac{\Delta z}{2}\right)\frac{T_{i-1,j,1}^{n} - T_{i,j,1}^{n}}{\Delta x} \tag{3-302}$$

$$Q_{i+1,j,1\to i,j,1} = \lambda\left(\Delta y \cdot \frac{\Delta z}{2}\right)\frac{T_{i+1,j,1}^{n} - T_{i,j,1}^{n}}{\Delta x} \tag{3-303}$$

$$Q_{i,j-1,1\to i,j,1} = \lambda\left(\Delta x \cdot \frac{\Delta z}{2}\right)\frac{T_{i,j-1,1}^{n} - T_{i,j,1}^{n}}{\Delta y} \tag{3-304}$$

$$Q_{i,j+1,1\to i,j,1} = \lambda\left(\Delta x \cdot \frac{\Delta z}{2}\right)\frac{T_{i,j+1,1}^{n} - T_{i,j,1}^{n}}{\Delta y} \tag{3-305}$$

$$Q_{i,j,2\to i,j,1} = \lambda(\Delta x \cdot \Delta y)\frac{T_{i,j,2}^{n} - T_{i,j,1}^{n}}{\Delta z} \tag{3-306}$$

从边界面流入(i,j,k)边界单元体的热量为

$$Q = h(\Delta x \cdot \Delta y)(T_a - T_{i,j,1}^n) + (\Delta x \cdot \Delta y)Q(i,j) \tag{3-307}$$

进一步整理得出前面的有限差分方程：

$$T_{i,j,1}^{n+1} = F_1 T_{i,j,1}^n + F_x(T_{i+1,j,1}^n + T_{i-1,j,1}^n) + F_y(T_{i,j+1,1}^n + T_{i,j-1,1}^n) + 2F_z T_{i,j,2}^n + \frac{2h\Delta t}{\rho C_p \Delta z}(T_a - T_{i,j,1}^n) + \frac{2\Delta t}{\rho C_p \Delta z}Q(i,j) \tag{3-308}$$

同理可推导出后面的有限差分方程：

$$T_{i,j,N_3}^{n+1} = F_1 T_{i,j,N_3}^n + F_x(T_{i+1,j,N_3}^n + T_{i-1,j,N_3}^n) + F_y(T_{i,j+1,N_3}^n + T_{i,j-1,N_3}^n) + 2F_z(T_{i,j,N_3-1}^n + T_{i,j,N_3}^n) + \frac{2h\Delta t}{\rho C_p \Delta z}(T_a - T_{i,j,N_3}^n) \tag{3-309}$$

下面的有限差分方程：

$$T_{i,1,k}^{n+1} = F_1 T_{i,1,k}^n + F_x(T_{i+1,1,k}^n + T_{i-1,1,k}^n) + F_z(T_{i,1,k+1}^n + T_{i,1,k-1}^n) + 2F_y(T_{i,2,k}^n + T_{i,1,k}^n) + \frac{2h\Delta t}{\rho C_p \Delta y}(T_a - T_{i,1,k}^n) \tag{3-310}$$

上面的有限差分方程：

$$T_{i,N_2,k}^{n+1} = F_1 T_{i,N_2,k}^n + F_x(T_{i+1,N_2,k}^n + T_{i-1,N_2,k}^n) + F_z(T_{i,N_2,k+1}^n + T_{i,N_2,k-1}^n) + 2F_y(T_{i,N_2-1,k}^n + T_{i,N_2,k}^n) + \frac{2h\Delta t}{\rho C_p \Delta y}(T_a - T_{i,N_2,k}^n) \tag{3-311}$$

左面的有限差分方程：

$$T_{1,j,k}^{n+1} = F_1 T_{1,j,k}^n + 2F_x(T_{2,j,k}^n + T_{1,j,k}^n) + \frac{2h\Delta t}{\rho C_p \Delta x}(T_a - T_{1,j,k}^n) + F_y(T_{1,j+1,k}^n + T_{1,j-1,k}^n) + F_z(T_{1,j,k+1}^n + T_{1,j,k-1}^n) \tag{3-212}$$

右面的有限差分方程：

$$T_{N_1,j,k}^{n+1} = F_1 T_{N_1,j,k}^n + 2F_x(T_{N_1-1,j,k}^n + T_{N_1,j,k}^n) + \frac{2h\Delta t}{\rho C_p \Delta x}(T_a - T_{N_1,j,k}^n) + F_y(T_{N_1,j+1,k}^n + T_{N_1,j-1,k}^n) + F_z(T_{N_1,j,k+1}^n + T_{N_1,j,k-1}^n) \tag{3-313}$$

(3)十二条棱的有限差分方程

平行于 x 方向的四条棱：

$$T_{i,1,1}^{n+1} = F_1 T_{i,1,1}^n + F_x(T_{i+1,1,1}^n + T_{i-1,1,1}^n) + 2F_y(T_{i,2,1}^n + T_{i,1,1}^n) + 2F_z(T_{i,1,2}^n + T_{i,1,1}^n) + \frac{2h\Delta t}{\rho C_p}\left(\frac{1}{\Delta y} + \frac{1}{\Delta z}\right)(T_a - T_{i,1,1}^n) + \frac{2\Delta t}{\rho C_p \Delta z}Q(i,1) \tag{3-314}$$

$$T_{i,N_2,1}^{n+1} = F_1 T_{i,N_2,1}^n + F_x(T_{i+1,N_2,1}^n + T_{i-1,N_2,1}^n) + 2F_y(T_{i,N_2-1,1}^n + T_{i,N_2,1}^n) + 2F_z(T_{i,N_2,2}^n + T_{i,N_2,1}^n) + \frac{2h\Delta t}{\rho C_p}\left(\frac{1}{\Delta y} + \frac{1}{\Delta z}\right)(T_a - T_{i,N_2,1}^n) + \frac{2\Delta t}{\rho C_p \Delta z}Q(i,N_2) \tag{3-315}$$

$$T_{i,N_2,N_3}^{n+1} = F_1 T_{i,N_2,N_3}^n + F_x(T_{i+1,N_2,N_3}^n + T_{i-1,N_2,N_3}^n) + 2F_y(T_{i,N_2-1,N_3}^n + T_{i,N_2,N_3}^n) + 2F_z(T_{i,N_2,N_3-1}^n + T_{i,N_2,N_3}^n) + \frac{2h\Delta t}{\rho C_p}\left(\frac{1}{\Delta y} + \frac{1}{\Delta z}\right)(T_a - T_{i,N_2,N_3}^n) \tag{3-316}$$

$$T_{i,1,N_3}^{n+1} = F_1 T_{i,1,N_3}^n + F_x(T_{i+1,1,N_3}^n + T_{i-1,1,N_3}^n) + 2F_y(T_{i,2,N_3}^n + T_{i,1,N_3}^n) + 2F_z(T_{i,1,N_3-1}^n + T_{i,1,N_3}^n) + \frac{2h\Delta t}{\rho C_p}\left(\frac{1}{\Delta y} + \frac{1}{\Delta z}\right)(T_a - T_{i,1,N_3}^n) \tag{3-317}$$

平行于 y 方向的四条棱：

$$T_{1,j,1}^{n+1} = F_1 T_{1,j,1}^n + F_y(T_{1,j+1,1}^n + T_{1,j-1,1}^n) + 2F_x(T_{2,j,1}^n + T_{1,j,1}^n) + 2F_z(T_{1,j,2}^n + T_{1,j,1}^n) + \frac{2h\Delta t}{\rho C_p}\left(\frac{1}{\Delta x} + \frac{1}{\Delta z}\right)(T_a - T_{1,j,1}^n) + \frac{2\Delta t}{\rho C_p \Delta z}Q(1,j) \tag{3-318}$$

$$T_{N_1,j,1}^{n+1} = F_1 T_{N_1,j,1}^n + F_y(T_{N_1,j+1,1}^n + T_{N_1,j-1,1}^n) + 2F_x(T_{N_1-1,j,1}^n + T_{N_1,j,1}^n) + 2F_z(T_{N_1,j,2}^n + T_{N_1,j,1}^n) + \frac{2h\Delta t}{\rho C_p}\left(\frac{1}{\Delta x} + \frac{1}{\Delta z}\right)(T_a - T_{N_1,j,1}^n) + \frac{2\Delta t}{\rho C_p \Delta z}Q(N_1,j) \tag{3-319}$$

$$T_{N_1,j,N_3}^{n+1} = F_1 T_{N_1,j,N_3}^n + F_y(T_{N_1,j+1,N_3}^n + T_{N_1,j-1,N_3}^n) + 2F_x(T_{N_1-1,j,N_3}^n + T_{N_1,j,N_3}^n) + 2F_z(T_{N_1,j,N_3-1}^n + T_{N_1,j,N_3}^n) + \frac{2h\Delta t}{\rho C_p}\left(\frac{1}{\Delta x} + \frac{1}{\Delta z}\right)(T_a - T_{N_1,j,N_3}^n) \tag{3-320}$$

$$T_{1,j,N_3}^{n+1} = F_1 T_{1,j,N_3}^n + F_y(T_{1,j+1,N_3}^n + T_{1,j-1,N_3}^n) + 2F_x(T_{2,j,N_3}^n + T_{1,j,N_3}^n) + 2F_z(T_{1,j,N_3-1}^n + T_{1,j,N_3}^n) + \frac{2h\Delta t}{\rho C_p}\left(\frac{1}{\Delta x} + \frac{1}{\Delta z}\right)(T_a - T_{1,j,N_3}^n) \tag{3-321}$$

平行于 z 方向的四条棱：

$$T_{1,1,k}^{n+1} = F_1 T_{1,1,k}^n + F_z(T_{1,1,k+1}^n + T_{1,1,k-1}^n) + 2F_x(T_{2,1,k}^n + T_{1,1,k}^n) + 2F_y(T_{1,2,k}^n + T_{1,1,k}^n) + \frac{2h\Delta t}{\rho C_p}\left(\frac{1}{\Delta x} + \frac{1}{\Delta y}\right)(T_a - T_{1,1,k}^n) \tag{3-322}$$

$$T_{N_1,1,k}^{n+1} = F_1 T_{N_1,1,k}^n + F_z(T_{N_1,1,k+1}^n + T_{N_1,1,k-1}^n) + 2F_x(T_{N_1-1,1,k}^n + T_{N_1,1,k}^n) + 2F_y(T_{N_1,2,k}^n + T_{N_1,1,k}^n) + \frac{2h\Delta t}{\rho C_p}\left(\frac{1}{\Delta x} + \frac{1}{\Delta y}\right)(T_a - T_{N_1,1,k}^n) \tag{3-323}$$

$$T_{N_1,N_2,k}^{n+1} = F_1 T_{N_1,N_2,k}^n + F_z(T_{N_1,N_2,k+1}^n + T_{N_1,N_2,k-1}^n) + 2F_x(T_{N_1-1,N_2,k}^n + T_{N_1,N_2,k}^n) + 2F_y(T_{N_1,N_2-1,k}^n + T_{N_1,N_2,k}^n) + \frac{2h\Delta t}{\rho C_p}\left(\frac{1}{\Delta x} + \frac{1}{\Delta y}\right)(T_a - T_{N_1,N_2,k}^n) \tag{3-324}$$

$$T_{1,N_2,k}^{n+1} = F_1 T_{1,N_2,k}^n + F_z(T_{1,N_2,k+1}^n + T_{1,N_2,k-1}^n) + 2F_x(T_{2,N_2,k}^n + T_{1,N_2,k}^n) + 2F_y(T_{1,N_2-1,k}^n + T_{1,N_2,k}^n) + \frac{2h\Delta t}{\rho C_p}\left(\frac{1}{\Delta x} + \frac{1}{\Delta y}\right)(T_a - T_{1,N_2,k}^n) \tag{3-325}$$

(4)八个角的有限差分方程

前面四个角：

$$T_{1,1,1}^{n+1} = F_1 T_{1,1,1}^n + 2F_x(T_{2,1,1}^n + T_{1,1,1}^n) + 2F_y(T_{1,2,1}^n + T_{1,1,1}^n) + 2F_z(T_{1,1,2}^n + T_{1,1,1}^n) + \frac{2h\Delta t}{\rho C_p}\left(\frac{1}{\Delta x} + \frac{1}{\Delta y} + \frac{1}{\Delta z}\right)(T_a - T_{1,1,1}^n) + \frac{2\Delta t}{\rho C_p \Delta z}Q(1,1) \tag{3-326}$$

$$T_{N_1,1,1}^{n+1} = F_1 T_{N_1,1,1}^n + 2F_x(T_{N_1-1,1,1}^n + T_{N_1,1,1}^n) + 2F_y(T_{N_1,2,1}^n + T_{N_1,1,1}^n) + 2F_z(T_{N_1,1,2}^n + T_{N_1,1,1}^n) + \frac{2h\Delta t}{\rho C_p}\left(\frac{1}{\Delta x} + \frac{1}{\Delta y} + \frac{1}{\Delta z}\right)(T_a - T_{N_1,1,1}^n) + \frac{2\Delta t}{\rho C_p \Delta z}Q(N_1,1) \tag{3-327}$$

$$T_{N_1,N_2,1}^{n+1} = F_1 T_{N_1,N_2,1}^n + 2F_x(T_{N_1-1,N_2,1}^n + T_{N_1,N_2,1}^n) + 2F_y(T_{N_1,N_2-1,1}^n + T_{N_1,N_2,1}^n) + 2F_z(T_{N_1,N_2,2}^n + T_{N_1,N_2,1}^n) + \frac{2h\Delta t}{\rho C_p}\left(\frac{1}{\Delta x} + \frac{1}{\Delta y} + \frac{1}{\Delta z}\right)(T_a - T_{N_1,N_2,1}^n) +$$

$$\frac{2\Delta t}{\rho C_p \Delta z}Q(N_1, N_2) \tag{3-328}$$

$$T_{1,N_2,1}^{n+1} = F_1 T_{1,N_2,1}^n + 2F_x(T_{2,N_2,1}^n + T_{1,N_2,1}^n) + 2F_y(T_{1,N_2-1,1}^n + T_{1,N_2,1}^n) + 2F_z(T_{1,N_2,2}^n + T_{1,N_2,1}^n) + \frac{2h\Delta t}{\rho C_p}\left(\frac{1}{\Delta x} + \frac{1}{\Delta y} + \frac{1}{\Delta z}\right)(T_a - T_{1,N_2,1}^n) + \frac{2\Delta t}{\rho C_p \Delta z}Q(1, N_2) \tag{3-329}$$

后面四个角：

$$T_{1,1,N_3}^{n+1} = F_1 T_{1,1,N_3}^n + 2F_x(T_{2,1,N_3}^n + T_{1,1,N_3}^n) + 2F_y(T_{1,2,N_3}^n + T_{1,1,N_3}^n) + 2F_z(T_{1,1,N_3-1}^n + T_{1,1,N_3}^n) + \frac{2h\Delta t}{\rho C_p}\left(\frac{1}{\Delta x} + \frac{1}{\Delta y} + \frac{1}{\Delta z}\right)(T_a - T_{1,1,N_3}^n) \tag{3-330}$$

$$T_{N_1,1,N_3}^{n+1} = F_1 T_{N_1,1,N_3}^n + 2F_x(T_{N_1-1,1,N_3}^n + T_{N_1,1,N_3}^n) + 2F_y(T_{N_1,2,N_3}^n + T_{N_1,1,N_3}^n) + 2F_z(T_{N_1,1,N_3-1}^n + T_{N_1,1,N_3}^n) + \frac{2h\Delta t}{\rho C_p}\left(\frac{1}{\Delta x} + \frac{1}{\Delta y} + \frac{1}{\Delta z}\right)(T_a - T_{N_1,1,N_3}^n) \tag{3-331}$$

$$T_{N_1,N_2,N_3}^{n+1} = F_1 T_{N_1,N_2,N_3}^n + 2F_x(T_{N_1-1,N_2,N_3}^n + T_{N_1,N_2,N_3}^n) + 2F_y(T_{N_1,N_2-1,N_3}^n + T_{N_1,N_2,N_3}^n) + 2F_z(T_{N_1,N_2,N_3-1}^n + T_{N_1,N_2,N_3}^n) + \frac{2h\Delta t}{\rho C_p}\left(\frac{1}{\Delta x} + \frac{1}{\Delta y} + \frac{1}{\Delta z}\right)(T_a - T_{N_1,N_2,N_3}^n) \tag{3-332}$$

$$T_{1,N_2,N_3}^{n+1} = F_1 T_{1,N_2,N_3}^n + 2F_x(T_{2,N_2,N_3}^n + T_{1,N_2,N_3}^n) + 2F_y(T_{1,N_2-1,N_3}^n + T_{1,N_2,N_3}^n) + 2F_z(T_{1,N_2,N_3-1}^n + T_{1,N_2,N_3}^n) + \frac{2h\Delta t}{\rho C_p}\left(\frac{1}{\Delta x} + \frac{1}{\Delta y} + \frac{1}{\Delta z}\right)(T_a - T_{1,N_2,N_3}^n) \tag{3-333}$$

6.计算机程序设计

```
!C ************************** "LASER3DGAOSIXIAN" ************************
!C ************************** 大长方体激光表面淬火 **************************
!C ************************** 高斯光斑,激光光斑沿 Y 方向移动 ****************
!C ************************** 三维传热,X,Y,Z 方向热传导 ********************
!C ****************************** 外表面换热 *****************************
!C **************************** 显式差分格式 *****************************
!C ******************************************************* 定义变量
    REAL T0,TA,C,P,KK,DX,DY,DZ,DS,S1,S2,H,QM,R,V
    REAL T1,T2,Q,S,F1,FX,FY,FZ,BETA
! ******************************************************** 定义数组
    DIMENSION T1(101,101,51),T2(101,101,51),Q(101,101)
! ***************************************************** 打开结果文件
    OPEN(1,FILE = 'laser3dGSXIAN1 - t.DAT')
    OPEN(2,FILE = 'laser3dGSXIAN2 - t.DAT')
    OPEN(3,FILE = 'laser3dGSXIAN - xy.DAT')
!C **************************************************** 输入淬火时间
    WRITE(*,*)'输入淬火时间 S1'
    READ(*,*)S1
    WRITE(*,*)S1
! ************************************************ 空间,时间网格划分
    N1 = 101
    N2 = 101
    N3 = 51
    DX = 0.01
```

```
      DY = 0.01
      DZ = 0.01
      DS = 0.0001
!***************************************************** 初始条件及边界介质温度
      T0 = 20
      TA = 20
!********************************************************* 密度,比热,热导率
      C = 0.5
      P = 7.8
      KK = 0.3
!************************************************************** 边界换热系数
      H = 0.02
!****************************** 激光光斑扫描速度,光斑半径,激光功率,吸收系数
      V = 10.0
      R = 0.075
      QM = 800
      BETA = 0.54
      WRITE(*,*)N1,N2,N3,T0,TA,C,P,KK,DX,DY,DZ,DS,S1,H,QM,R,V
!        PAUSE
!**************************************************************** 赋初始条件
      DO 30 I = 1,N1
      DO 20 J = 1,N2
      DO 10 K = 1,N3
      T1(I,J,K) = T0
10    CONTINUE
20    CONTINUE
30    CONTINUE
!************************************************************** 计算傅立叶数
      FX = KK * DS/(C * P * DX * DX)
      FY = KK * DS/(C * P * DY * DY)
      FZ = KK * DS/(C * P * DZ * DZ)
      F1 = 1 - 2 * FX - 2 * FY - 2 * FZ
      WRITE(*,*)FX,FY,FZ,F1
      PAUSE
!****************************************************************** 开始循环
      MM = 0
      S = 0
65    S = S + DS
      MM = MM + 1
      WRITE(*,*) S,MM
!****************************************************** 计算激光光斑功率分布
      DO 100 I = 1,N1
      DO 90 J = 1,N2
      IF(S.GT.S1) GOTO 75
      X = ((I - 51) * DX) * * 2
      Y = ((J - 1) * DY + R - V * S) * * 2
      X =- (X + Y)
      Q(I,J) = (QM * BETA)/(2 * 3.1415926 * R ** 2) * EXP(X/(2 * R * R))
      Q(I,J) = 2 * Q(I,J) * DS/(C * P * DZ)
```

```
      GOTO 80
 75   Q(I,J) = 0
 80   CONTINUE
 90   CONTINUE
 100  CONTINUE
! ********************************************************************* INNER
      DO 130 I = 2,N1 - 1
      DO 120 J = 2,N2 - 1
      DO 110 K = 2,N3 - 1
      T2(I,J,K) = F1 * T1(I,J,K) + FX * (T1(I+1,J,K) + T1(I-1,J,K))
      & + FY * (T1(I,J+1,K) + T1(I,J-1,K)) + FZ * (T1(I,J,K+1) + T1(I,J,K-1))
 110  CONTINUE
 120  CONTINUE
 130  CONTINUE
!C ******************************************************************** FRONT
      DO 150 I = 2,N1 - 1
      DO 140 J = 2,N2 - 1
      T2(I,J,1) = F1 * T1(I,J,1) + FX * (T1(I+1,J,1) + T1(I-1,J,1))
      & + FY * (T1(I,J+1,1) + T1(I,J-1,1)) + 2 * FZ * T1(I,J,2) + Q(I,J)
      & + 2 * H * DS * (T0 - T1(I,J,1))/(P * C * DZ)
 140  CONTINUE
 150  CONTINUE
!C *** '**************************************************************** BEHIND
      DO 170 I = 2,N1 - 1
      DO 160 J = 2,N2 - 1
      T2(I,J,N3) = F1 * T1(I,J,N3) + FX * (T1(I+1,J,N3) + T1(I-1,J,N3))
      & + FY * (T1(I,J+1,N3) + T1(I,J-1,N3)) + 2 * FZ * T1(I,J,N3-1)
      & + 2 * H * DS * (T0 - T1(I,J,N3))/(P * C * DZ)
 160  CONTINUE
 170  CONTINUE
!C *** '**************************************************************** BOTTOM
      DO 190 I = 2,N1 - 1
      DO 180 K = 2,N3 - 1
      T2(I,1,K) = F1 * T1(I,1,K) + FX * (T1(I+1,1,K) + T1(I-1,1,K))
      & + FZ * (T1(I,1,K+1) + T1(I,1,K-1)) + 2 * FY * T1(I,2,K)
      & + 2 * H * DS * (T0 - T1(I,1,K))/(P * C * DY)
 180  CONTINUE
 190  CONTINUE
!C *** '******************************************************************* UP
      DO 210 I = 2,N1 - 1
      DO 200 K = 2,N3 - 1
      T2(I,N2,K) = F1 * T1(I,N2,K) + FX * (T1(I+1,N2,K) + T1(I-1,N2,K))
      & + FZ * (T1(I,N2,K+1) + T1(I,N2,K-1)) + 2 * FY * T1(I,N2-1,K)
      & + 2 * H * DS * (T0 - T1(I,N2,K))/(P * C * DY)
 200  CONTINUE
 210  CONTINUE
!C *** '***************************************************************** LEFT
      DO 230 J = 2,N2 - 1
      DO 220 K = 2,N3 - 1
```

```
      T2(1,J,K) = F1 * T1(1,J,K) + FY * (T1(1,J+1,K) + T1(1,J-1,K))
     & + FZ * (T1(1,J,K+1) + T1(1,J,K-1)) + 2 * FX * T1(2,J,K)
     & + 2 * H * DS * (T0 - T1(1,J,K))/(P * C * DX)
220   CONTINUE
230   CONTINUE
!C *** '********************************************************** RIGHT
      DO 250 J = 2,N2-1
      DO 240 K = 2,N3-1
      T2(N1,J,K) = F1 * T1(N1,J,K) + FY * (T1(N1,J+1,K) + T1(N1,J-1,K))
     & + FZ * (T1(N1,J,K+1) + T1(N1,J,K-1)) + 2 * FX * T1(N1-1,J,K)
     & + 2 * H * DS * (T0 - T1(N1,J,K))/(P * C * DX)
240   CONTINUE
250   CONTINUE
!C *** '********************************************************** PRISM1
      DO 260 J = 2,N2-1
      T2(1,J,1) = F1 * T1(1,J,1) + FY * (T1(1,J+1,1) + T1(1,J-1,1))
     & + 2 * FX * T1(2,J,1) + 2 * FZ * T1(1,J,2)
     & + 2 * H * DS * (1/DX + 1/DZ) * (T0 - T1(1,J,1))/(P * C) + Q(1,J)
260   CONTINUE
!C *** '********************************************************** PRISM2
      DO 270 J = 2,N2-1
      T2(N1,J,1) = F1 * T1(N1,J,1) + FY * (T1(N1,J+1,1) + T1(N1,J-1,1))
     & + 2 * FX * T1(N1-1,J,1) + 2 * FZ * T1(N1,J,2)
     & + 2 * H * DS * (1/DX + 1/DZ) * (T0 - T1(N1,J,1))/(P * C) + Q(N1,J)
270   CONTINUE
!C *** '********************************************************** PRISM3
      DO 280 J = 2,N2-1
      T2(N1,J,N3) = F1 * T1(N1,J,N3) + FY * (T1(N1,J+1,N3) + T1(N1,J-1,N3))
     & + 2 * FX * T1(N1-1,J,N3) + 2 * FZ * T1(N1,J,N3-1)
     & + 2 * H * DS * (1/DX + 1/DZ) * (T0 - T1(N1,J,N3))/(P * C)
280   CONTINUE
!C ************************************************************** PRISM4
      DO 290 J = 2,N2-1
      T2(1,J,N3) = F1 * T1(1,J,N3) + FY * (T1(1,J+1,N3) + T1(1,J-1,N3))
     & + 2 * FX * T1(2,J,N3) + 2 * FZ * T1(1,J,N3-1)
     & + 2 * H * DS * (1/DX + 1/DZ) * (T0 - T1(N1,J,N3))/(P * C)
290   CONTINUE
!C *** '********************************************************** PRISM5
      DO 300 I = 2,N1-1
      T2(I,1,1) = F1 * T1(I,1,1) + FX * (T1(I+1,1,1) + T1(I-1,1,1))
     & + 2 * FY * T1(I,2,1) + 2 * FZ * T1(I,1,2)
     & + 2 * H * DS * (1/DY + 1/DZ) * (T0 - T1(I,1,1))/(P * C) + Q(I,1)
300   CONTINUE
!C *** '********************************************************** PRISM6
      DO 310 I = 2,N1-1
      T2(I,1,N3) = F1 * T1(I,1,N3) + FX * (T1(I+1,1,N3) + T1(I-1,1,N3))
     & + 2 * FY * T1(I,2,N3) + 2 * FZ * T1(I,1,N3-1)
     & + 2 * H * DS * (1/DY + 1/DZ) * (T0 - T1(I,1,N3))/(P * C)
310   CONTINUE
```

```
!C *** '*************************************************************** PRISM7
     DO 320 I = 2,N1 - 1
     T2(I,N2,N3) = F1 * T1(I,N2,N3) + FX * (T1(I + 1,N2,N3) + T1(I - 1,N2,N3))
     & + 2 * FY * T1(I,N2 - 1,N3) + 2 * FZ * T1(I,N2,N3 - 1)
     & + 2 * H * DS * (1/DY + 1/DZ) * (T0 - T1(I,N2,N3))/(P * C)
320  CONTINUE
!C *** '*************************************************************** PRISM8
     DO 330 I = 2,N1 - 1
     T2(I,N2,1) = F1 * T1(I,N2,1) + FX * (T1(I + 1,N2,1) + T1(I - 1,N2,1))
     & + 2 * FY * T1(I,N2 - 1,1) + 2 * FZ * T1(I,N2,2)
     & + 2 * H * DS * (1/DY + 1/DZ) * (T0 - T1(I,N2,1))/(P * C) + Q(I,N2)
330  CONTINUE
!C **** '*************************************************************** PRISM9
     DO 340 K = 2,N3 - 1
     T2(1,1,K) = F1 * T1(1,1,K) + FZ * (T1(1,1,K + 1) + T1(1,1,K - 1))
     & + 2 * FX * T1(2,1,K) + 2 * FY * T1(1,2,K)
     & + 2 * H * DS * (1/DX + 1/DY) * (T0 - T1(1,1,K))/(P * C)
340  CONTINUE
!C *** '*************************************************************** PRISM10
     DO 350 K = 2,N3 - 1
     T2(1,N2,K) = F1 * T1(1,N2,K) + FZ * (T1(1,N2,K + 1) + T1(1,N2,K - 1))
     & + 2 * FX * T1(2,N2,K) + 2 * FY * T1(1,N2 - 1,K)
     & + 2 * H * DS * (1/DX + 1/DY) * (T0 - T1(1,N2,K))/(P * C)
350  CONTINUE
!C *** '*************************************************************** PRISM11
     DO 360 K = 2,N3 - 1
     T2(N1,N2,K) = F1 * T1(N1,N2,K) + FZ * (T1(N1,N2,K + 1) + T1(N1,N2,K - 1))
     & + 2 * FX * T1(N1 - 1,N2,K) + 2 * FY * T1(N1,N2 - 1,K)
     & + 2 * H * DS * (1/DX + 1/DY) * (T0 - T1(N1,N2,K))/(P * C)
360  CONTINUE
!C ****************************************************************** PRISM12
     DO 370 K = 2,N3 - 1
     T2(N1,1,K) = F1 * T1(N1,1,K) + FZ * (T1(N1,1,K + 1) + T1(N1,1,K - 1))
     & + 2 * FX * T1(N1 - 1,1,K) + 2 * FY * T1(N1,2,K)
     & + 2 * H * DS * (1/DX + 1/DY) * (T0 - T1(N1,1,K))/(P * C)
370  CONTINUE
!C ****************************************************************** CONER1
     T2(1,1,1) = F1 * T1(1,1,1) + 2 * FX * T1(2,1,1)
     & + 2 * FY * T1(1,2,1) + 2 * FZ * T1(1,1,2)
     & + 2 * H * DS * (1/DX + 1/DY + 1/DZ) * (T0 - T1(1,1,1))/(P * C) + Q(1,1)
!C ****************************************************************** CONER2
     T2(1,N2,1) = F1 * T1(1,N2,1) + 2 * FX * T1(2,N2,1) + 2 * FY * T1(1,N2 - 1,1)
     & + 2 * FZ * T1(1,N2,2) + 2 * H * DS * (1/DX + 1/DY + 1/DZ) * (T0 - T1(1,N2,1))/(P * C)
     & + Q(1,N2)
!C ****************************************************************** CONER3
     T2(N1,N2,1) = F1 * T1(N1,N2,1) + 2 * FX * T1(N1 - 1,N2,1) + 2 * FY * T1(N1,N2 - 1,1)
     & + 2 * FZ * T1(N1,N2,2) + 2 * H * DS * (1/DX + 1/DY + 1/DZ) * (T0 - T1(N1,N2,
     1))/(P * C)
     & + Q(N1,N2)
```

```
!C *** '*********************************************************** CONER4
     T2(N1,1,1) = F1 * T1(N1,1,1) + 2 * FX * T1(N1 - 1,1,1) + 2 * FY * T1(N1,2,1)
     & + 2 * FZ * T1(N1,1,2) + 2 * H * DS * (1/DX + 1/DY + 1/DZ) * (T0 - T1(N1,1,1))/(P * C)
     & + Q(N1,1)
!C *** '*********************************************************** CONER5
     T2(1,1,N3) = F1 * T1(1,1,N3) + 2 * FX * T1(2,1,N3) + 2 * FY * T1(1,2,N3)
     & + 2 * FZ * T1(1,1,N3 - 1) + 2 * H * DS * (1/DX + 1/DY + 1/DZ) * (T0 - T1(1,1,
     1))/(P * C)
!C *** '*********************************************************** CONER6
     T2(1,N2,N3) = F1 * T1(1,N2,N3) + 2 * FX * T1(2,N2,N3) + 2 * FY * T1(1,N2 - 1,N3)
     & + 2 * FZ * T1(1,N2,N3 - 1) + 2 * H * DS * (1/DX + 1/DY + 1/DZ) * (T0 - T1(1,N2,
     1))/(P * C)
!C *** '*********************************************************** CONER7
     T2(N1,N2,N3) = F1 * T1(N1,N2,N3) + 2 * FX * T1(N1 - 1,N2,N3)
     & + 2 * FY * T1(N1,N2 - 1,N3) + 2 * FZ * T1(N1,N2,N3 - 1)
     & + 2 * H * DS * (1/DX + 1/DY + 1/DZ) * (T0 - T1(N1,N2,N3))/(P * C)
!C ************************************************************** CONER8
     T2(N1,1,N3) = F1 * T1(N1,1,N3) + 2 * FX * T1(N1 - 1,1,N3) + 2 * FY * T1(N1,2,N3)
     & + 2 * FZ * T1(N1,1,N3 - 1)
     & + 2 * H * DS * (1/DX + 1/DY + 1/DZ) * (T0 - T1(N1,1,N3))/(P * C)
!C ************************************************ 结束循环从屏幕输出计算结果
     DO 390 J = 1,N2,5
     WRITE( * ,1000)(T2(I,J,1),I = 51,N1,10)
390  CONTINUE
!C *************************************************************** 导数组
     DO 430 K = 1,N3
     DO 420 I = 1,N1
     DO 410 J = 1,N2
     T1(I,J,K) = T2(I,J,K)
410  CONTINUE
420  CONTINUE
430  CONTINUE
!C ************************************************************ 写结果文件
     II = MOD(MM,10)
     IF(II.NE.0) GOTO 6000
     WRITE(1, * )S,T1(51,51,1),T1(54,51,1),T1(57,51,1),T1(61,51,1)
     WRITE(2, * )S,T1(51,51,5),T1(54,51,5),T1(57,51,5),T1(61,51,5)
     WRITE(3, * )S
     WRITE(3,1000)I * DX,((I - 1) * DX,I = 1,N1,5)
     DO 1110 J = 1,N2,5
     WRITE(3,1000)(J - 1) * DY,(T1(I,J,1),I = 1,N1,5)
1000  FORMAT(1X,210F8.2)
1110  CONTINUE
6000  CONTINUE
!C ******************************************************** 判断计算是否结束
     IF(S.LT.S1 - 0.000001) GOTO 65
!C ************************************************************ 关闭结果文件
     CLOSE(1)
     CLOSE(2)
     CLOSE(3)
```

```
!C ******************************************************************** 停止程序
      STOP
!C ******************************************************************** 结束程序
      END
```

7. 计算结果

图 3-45 ～ 图 3-48 是激光相变硬化过程不同时刻的表面的温度场。图 3-49 和图 3-50 是激光相变硬化过程表面上和表面下 0.4 mm 处几点温度随时间变化的曲线。

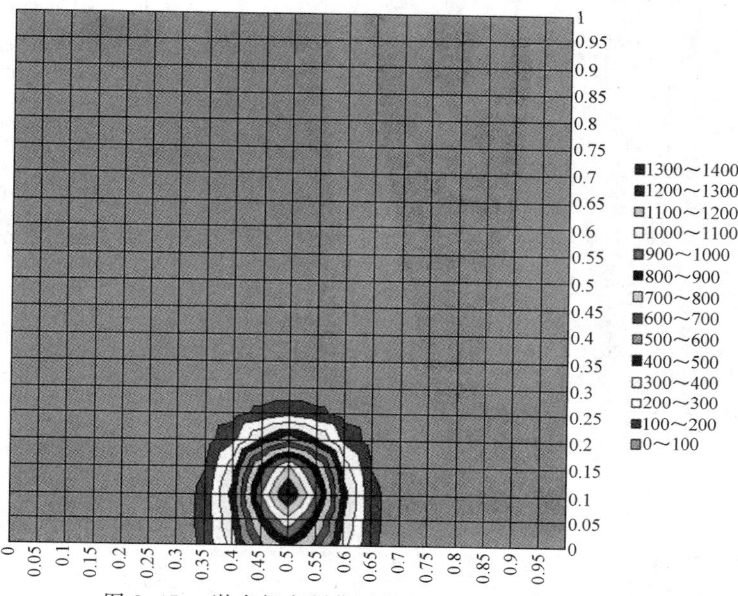

图 3-45　激光相变硬化过程 0.02 秒表面的温度场

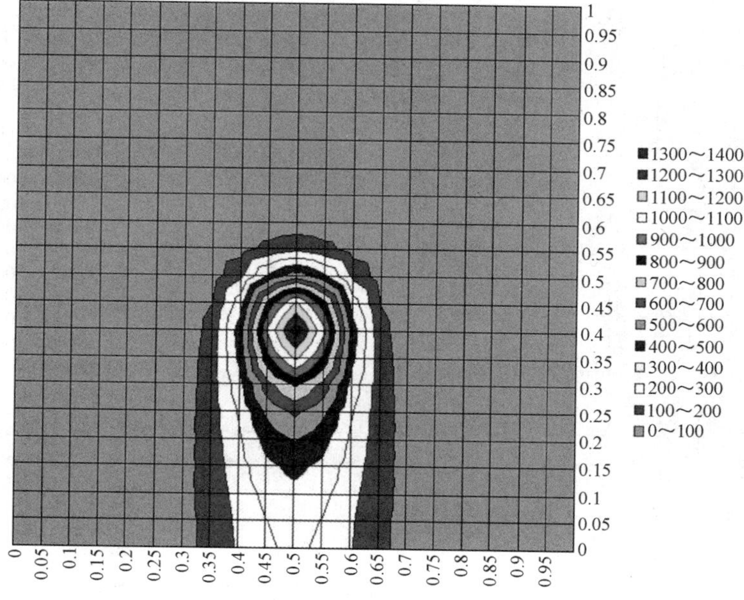

图 3-46　激光相变硬化过程 0.05 秒表面的温度场

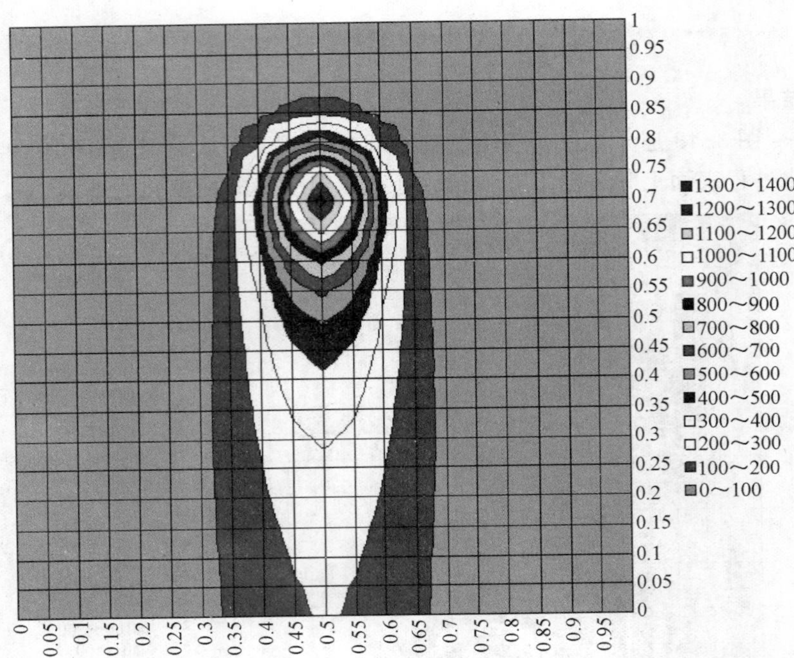

图 3-47　激光相变硬化过程 0.08 秒表面的温度场

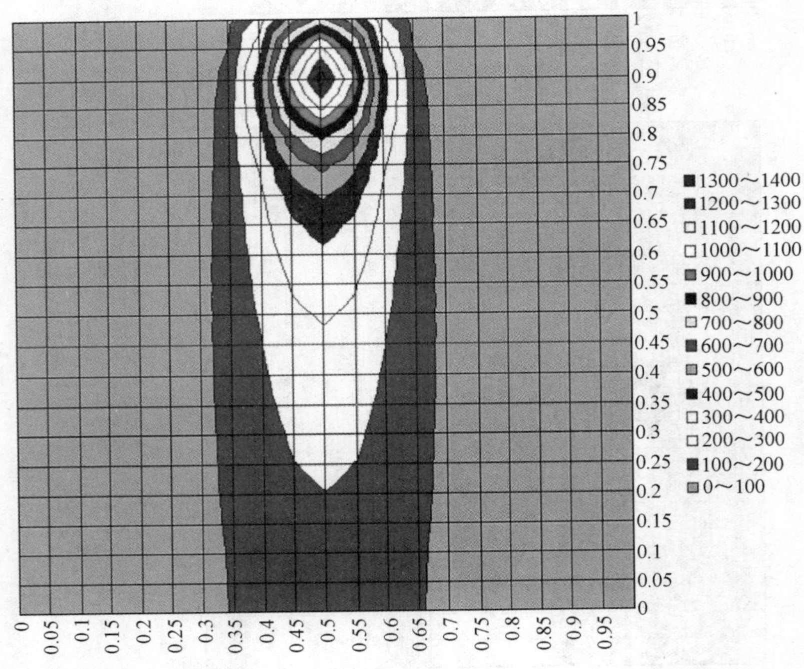

图 3-48　激光相变硬化过程 0.10 秒表面的温度场

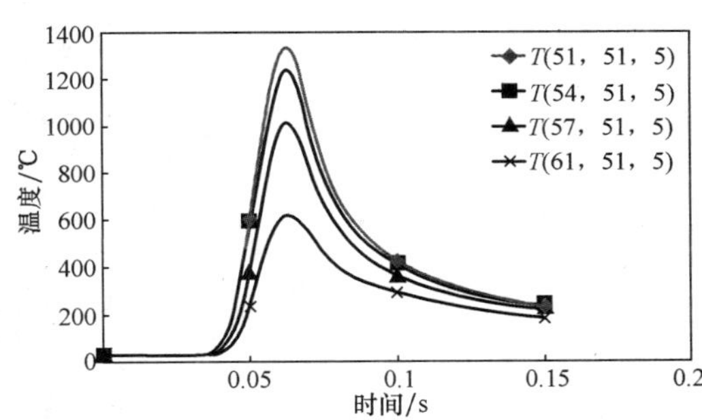

图 3-49　激光相变硬化过程表面上几点温度随时间变化的曲线

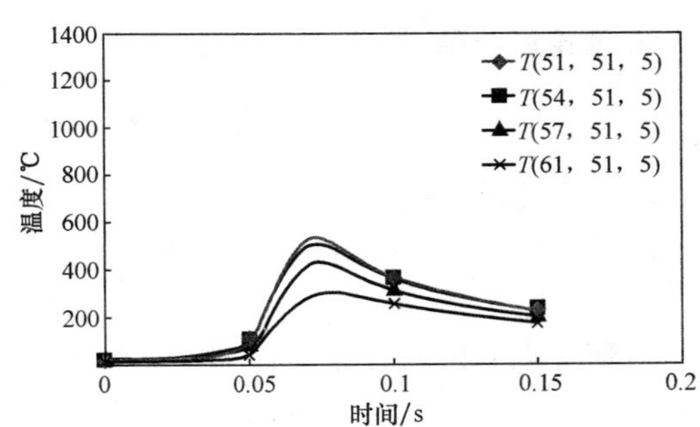

图 3-50　激光相变硬化过程表面下 0.4 mm 几点温度随时间变化的曲线

3.9　稳态温度场的有限差分法

3.9.1　无限大平板厚向一维稳态传热

1. 模型的建立

大平板是一种在工业界常用的工件，当大平板的长度和宽度与其厚度相比很大时，可忽略长度和宽度方向热传导，只考虑厚度方向的热传导，这时可用一维模型来近似地描述大平板的稳态传热过程，如图 3-51 所示。

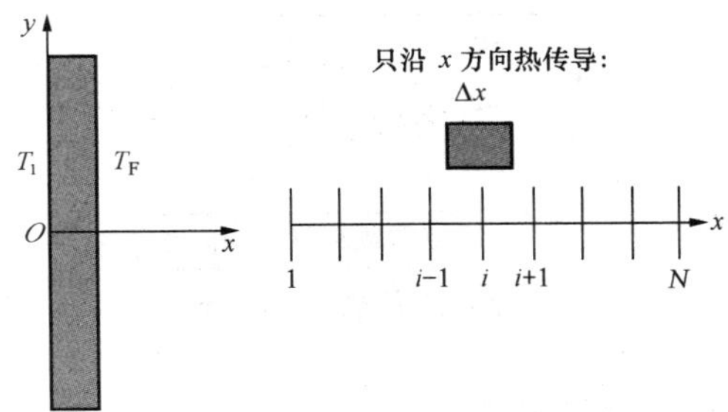

图 3-51　无限大平板沿厚向一维稳态传热示意图

在这个一维模型中采用以下几点假定：

(1)工件为无限大平板；

(2)材料的热物性参数不随温度变化；

(3)材料各向同性。

2. 热传导方程

稳态热传导方程：

$$\frac{\partial^2 T}{\partial x^2} = 0 \tag{3-334}$$

3. 边界条件

$$T_1 = T_0 \tag{3-335}$$

$$T_N = T_F \tag{3-336}$$

4. 理论解析解

$$T = T_0 - (T_0 - T_F) \cdot \frac{x - x_1}{x_2 - x_1} \tag{3-337}$$

5. 有限差分方程

左边界(心部)节点有限差分方程:

$$T_1 = T_0 \tag{3-338}$$

内部节点有限差分方程:

$$T_i = (T_{i+1} + T_{i-1})/2 \quad (i = 2, 3, \cdots, N-1) \tag{3-339}$$

右边界节点有限差分方程:

$$T_N = T_F \tag{3-340}$$

6. 编程计算框图

图 3-52 所示为无限大平板厚向一维稳态传热过程温度场有限差分计算程序框图。

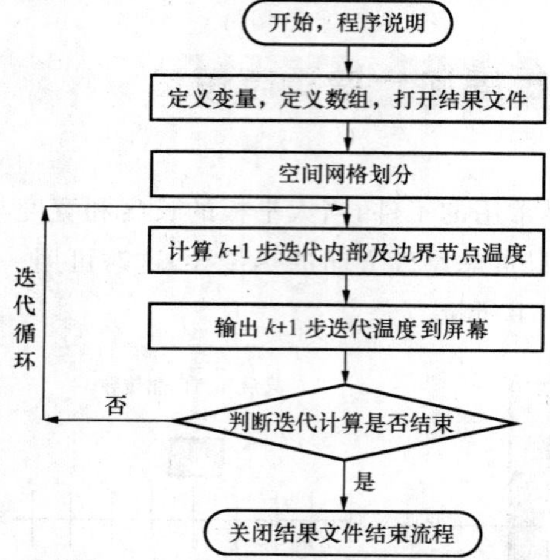

图 3-52　无限大平板厚向一维稳态传热过程温度场有限差分计算程序框图

7. 计算机程序设计

(1)直接迭代法

```
!C ************************** 1dplatewentai－1 ************************************
!C ********************** 无限大平板厚度方向一维稳态传热 ***********************
!C ********************** 左边 860 度,右边 20 度 *********************************
!C ****************************** 直接迭代法解方程 ******************************
!C ********************************************************************* 定义变量类型
   DOUBLE PRECISION DX,TF,T0
!C ********************************************************************* 定义数组类型
   DOUBLE PRECISION T1(2000),T2(2000)
!C ********************************************************************* 打开结果文件
   OPEN(1,FILE = '1dplatewentai－1－10000.DAT')
!C ********************************************************************* 划分空间网格
   N1 = 101
   DX = 0.025
!C ********************************************************************* 边界介质温度
   TF = 20.0
```

```
      T0 = 860.0
!C ************************************************************************
      DO 20 I = 1,N1
      T1(I) = TF
20    CONTINUE
!C ***************************************************************** 开始迭代循环
      DO 2000 II = 1,10000
      WRITE(*,*)II
!C ***************************************** 左边节点 ****************************
      T1(1) = T0
      T2(1) = T0
!C ***************************************** 内部节点 ****************************
      DO 50 I = 2,N1-1
      T2(I) = (T1(I+1)+T1(I-1))/2.0
50    CONTINUE
!C ***************************************** 右边节点 ****************************
      T1(N1) = TF
      T2(N1) = TF
!C ********************************************************************** 导数组
      DO 110 I = 1,N1
      T1(I) = T2(I)
110   CONTINUE
      WRITE(*,*)II,T2(1),T2(53),T2(93),T2(101)
2000  CONTINUE
!C ***************************************************************** 结束迭代循环
!C ******************************************************************* 写结果文件
      DO 120 I = 1,N1
      WRITE(1,200)(I-1)*DX,T2(I)
200   FORMAT(1X,5F10.4)
120   CONTINUE
!C ***************************************************************** 关闭结果文件
      CLOSE(1)
!C ********************************************************************* 停止程序
      STOP
!C ********************************************************************* 结束程序
      END
```

(2)高斯－赛德迭代法

```
!C ***************************** 1dplatewentai-1gs *******************************
!C ************************** 无限大平板厚度方向一维稳态传热 ********************
!C ************************** 左边 860 度,右边 20 度 ****************************
!C ************************** 高斯－赛德迭代法解方程 ****************************
!C ***************************************************************** 定义变量类型
      DOUBLE PRECISION DX,TF,T0
!C ***************************************************************** 定义数组类型
      DOUBLE PRECISION T1(2000),T2(2000)
!C ***************************************************************** 打开结果文件
      OPEN(1,FILE = '1dplatewentai-1gs-50000.DAT')
!C ***************************************************************** 划分空间网格
```

```
      N1 = 101
      DX = 0.025
!C ************************************************************ 边界介质温度
      TF = 20.0
      T0 = 860.0
!C ************************************************************************
      DO 20 I = 1,N1
      T1(I) = TF
20    CONTINUE
!C ************************************************************ 开始迭代循环
      DO 2000 II = 1,50000
      WRITE( * , * )II
!C **************************************** 左边节点 ****************************
      T1(1) = T0
      T2(1) = T0
!C **************************************** 内部节点 ****************************
      DO 50 I = 2,N1-1
      T2(I) = (T1(I+1) + T2(I-1))/2.0
50    CONTINUE
!C **************************************** 右边节点 ****************************
      T1(N1) = TF
      T2(N1) = TF
!C ******************************************************************** 导数组
      DO 110 I = 1,N1
      T1(I) = T2(I)
110   CONTINUE
      WRITE( * , * )II,T2(1),T2(53),T2(93),T2(101)
2000  CONTINUE
!C ************************************************************ 结束迭代循环
!C ************************************************************* 写结果文件
      DO 120 I = 1,N1
      WRITE(1,200)(I-1) * DX,T2(I)
200   FORMAT(1X,5F10.4)
120   CONTINUE
!C ************************************************************* 关闭结果文件
      CLOSE(1)
!C ******************************************************************* 停止程序
      STOP
!C ******************************************************************* 结束程序
      END
```

(3)超松弛迭代法

```
!C **************************** 1dplatewentai-lcsc ********************************
!C ************************ 无限大平板厚度方向一维稳态传热 *********************
!C ************************ 左边 860 度,右边 20 度 ********************************
!C ************************ 超松弛迭代法解方程 *********************************
!C ************************************************************* 定义变量类型
      DOUBLE PRECISION DX,TF,T0
!C ************************************************************* 定义数组类型
```

```
    DOUBLE PRECISION T1(2000),T2(2000)
!C ************************************************************ 打开结果文件
    OPEN(1,FILE = '1dplatewentai - 1csc - 50000.DAT')
!C ************************************************************************
    Omeiga = 1.5
!C ************************************************************ 划分空间网格
    N1 = 101
    DX = 0.025
!C ************************************************************ 边界介质温度
    TF = 20.0
    T0 = 860.0
!C ************************************************************************
    DO 20 I = 1,N1
    T1(I) = TF
20  CONTINUE
!C ************************************************************ 开始迭代循环
    DO 2000 II = 1,50000
    WRITE( * , * )II
!C ****************************************** 左边节点 ***************************
    T1(1) = T0
    T2(1) = T0
!C ****************************************** 内部节点 ***************************
    DO 50 I = 2,N1 - 1
    T2(I) = (1 - Omeiga) * T1(I) + Omeiga * ((T1(I + 1) + T2(I - 1))/2.0)
50  CONTINUE
!C ****************************************** 右边节点 ***************************
    T1(N1) = TF
    T2(N1) = TF
!C ****************************************************************** 导数组
    DO 110 I = 1,N1
    T1(I) = T2(I)
110  CONTINUE
    WRITE( * , * )II,T2(1),T2(53),T2(93),T2(101)
2000  CONTINUE
!C ************************************************************ 结束迭代循环
!C ************************************************************** 写结果文件
    DO 120 I = 1,N1
    WRITE(1,200)(I - 1) * DX,T2(I)
200  FORMAT(1X,5F10.4)
120  CONTINUE
!C ************************************************************ 关闭结果文件
    CLOSE(1)
!C **************************************************************** 停止程序
    STOP
!C **************************************************************** 结束程序
    END
```

8. 计算结果

图 3-53 ～ 图 3-55 分别是无限大平板厚向一维稳态传热不同迭代法计算的结果。

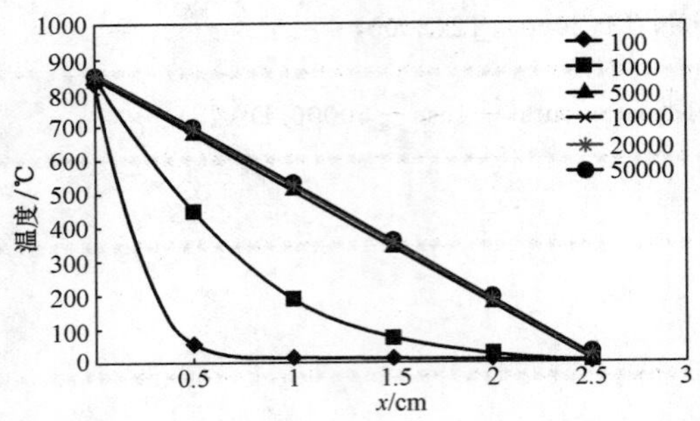

图 3-53　无限大平板厚向一维稳态传热直接迭代法计算结果

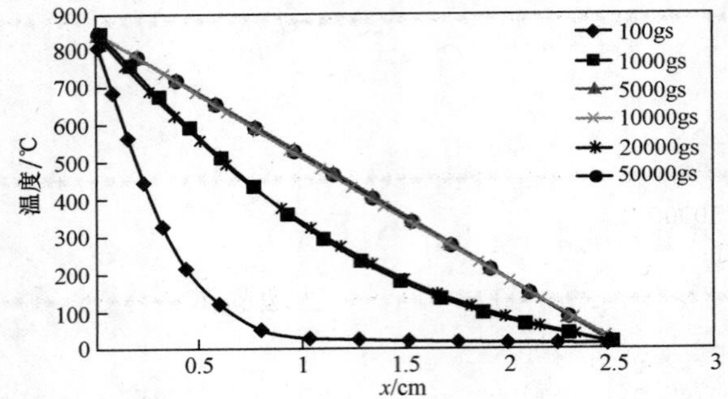

图 3-54　无限大平板厚向一维稳态传热高斯-赛德迭代法计算结果

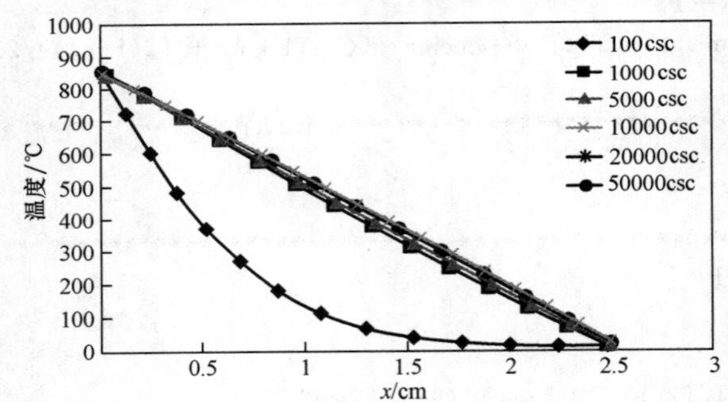

图 3-55　无限大平板厚向一维稳态传热超松弛迭代法计算结果

可见直接迭代法收敛速度较慢，高斯-赛德迭代法收敛速度较快，超松弛迭代法收敛速度最快。

3.9.2　无限长圆筒体径向一维稳态传热

1. 模型的建立

长圆筒体是一种在工业界常用的工件，当长圆筒体的长度和其直径相比很大时，可忽略长度方向和环向热传导，只考虑径向的热传导，这时可用一维模型来近似地描述长圆筒体的稳态传热过程，如图 3-56 所示。

在这个一维模型中采用以下几点假定：

(1)工件为无限长圆筒体；

(2)材料的热物性参数不随温度变化；

(3)材料各向同性。

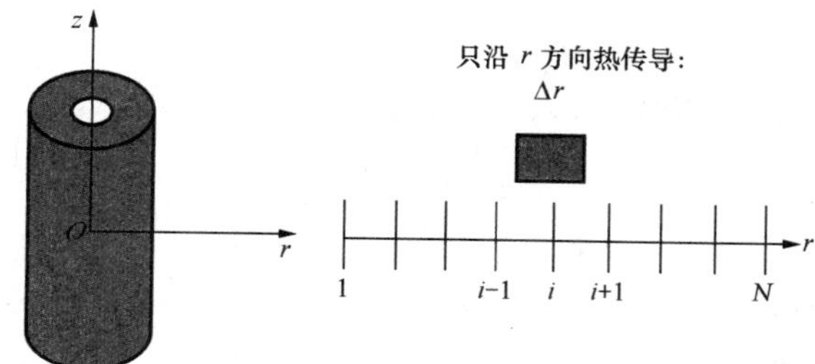

图 3-56　无限长圆筒体径向一维稳态传热示意图

2. 热传导方程

稳态热传导方程：

$$\frac{\partial}{\partial r}\left(r\frac{\partial T}{\partial r}\right)=0 \tag{3-341}$$

3. 边界条件

$$T_1=T_0,\quad T_N=T_F \tag{3-342}$$

4. 理论解析解

$$T=T_0-(T_0-T_F)\frac{\ln(r/r_1)}{\ln(r_2/r_1)} \tag{3-343}$$

5. 有限差分方程

左边界(心部)节点有限差分方程：

$$T_1=T_0 \tag{3-344}$$

内部节点有限差分方程：

$$T_i=\left[\left(1+\frac{\Delta r}{2r}\right)T_{i+1}+\left(1-\frac{\Delta r}{2r}\right)T_{i-1}\right]\Big/2\quad (i=2,3,\cdots,N-1) \tag{3-345}$$

右边界节点有限差分方程：

$$T_N=T_F \tag{3-346}$$

6. 计算机程序设计

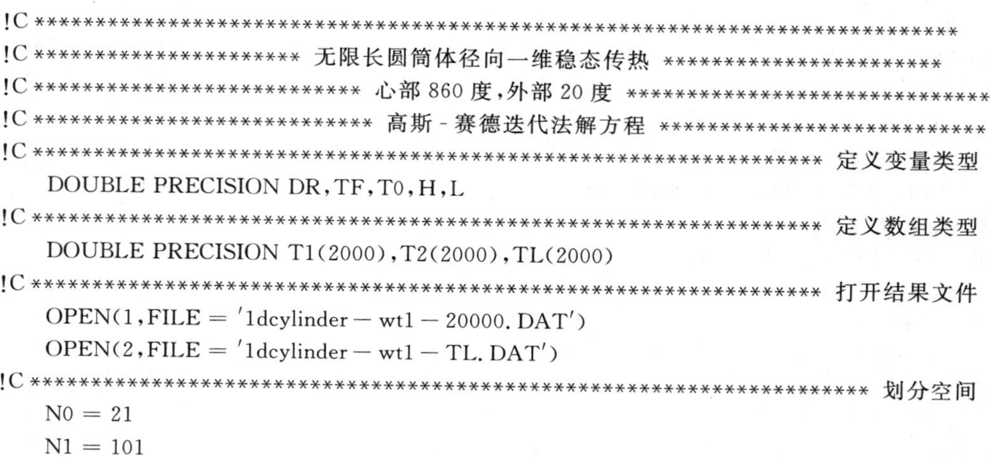

```
!C ********************************************************************
!C ************************ 无限长圆筒体径向一维稳态传热 ************************
!C **************************** 心部 860 度,外部 20 度 ****************************
!C **************************** 高斯-赛德迭代法解方程 ****************************
!C ***************************************************************** 定义变量类型
    DOUBLE PRECISION DR,TF,T0,H,L
!C ***************************************************************** 定义数组类型
    DOUBLE PRECISION T1(2000),T2(2000),TL(2000)
!C ***************************************************************** 打开结果文件
    OPEN(1,FILE = '1dcylinder - wt1 - 20000.DAT')
    OPEN(2,FILE = '1dcylinder - wt1 - TL.DAT')
!C ****************************************************************** 划分空间
    N0 = 21
    N1 = 101
    DR = 0.025
```

```
!C ****************************************************** 初始条件及边界介质温度
    TF = 20.0
    T0 = 860.0
!C ****************************************************************************
    DO 20 I = 1,N1
    T1(I) = TF
20  CONTINUE
!C ************************************************************** 开始迭代循环
    DO 2000 II = 1,20000
!C **************************************** 心部节点 ****************************
    DO 30 I = 1,N0
    T1(I) = T0
    T2(I) = T0
    TL(I) = T0
30  CONTINUE
!C **************************************** 内部节点 ****************************
    DO 50 I = N0+1,N1-1
    T2(I) = (T1(I+1)*(1.0+1.0/(2.0*(I-1.0)))+T2(I-1)*(1.0-1.0/(2.0*(I-
    1.0))))/2.0
50  CONTINUE
!C **************************************** 外部节点 ****************************
    T1(N1) = TF
    T2(N1) = TF
!C ********************************************************************* 导数组
    DO 110 I = 1,N1
    T1(I) = T2(I)
110 CONTINUE
    WRITE(*,*)II,T2(1),T2(2),T2(3),T2(4)
2000 CONTINUE
!C **************************************************************** 结束迭代循环
!C ************************************************************** 计算理论解析值
    DO 160 I = N0+1,N1
    TL(I) = T0-(T0-TF)*LOG((I-1.0)/(N0-1))/LOG((N1-1.0)/(N0-1))
160 CONTINUE
!C ****************************************************************************
    DO 180 I = 1,N1
    WRITE(1,200)(I-1)*DR,T2(I)
    WRITE(2,200)(I-1)*DR,TL(I)
180 CONTINUE
200 FORMAT(1X,5F10.4)
!C **************************************************************** 关闭结果文件
    CLOSE(1)
    CLOSE(2)
!C ******************************************************************** 停止程序
    STOP
!C ******************************************************************** 结束程序
    END
```

7. 计算结果

图 3-57 和图 3-58 分别是无限长圆筒体径向一维稳态传热计算结果及有限差分计算结果与理论解析解的比较。

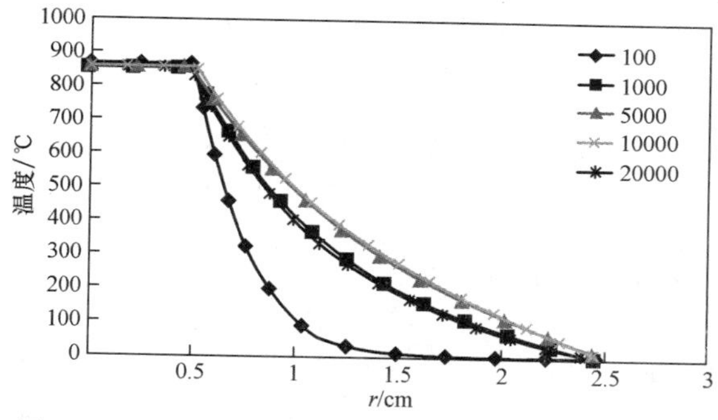

图 3-57　无限长圆筒体径向一维稳态传热计算结果

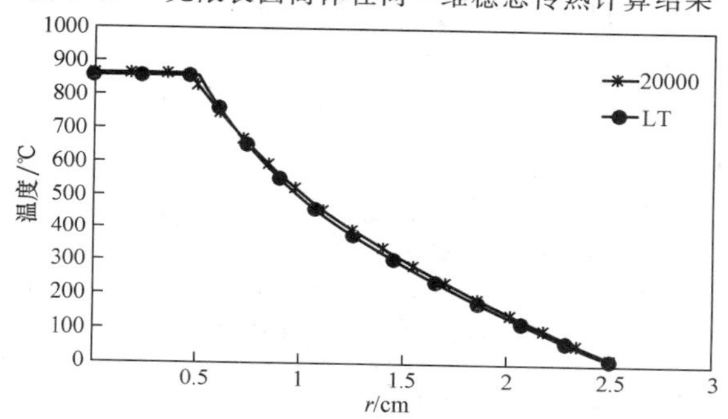

图 3-58　无限长圆筒体径向一维稳态传热有限差分计算结果与理论解析解的比较

3.9.3　圆球壳体径向一维稳态传热

1. 模型的建立

圆球壳体是一种在工业界常用的工件，由于其具有球对称性，因此只考虑径向的热传导，这时可用一维模型来近似地描述圆球壳体的稳态传热过程，如图 3-59 所示。

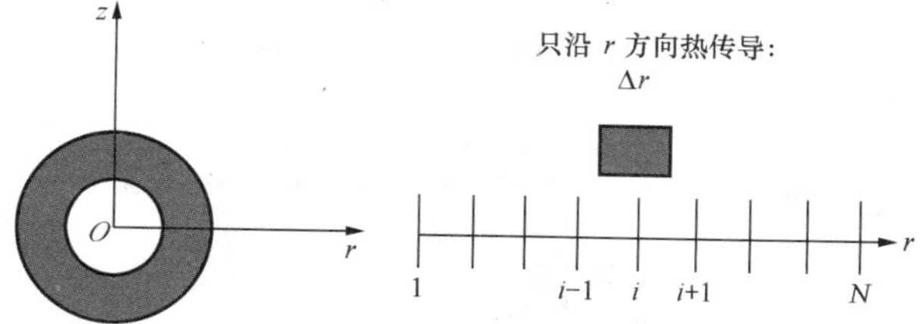

图 3-59　圆球壳体径向一维稳态传热过程示意图

在这个一维模型中采用以下几点假定：

(1)工件为圆球壳体；

(2)材料的热物性参数不随温度变化；

(3)材料各向同性。

2. 热传导方程

稳态热传导方程：

$$\frac{\partial}{\partial r}\left(r^2\frac{\partial T}{\partial r}\right)=0 \tag{3-347}$$

3. 边界条件

$$T_1=T_0,\quad T_N=T_F \tag{3-348}$$

4. 理论解析解

$$T=T_0-(T_0-T_F)\frac{(r-r_1)\cdot r_2}{(r_2-r_1)\cdot r} \tag{3-349}$$

5. 有限差分方程

左边界(心部)节点有限差分方程:

$$T_1=T_0 \tag{3-350}$$

内部节点有限差分方程:

$$T_i=\left[\left(1+\frac{\Delta r}{r}\right)T_{i+1}+\left(1-\frac{\Delta r}{r}\right)T_{i-1}\right]\Big/2\quad(i=2,3,\cdots,N-1) \tag{3-351}$$

右边界节点有限差分方程:

$$T_N=T_F \tag{3-352}$$

6. 计算机程序设计

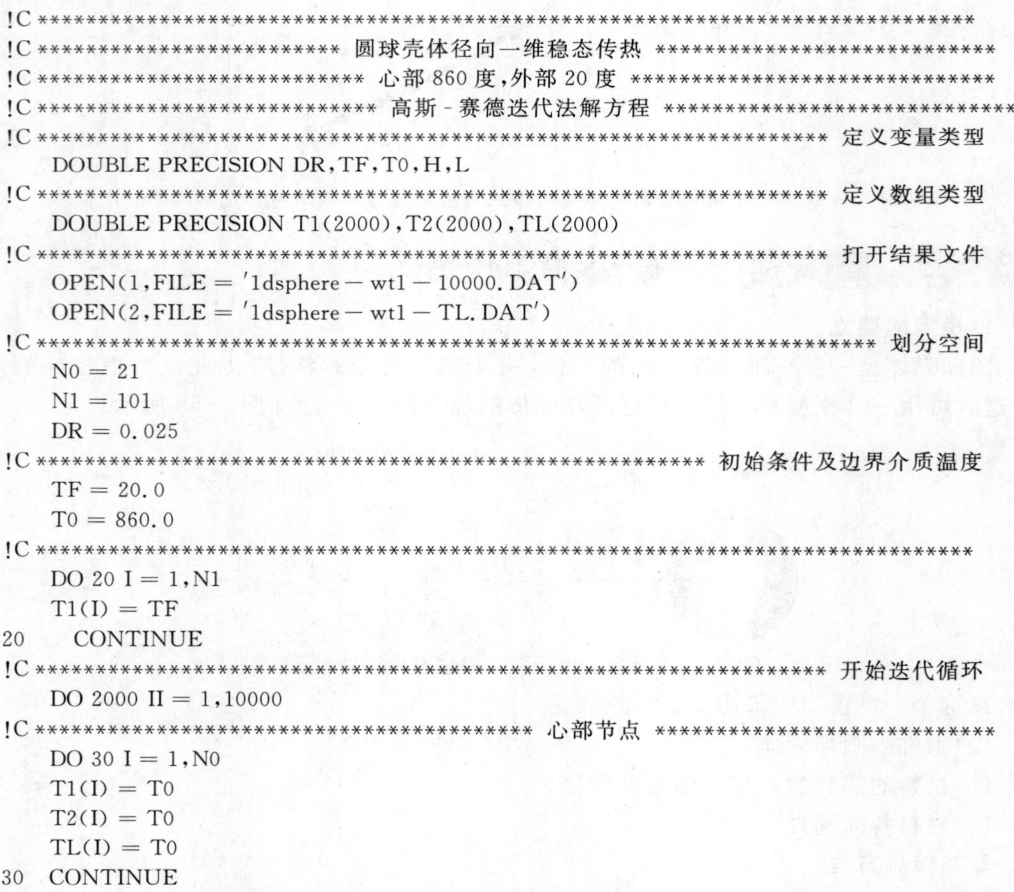

```
!C ************************************************************************
!C ************************* 圆球壳体径向一维稳态传热 ****************************
!C *************************** 心部 860 度,外部 20 度 ***************************
!C **************************** 高斯-赛德迭代法解方程 ******************************
!C ********************************************************** 定义变量类型
    DOUBLE PRECISION DR,TF,T0,H,L
!C ********************************************************** 定义数组类型
    DOUBLE PRECISION T1(2000),T2(2000),TL(2000)
!C ********************************************************** 打开结果文件
    OPEN(1,FILE = '1dsphere-wt1-10000.DAT')
    OPEN(2,FILE = '1dsphere-wt1-TL.DAT')
!C ************************************************************** 划分空间
    N0 = 21
    N1 = 101
    DR = 0.025
!C *************************************************** 初始条件及边界介质温度
    TF = 20.0
    T0 = 860.0
!C ************************************************************************
    DO 20 I = 1,N1
    T1(I) = TF
20    CONTINUE
!C ********************************************************** 开始迭代循环
    DO 2000 II = 1,10000
!C ************************************** 心部节点 ******************************
    DO 30 I = 1,N0
    T1(I) = T0
    T2(I) = T0
    TL(I) = T0
30  CONTINUE
!C ************************************** 内部节点 ******************************
```

```
      DO 50 I = N0 + 1,N1 - 1
      T2(I) = (T1(I + 1) * (1.0 + 1.0/(I - 1.0)) + T2(I - 1) * (1.0 - 1.0/(I - 1.0)))/2.0
50    CONTINUE
!C **************************************** 外部节点 ******************************
      T1(N1) = TF
      T2(N1) = TF
      TL(N1) = TF
!C ************************************************************************* 导数组
      DO 110 I = 1,N1
      T1(I) = T2(I)
110   CONTINUE
      WRITE( * , * )II,T2(1),T2(2),T2(3),T2(4)
2000  CONTINUE
!C ******************************************************************* 结束迭代循环
!C ****************************************************************** 计算理论解析值
      DO 120 I = N0 + 1,N1 - 1
      TL(I) = T0 - (T0 - TF) * (N1 - 1.0)/(N1 - N0) + (T0 - TF) * (N0 - 1.0) * (N1 - 1.0)/((N1
      - N0) * (I - 1.0))
!     WRITE( * , * )(I - 1) * DR,TL(I)
120   CONTINUE
!c ********************************************************************* 写结果文件
      DO 160 I = 1,N1
      WRITE(1,200)(I - 1) * DR,T2(I)
      WRITE(2,200)(I - 1) * DR,TL(I)
160   CONTINUE
200   FORMAT(1X,5F10.4)
!C ******************************************************************* 关闭结果文件
      CLOSE(1)
      CLOSE(2)
!C *********************************************************************** 停止程序
      STOP
!C *********************************************************************** 结束程序
      END
```

7. 计算结果

图 3-60 和图 3-61 分别是圆球壳体径向一维稳态传热计算结果及有限差分计算结果与理论解析解的比较。

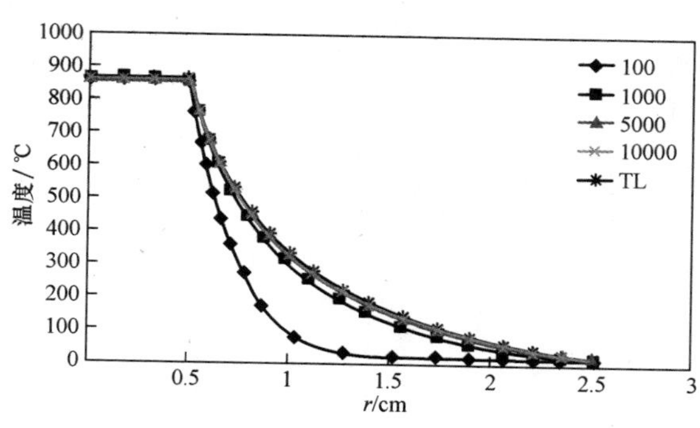

图 3-60　圆球壳体径向一维稳态传热计算结果

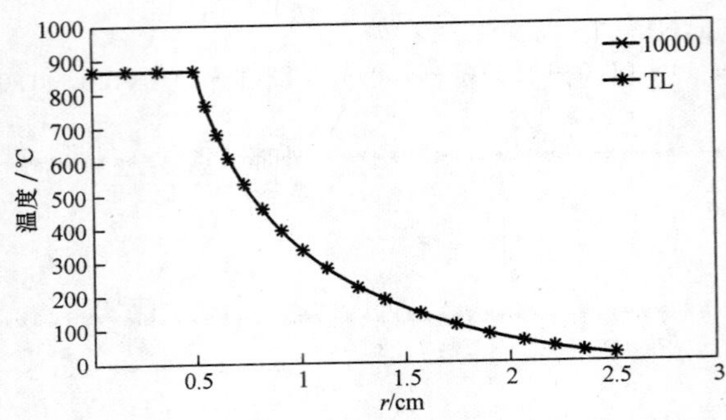

图 3-61　圆球壳体径向一维稳态传热有限差分计算结果与理论解析解的比较

参考文献

[1]　俞昌铭. 热传导及其数值分析[M]. 北京:清华大学出版社,1982.

[2]　钱任章. 传热分析与计算[M]. 北京:高等教育出版社,1987.

[3]　郭宽良. 计算传热学[M]. 北京:中国科学技术出版社,1988.

[4]　陶文铨. 数值传热学[M]. 西安:西安交通大学出版社,1988.

[5]　杨晓琼. 传热学计算机辅助教学[M]. 西安:西安交通大学出版社,1992.

[6]　张文生. 科学计算中的偏微分方程有限差分法[M]. 北京:高等教育出版社,2012.

[7]　克罗夫特 D R,利利 D G. 传热的有限差分方程计算[M]. 张凤禄,译. 北京:冶金工业出版社,1982.

[8]　亚当斯 J A,罗杰斯 D F. 传热学计算机分析[M]. 章靖武,蒋章焰,译. 北京:科学出版社,1980.

第4章

温度场计算的有限元法

4.1 有限元法的基本思想

有限元法是以变分原理为基础，吸取了有限差分法中离散的思想而发展起来的一种有效的数值解法。有限元法对连续体本身离散，并对单元做积分运算，使原来的微分方程变为一系列代数方程组。

有限元法抓住了单元的贡献，使得这种方法具有很大的灵活性和适用性。有限元法所取单元比较任意，因此更适合于具有复杂形状的物体。对于由几种材料组成的物体，可以利用分界面作为单元的界面，从而使问题得到很好的处理。同时根据实际需要，在一部分求解区域配置较密的节点，而在另一部分求解区域配置较稀的节点，这样可在节点总数不增加的情况下提高计算精度。此外，有限元法用统一的观点对区域内节点及边界节点列出计算格式，对边界条件能自然吸收进去，使各节点在精度上比较协调。还有，有限元法要求解的线性代数方程组的系数矩阵是对称的，特别有利于计算机运算。和有限差分法比，有限元法可方便地处理复杂边界。

用有限元法分析热传导的过程是：

(1)寻求与热传导方程等价的变分方程；

(2)对求解区域进行离散化；

(3)对单元进行变分计算；

(4)总体合成，把变分问题近似地表达成线性方程组；

(5)求解线性方程组，将所求得的解作为热传导问题的近似解。

4.2 变分原理

所谓泛函就是函数的函数。y 是 x 的函数：$y = y(x)$，它表示一条曲线；连接 x_1 和 x_2 两点的曲线长度 L 是 $y(x)$ 的函数：$L = L[y(x)]$，L 就是一个泛函。

$$L[y(x)] = \int_{x_1}^{x_2} \sqrt{1 + \left(\frac{\mathrm{d}y}{\mathrm{d}x}\right)^2}\,\mathrm{d}x \tag{4-1}$$

泛函的变分问题是研究泛函极值的问题，也就是求在什么样的函数 $y(x)$ 下，泛函 $L[y(x)]$ 取极值。可以找到一个微分方程，称为欧拉方程，它与泛函的变分问题等价。所以泛函的变分问题可以化为求解一个与之等价的微分方程的问题，反之亦然。如变分方程(4-1)

的等价微分方程是$\frac{d^2 y}{dx^2}=0$,它的通解是 $y=c_1x+c_2$,是一个直线方程。

4.3 温度场的变分问题

4.3.1 第一类边界条件的二维稳态温度场的变分问题

热传导方程及边界条件:

$$\begin{cases}\dfrac{\partial^2 T}{\partial x^2}+\dfrac{\partial^2 T}{\partial y^2}=0\\ T(x,y)\big|_\Gamma=f(x,y)\end{cases} \tag{4-2}$$

变分方程:

$$\begin{cases}J[T(x,y)]=\iint\limits_D\left[\left(\dfrac{\partial T}{\partial x}\right)^2+\left(\dfrac{\partial T}{\partial y}\right)^2\right]dxdy\\ T(x,y)\big|_\Gamma=f(x,y)\end{cases} \tag{4-3}$$

4.3.2 第三类边界条件的二维稳态温度场的变分问题

热传导方程及边界条件:

$$\begin{cases}\dfrac{\partial^2 T}{\partial x^2}+\dfrac{\partial^2 T}{\partial y^2}=0\\ -\lambda\dfrac{\partial T}{\partial n}\Big|_\Gamma=h(T-T_a)\big|_\Gamma\end{cases} \tag{4-4}$$

变分方程:

$$J[T(x,y)]=\iint\limits_D\frac{\lambda}{2}\left[\left(\frac{\partial T}{\partial x}\right)^2+\left(\frac{\partial T}{\partial y}\right)^2\right]dxdy+\oint_\Gamma h\left(\frac{1}{2}T^2-T_aT\right)ds \tag{4-5}$$

式中 h—— 换热系数,W/(m^2·℃);

T_a—— 介质温度,℃。

$h=0$ 为绝热边界条件;$h=\infty$ 为第一类边界条件。

4.3.3 具有内热源和第三类边界条件的二维稳态温度场的变分问题

热传导方程及边界条件:

$$\begin{cases}\lambda\left(\dfrac{\partial^2 T}{\partial x^2}+\dfrac{\partial^2 T}{\partial y^2}\right)+H=0\\ -\lambda\dfrac{\partial T}{\partial n}\Big|_\Gamma=h(T-T_a)\big|_\Gamma\end{cases} \tag{4-6}$$

变分方程:

$$J[T(x,y)]=\iint\limits_D\left\{\left[\frac{\lambda}{2}\left(\frac{\partial T}{\partial x}\right)^2+\frac{\lambda}{2}\left(\frac{\partial T}{\partial y}\right)^2\right]-HT\right\}dxdy+\oint_\Gamma h\left(\frac{1}{2}T^2-T_aT\right)ds \tag{4-7}$$

式中 H——单位体积内热源功率,W/m^3。

4.3.4 具有内热源和第三类边界条件的轴对称稳态温度场的变分问题

热传导方程及边界条件：

$$\begin{cases} \dfrac{\partial^2 T}{\partial z^2}+\dfrac{\partial^2 T}{\partial r^2}+\dfrac{1}{r}\dfrac{\partial T}{\partial r}+\dfrac{H}{\lambda}=0 \\ -\lambda \dfrac{\partial T}{\partial n}\Big|_{\Gamma}=h(T-T_{a})|_{\Gamma} \end{cases} \tag{4-8}$$

变分方程：

$$J[T(z,r)]=\iint_{D}\left\{\frac{\lambda r}{2}\left[\left(\frac{\partial T}{\partial z}\right)^2+\left(\frac{\partial T}{\partial r}\right)^2\right]-rHT\right\}\mathrm{d}z\mathrm{d}r+\oint_{\Gamma}h\left(\frac{1}{2}T^2-T_{a}T\right)r\mathrm{d}s \tag{4-9}$$

式中　z—— 轴对称体的轴向；

r—— 轴对称体的径向；

H—— 单位体积内热源功率，$\mathrm{W/m^3}$。

4.3.5 二维非稳态温度场的变分问题

热传导方程、边界条件及初始条件：

$$\begin{cases} \rho C_{p}\dfrac{\partial T}{\partial t}=\lambda\left(\dfrac{\partial^2 T}{\partial x^2}+\dfrac{\partial^2 T}{\partial y^2}\right) \\ -\lambda \dfrac{\partial T}{\partial n}\Big|_{\Gamma}=h(T-T_{a})|_{\Gamma} \\ T|_{t=0}=f(x,y) \end{cases} \tag{4-10}$$

变分方程：

$$J[T(x,y,t)]=\iint_{D}\left\{\frac{\lambda}{2}\left[\left(\frac{\partial T}{\partial x}\right)^2+\left(\frac{\partial T}{\partial y}\right)^2\right]+\rho C_{p}\frac{\partial T}{\partial t}T\right\}\mathrm{d}x\mathrm{d}y+\oint_{\Gamma}h\left(\frac{1}{2}T^2-T_{a}T\right)\mathrm{d}s \tag{4-11}$$

4.4 求解区域温度场的离散

求解微分方程可以化为一个与之等价的变分问题。里兹法(古典变分法)就是用变分计算来代替微分方程的求解。里兹法的基本思想是在求解区域构造一种近似的试探函数，这种近似的试探函数可以是简单的函数形式，也可以是复杂的函数形式，这样就使一些不易求解的微分方程得到了近似解。但里兹法的缺点是要对整个求解区域构造近似的试探函数进行变分计算。如果求解区域比较规则，边界条件比较简单时，里兹法有较大的优势。但如果求解区域不规则，边界条件也比较复杂时，里兹法就无能为力了。

把整个求解区域 D 划分成很多单元(小区域)，只要单元足够小，则无论问题多么复杂，在单元内都会显得很简单，单元内任何一点的值都可以用单元节点的插值函数来近似替代，甚至可以用最简单的线性插值函数来近似替代。

以二维稳态温度场问题为例，将整个求解区域 D 划分成 n 个节点、E 个单元，则温度场 $T(x,y)$ 就离散成 T_1、T_2、T_3、…、T_n，n 个节点温度，单元内任何一点的温度都可以用单元节点温度的插值函数来近似替代。插值函数可以是线性的，也可以是其他形式的。单元可以是三角形的，也可以是四边形的，或其他各种形状的。这样式(4-3)在整个求解区域D的积分就可化为在各个单元的积分之和：

$$J[T(x,y)] = \iint_D \left[\left(\frac{\partial T}{\partial x}\right)^2 + \left(\frac{\partial T}{\partial y}\right)^2\right]\mathrm{d}x\mathrm{d}y = \sum_{e=1}^{E}\iint_e \left[\left(\frac{\partial T}{\partial x}\right)^2 + \left(\frac{\partial T}{\partial y}\right)^2\right]\mathrm{d}x\mathrm{d}y \quad (4\text{-}12)$$

即

$$J = \sum_{e=1}^{E} J^e \quad (4\text{-}13)$$

单元的积分为

$$J^e = \iint_e \left[\left(\frac{\partial T}{\partial x}\right)^2 + \left(\frac{\partial T}{\partial y}\right)^2\right]\mathrm{d}x\mathrm{d}y \quad (4\text{-}14)$$

对于三角形单元，T_i、T_j、T_k 表示三个节点的温度，单元内任何一点的温度用三个单元节点温度的某个插值函数来近似替代，积分后，$J^e = J^e(T_i, T_j, T_k)$，按式(4-13)合成后，泛函 $J[T(x,y)]$ 就变成 n 个节点温度 T_1、T_2、T_3、…、T_n 的多元函数：$J = J(T_1, T_2, T_3, \cdots, T_n)$。这样求泛函极值的变分问题就化为求多元函数极值的问题。

$$\frac{\partial J}{\partial T_i} = 0 \quad (i = 1,2,3,\cdots,n) \quad (4\text{-}15)$$

式(4-15)是关于n个节点温度T_1、T_2、T_3、…、T_n的n个代数方程，最后问题就化为求解n个代数方程的问题。求解这n个代数方程，就可得到n个节点温度。整个求解区域D的各单元内任何一点的温度就可用该单元节点温度的插值函数来近似替代，从而得到整个求解区域D内温度场的近似值。

4.5 有限元法的单元分析

4.5.1 单元的划分

单元划分的方法有许多种。对于二维问题，可采用三角形单元、矩形单元、任意四边形单元等。对于三维问题，可采用四面体单元、五面体(三棱柱)单元、六面体单元等。

对于二维问题，最简单的单元划分方法就是三角形单元划分。如图4-1所示，将具有边界Γ的求解区域D划分成一些三角形，每一个三角形称为一个单元，有自己的顺序编号，如①、②、③…，称为单元号；三角形的顶点称为节点，每个节点都有对应的数字序号，如1、2、3、4、5…，称为节点号。

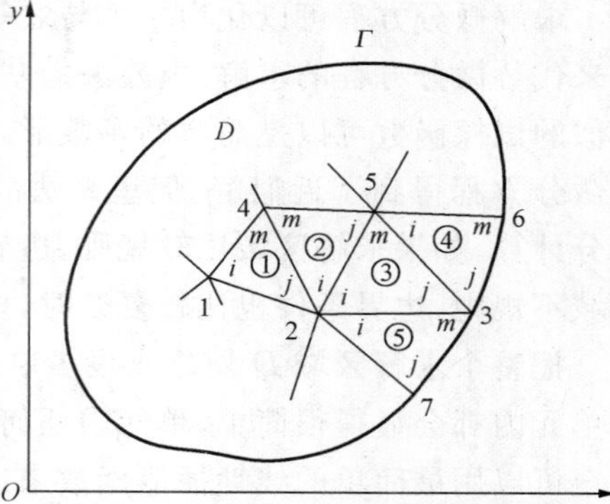

图4-1　将求解区域划分成三角形单元

对各个单元自身来说，三个顶点都用i、j、m按逆时针方向进行编号。不包含边界的单元，如图4-1中的单元①、②、③，称为内部单元；包含边界的单元，如图4-1中的单元④、⑤，称为边界单元。通常内部单元编号在前，然后依次是第一类边界条件的单元、第二类边界条件的单元，最后是第三类边界条件的单元。边界单元要有一个边在边界上，且只允许一个边在边界上。明确规定，边

界上的节点只能是 j、m，而 i 与边界相对。

4.5.2　单元温度场的离散

以二维温度场问题为例，先取求解区域内任意一个三角形单元进行分析，如图 4-2 所示。三个顶点的坐标 (x_i, y_i)、(x_j, y_j)、(x_m, y_m)，三条边 S_i、S_j、S_m 以及三角形单元的面积 Δ 都是已知的。三角形单元中任意一点 (x, y) 的温度 T 都可以用三个节点温度 T_i、T_j、T_m 的函数来表示，这样就把温度场离散到三个节点上，$T = f(T_i, T_j, T_m)$。只要把单元节点温度 T_i、T_j、T_m 求出来，整个单元中的温度场就可求出来。

有限元法需要为单元设置试探函数，如果单元划分得足够小，则在一个单元中温度可近似地看作线性分布。

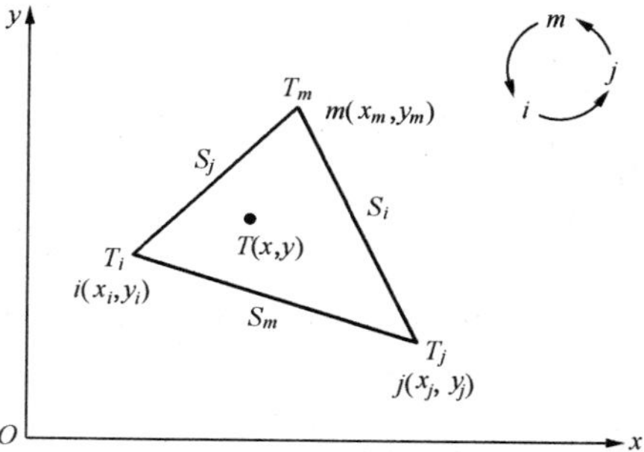

图 4-2　求解区域内任意一个三角形单元

对三节点的三角形单元，设单元中的温度 T 是坐标 x、y 的线性函数。即

$$T = a_1 + a_2 x + a_3 y \tag{4-16}$$

式中　a_1、a_2、a_3—— 待定系数，可用节点的温度来确定。

为此，将节点坐标及温度代入式(4-16)，得

$$\left.\begin{aligned} T_i &= a_1 + a_2 x_i + a_3 y_i \\ T_j &= a_1 + a_2 x_j + a_3 y_j \\ T_m &= a_1 + a_2 x_m + a_3 y_m \end{aligned}\right\} \tag{4-17}$$

解方程组(4-17) 求 a_1、a_2、a_3 时，令

$$\left.\begin{aligned} a_i &= x_j y_m - x_m y_j, & b_i &= y_j - y_m, & c_i &= x_m - x_j \\ a_j &= x_m y_i - x_i y_m, & b_j &= y_m - y_i, & c_j &= x_i - x_m \\ a_m &= x_i y_j - x_j y_i, & b_m &= y_i - y_j, & c_m &= x_j - x_i \end{aligned}\right\} \tag{4-18}$$

$$\begin{vmatrix} 1 & x_i & y_i \\ 1 & x_j & y_j \\ 1 & x_m & y_m \end{vmatrix} = b_i c_j - b_j c_i = 2\Delta \tag{4-19}$$

式中　Δ—— 三角形单元的面积。

最后结果为

$$\left.\begin{aligned} a_1 &= \frac{1}{2\Delta}(a_i T_i + a_j T_j + a_m T_m) \\ a_2 &= \frac{1}{2\Delta}(b_i T_i + b_j T_j + b_m T_m) \\ a_3 &= \frac{1}{2\Delta}(c_i T_i + c_j T_j + c_m T_m) \end{aligned}\right\} \tag{4-20}$$

将式(4-20) 代入式(4-16)，得到单元的插值函数。以节点温度表达，则为

$$T = \frac{1}{2\Delta}[(a_i + b_i x + c_i y)T_i + (a_j + b_j x + c_j y)T_j + (a_m + b_m x + c_m y)T_m] \tag{4-21}$$

通常简写为

$$T = N_i T_i + N_j T_j + N_m T_m$$

或

$$T = [N_i, N_j, N_m]\begin{Bmatrix} T_i \\ T_j \\ T_m \end{Bmatrix} \tag{4-22}$$

或

$$T = [\boldsymbol{N}]\{\boldsymbol{T}\}^e \tag{4-23}$$

其中

$$[\boldsymbol{N}] = [N_i, N_j, N_m] \tag{4-24}$$

$$N_l = \frac{1}{2\Delta}(a_l + b_l x + c_l y) \quad (l = i, j, m) \tag{4-25}$$

$$\{\boldsymbol{T}\}^e = \begin{Bmatrix} T_i \\ T_j \\ T_m \end{Bmatrix} \tag{4-26}$$

$[\boldsymbol{N}]$ 是 x,y 的函数，此函数仅与单元的形状，即三角形三个顶点坐标有关，称为形函数。经此变化后，函数 $T(x,y)$ 就可用三个节点温度 T_i、T_j、T_m 表达。这就将求单元内函数 $T(x,y)$ 的解，离散成求三个节点的温度，完成了单元温度场的离散化。

4.5.3 单元的变分计算

1. 内部单元的变分计算

对于内部单元：

$$J^e = \iint_e \frac{\lambda}{2}\left[\left(\frac{\partial T}{\partial x}\right)^2 + \left(\frac{\partial T}{\partial y}\right)^2\right]\mathrm{d}x\mathrm{d}y \tag{4-27}$$

单元的变分计算就是计算$\dfrac{\partial J^e}{\partial T_i}$、$\dfrac{\partial J^e}{\partial T_j}$和$\dfrac{\partial J^e}{\partial T_m}$之值。

$$\frac{\partial J^e}{\partial T_i} = \iint_e\left[\lambda \frac{\partial T}{\partial x}\frac{\partial}{\partial T_i}\left(\frac{\partial T}{\partial x}\right) + \lambda \frac{\partial T}{\partial y}\frac{\partial}{\partial T_i}\left(\frac{\partial T}{\partial y}\right)\right]\mathrm{d}x\mathrm{d}y \tag{4-28}$$

由式(4-21)得

$$\left.\begin{aligned} \frac{\partial T}{\partial x} &= \frac{1}{2\Delta}(b_i T_i + b_j T_j + b_m T_m) \\ \frac{\partial}{\partial T_i}\left(\frac{\partial T}{\partial x}\right) &= \frac{1}{2\Delta}b_i \\ \frac{\partial T}{\partial y} &= \frac{1}{2\Delta}(c_i T_i + c_j T_j + c_m T_m) \\ \frac{\partial}{\partial T_i}\left(\frac{\partial T}{\partial y}\right) &= \frac{1}{2\Delta}c_i \end{aligned}\right\} \tag{4-29}$$

将式(4-29)代入(4-28)，得

$$\frac{\partial J^e}{\partial T_i} = \iint_e \frac{\lambda}{4\Delta^2}[(b_i^2 + c_i^2)T_i + (b_i b_j + c_i c_j)T_j + (b_i b_m + c_i c_m)T_m]\mathrm{d}x\mathrm{d}y \tag{4-30}$$

积分后得

$$\frac{\partial J^e}{\partial T_i} = \frac{\lambda}{4\Delta}[(b_i^2 + c_i^2)T_i + (b_ib_j + c_ic_j)T_j + (b_ib_m + c_ic_m)T_m] \tag{4-31}$$

同理可得

$$\frac{\partial J^e}{\partial T_j} = \frac{\lambda}{4\Delta}[(b_ib_j + c_ic_j)T_i + (b_j^2 + c_j^2)T_j + (b_jb_m + c_jc_m)T_m] \tag{4-32}$$

$$\frac{\partial J^e}{\partial T_m} = \frac{\lambda}{4\Delta}[(b_ib_m + c_ic_m)T_i + (b_jb_m + c_jc_m)T_j + (b_m^2 + c_m^2)T_m] \tag{4-33}$$

式(4-31) ～ 式(4-33) 通常可写成矩阵的形式：

$$\begin{Bmatrix} \dfrac{\partial J^e}{\partial T_i} \\ \dfrac{\partial J^e}{\partial T_j} \\ \dfrac{\partial J^e}{\partial T_m} \end{Bmatrix} = \begin{bmatrix} k_{ii} & k_{ij} & k_{im} \\ k_{ji} & k_{jj} & k_{jm} \\ k_{mi} & k_{mj} & k_{mm} \end{bmatrix} \begin{Bmatrix} T_i \\ T_j \\ T_m \end{Bmatrix} \tag{4-34}$$

或记作

$$\left\{ \frac{\partial J^e}{\partial T_i} \quad \frac{\partial J^e}{\partial T_j} \quad \frac{\partial J^e}{\partial T_m} \right\}^{\mathrm{T}} = [\boldsymbol{k}]^e \{\boldsymbol{T}\}^e \tag{4-35}$$

式中　$[\boldsymbol{k}]^e$—— 单元的温度刚度矩阵。

其矩阵元如下：

$$k_{ii} = \frac{\lambda}{4\Delta^2}(b_i^2 + c_i^2), \quad k_{jj} = \frac{\lambda}{4\Delta}(b_j^2 + c_j^2), \quad k_{mm} = \frac{\lambda}{4\Delta}(b_m^2 + c_m^2)$$

$$k_{ij} = k_{ji} = \frac{\lambda}{4\Delta}(b_ib_j + c_ic_j), \quad k_{im} = k_{mi} = \frac{\lambda}{4\Delta}(b_ib_m + c_ic_m), \quad k_{jm} = k_{mj} = \frac{\lambda}{4\Delta}(b_jb_m + c_jc_m)$$

2. 边界单元的变分计算

第一类边界单元的变分计算公式与内部单元的变分计算公式相同。对于具有内热源和第三类边界条件的二维稳态温度场的变分问题，热传导方程及边界条件为

$$\begin{cases} \lambda\left(\dfrac{\partial^2 T}{\partial x^2} + \dfrac{\partial^2 T}{\partial y^2}\right) + H = 0 \\ -\lambda \dfrac{\partial T}{\partial n}\Big|_\Gamma = h(T - T_{\mathrm{a}})|_\Gamma \end{cases} \tag{4-36}$$

边界单元的变分方程为

$$J[T(x,y)] = \iint\limits_e \left\{ \left[\frac{\lambda}{2}\left(\frac{\partial T}{\partial x}\right)^2 + \frac{\lambda}{2}\left(\frac{\partial T}{\partial y}\right)^2 \right] - HT \right\} \mathrm{d}x\mathrm{d}y + \int_{jm} h\left(\frac{1}{2}T^2 - T_{\mathrm{a}}T\right)\mathrm{d}s \tag{4-37}$$

在边界上温度可用 $T = (1-g)T_j + gT_m$ 插值，$0 \leqslant g \leqslant 1$、$g = 0$ 对应节点 j；$g = 1$ 对应节点 m；$S_i = \sqrt{(x_j - x_m)^2 + (y_j - y_m)^2} = \sqrt{b_i^2 + c_i^2}$，$s = S_ig$，$\mathrm{d}s = S_i\mathrm{d}g$，这样有

$$\frac{\partial J^e}{\partial T_i} = \iint\limits_e \left[\lambda \frac{\partial T}{\partial x} \frac{\partial}{\partial T_i}\left(\frac{\partial T}{\partial x}\right) + \lambda \frac{\partial T}{\partial y} \frac{\partial}{\partial T_i}\left(\frac{\partial T}{\partial y}\right) - H \frac{\partial T}{\partial T_i} \right] \mathrm{d}x\mathrm{d}y + \int_0^1 h(T - T_{\mathrm{a}}) \frac{\partial T}{\partial T_i} S_i \mathrm{d}g \tag{4-38}$$

在单元内部，$\dfrac{\partial T}{\partial T_i} = N_i$；在 jm 边界上，$\dfrac{\partial T}{\partial T_i} = 0$。

$$\frac{\partial J^e}{\partial T_i}=\iint_e \frac{\lambda}{4\Delta^2}[(b_i^2+c_i^2)T_i+(b_ib_j+c_ic_j)T_j+(b_ib_m+c_ic_m)T_m]\mathrm{d}x\mathrm{d}y-\iint_e HN_i\mathrm{d}x\mathrm{d}y \tag{4-39}$$

积分后得

$$\frac{\partial J^e}{\partial T_i}=\frac{\lambda}{4\Delta}[(b_i^2+c_i^2)T_i+(b_ib_j+c_ic_j)T_j+(b_ib_m+c_ic_m)T_m]-\frac{H\Delta}{3} \tag{4-40}$$

$$\frac{\partial J^e}{\partial T_j}=\iint_e\left[\lambda\frac{\partial T}{\partial x}\frac{\partial}{\partial T_j}\left(\frac{\partial T}{\partial x}\right)+\lambda\frac{\partial T}{\partial y}\frac{\partial}{\partial T_j}\left(\frac{\partial T}{\partial y}\right)-H\frac{\partial T}{\partial T_j}\right]\mathrm{d}x\mathrm{d}y+\int_0^1 h(T-T_a)\frac{\partial T}{\partial T_j}S_i\mathrm{d}g \tag{4-41}$$

将 $T=(1-g)T_j+gT_m$ 代入式(4-41),积分后得

$$\frac{\partial J^e}{\partial T_j}=\frac{\lambda}{4\Delta}(b_ib_j+c_ic_j)T_i+\left[\frac{\lambda}{4\Delta}(b_j^2+c_j^2)+\frac{hS_i}{3}\right]T_j+\left[\frac{\lambda}{4\Delta}(b_jb_m+c_jc_m)+\frac{hS_i}{6}\right]T_m-\frac{H\Delta}{3}-\frac{hS_iT_a}{2} \tag{4-42}$$

同理得

$$\frac{\partial J^e}{\partial T_m}=\frac{\lambda}{4\Delta}(b_ib_m+c_ic_m)T_i+\left[\frac{\lambda}{4\Delta}(b_jb_m+c_jc_m)+\frac{hS_i}{6}\right]T_j+\left[\frac{\lambda}{4\Delta}(b_m^2+c_m^2)+\frac{hS_i}{3}\right]T_m-\frac{H\Delta}{3}-\frac{hS_iT_a}{2} \tag{4-43}$$

写成矩阵形式:

$$\begin{Bmatrix}\dfrac{\partial J^e}{\partial T_i}\\ \dfrac{\partial J^e}{\partial T_j}\\ \dfrac{\partial J^e}{\partial T_m}\end{Bmatrix}=\begin{bmatrix}k_{ii} & k_{ij} & k_{im}\\ k_{ji} & k_{jj} & k_{jm}\\ k_{mi} & k_{mj} & k_{mm}\end{bmatrix}\begin{Bmatrix}T_i\\ T_j\\ T_m\end{Bmatrix}-\begin{Bmatrix}p_i\\ p_j\\ p_m\end{Bmatrix} \tag{4-44}$$

其中

$$k_{ii}=\frac{\lambda}{4\Delta^2}(b_i^2+c_i^2),\quad k_{jj}=\frac{\lambda}{4\Delta}(b_j^2+c_j^2)+\frac{hS_i}{3},\quad k_{mm}=\frac{\lambda}{4\Delta}(b_m^2+c_m^2)+\frac{hS_i}{3}$$

$$k_{ij}=k_{ji}=\frac{\lambda}{4\Delta}(b_ib_j+c_ic_j),\quad k_{im}=k_{mi}=\frac{\lambda}{4\Delta}(b_ib_m+c_ic_m),\quad k_{jm}=k_{mj}=\frac{\lambda}{4\Delta}(b_jb_m+c_jc_m)+\frac{hS_i}{6}$$

$$p_i=\frac{H\Delta}{3},\quad p_j=p_m=\frac{hS_iT_a}{2}+\frac{H\Delta}{3},\quad S_i=\sqrt{(x_j-x_m)^2+(y_j-y_m)^2}=\sqrt{b_i^2+c_i^2}$$

对于具有内热源和第二类边界条件的二维稳态温度场的变分问题,边界单元经变分计算后得

$$\begin{Bmatrix}\dfrac{\partial J^e}{\partial T_i}\\ \dfrac{\partial J^e}{\partial T_j}\\ \dfrac{\partial J^e}{\partial T_m}\end{Bmatrix}=\begin{bmatrix}k_{ii} & k_{ij} & k_{im}\\ k_{ji} & k_{jj} & k_{jm}\\ k_{mi} & k_{mj} & k_{mm}\end{bmatrix}\begin{Bmatrix}T_i\\ T_j\\ T_m\end{Bmatrix}-\begin{Bmatrix}p_i\\ p_j\\ p_m\end{Bmatrix} \tag{4-45}$$

其中

$$k_{ii}=\frac{\lambda}{4\Delta^2}(b_i^2+c_i^2),\quad k_{jj}=\frac{\lambda}{4\Delta}(b_j^2+c_j^2),\quad k_{mm}=\frac{\lambda}{4\Delta}(b_m^2+c_m^2)$$

$$k_{ij}=k_{ji}=\frac{\lambda}{4\Delta}(b_ib_j+c_ic_j),\quad k_{im}=k_{mi}=\frac{\lambda}{4\Delta}(b_ib_m+c_ic_m),\quad k_{jm}=k_{mj}=\frac{\lambda}{4\Delta}(b_jb_m+c_jc_m)$$

$$p_i=\frac{H\Delta}{3},\quad p_j=p_m=\frac{H\Delta}{3}-\frac{qS_i}{2},\quad S_i=\sqrt{(x_j-x_m)^2+(y_j-y_m)^2}=\sqrt{b_i^2+c_i^2}$$

如果边界热流密度为零，即 $q=0$，也就是绝热边界，这时边界单元的变分计算公式与内部单元的变分计算公式相同。

4.6　有限元法的总体合成

上面对单元进行了变分计算，而最终目的是求出整个求解区域 D 的温度分布，在温度场的离散化处理过程中，我们已经把整个求解区域 D 划分成了 E 个单元、n 个节点，并把温度场离散到这 n 个节点上，这 n 个节点的温度为 T_1、T_2、T_3、…、T_n，有限元法计算的目的就是把这 n 个节点的温度求出来。J 为整个求解区域 D 的泛函，J^e 为单元的泛函，则 $J=\sum_{e=1}^{E}J^e$。由于温度场已经离散到 n 个节点上，所以，J 是这 n 个节点的温度 T_1、T_2、T_3、…、T_n 的多元函数：$J=J(T_1,T_2,T_3,\cdots,T_n)$。这样，泛函的变分问题就转化为多元函数求极值的问题。整体变分 $\frac{\partial J}{\partial T_k}$ 与单元变分 $\frac{\partial J^e}{\partial T_k}$ 之间有

$$\frac{\partial J}{\partial T_k}=\sum_{e=1}^{E}\frac{\partial J^e}{\partial T_k}=0\quad(k=1,2,3,\cdots,n)\tag{4-46}$$

式(4-46)即总体合成的基础。它包含 n 个代数方程，每个方程对所有的单元求和。具体讲，先对每个单元求单元的温度刚度矩阵$[\boldsymbol{k}]^e$，然后将其各元素置于总体温度刚度矩阵相对的位置上，将总体温度刚度矩阵同一位置上各元素相加，最后形成总体温度刚度矩阵$[\boldsymbol{k}]$。用同样的方法求$\{\boldsymbol{p}\}$ 的合成。合成后的总体方程为

$$[\boldsymbol{k}]\{\boldsymbol{T}\}=\{\boldsymbol{p}\}\tag{4-47}$$

其形式与单元计算的形式相同，而合成后的$[\boldsymbol{k}]$ 是 $n\times n$ 矩阵。解这个代数方程组，就可求出$\{\boldsymbol{T}\}$。显然，单元划分越细，节点越多，则矩阵越大，所占内存亦越大，计算时间越长。

4.7　二维非稳态温度场的有限元法

4.7.1　二维非稳态温度场的单元变分计算

热传导方程、边界条件及初始条件：

$$\begin{cases}\rho C_p\dfrac{\partial T}{\partial t}=\lambda\left(\dfrac{\partial^2T}{\partial x^2}+\dfrac{\partial^2T}{\partial y^2}\right)\\ -\lambda\dfrac{\partial T}{\partial n}\Big|_{\Gamma}=h(T-T_a)|_{\Gamma}\\ T|_{t=0}=f(x,y)\end{cases}\tag{4-48}$$

单元的变分方程：

$$J^e=\iint_e\left\{\frac{\lambda}{2}\left[\left(\frac{\partial T}{\partial x}\right)^2+\left(\frac{\partial T}{\partial y}\right)^2\right]+\rho C_p\frac{\partial T}{\partial t}T\right\}\mathrm{d}x\mathrm{d}y+\int_{jm}h\left(\frac{1}{2}T^2-T_a T\right)\mathrm{d}s \tag{4-49}$$

$$\frac{\partial J^e}{\partial T_i}=\iint_e\left[\lambda\frac{\partial T}{\partial x}\frac{\partial}{\partial T_i}\left(\frac{\partial T}{\partial x}\right)+\lambda\frac{\partial T}{\partial y}\frac{\partial}{\partial T_i}\left(\frac{\partial T}{\partial y}\right)+\rho C_p\frac{\partial T}{\partial t}\frac{\partial T}{\partial T_i}\right]\mathrm{d}x\mathrm{d}y+\int_{jm}h(T-T_a)\frac{\partial T}{\partial T_i}\mathrm{d}s \tag{4-50}$$

与稳定温度场的单元变分计算比较，只差$\iint_e\rho C_p\frac{\partial T}{\partial t}\frac{\partial T}{\partial T_i}\mathrm{d}x\mathrm{d}y$项。把$T=N_iT_i+N_jT_j+N_mT_m$代入可得

$$\iint_e\rho C_p\frac{\partial T}{\partial t}\frac{\partial T}{\partial T_i}\mathrm{d}x\mathrm{d}y=\rho C_p\iint_e\left(N_i^2\frac{\partial T_i}{\partial t}+N_iN_j\frac{\partial T_j}{\partial t}+N_iN_m\frac{\partial T_m}{\partial t}\right)\mathrm{d}x\mathrm{d}y \tag{4-51}$$

可以证明：

$$\iint_e N_i^2\mathrm{d}x\mathrm{d}y=\iint_e N_j^2\mathrm{d}x\mathrm{d}y=\iint_e N_m^2\mathrm{d}x\mathrm{d}y=\frac{\Delta}{6} \tag{4-52}$$

$$\iint_e N_iN_j\mathrm{d}x\mathrm{d}y=\iint_e N_iN_m\mathrm{d}x\mathrm{d}y=\iint_e N_jN_m\mathrm{d}x\mathrm{d}y=\frac{\Delta}{12} \tag{4-53}$$

所以

$$\iint_e\rho C_p\frac{\partial T}{\partial t}\frac{\partial T}{\partial T_i}\mathrm{d}x\mathrm{d}y=\frac{\rho C_p\Delta}{12}\left(2\frac{\partial T_i}{\partial t}+\frac{\partial T_j}{\partial t}+\frac{\partial T_m}{\partial t}\right) \tag{4-54}$$

同理

$$\iint_e\rho C_p\frac{\partial T}{\partial t}\frac{\partial T}{\partial T_j}\mathrm{d}x\mathrm{d}y=\frac{\rho C_p\Delta}{12}\left(\frac{\partial T_i}{\partial t}+2\frac{\partial T_j}{\partial t}+\frac{\partial T_m}{\partial t}\right) \tag{4-55}$$

$$\iint_e\rho C_p\frac{\partial T}{\partial t}\frac{\partial T}{\partial T_m}\mathrm{d}x\mathrm{d}y=\frac{\rho C_p\Delta}{12}\left(\frac{\partial T_i}{\partial t}+\frac{\partial T_j}{\partial t}+2\frac{\partial T_m}{\partial t}\right) \tag{4-56}$$

由此可得

$$\frac{\partial J^e}{\partial T_i}=\frac{\lambda}{4\Delta}[(b_i^2+c_i^2)T_i+(b_ib_j+c_ic_j)T_j+(b_ib_m+c_ic_m)T_m]+\frac{\rho C_p\Delta}{12}\left(2\frac{\partial T_i}{\partial t}+\frac{\partial T_j}{\partial t}+\frac{\partial T_m}{\partial t}\right) \tag{4-57}$$

$$\frac{\partial J^e}{\partial T_j}=\frac{\lambda}{4\Delta}(b_ib_j+c_ic_j)T_i+\left[\frac{\lambda}{4\Delta}(b_j^2+c_j^2)+\frac{hS_i}{3}\right]T_j+\left[\frac{\lambda}{4\Delta}(b_jb_m+c_jc_m)+\frac{hS_i}{6}\right]T_m-\frac{hS_iT_a}{2}+\frac{\rho C_p\Delta}{12}\left(\frac{\partial T_i}{\partial t}+2\frac{\partial T_j}{\partial t}+\frac{\partial T_m}{\partial t}\right) \tag{4-58}$$

$$\frac{\partial J^e}{\partial T_m}=\frac{\lambda}{4\Delta}(b_ib_m+c_ic_m)T_i+\left[\frac{\lambda}{4\Delta}(b_jb_m+c_jc_m)+\frac{hS_i}{6}\right]T_j+\left[\frac{\lambda}{4\Delta}(b_m^2+c_m^2)+\frac{hS_i}{3}\right]T_m-\frac{hS_iT_a}{2}+\frac{\rho C_p\Delta}{12}\left(\frac{\partial T_i}{\partial t}+\frac{\partial T_j}{\partial t}+2\frac{\partial T_m}{\partial t}\right) \tag{4-59}$$

写成矩阵的形式：

$$\begin{Bmatrix} \dfrac{\partial J^e}{\partial T_i} \\ \dfrac{\partial J^e}{\partial T_j} \\ \dfrac{\partial J^e}{\partial T_m} \end{Bmatrix} = \begin{bmatrix} k_{ii} & k_{ij} & k_{im} \\ k_{ji} & k_{jj} & k_{jm} \\ k_{mi} & k_{mj} & k_{mm} \end{bmatrix} \begin{Bmatrix} T_i \\ T_j \\ T_m \end{Bmatrix} + \begin{bmatrix} n_{ii} & n_{ij} & n_{im} \\ n_{ji} & n_{jj} & n_{jm} \\ n_{mi} & n_{mj} & n_{mm} \end{bmatrix} \begin{Bmatrix} \dfrac{\partial T_i}{\partial t} \\ \dfrac{\partial T_j}{\partial t} \\ \dfrac{\partial T_m}{\partial t} \end{Bmatrix} - \begin{Bmatrix} p_i \\ p_j \\ p_m \end{Bmatrix} \tag{4-60}$$

或记作

$$\left\{ \frac{\partial J^e}{\partial T_i} \quad \frac{\partial J^e}{\partial T_j} \quad \frac{\partial J^e}{\partial T_m} \right\}^{\mathrm{T}} = [\boldsymbol{k}]^e \{\boldsymbol{T}\}^e + [\boldsymbol{N}]^e \left\{ \frac{\partial \boldsymbol{T}}{\partial \boldsymbol{t}} \right\}^e - \{\boldsymbol{p}\}^e \tag{4-61}$$

式中　$[\boldsymbol{k}]^e$—— 温度刚度矩阵；

$[\boldsymbol{N}]^e$ —— 变温矩阵。

与稳态温度场问题比较，可见非稳态温度场问题只是多了变温项$[\boldsymbol{N}]^e \left\{ \dfrac{\partial \boldsymbol{T}}{\partial \boldsymbol{t}} \right\}^e$。

其中

$$k_{ii} = \frac{\lambda}{4\Delta^2}(b_i^2 + c_i^2), \quad k_{jj} = \frac{\lambda}{4\Delta}(b_j^2 + c_j^2) + \frac{hS_i}{3}, \quad k_{mm} = \frac{\lambda}{4\Delta}(b_m^2 + c_m^2) + \frac{hS_i}{3}$$

$$k_{ij} = k_{ji} = \frac{\lambda}{4\Delta}(b_i b_j + c_i c_j), \quad k_{im} = k_{mi} = \frac{\lambda}{4\Delta}(b_i b_m + c_i c_m)$$

$$k_{jm} = k_{mj} = \frac{\lambda}{4\Delta}(b_j b_m + c_j c_m) + \frac{hS_i}{6}, \quad p_i = 0, \quad p_j = p_m = \frac{hS_i T_{\mathrm{a}}}{2}$$

$$n_{ii} = n_{jj} = n_{mm} = \frac{\rho C_p \Delta}{6}, \quad n_{ij} = n_{ji} = n_{im} = n_{mi} = n_{jm} = n_{mj} = \frac{\rho C_p \Delta}{12}$$

4.7.2　总体合成

对所有的单元求和，得

$$[\boldsymbol{k}]\{\boldsymbol{T}\} + [\boldsymbol{N}]\left\{ \frac{\partial \boldsymbol{T}}{\partial \boldsymbol{t}} \right\} = \{\boldsymbol{p}\} \tag{4-62}$$

4.7.3　时间域的离散

式(4-62) 中温度是随时间变化的，对任一时刻 t，可写成

$$[\boldsymbol{k}]\{\boldsymbol{T}\}_t + [\boldsymbol{N}]\left\{ \frac{\partial \boldsymbol{T}}{\partial \boldsymbol{t}} \right\}_t = \{\boldsymbol{p}\}_t \tag{4-63}$$

式中　t—— 时间，s。

式(4-63) 中含有微分项$\left\{ \dfrac{\partial \boldsymbol{T}}{\partial \boldsymbol{t}} \right\}_t$，不便求解，需进行时间上的离散，即用差分法将微分方程组转化为线性代数方程组。差分的格式有多种，如：向后差分格式、Crank-Nicolson 格式、Galerkin 格式等。

1. 向后差分格式

$$\left.\begin{aligned} \left\{ \frac{\partial \boldsymbol{T}}{\partial \boldsymbol{t}} \right\}_t &= \frac{\{\boldsymbol{T}\}_t - \{\boldsymbol{T}\}_{t-\Delta t}}{\Delta t} \\ \{\boldsymbol{T}\}_t &= \{\boldsymbol{T}\}_t \\ \{\boldsymbol{p}\}_t &= \{\boldsymbol{p}\}_t \end{aligned}\right\} \tag{4-64}$$

代入式(4-63),得

$$\left([\boldsymbol{k}]+\frac{1}{\Delta t}[\boldsymbol{N}]\right)\{\boldsymbol{T}\}_t=\frac{1}{\Delta t}[\boldsymbol{N}]\{\boldsymbol{T}\}_{t-\Delta t}+\{\boldsymbol{p}\}_t \tag{4-65}$$

2. Crank-Nicolson 格式

$$\left.\begin{aligned}\left\{\frac{\partial \boldsymbol{T}}{\partial \boldsymbol{t}}\right\}_t&=\frac{\{\boldsymbol{T}\}_t-\{\boldsymbol{T}\}_{t-\Delta t}}{\Delta t}\\ \{\boldsymbol{T}\}_t&=\frac{\{\boldsymbol{T}\}_t+\{\boldsymbol{T}\}_{t-\Delta t}}{2}\\ \{\boldsymbol{p}\}_t&=\frac{\{\boldsymbol{p}\}_t+\{\boldsymbol{p}\}_{t-\Delta t}}{2}\end{aligned}\right\} \tag{4-66}$$

代入式(4-63),得

$$\left(\frac{1}{2}[\boldsymbol{k}]+\frac{1}{\Delta t}[\boldsymbol{N}]\right)\{\boldsymbol{T}\}_t=\left(\frac{1}{\Delta t}[\boldsymbol{N}]-\frac{1}{2}[\boldsymbol{k}]\right)\{\boldsymbol{T}\}_{t-\Delta t}+\frac{1}{2}\{\boldsymbol{p}\}_t+\frac{1}{2}\{\boldsymbol{p}\}_{t-\Delta t} \tag{4-67}$$

3. Galerkin 格式

$$\left.\begin{aligned}\left\{\frac{\partial \boldsymbol{T}}{\partial \boldsymbol{t}}\right\}_t&=\frac{\{\boldsymbol{T}\}_t-\{\boldsymbol{T}\}_{t-\Delta t}}{\Delta t}\\ \{\boldsymbol{T}\}_t&=\frac{2}{3}\{\boldsymbol{T}\}_t+\frac{1}{3}\{\boldsymbol{T}\}_{t-\Delta t}\\ \{\boldsymbol{p}\}_t&=\frac{2}{3}\{\boldsymbol{p}\}_t+\frac{1}{3}\{\boldsymbol{p}\}_{t-\Delta t}\end{aligned}\right\} \tag{4-68}$$

代入式(4-63),得

$$\left(2[\boldsymbol{k}]+\frac{3}{\Delta t}[\boldsymbol{N}]\right)\{\boldsymbol{T}\}_t=\left(\frac{3}{\Delta t}[\boldsymbol{N}]-[\boldsymbol{k}]\right)\{\boldsymbol{T}\}_{t-\Delta t}+2\{\boldsymbol{p}\}_t+\{\boldsymbol{p}\}_{t-\Delta t} \tag{4-69}$$

4.8 轴对称温度场的有限元法

4.8.1 轴对称稳态温度场的有限元法

1. 热传导方程及边界条件

$$\begin{cases}\dfrac{\partial^2 T}{\partial z^2}+\dfrac{\partial^2 T}{\partial r^2}+\dfrac{1}{r}\dfrac{\partial T}{\partial r}=0\\ -\lambda\left.\dfrac{\partial T}{\partial n}\right|_{\Gamma}=h(T-T_{\mathrm{a}})\,|_{\Gamma}\end{cases} \tag{4-70}$$

变分方程：

$$J[T(z,r)]=\iint_D\frac{\lambda r}{2}\left[\left(\frac{\partial T}{\partial z}\right)^2+\left(\frac{\partial T}{\partial r}\right)^2\right]\mathrm{d}z\mathrm{d}r+\oint_{\Gamma}h\left(\frac{1}{2}T^2-T_{\mathrm{a}}T\right)r\,\mathrm{d}s \tag{4-71}$$

式中 z—— 轴对称体的轴向；

r—— 轴对称体的径向。

2. 单元的划分和温度场的离散化

有限元法需将求解区域 D 分成有限个单元，选用三角形单元，如图 4-3、图 4-4 所示。对三节点的三角形单元，需要对温度场离散化，设单元 e 中的温度 T 是坐标 z、r 的线性函数，即

$$T = a_1 + a_2 z + a_3 r \tag{4-72}$$

式中　a_1、a_2、a_3—— 待定系数,可用节点温度来表达。

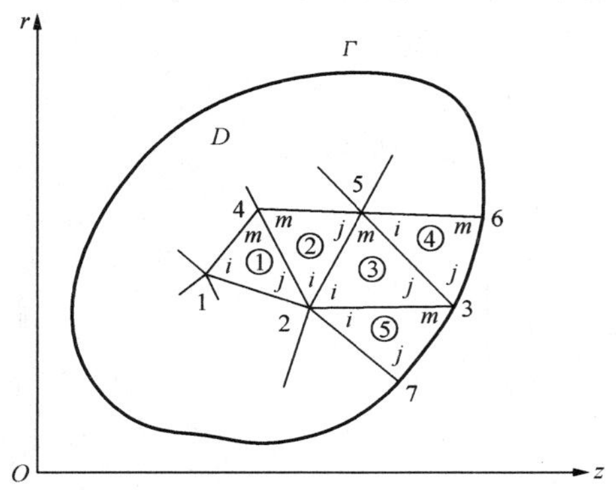

图 4-3　将求解区域划分成三角形单元

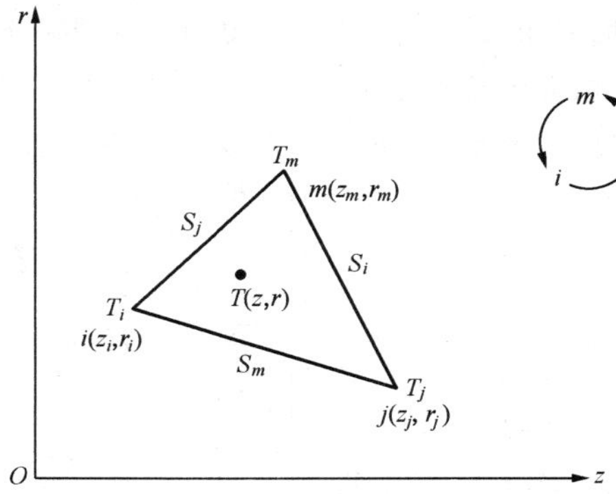

图 4-4　求解区域内的任意一个三角形单元

为此,将节点坐标及温度代入式(4-72),得

$$\left.\begin{aligned} T_i &= a_1 + a_2 z_i + a_3 r_i \\ T_j &= a_1 + a_2 z_j + a_3 r_j \\ T_m &= a_1 + a_2 z_m + a_3 r_m \end{aligned}\right\} \tag{4-73}$$

解此联立方程组求 a_1、a_2、a_3 时,令

$$\left.\begin{aligned} a_i &= z_j r_m - z_m r_j, & b_i &= r_j - r_m, & c_i &= z_m - z_j \\ a_j &= z_m r_i - z_i r_m, & b_j &= r_m - r_i, & c_j &= z_i - z_m \\ a_m &= z_i r_j - z_j r_i, & b_m &= r_i - r_j, & c_m &= z_j - z_i \end{aligned}\right\} \tag{4-74}$$

$$\begin{vmatrix} 1 & z_i & r_i \\ 1 & z_j & r_j \\ 1 & z_m & r_m \end{vmatrix} = b_i c_j - b_j c_i = 2\Delta \tag{4-75}$$

式中　Δ—— 三角形单元的面积。

最后结果为

$$\left.\begin{aligned} a_1 &= \frac{1}{2\Delta}(a_i T_i + a_j T_j + a_m T_m) \\ a_2 &= \frac{1}{2\Delta}(b_i T_i + b_j T_j + b_m T_m) \\ a_3 &= \frac{1}{2\Delta}(c_i T_i + c_j T_j + c_m T_m) \end{aligned}\right\} \tag{4-76}$$

将式(4-76)代入式(4-72),得到单元试探函数(或称插值函数)。以节点温度表达,则为

$$T = \frac{1}{2\Delta}[(a_i + b_i z + c_i r)T_i + (a_j + b_j z + c_j r)T_j + (a_m + b_m z + c_m r)T_m] \tag{4-77}$$

通常简写为

$$T = [\boldsymbol{N}]\{\boldsymbol{T}\}^e \tag{4-78}$$

式中

$$\left.\begin{aligned} [\boldsymbol{N}] &= [N_i \quad N_j \quad N_m] \\ N_l &= \frac{1}{2\Delta}(a_l + b_l z + c_l r) \qquad (l = i, j, m) \end{aligned}\right\} \tag{4-79}$$

$[N]$ 是 z、r 的函数，此函数仅与单元的形状，即三角形三个顶点的坐标有关，称为形函数。经此变化后，函数 T 可用三个节点温度 T_i、T_j、T_m 表达，这就将求单元内函数 $T(z,r)$ 的解，离散成求单元三个节点的温度，完成了单元温度场的离散化。

3. 单元的变分计算

将插值函数(4-77)代入变分方程(4-71)并进行积分，整理后得

$$\begin{Bmatrix} \dfrac{\partial J^e}{\partial T_i} \\ \dfrac{\partial J^e}{\partial T_j} \\ \dfrac{\partial J^e}{\partial T_m} \end{Bmatrix} = \begin{bmatrix} k_{ii} & k_{ij} & k_{im} \\ k_{ji} & k_{jj} & k_{jm} \\ k_{mi} & k_{mj} & k_{mm} \end{bmatrix} \begin{Bmatrix} T_i \\ T_j \\ T_m \end{Bmatrix} - \begin{Bmatrix} p_i \\ p_j \\ p_m \end{Bmatrix} \tag{4-80}$$

或记作

$$\left\{ \frac{\partial J^e}{\partial T_i} \quad \frac{\partial J^e}{\partial T_j} \quad \frac{\partial J^e}{\partial T_m} \right\}^{\mathrm{T}} = [\boldsymbol{k}]^e \{\boldsymbol{T}\}^e - \{\boldsymbol{p}\}^e \tag{4-81}$$

式中 $[\boldsymbol{k}]^e$—— 导温矩阵或温度刚度矩阵，各元素主要包括热导率；

$\{\boldsymbol{p}\}^e$—— 右列向量，也称作热流向量；

上标 e—— 单元。

对内部单元而言，矩阵中各元素分别为

$$k_{ii} = \varphi'(b_i^2 + c_i^2), \quad k_{ij} = k_{ji} = \varphi'(b_i b_j + c_i c_j) \tag{4-82}$$

式(4-82)通过 i、j、m 轮换，得各相应元素值：

$$\left.\begin{aligned} &\varphi' = \lambda(r_i + r_j + r_m)/(12\Delta) \\ &p_i = p_j = p_m = 0 \qquad \text{（在无内热源的情况下）} \end{aligned}\right\} \tag{4-83}$$

4. 第三类边界单元的计算公式

边界单元计算与内部单元计算所不同的是增加了线性积分部分。边界单元只有一个边界 jm（S_i 边，图 4-4），两个节点温度 T_j、T_m，这样可在 jm 上构造一个更加简单的插值函数，即

$$T = (1-g)T_j + gT_m \tag{4-84}$$

边长为

$$S_i = \sqrt{(z_j - z_m)^2 + (r_j - r_m)^2} = \sqrt{b_i^2 + c_i^2} \tag{4-85}$$

式(4-84)中，g 为参变量，$0 \leqslant g \leqslant 1$。$g=0$ 时，对应于节点 j；$g=1$ 时，对应于节点 m。显然边长曲线积分中的边界弧长变量 s 与 S_i 间的关系可以用 g 联系起来：

$$s = S_i g \quad \text{或} \quad \mathrm{d}s = S_i \mathrm{d}g \tag{4-86}$$

在第三类边界条件下，线积分部分的表达式为

$$\int_{jm} h \frac{\partial T}{\partial T_l} r(T - T_{\mathrm{a}}) \mathrm{d}s \quad (l = j, m) \tag{4-87}$$

将插值函数(4-84)及式(4-86)代入式(4-87)，有

$$\begin{aligned} &\int_{jm} h \frac{\partial T}{\partial T_j} r(T - T_{\mathrm{a}}) \mathrm{d}s \\ &= \int_0^1 h(1-g)[(1-g)r_j + gr_m][(1-g)T_j + gT_m - T_{\mathrm{a}}]S_i \mathrm{d}g \end{aligned}$$

$$= \frac{hS_i}{4}\left(r_j + \frac{r_m}{3}\right)T_j + \frac{hS_i}{12}(r_j + r_m)T_m + \frac{hS_i}{3}T_a\left(r_j + \frac{r_m}{2}\right) \tag{4-88}$$

$$\int_{jm} h \frac{\partial T}{\partial T_m} r(T - T_a)\mathrm{d}s$$

$$= \int_0^1 hg[(1-g)r_j + gr_m][(1-g)T_j + gT_m - T_a]S_i\mathrm{d}g$$

$$= \frac{hS_i}{12}(r_j + r_m)T_j + \frac{hS_i}{4}\left(\frac{r_j}{3} + r_m\right)T_j + \frac{hS_i}{3}T_a\left(\frac{r_j}{2} + r_m\right) \tag{4-89}$$

整理后得

$$\left\{\frac{\partial J^e}{\partial T_i} \quad \frac{\partial J^e}{\partial T_j} \quad \frac{\partial J^e}{\partial T_m}\right\}^{\mathrm{T}} = [\boldsymbol{k}]^e\{\boldsymbol{T}\}^e - \{\boldsymbol{p}\}^e \tag{4-90}$$

只是在矩阵$[\boldsymbol{k}]$和向量$\{\boldsymbol{p}\}$中，带 j 和 m 下标的各元素与内部单元的不同，其余均相同。将不同元素列出如下：

$$\left.\begin{aligned} k_{jj} &= \varphi'(b_j^2 + c_j^2) + \frac{hS_i}{4}\left(r_j + \frac{r_m}{3}\right) \\ k_{jm} = k_{mj} &= \varphi'(b_jb_m + c_jc_m) + \frac{hS_i}{12}(r_j + r_m) \\ p_j &= \frac{h}{3}S_iT_a\left(r_j + \frac{r_m}{2}\right) \end{aligned}\right\} \tag{4-91}$$

式(4-91)通过 j、m 轮换，可得出相应元素之值。

5. 单元刚度矩阵的总体合成

上面对单元进行了变分计算，而最终目的是求出全场的温度分布，故需总体合成。设在求解区域 D 中划分了 E 个单元，n 个节点，则整体变分方程与单元变分方程之间有

$$\frac{\partial J}{\partial T_k} = \sum_{e=1}^{E}\frac{\partial J^e}{\partial T_k} = 0 \quad (k = 1,2,3,\cdots,n) \tag{4-92}$$

式(4-92)即是总体合成的基础。它包含 n 个代数方程，每个方程对所有的单元求和。具体讲，先对每个单元求单元刚度矩阵$[\boldsymbol{k}]^e$，然后将其各元素置于总体刚度矩阵相对的位置上，将总体刚度矩阵同一位置上各元素相加，最后形成总体刚度矩阵$[\boldsymbol{k}]$。

合成后的变分方程为

$$[\boldsymbol{k}]\{\boldsymbol{T}\} = \{\boldsymbol{p}\} \tag{4-93}$$

4.8.2　轴对称非稳态温度场的有限元法

1. 热传导方程及边界条件

$$\begin{cases} \rho C_p \dfrac{\partial T}{\partial t} = \lambda\left(\dfrac{\partial^2 T}{\partial z^2} + \dfrac{\partial^2 T}{\partial r^2} + \dfrac{1}{r}\dfrac{\partial T}{\partial r}\right) \\ -\lambda \dfrac{\partial T}{\partial n}\Big|_\Gamma = h(T - T_a)|_\Gamma \end{cases} \tag{4-94}$$

变分方程：

$$J[T(z,r)] = \iint_D \left\{\frac{\lambda r}{2}\left[\left(\frac{\partial T}{\partial z}\right)^2 + \left(\frac{\partial T}{\partial r}\right)^2\right] + \rho C_p r \frac{\partial T}{\partial t}T\right\}\mathrm{d}z\mathrm{d}r + \oint_\Gamma h\left(\frac{1}{2}T^2 - T_aT\right)r\mathrm{d}s \tag{4-95}$$

式中　z—— 轴对称体的轴向；

r—— 轴对称体的径向。

2. 单元的划分和温度场的离散化

有限元法需将求解区域 D 分成有限个单元，选用三角形单元，如图 4-3 所示。对三节点的三角形单元，需要对温度场离散化，设单元 e 中的温度 T 是坐标 z、r 的线性函数，即

$$T = a_1 + a_2 z + a_3 r \tag{4-96}$$

式中　a_1、a_2、a_3—— 待定系数，可用节点温度来表达。

$$T = \frac{1}{2\Delta}[(a_i + b_i z + c_i r)T_i + (a_j + b_j z + c_j r)T_j + (a_m + b_m z + c_m r)T_m] \tag{4-97}$$

通常简写为

$$T = [\boldsymbol{N}]\{\boldsymbol{T}\}^e \tag{4-98}$$

其中

$$\left.\begin{aligned} &[\boldsymbol{N}] = [N_i \quad N_j \quad N_m] \\ &N_l = \frac{1}{2\Delta}(a_l + b_l z + c_l r) \qquad (l = i, j, m) \end{aligned}\right\} \tag{4-99}$$

$[\boldsymbol{N}]$ 是 z、r 的函数，此函数仅与单元的形状，即三角形三个顶点的坐标有关，称为形函数。经此变化后，函数 T 可用三个节点温度 T_i、T_j、T_m 表达，这就将求单元内函数 $T(z,r)$ 的解，离散成求单元三个节点的温度，完成了单元温度场的离散化。

3. 单元的变分计算

将插值函数(4-97) 代入变分方程(4-95) 并进行积分，整理后得

$$\begin{Bmatrix} \dfrac{\partial J^e}{\partial T_i} \\ \dfrac{\partial J^e}{\partial T_j} \\ \dfrac{\partial J^e}{\partial T_m} \end{Bmatrix} = \begin{bmatrix} k_{ii} & k_{ij} & k_{im} \\ k_{ji} & k_{jj} & k_{jm} \\ k_{mi} & k_{mj} & k_{mm} \end{bmatrix} \begin{Bmatrix} T_i \\ T_j \\ T_m \end{Bmatrix} + \begin{bmatrix} n_{ii} & n_{ij} & n_{im} \\ n_{ji} & n_{jj} & n_{jm} \\ n_{mi} & n_{mj} & n_{mm} \end{bmatrix} \begin{Bmatrix} \dfrac{\partial T_i}{\partial t} \\ \dfrac{\partial T_j}{\partial t} \\ \dfrac{\partial T_m}{\partial t} \end{Bmatrix} - \begin{Bmatrix} p_i \\ p_j \\ p_m \end{Bmatrix} \tag{4-100}$$

或记作

$$\begin{Bmatrix} \dfrac{\partial J^e}{\partial T_i} & \dfrac{\partial J^e}{\partial T_j} & \dfrac{\partial J^e}{\partial T_m} \end{Bmatrix}^{\mathrm{T}} = [\boldsymbol{k}]^e\{\boldsymbol{T}\}^e + [\boldsymbol{N}]^e\begin{Bmatrix}\dfrac{\partial \boldsymbol{T}}{\partial \boldsymbol{t}}\end{Bmatrix}^e - \{\boldsymbol{p}\}^e \tag{4-101}$$

式中　$[\boldsymbol{k}]^e$—— 温度刚度矩阵；

$[\boldsymbol{N}]^e$ —— 变温矩阵；

$\{\boldsymbol{p}\}^e$—— 右列向量，也称作热流向量；

上标 e—— 单元。

对内部单元而言，矩阵中各元素分别为

$$\left.\begin{aligned} k_{ii} = \varphi'(b_i^2 + c_i^2), \quad k_{ij} = k_{ji} = \varphi'(b_i b_j + c_i c_j) \\ n_{ii} = \frac{\Delta}{30}\rho C_p(3r_i + r_j + r_m), \quad n_{ij} = n_{ji} = \frac{\Delta}{60}\rho C_p(2r_i + 2r_j + r_m) \end{aligned}\right\} \tag{4-102}$$

式(4-102) 通过 i、j、m 轮换，得各相应元素值：

$$\left.\begin{aligned} \varphi' = \lambda(r_i + r_j + r_m)/(12\Delta) \\ p_i = p_j = p_m = 0 \end{aligned}\right\} \tag{4-103}$$

4. 第三类边界单元的计算公式

边界单元计算与内部单元计算所不同的是增加了线性积分部分。边界单元只有一个边界 jm(S_i 边,图 4-4),两个节点温度 T_j、T_m,这样可在 jm 上构造一个更加简单的插值函数,即

$$T = (1-g)T_j + gT_m \tag{4-104}$$

边长为

$$S_i = \sqrt{(z_j - z_m)^2 + (r_j - r_m)^2} = \sqrt{b_i^2 + c_i^2} \tag{4-105}$$

式(4-104)中,g 为参变量,$0 \leqslant g \leqslant 1$。$g=0$ 时,对应于节点 j;$g=1$ 时,对应于节点 m。显然边长曲线积分中的边界弧长变量 s 与 S_i 间的关系可以用 g 联系起来:

$$s = S_i g \quad 或 \quad \mathrm{d}s = S_i \mathrm{d}g \tag{4-106}$$

在第三类边界条件下,线积分部分的表达式为

$$\int_{jm} h \frac{\partial T}{\partial T_l} r(T - T_a)\mathrm{d}s \quad (l = j, m) \tag{4-107}$$

将插值函数(4-104)及式(4-106)代入式(4-107),有

$$\begin{aligned}\int_{jm} h \frac{\partial T}{\partial T_j} r(T - T_a)\mathrm{d}s &= \int_0^1 h(1-g)[(1-g)r_j + gr_m][(1-g)T_j + gT_m - T_a]S_i\mathrm{d}g \\ &= \frac{hS_i}{4}\left(r_j + \frac{r_m}{3}\right)T_j + \frac{hS_i}{12}(r_j + r_m)T_m + \frac{hS_i}{3}T_a\left(r_j + \frac{r_m}{2}\right)\end{aligned} \tag{4-108}$$

$$\begin{aligned}\int_{jm} h \frac{\partial T}{\partial T_m} r(T - T_a)\mathrm{d}s &= \int_0^1 hg[(1-g)r_j + gr_m][(1-g)T_j + gT_m - T_a]S_i\mathrm{d}g \\ &= \frac{hS_i}{12}(r_j + r_m)T_j + \frac{hS_i}{4}\left(\frac{r_j}{3} + r_m\right)T_j + \frac{hS_i}{3}T_a\left(\frac{r_j}{2} + r_m\right)\end{aligned} \tag{4-109}$$

整理后得

$$\left\{\frac{\partial J^e}{\partial T_i} \quad \frac{\partial J^e}{\partial T_j} \quad \frac{\partial J^e}{\partial T_m}\right\}^{\mathrm{T}} = [\boldsymbol{k}]^e\{\boldsymbol{T}\}^e - \{\boldsymbol{p}\}^e \tag{4-110}$$

只是在矩阵$[\boldsymbol{k}]$和向量$\{\boldsymbol{p}\}$中,带 j 和 m 下标的各元素与内部单元的不同,其余均相同。将不同元素列出如下:

$$\left.\begin{aligned} k_{jj} &= \varphi'(b_j^2 + c_j^2) + \frac{hS_i}{4}\left(r_j + \frac{r_m}{3}\right) \\ k_{jm} = k_{mj} &= \varphi'(b_j b_m + c_j c_m) + \frac{hS_i}{12}(r_j + r_m) \\ p_j &= \frac{h}{3}S_i T_a\left(r_j + \frac{r_m}{2}\right) \\ \varphi' &= \lambda(r_i + r_j + r_m)/(12\Delta) \end{aligned}\right\} \tag{4-111}$$

式(4-111)中各式通过 j、m 轮换,可得出相应元素之值。

5. 总体合成

在求解区域 D 中划分了 E 个单元,n 个节点,则整体变分方程与单元变分方程之间有

$$\frac{\partial J}{\partial T_k} = \sum_{e=1}^{E} \frac{\partial J^e}{\partial T_k} = 0 \qquad (k = 1,2,3,\cdots,n) \tag{4-112}$$

式(4-112) 包含 n 个代数方程，每个方程对所有的单元求和。合成后的变分方程为

$$[\boldsymbol{k}]\{\boldsymbol{T}\}+[\boldsymbol{N}]\left\{\frac{\partial \boldsymbol{T}}{\partial \boldsymbol{t}}\right\}=\{\boldsymbol{p}\} \tag{4-113}$$

6. 时间离散

对任一时刻 t，式(4-113) 可写成

$$[\boldsymbol{k}]\{\boldsymbol{T}\}_t+[\boldsymbol{N}]\left\{\frac{\partial \boldsymbol{T}}{\partial \boldsymbol{t}}\right\}_t=\{\boldsymbol{p}\}_t \tag{4-114}$$

式中，下标 t 代表时间，采用 Galerkin 格式进行时间上的离散，得

$$\left(2[\boldsymbol{k}]+\frac{3}{\Delta t}[\boldsymbol{N}]\right)\{\boldsymbol{T}\}_t=\left(\frac{3}{\Delta t}[\boldsymbol{N}]-[\boldsymbol{k}]\right)\{\boldsymbol{T}\}_{t-\Delta t}+2\{\boldsymbol{p}\}_t+\{\boldsymbol{p}\}_{t-\Delta t} \tag{4-115}$$

4.9 非线性热传导的有限元法

当材料的热物性参数及换热系数随温度变化时，属于非线性热传导问题，热传导方程如下：

$$\rho C_p \frac{\partial T}{\partial t}=\frac{\partial}{\partial x}\left(\lambda \frac{\partial T}{\partial x}\right)+\frac{\partial}{\partial x}\left(\lambda \frac{\partial T}{\partial y}\right)+H \tag{4-116}$$

对这种情况，尚未找到相应的泛函，所以不能用变分法求解。为此应采用加权余量法，设式(4-116) 的近似解为 $T(x,y,t)$，代入式(4-116) 产生的余量为

$$R=\frac{\partial}{\partial x}\left(\lambda \frac{\partial T}{\partial x}\right)+\frac{\partial}{\partial x}\left(\lambda \frac{\partial T}{\partial y}\right)+H-\rho C_p \frac{\partial T}{\partial t} \tag{4-117}$$

加权余量法要求在求解区域 D 内余量的加权积分为零：

$$\iint_D W_i R\,\mathrm{d}x\mathrm{d}y=0 \quad (i=1,2,3,\cdots,n) \tag{4-118}$$

采用不同的加权函数，就得到不同的计算方法。把求解区域 D 划分成 E 个单元，则

$$\sum_{e=1}^{E}\iint_e W_l R\,\mathrm{d}x\mathrm{d}y=0 \quad (l=i,j,m) \tag{4-119}$$

对某个单元：

$$T=[\boldsymbol{N}]\{\boldsymbol{T}\}^e \tag{4-120}$$

如果取

$$W_l=\frac{\partial T}{\partial T_l}=N_l \quad (l=i,j,m) \tag{4-121}$$

式中，$N_l(l=i,j,m)$ 为形函数，就得到加列金算法。单元内余量的加权积分为

$$\iint_e N_l\left[\frac{\partial}{\partial x}\left(\lambda \frac{\partial T}{\partial x}\right)+\frac{\partial}{\partial x}\left(\lambda \frac{\partial T}{\partial y}\right)+H-\rho C_p \frac{\partial T}{\partial t}\right]\mathrm{d}x\mathrm{d}y=0 \quad (l=i,j,m) \tag{4-122}$$

或写成

$$\iint_e [\boldsymbol{N}]^{\mathrm{T}}\left[\frac{\partial}{\partial x}\left(\lambda \frac{\partial T}{\partial x}\right)+\frac{\partial}{\partial x}\left(\lambda \frac{\partial T}{\partial y}\right)+H-\rho C_p \frac{\partial T}{\partial t}\right]\mathrm{d}x\mathrm{d}y=0 \tag{4-123}$$

对式(4-123) 前两项进行分步积分，得

$$-\iint_e\left(\frac{\partial[\boldsymbol{N}]^{\mathrm{T}}}{\partial x}\lambda \frac{\partial T}{\partial x}+\frac{\partial[\boldsymbol{N}]^{\mathrm{T}}}{\partial y}\lambda \frac{\partial T}{\partial y}\right)\mathrm{d}x\mathrm{d}y+\iint_e[\boldsymbol{N}]^{\mathrm{T}}\left(H-\rho C_p \frac{\partial T}{\partial t}\right)\mathrm{d}x\mathrm{d}y+$$

$$\int_{\Gamma}\left(\lambda\frac{\partial T}{\partial x}n_x+\lambda\frac{\partial T}{\partial y}n_y\right)[\boldsymbol{N}]^{\mathrm{T}}\mathrm{d}s=0 \tag{4-124}$$

对第三类边界条件：

$$\lambda\left(\frac{\partial T}{\partial x}n_x+\frac{\partial T}{\partial y}n_y\right)=\lambda\frac{\partial T}{\partial n}=-h(T-T_{\mathrm{a}}) \tag{4-125}$$

将式(4-120)、式(4-125)代入式(4-124)，得

$$\iint_e\left(\frac{\partial[\boldsymbol{N}]^{\mathrm{T}}}{\partial x}\lambda\frac{\partial[\boldsymbol{N}]}{\partial x}\{\boldsymbol{T}\}^e+\frac{\partial[\boldsymbol{N}]^{\mathrm{T}}}{\partial y}\lambda\frac{\partial[\boldsymbol{N}]}{\partial y}\{\boldsymbol{T}\}^e\right)\mathrm{d}x\mathrm{d}y+\iint_e[\boldsymbol{N}]^{\mathrm{T}}\rho C_p[\boldsymbol{N}]\frac{\partial\{\boldsymbol{T}\}^e}{\partial t}\mathrm{d}x\mathrm{d}y-$$
$$\iint_e[\boldsymbol{N}]^{\mathrm{T}}H\mathrm{d}x\mathrm{d}y+\int_{\Gamma}[\boldsymbol{N}]^{\mathrm{T}}h[\boldsymbol{N}]\{\boldsymbol{T}\}^e\mathrm{d}s-\int_{\Gamma}[\boldsymbol{N}]^{\mathrm{T}}hT_{\mathrm{a}}\mathrm{d}s=0 \tag{4-126}$$

式(4-126)也可写为

$$[\boldsymbol{k}_s]^e\{\boldsymbol{T}\}^e+[\boldsymbol{k}_t]^e\{\boldsymbol{T}\}^e+[\boldsymbol{N}]^e\frac{\partial\{\boldsymbol{T}\}^e}{\partial t}=\{\boldsymbol{p}_H\}^e+\{\boldsymbol{p}_{T_{\mathrm{a}}}\}^e \tag{4-127}$$

这就是单元方程。其中

$$[\boldsymbol{k}_t]^e=\iint_e\left(\frac{\partial[\boldsymbol{N}]^{\mathrm{T}}}{\partial x}\lambda\frac{\partial[\boldsymbol{N}]}{\partial x}+\frac{\partial[\boldsymbol{N}]^{\mathrm{T}}}{\partial y}\lambda\frac{\partial[\boldsymbol{N}]}{\partial y}\right)\mathrm{d}x\mathrm{d}y \tag{4-128}$$

$$[\boldsymbol{k}_s]^e=\int_{\Gamma}[\boldsymbol{N}]^{\mathrm{T}}h[\boldsymbol{N}]\mathrm{d}s \tag{4-129}$$

$$[\boldsymbol{N}]^e=\iint_e[\boldsymbol{N}]^{\mathrm{T}}\rho C_p[\boldsymbol{N}]\mathrm{d}x\mathrm{d}y \tag{4-130}$$

$$\{\boldsymbol{p}_H\}^e=\iint_e[\boldsymbol{N}]^{\mathrm{T}}H\mathrm{d}x\mathrm{d}y \tag{4-131}$$

$$\{\boldsymbol{p}_{T_{\mathrm{a}}}\}^e=\int_{\Gamma}[\boldsymbol{N}]^{\mathrm{T}}hT_{\mathrm{a}}\mathrm{d}s \tag{4-132}$$

对三角形单元，材料热物性参数及换热系数随温度的变化可用分段线性函数处理，这类似于有限元法的单元线性插值。

$$\lambda=\lambda_0+\lambda'T=\lambda_0+\lambda'[\boldsymbol{N}]\{\boldsymbol{T}\}^e \tag{4-133}$$

$$\rho C_p=C_p\rho_0+C_p\rho'T=C_p\rho_0+C_p\rho'[\boldsymbol{N}]\{\boldsymbol{T}\}^e \tag{4-134}$$

$$h=h_0+h'T=h_0+h'[\boldsymbol{N}]\{\boldsymbol{T}\}^e \tag{4-135}$$

将式(4-133)～式(4-135)代入式(4-128)～式(4-132)中，积分后得

$$[\boldsymbol{k}_t]^e=\frac{1}{4\Delta}\left[\lambda_0+\frac{\lambda'}{3}(T_i+T_j+T_m)\begin{pmatrix}b_i^2+c_i^2 & b_ib_j+c_ic_j & b_ib_m+c_ic_m\\ b_ib_j+c_ic_j & b_j^2+c_j^2 & b_mb_j+c_mc_j\\ b_ib_m+c_ic_m & b_mb_j+c_mc_j & b_m^2+c_m^2\end{pmatrix}\right] \tag{4-136}$$

$$[\boldsymbol{k}_s]^e=\frac{S_i}{6}\begin{pmatrix}0 & 0 & 0\\ 0 & 2\left[h_0+\frac{h'}{4}(3T_j+T_m)\right] & h_0+\frac{h'}{2}(T_j+T_m)\\ 0 & h_0+\frac{h'}{2}(T_j+T_m) & 2\left[h_0+\frac{h'}{4}(3T_m+T_j)\right]\end{pmatrix} \tag{4-137}$$

$$[\boldsymbol{N}]^e=\frac{\Delta}{12}\begin{pmatrix}n_{ii} & n_{ij} & n_{im}\\ n_{ji} & n_{jj} & n_{jm}\\ n_{mi} & n_{mj} & n_{mm}\end{pmatrix} \tag{4-138}$$

其中

$$n_{ii}=2C_p\rho_0+\frac{C_p\rho'}{5}(3T_i+T_j+T_m),\quad n_{ij}=C_p\rho_0+\frac{C_p\rho'}{5}(2T_i+2T_j+T_m)$$

$$n_{im}=C_p\rho_0+\frac{C_p\rho'}{5}(2T_i+T_j+2T_m),\quad n_{ji}=C_p\rho_0+\frac{C_p\rho'}{5}(2T_i+2T_j+T_m)$$

$$n_{jj}=2C_p\rho_0+\frac{C_p\rho'}{5}(T_i+3T_j+2T_m),\quad n_{jm}=C_p\rho_0+\frac{C_p\rho'}{5}(T_i+2T_j+2T_m)$$

$$[\boldsymbol{p}_{T_a}]^e=\frac{S_iT_a}{2}\begin{Bmatrix}0\\ h_0+\frac{h'}{3}(2T_j+T_m)\\ h_0+\frac{h'}{3}(T_j+2T_m)\end{Bmatrix}\tag{4-139}$$

$$[\boldsymbol{p}_{T_a}]^e=\begin{Bmatrix}\frac{H\Delta}{3}\\ \frac{H\Delta}{3}\\ \frac{H\Delta}{3}\end{Bmatrix}\tag{4-140}$$

总体合成后，得

$$[\boldsymbol{k}]\{\boldsymbol{T}\}+[\boldsymbol{N}]\left\{\frac{\partial \boldsymbol{T}}{\partial \boldsymbol{t}}\right\}=\{\boldsymbol{p}\}\tag{4-141}$$

其中

$$[\boldsymbol{k}]=\sum_e[\boldsymbol{k}_s]^e+[\boldsymbol{k}_t]^e\tag{4-142}$$

$$[\boldsymbol{N}]=\sum_e[\boldsymbol{N}]^e\tag{4-143}$$

$$\{\boldsymbol{p}\}=\sum_e\{\boldsymbol{p}_H\}^e+\{\boldsymbol{p}_{T_a}\}^e\tag{4-144}$$

式中，$[\boldsymbol{k}]$、$[\boldsymbol{N}]$、$\{\boldsymbol{p}\}$ 均随温度变化，所以式(4-141)是一个非线性的方程。采用 Galerkin 格式进行时间上的离散，得

$$\left(2[\boldsymbol{k}]+\frac{3}{\Delta t}[\boldsymbol{N}]\right)\{\boldsymbol{T}\}_t=\left(\frac{3}{\Delta t}[\boldsymbol{N}]-[\boldsymbol{k}]\right)\{\boldsymbol{T}\}_{t-\Delta t}+2\{\boldsymbol{p}\}_t+\{\boldsymbol{p}\}_{t-\Delta t}\tag{4-145}$$

或简写成

$$[\boldsymbol{H}]\{\boldsymbol{T}\}=\{\boldsymbol{F}\}\tag{4-146}$$

式中，$[\boldsymbol{H}]$、$\{\boldsymbol{F}\}$ 均随温度变化，所以式(4-146)是一个非线性的方程，解这种非线性方程有直接迭代法、牛顿－拉斐逊法、增量法等。这里只介绍直接迭代法。

直接迭代法的基本原理是用第 n 次迭代的近似值代入到$[\boldsymbol{H}]$、$\{\boldsymbol{F}\}$ 中，求得$[\boldsymbol{H}]_n$、$\{\boldsymbol{F}\}_n$，再代入到方程(4-146)中，求得$\{\boldsymbol{T}\}_{n+1}$。

$$\{\boldsymbol{T}\}_{n+1}=[\boldsymbol{H}]_n^{-1}\{\boldsymbol{F}\}_n\tag{4-147}$$

反复迭代，直到误差 $\Delta\{\boldsymbol{T}\}_{n+1}=\{\boldsymbol{T}\}_{n+1}-\{\boldsymbol{T}\}_n$ 小于允许的值为止。

参考文献

[1]　俞昌铭. 热传导及其数值分析[M]. 北京:清华大学出版社,1982.

[2]　孔祥谦. 有限元法在传热计算中的应用[M]. 2 版. 北京:科学出版社,1986.

[3]　钱任章. 传热分析与计算[M]. 北京:高等教育出版社,1987.

[4]　郭宽良. 计算传热学[M]. 北京:中国科学技术出版社,1988.

[5]　陶文铨. 数值传热学[M]. 西安:西安交通大学出版社,1988.

[6]　杨晓琼. 传热学计算机辅助教学[M]. 西安:西安交通大学出版社,1992.

[7]　翁荣周. 传热学的有限元方法[M]. 厦门:暨南大学出版社,2000.

第5章

热处理过程温度场及组织场的数值模拟

5.1 大型锻件淬火热处理过程的数值模拟

大型锻件是重大设备的关键部件，在国民经济的许多方面具有相当重要的地位，机车的车轮和曲轴、发电机中的转子、兵器中的炮筒及重型机械中的轧辊等都可归属此类。随着现代科学技术的发展，对机械零件性能的要求越来越高，金属零件的内在性能和质量，除材料成分特征外，主要是在热加工过程中形成的。众所周知，在淬火热处理过程中，零件内部会发生十分复杂的物理现象，如瞬间温度场的变化、组织的转变、力学性能的改变、残余应力的产生及重新分布等。如果处理不当，淬火应力或残余应力过大，不仅影响零件使用寿命、设备安全，甚至还会在淬火热处理过程中产生裂纹或开裂而使零件报废，这个问题对大型锻件尤为突出。

大型锻件淬火热处理，虽然在基本理论和工艺方面同一般中、小型零件的热处理是一致的，但是又具有自己的特点。在淬火热处理过程中容易产生较大的瞬时应力和残余应力，容易使锻件产生较大的变形，导致锻件开裂。相变潜热在淬火热处理过程中会产生明显的影响。截面上不同部位的冷却速度不同，即使同一部位的冷却速度也是随时间变化的。大型锻件淬火热处理后一般都要求有强度和韧性的良好配合。

以往国内工厂在制定大型成套设备中的重要大件(如主轴、压力筒等)的热处理工艺时，均是参考已有的经验曲线和数据，并对实物进行现场测试甚至解剖。工作繁重、周期较长、费用非常大，而且难以探索工艺的改进。因为对大型锻件淬火热处理过程，要在理论上对温度场、组织场、应力场耦合求解析解是很困难的，甚至是不可能的。用物理模拟方法进行研究也有许多局限性，因为很难找到各种物理量都能满足相似原理的物理模型。对小试样在一定条件下测得的温度场、组织场、应力场很难应用到实物上。由于淬火热处理过程涉及高温，欲对实物的温度场、组织场、应力场做在线测量，在当前技术条件下亦是不可能的。目前能做的是在热处理完成后，在室温状态下通过解剖的方法测定组织状态和残余应力分布的状况。这不仅要耗费大量的人力、物力、时间，而且所得到的仅是某一零件、某一具体工艺条件下的最后情况，很难获得能直接推广应用的规律性成果。故目前淬火热处理工艺大多数还是建立在定性分析的基础之上，凭经验制定的。这种状况与经济迅速发展要求的高质量、低成本是不相适应的。

自计算机问世以来，计算机数值模拟方法得到迅速发展。数值模拟以物理模型为基础，建立数学模型，通过计算机求解各场量，计算机求解多用离散化的方法求近似解。由于计算机容量大，计算速度快，可以得到足够满足要求的近似解。数值模拟虽然不能直接给出诸如相态分布、应力分布与工艺参数的关系，但它能对温度场、组织场、应力场进行耦合计算，给出每一时刻的温度场、组织场和应力场的信息，可直接观察到其在过程中变化的情况；它在计算中可以考虑各种随温度变化的物性参数；不必花费大量人力、物力对实物解剖，就可以得到更全面的信息。此外，它还可以预测工艺结果是否符合组织、性能的要求，进行安全评估等。利用数值模拟不仅可以对现有工艺进行校核，而且可以优化工艺方案和参数，从而使淬火热处理工艺的制定建立在更为可靠的科学基础上。

淬火热处理过程的计算机模拟在世界各国备受关注，20 世纪 70 年代以后得到迅速发展，人们着重于研究淬火热处理过程中工件内瞬态温度场、相变、力学效应以及它们之间的交互作用，采用有限差分法或有限元法模拟计算以预测淬火热处理后工件内部的组织分布、性能分布、内应力和淬火畸变。日本的井上达雄，法国的 Denis. S，瑞典的 Ericcson，中国的潘健生、刘庄、高守义等在淬火热处理过程温度场、组织场、应力场的数值模拟方面做了许多工作。

5.1.1　淬火热处理过程温度场计算模型的建立

很多大型工件，如内燃机的气阀、活塞、汽轮机转轴以及轧辊、曲轴等，都具有或近似具有轴对称的特点，若它们所受的热负荷也具有轴对称的特点，那么相应的温度场分布也是轴对称的。如图 5-1 所示，设对称轴为 z 轴，并以 r 表示径向，则温度函数 $T=T(z,r)$ 与转角 θ 无关，而只是 z、r 的函数，因此问题可以转化为以 z、r 为自变量的二维问题来求解。考虑到对称性，在计算过程中可以取其 1/2 或 1/4 考虑。

以图 5-1 所示轴对称工件为例，根据对称性，选一子午面的 1/4 为求解区域，如图 5-2 所示，图中 z 轴为对称轴，r 轴为径向（对于大平板工件，仍然具有对称性，z 轴为长向，r 轴为宽向）。在此求解区域中，可近似把落在轴向和径向上的单元看成是内部单元，而与淬火介质接触的边界作为第三类边界单元来处理，因为淬火时工件与淬火介质间的换热系数可以确定且淬火介质的温度也是已知的。

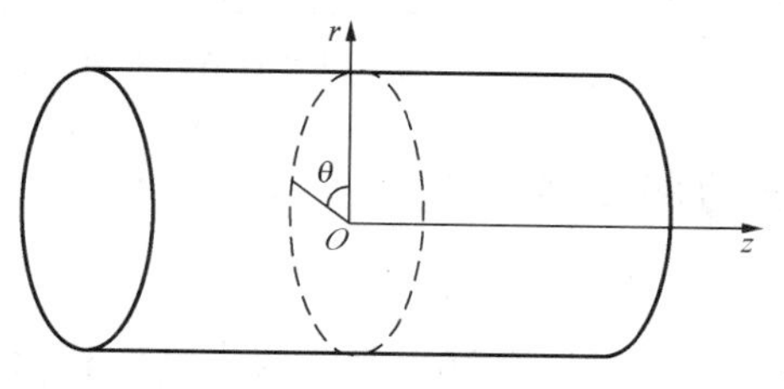

图 5-1　淬火工件示意图

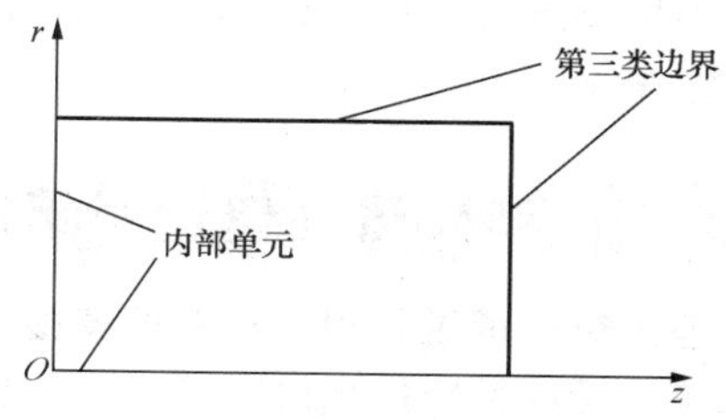

图 5-2　求解区域示意图

本章针对大型锻件淬火热处理过程的实际情况，通过假设一些基本条件，建立了一个描述轴对称体淬火热处理过程温度场的非线性非稳态传热计算数学模型。该模型全面考虑了热物性参数和界面换热系数随温度的非线性变化及相变潜热对温度场的影响，接近于轴对称工件真实的淬火热处理过程。

采取的假设条件如下：

(1)热物性参数为温度的函数；

(2)考虑相变潜热；

(3)材料各向同性；

(4)工件初始温度恒定；

(5)换热系数为温度的函数。

根据以上条件，该模型的热传导方程为

$$\rho C_p \frac{\partial T}{\partial t}=\frac{1}{r}\frac{\partial}{\partial r}\left(r\lambda\frac{\partial T}{\partial r}\right)+\frac{\partial}{\partial z}\left(\lambda\frac{\partial T}{\partial z}\right)+Q \tag{5-1}$$

边界条件为

外表面：

$$-\lambda\frac{\partial T}{\partial n}=h(T-T_a) \tag{5-2}$$

对称面：

$$-\lambda\frac{\partial T}{\partial n}=0 \tag{5-3}$$

初始条件为

$$T(r,z)\big|_{t=0}=T_0 \tag{5-4}$$

材料的热物性参数(比热 C_p、热导率 λ 和密度 ρ)均随温度变化。对它们随温度的变化曲线采用分段线性回归处理。根据以上模型，采用有限元法对温度场进行计算，温度场计算程序框图如图 5-3 所示。

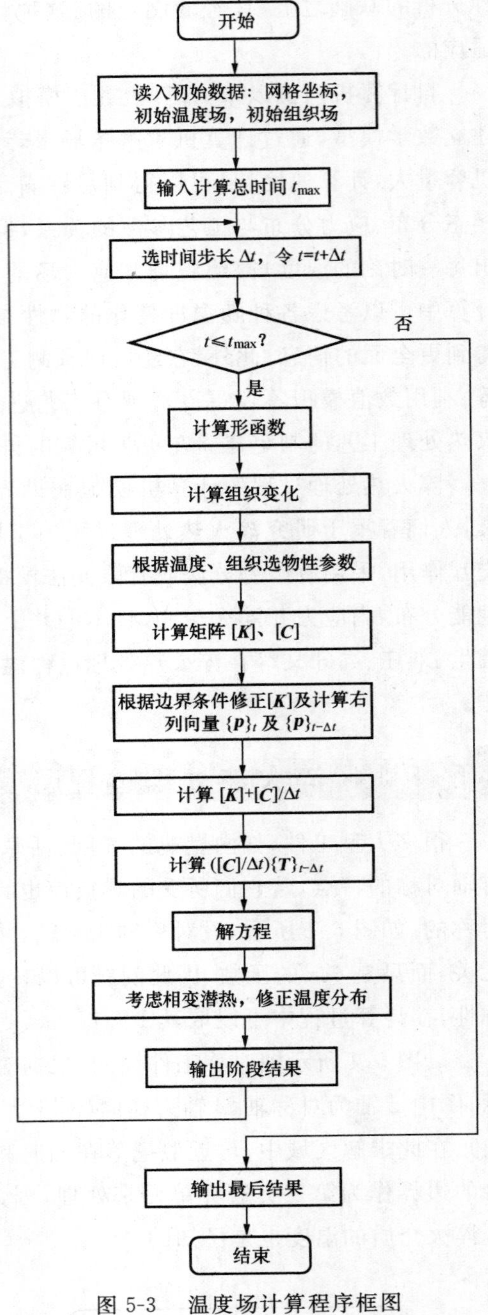

图 5-3　温度场计算程序框图

5.1.2　淬火热处理过程组织场计算模型的建立

1. 淬火热处理过程组织转变的模拟方法

由于奥氏体过冷产生转变及马氏体转变，所以淬火热处理过程要释放大量的相变潜热。相变潜热的释放对温度计算有很大影响。因此，大件计算时需加入相变潜热因素以提高计算准确性，采用温度回升法处理相变潜热。奥氏体相变属于扩散型相变，是以原子的扩散为主。采用把奥氏体转变所产生的相变潜热折算成温度升高值的办法，分别与节点的温度相加，对温度场进行修正。

$$\Delta T(t)=\frac{[V_i(t)-V_i(t-\Delta t)]\cdot H_i}{C_{pi}}=\frac{\Delta V_i\cdot H_i}{C_{pi}}\quad(i=1,2,3,4)\tag{5-5}$$

式中 V_i—— 各组织的转变量；

H_i—— 奥氏体转变为各组织所释放的潜热；

C_{pi}—— 该温度下各组织的比热。

组织转变伴随着热物性（密度、比热、热导率）变化和力学性能变化，同时还有相变潜热释放，这对工件冷却过程的温度场将产生很大影响，是温度场数值模拟时不可忽视的一个内容。

对钢在冷却时的组织转变，Davenport 和 Bain 于 1930 年在等温条件下研究，提出了时间-温度-转变（TTT）曲线，即等温转变曲线（图 5-4）。由于这种方法是在恒温下观察不同保温时间的组织变化，可以清楚地显示不同温度下的转变特征，因而得到广泛采用。

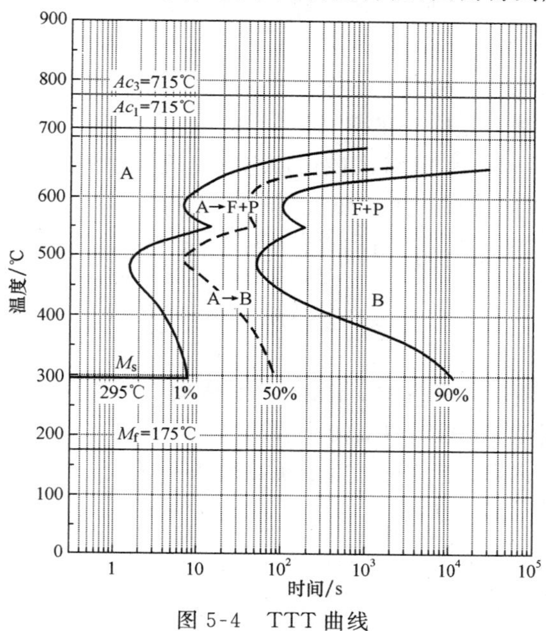

图 5-4 TTT 曲线

20 世纪 70 年代初当组织转变数值模拟提到日程上来时，就有两种描述组织转变过程的方式——TTT 曲线和 CCT 曲线，为组织转变的数值模拟提供了两种途径。CCT 曲线首先被选作模拟依据，20 世纪 70 年代末 Hildenwall 运用 Scheil 叠加原理成功地解决了以 TTT 曲线模拟的难题后，TTT 曲线在组织转变的数值模拟中迅速得到推广。

采用 CCT 曲线和 TTT 曲线模拟，在 1988 年以前均常见报道。采用 TTT 曲线模拟，数学模型具有理论基础，Scheil 叠加原理经过反复校核，可以得到满意结果。采用 CCT 曲线模拟的人，认为用和实际冷却过程完全一致的连续转变曲线模拟可以得到准确结果，按 TTT 曲线模拟总有偏差。随着人们对应力影响的重要性有所认识，模拟组织转变时要考虑应力的影响，这样，由 TTT 曲线建立的数学模型所具有的理论基础，为实验和修正带来方便，使得按

TTT 曲线模拟的方法获得广泛的发展前景。

在钢的 TTT 曲线图(图 5-4)上横坐标为时间,纵坐标为温度,在温度 - 时间坐标上标出不同温度等温保持过程中各种转变开始、终了的时间及转变量。各种转变的始点、终点的连线构成钢的 TTT 曲线。从曲线上可以看到,钢从奥氏体化温度冷却到不同温度等温所能形成的转变产物,各种转变产物形成的温度区间,转变的开始与终了温度,不同温度下等温转变开始与终了的时间以及转变终了时的转变量。

2. 淬火热处理过程组织转变数学模型的建立

(1)转变动力学基本原理

转变量的计算相当复杂。组织转变可能包含铁素体、珠光体、贝氏体和马氏体转变,可以用 Avrami 方程结合 Scheil 叠加原理计算大多数钢的铁素体、珠光体和贝氏体转变量;用 K-M 方程计算马氏体转变量。对于扩散型转变,等温转变开始与终了的时间表达了转变的动力学,开始时间为孕育期形核过程,转变开始到终了的一段时间为长大过程。Johnson、Mehl、Avrami 等人对形核、长大过程研究后指出,此过程可以用下式表示:

$$F = 1 - \exp[-C(T)\theta^{n(T)}] \tag{5-6}$$

式中 F—— 转变量;

θ—— 组织转变持续的时间;

$C(T)$、$n(T)$—— 随温度变化的参数。

$C(T)$、$n(T)$ 表征形核、长大速率,随钢的成分、奥氏体化温度而异,可从 TTT 曲线对应某一温度 T 的两个等温时间 t_1、t_2 的转变量 F_1、F_2 求得

$$n(T) = \frac{\ln[\ln(1-F_1)/\ln(1-F_2)]}{\ln(t_1/t_2)} \tag{5-7}$$

$$C(T) = -\frac{\ln(1-F_1)}{t_1^n} \tag{5-8}$$

由于转变量与时间的关系随温度变化而变化,因此 $C(T)$、$n(T)$ 也随温度变化而不同。

对于马氏体这种非扩散型转变,转变量仅取决于温度而和时间无关,Koistinen 和 Marburger 的研究[45] 指出,转变量与温度的关系可表示为

$$F = 1 - \exp[-\alpha(M_s - T)] \tag{5-9}$$

式中 F—— 转变量;

M_s—— 马氏体转变点;

T—— 温度,℃;

α—— 常数,反映马氏体的转变速率,随成分而异,多数钢为 0.011。

(2)孕育期叠加原理的推导

工件在热处理冷却过程中的组织分布与其相变行为有着密切联系,为准确地描述工件淬火时的冷却过程,必须清楚其连续冷却转变的相变过程,而判断是否发生相变是十分重要的。根据微分原理可用一组等温冷却曲线来代替连续冷却曲线,如图 5-5 所示。这样,任意一种连续冷却

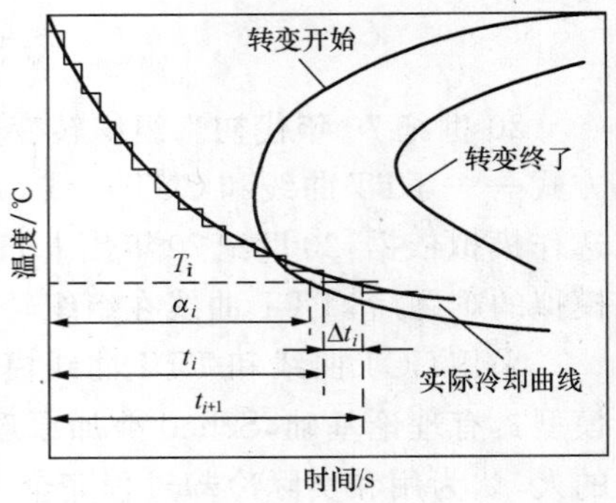

图 5-5 冷却过程示意图

均可认为是在不同温度下停留短暂时间 Δt 的合成。

已知等温转变动力学方程为

$$F = 1 - \exp[-C(T)\theta^{n(T)}] \tag{5-10}$$

在低于临界点 Ac_1 的某温度 T_1 下保持 Δt_1 时间后，则有

$$F_1 = 1 - \exp[-C(T_1)\Delta t_1{}^{n(T_1)}] \tag{5-11}$$

在 T_1 温度下，转变开始时，有

$$F_s = 1 - \exp[-C(T_1)\alpha_1{}^{n(T_1)}] \tag{5-12}$$

式中　F_s—— 该温度下 TTT 曲线的开始的转变量，一般 $F_s = 0.01$；

α_1—— 转变开始所需要的时间，s。

由式(5-12) 可导出：

$$C(T_1) = \frac{1}{\alpha_1{}^{n(T_1)}}\ln\left(\frac{1}{1-F_s}\right) \tag{5-13}$$

把式(5-13) 代入式(5-11)，得

$$F_1 = 1 - \exp\left[-\frac{1}{\alpha_1{}^{n(T_1)}}\ln\left(\frac{1}{1-F_s}\right)\Delta t_1{}^{n(T_1)}\right] \tag{5-14}$$

在 T_2 温度下保持 Δt_2 时间后，则有

$$F_2 = 1 - \exp[-C(T_2)\theta_2{}^{n(T_2)}] \tag{5-15}$$

其中

$$\theta_2 = \Delta t_2 + \Delta t_1'$$

式中　$\Delta t_1'$—— 在温度 T_2 下获得转变量 F_1 所需要的时间，称其为虚拟时间。

在 T_2 温度下转变量 F_1 的表达式为

$$F_1 = 1 - \exp[-C(T_2)\Delta t_1'{}^{n(T_2)}] \tag{5-16}$$

$$\Delta t_1' = \left[\frac{1}{C(T_2)}\ln\left(\frac{1}{1-F_1}\right)\right]^{\frac{1}{n(T_2)}} \tag{5-17}$$

则

$$\theta_2 = \Delta t_2 + \left[\frac{1}{C(T_2)}\ln\left(\frac{1}{1-F_1}\right)\right]^{\frac{1}{n(T_2)}} \tag{5-18}$$

又由于 T_1、T_2 温度转变开始时，有

$$F_s = 1 - \exp[-C(T_1)\alpha_1{}^{n(T_1)}] \tag{5-19}$$

$$F_s = 1 - \exp[-C(T_2)\alpha_2{}^{n(T_2)}] \tag{5-20}$$

由式(5-19) 和式(5-20)，得

$$C(T_1)\alpha_1{}^{n(T_1)} = C(T_2)\alpha_2{}^{n(T_2)} \tag{5-21}$$

把式(5-18) 代入式(5-15) 并利用式(5-21)，得

$$F_2 = 1 - \exp\left\{-C(T_2)\alpha_2{}^{n(T_2)}\left[\left(\frac{\Delta t_1}{\alpha_1}\right)^{\frac{n(T_1)}{n(T_2)}} + \frac{\Delta t_2}{\alpha_2}\right]^{n(T_2)}\right\} \tag{5-22}$$

在 T_3 温度下保持时间为 Δt_3，则有

$$F_3 = 1 - \exp[-C(T_3)\theta_3{}^{n(T_3)}] \tag{5-23}$$

其中

$$\theta_3 = \Delta t_3 + \Delta t_2'$$

式中　$\Delta t_2'$—— 在温度 T_3 下获得转变量 F_2 所需要的虚拟时间。

在 T_3 温度下转变量 F_2 的表达式为

$$F_2 = 1 - \exp[-C(T_3)\Delta t_2'^{\,n(T_3)}] \tag{5-24}$$

$$\Delta t_2' = \left[\frac{1}{C(T_3)}\ln\left(\frac{1}{1-F_2}\right)\right]^{\frac{1}{n(T_3)}} \tag{5-25}$$

则

$$\theta_3 = \Delta t_3 + \left[\frac{1}{C(T_3)}\ln\left(\frac{1}{1-F_2}\right)\right]^{\frac{1}{n(T_3)}} \tag{5-26}$$

又由于 T_2、T_3 温度转变开始时，有

$$F_s = 1 - \exp[-C(T_2)\alpha_2^{\,n(T_2)}] \tag{5-27}$$

$$F_s = 1 - \exp[-C(T_3)\alpha_3^{\,n(T_3)}] \tag{5-28}$$

由式(5-27) 和式(5-28)，得

$$C(T_2)\alpha_2^{\,n(T_2)} = C(T_3)\alpha_3^{\,n(T_3)} \tag{5-29}$$

又由式(5-22) 得

$$\ln\left(\frac{1}{1-F_2}\right) = C(T_2)\alpha_2^{\,n(T_2)}\left[\left(\frac{\Delta t_1}{\alpha_1}\right)^{\frac{n(T_1)}{n(T_2)}} + \frac{\Delta t_2}{\alpha_2}\right]^{n(T_2)} \tag{5-30}$$

把式(5-26) 代入式(5-23)，并利用式(5-29)、式(5-30) 得

$$F_3 = 1 - \exp\left\{-C(T_3)\alpha_3^{\,n(T_3)}\left[\left(\left(\frac{\Delta t_1}{\alpha_1}\right)^{\frac{n(T_1)}{n(T_2)}} + \frac{\Delta t_2}{\alpha_2}\right)^{\frac{n(T_2)}{n(T_3)}} + \frac{\Delta t_3}{\alpha_3}\right]^{n(T_3)}\right\} \tag{5-31}$$

由式(5-14)、式(5-22) 及式(5-31) 可知：

$$F_1 = 1 - \exp\left[-C(T_1)\alpha_1^{\,n(T_1)}\left(\frac{\Delta t_1}{\alpha_1}\right)^{n(T_1)}\right] \tag{5-32}$$

$$F_2 = 1 - \exp\left\{-C(T_2)\alpha_2^{\,n(T_2)}\left[\left(\frac{\Delta t_1}{\alpha_1}\right)^{\frac{n(T_1)}{n(T_2)}} + \frac{\Delta t_2}{\alpha_2}\right]^{n(T_2)}\right\} \tag{5-33}$$

$$F_3 = 1 - \exp\left\{-C(T_3)\alpha_3^{\,n(T_3)}\left[\left(\left(\frac{\Delta t_1}{\alpha_1}\right)^{\frac{n(T_1)}{n(T_2)}} + \frac{\Delta t_2}{\alpha_2}\right)^{\frac{n(T_2)}{n(T_3)}} + \frac{\Delta t_3}{\alpha_3}\right]^{n(T_3)}\right\} \tag{5-34}$$

由此可推导出 T_m 温度下保持时间为 Δt_m 的转变量的一般性表达式：

$$F_m = 1 - \exp\left\{-C(T_m)\alpha_m^{\,n(T_m)}\left[\left(\cdots\left(\left(\frac{\Delta t_1}{\alpha_1}\right)^{\frac{n(T_1)}{n(T_2)}} + \frac{\Delta t_2}{\alpha_2}\right)^{\frac{n(T_2)}{n(T_3)}} + \frac{\Delta t_3}{\alpha_3}\right)^{\frac{n(T_3)}{n(T_4)}} + \cdots + \left(\frac{\Delta t_{m-1}}{\alpha_{m-1}}\right)\right)^{\frac{n(T_{m-1})}{n(T_m)}} + \frac{\Delta t_m}{\alpha_m}\right]^{n(T_m)}\right\} \tag{5-35}$$

在 T_m 温度下转变开始时：

$$F_s = 1 - \exp[-C(T_m)\alpha_m^{\,n(T_m)}] \tag{5-36}$$

$$C(T_m)\alpha_m^{\,n(T_m)} = \ln\left(\frac{1}{1-F_s}\right) \tag{5-37}$$

将式(5-37) 代入式(5-35)，得

$$F_m = 1 - \exp\left\{-\ln\left(\frac{1}{1-F_s}\right)\left[\left(\cdots\left(\left(\frac{\Delta t_1}{\alpha_1}\right)^{\frac{n(T_1)}{n(T_2)}} + \frac{\Delta t_2}{\alpha_2}\right)^{\frac{n(T_2)}{n(T_3)}} + \frac{\Delta t_3}{\alpha_3}\right)^{\frac{n(T_3)}{n(T_4)}} + \cdots + \left(\frac{\Delta t_{m-1}}{\alpha_{m-1}}\right)\right)^{\frac{n(T_{m-1})}{n(T_m)}} + \frac{\Delta t_m}{\alpha_m}\right]^{n(T_m)}\right\} \tag{5-38}$$

对式(5-38)进行整理，得

$$\left[\frac{\ln(1-F_m)}{\ln(1-F_s)}\right]^{\frac{1}{n(T_m)}} = \left(\cdots\left(\left(\frac{\Delta t_1}{\alpha_1}\right)^{\frac{n(T_1)}{n(T_2)}} + \frac{\Delta t_2}{\alpha_2}\right)^{\frac{n(T_2)}{n(T_3)}} + \frac{\Delta t_3}{\alpha_3}\right)^{\frac{n(T_3)}{n(T_4)}} + \cdots + \left(\frac{\Delta t_{m-1}}{\alpha_{m-1}}\right)\right)^{\frac{n(T_{m-1})}{n(T_m)}} + \frac{\Delta t_m}{\alpha_m} \tag{5-39}$$

如果温度为 T_m 时转变刚好开始发生，则 $F_m = F_s$，有

$$\left[\frac{\ln(1-F_m)}{\ln(1-F_s)}\right]^{\frac{1}{n(T_m)}} = 1 \tag{5-40}$$

若 $n(T)$ 为常数，则式(5-39)可简化为

$$1 = \frac{\Delta t_1}{\alpha_1} + \frac{\Delta t_2}{\alpha_2} + \frac{\Delta t_3}{\alpha_3} + \cdots + \frac{\Delta t_{m-1}}{\alpha_{m-1}} + \frac{\Delta t_m}{\alpha_m} \tag{5-41}$$

即

$$\sum_{i=1}^{m} \frac{\Delta t_i}{\alpha_i} = 1 \tag{5-42}$$

此即孕育期叠加原理，为过冷奥氏体发生转变的判据。由此可见，当孕育期相对消耗量总和等于 1 时，转变刚好开始发生。利用此原理可判断出各个单元体是否发生了转变，如果铁素体的孕育期相对消耗量 $\sum_{i=1}^{m} \frac{\Delta t_i}{\alpha_i} \geqslant 1$，则认为过冷奥氏体发生了铁素体转变；如果珠光体的孕育期相对消耗量 $\sum_{i=1}^{m} \frac{\Delta t_i}{\alpha_i} \geqslant 1$，则认为过冷奥氏体发生了珠光体转变；如果贝氏体的孕育期相对消耗量 $\sum_{i=1}^{m} \frac{\Delta t_i}{\alpha_i} \geqslant 1$，则认为过冷奥氏体发生了贝氏体转变。尤其需要注意的是，当单元体的温度 $T \leqslant M_s$ 时，单元体立即发生马氏体转变，而不受其他条件的制约。由于各个单元体的冷却条件不同，因而可以判断出沿截面不同部位的组织分布。

(3)数学模型的建立

根据已知的温度场模型，利用过冷奥氏体等温转变动力学方程计算淬火冷却过程中的组织场，初始条件是假定单元内每一个节点都有相同的奥氏体化温度，随着温度的下降，转变开始发生，分别计算各个节点发生各种转变的组织的百分含量，即计算出铁素体、珠光体、贝氏体、马氏体的百分含量，然后进行整体合成即为组织场。

对等温转变过程的研究，组织转变过程数学模型的提出为数值模拟提供了依据。按 TTT 曲线模拟，非扩散型的马氏体转变由于和时间无关，在连续冷却时可直接利用式(5-9)按温度计算转变量，而对扩散型转变，式(5-6)描述的是等温条件下的转变过程，在连续冷却时不能直接应用，通过时间离散，将连续冷却转变为阶梯冷却，对每个离散时间段的阶梯平台可按等温考虑。根据 Scheil 叠加原理，由等温转变过程的孕育期推算连续冷却时的转变开始温度，将每一温度下所消耗的时间 Δt 除以该温度的孕育期，作为孕育率。不同温度下的孕

育率可以叠加,当总量达到1,即$\sum \frac{\Delta t_i}{\alpha_i}=1$时,孕育期结束,转变开始。

同样,在转变过程中,转变量也可叠加,即在T_i温度下保持Δt时间后的转变量F_i,相当于T_{i+1}温度下的F_i,可和在T_{i+1}温度下保持Δt时间的转变量F_{i+1}相加。这样,在计算T_{i+1}温度下的转变量时,须先将前一阶段温度下的转变量F_i,按式(5-38)折算为T_{i+1}温度下所需时间,通称为虚拟时间t_{i+1}^*:

$$t_{i+1}^*=\left[\frac{-\ln(1-F_i)}{C(T_{i+1})}\right]^{\frac{1}{n(T_{i+1})}} \tag{5-43}$$

然后计算T_{i+1}温度下保持$t_{i+1}^*+\Delta t$时刻的转变量:

$$F_{i+1}=1-\exp\left[-C(T_{i+1})(t_{i+1}^*+\Delta t)^{n(T_{i+1})}\right] \tag{5-44}$$

Scheil叠加原理一般只适用于相同组织。组织相同,转变机制相同,所以,孕育率及转变量可以相加。

(4)计算框图(图5-6)

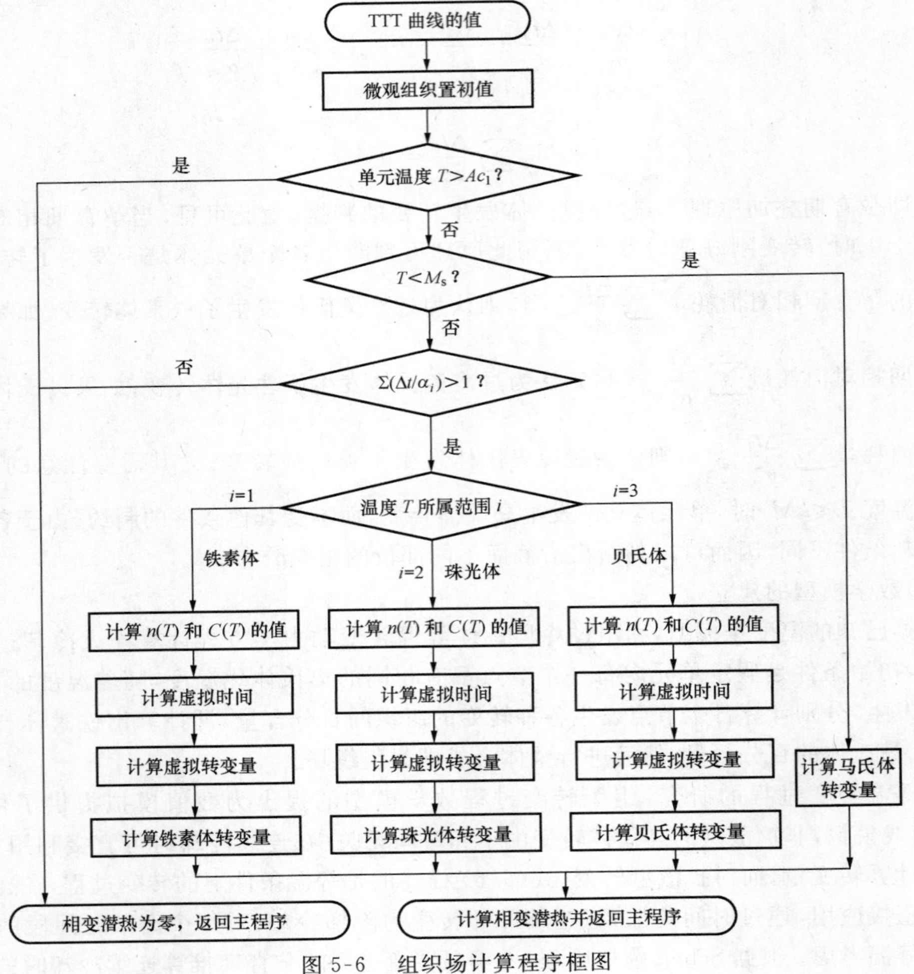

图5-6 组织场计算程序框图

5.1.3　温度场数值模拟计算结果

由于本系统具有较高的通用性，故以 35CrMo 钢为例进行淬火热处理过程温度场数值模拟计算。工件直径为 350 mm、高为 500 mm，初始温度为 860 ℃，淬火介质水的温度为 20 ℃，计算时间取 1 200 s。图 5-7 为工件的网格剖分结果：40 行 × 40 列，剖分比例为 0.95。

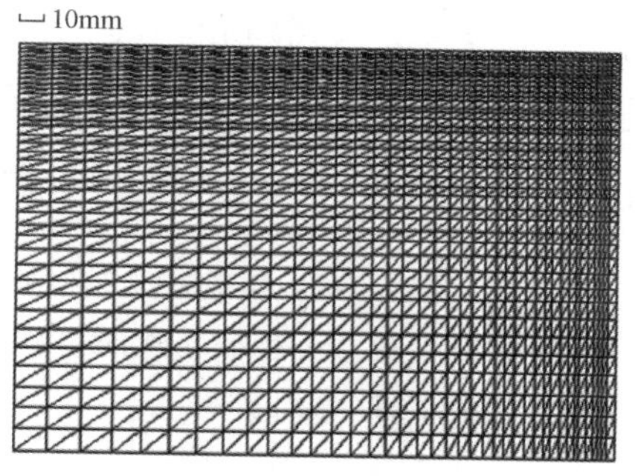

图 5-7　网格剖分结果

1. 温度场等温线的分布

图 5-8 ～ 图 5-11 分别是淬火热处理过程不同时刻温度场的等温线图。

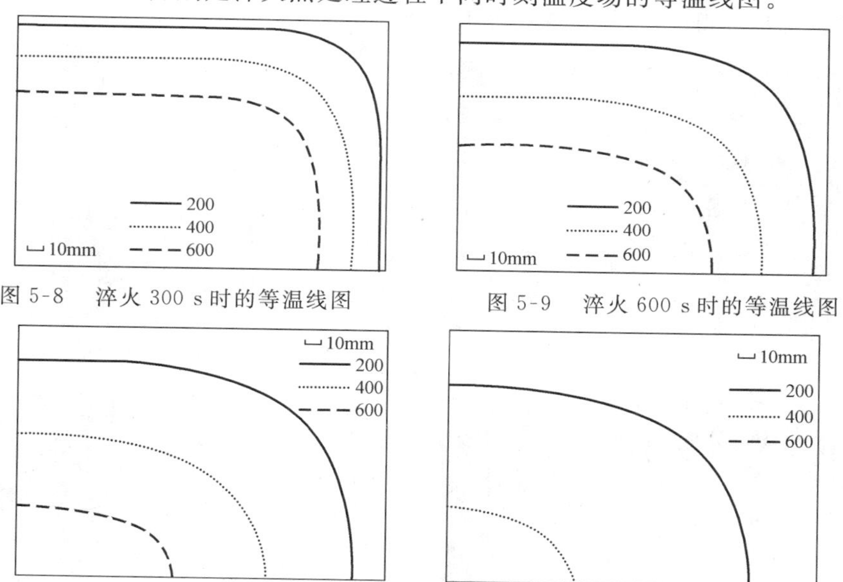

图 5-8　淬火 300 s 时的等温线图

图 5-9　淬火 600 s 时的等温线图

图 5-10　淬火 900 s 时的等温线图

图 5-11　淬火 1 200 s 时的等温线图

从图中等温线的分布状况可以看出，在淬火热处理过程中，工件的表面到心部的冷却速度不同，靠近表面部分温度较低，冷却速度较快；而心部温度较高，冷却速度较慢。淬火 15 min 后，心部的温度仍保持在 600 ℃ 以上。淬火 20 min 后，没有 600 ℃ 的等温线，表明整个工件的温度都已降到 600 ℃ 以下。

2. 温度随时间的变化

系统可绘出剖分网格中任意一点的温度随时间变化的情况。图 5-12 是几个典型点的温度随时间变化的曲线。

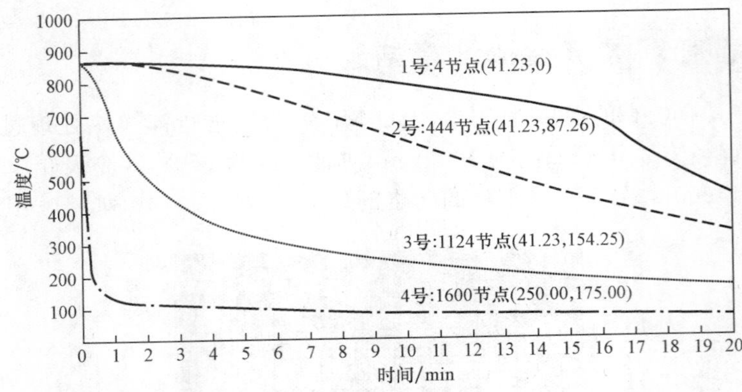

图 5-12　几个典型点的温度随时间变化的曲线

可以看出节点越靠近心部，温度降得越慢；越靠近表面，温度降得越快。图中 4 号节点为边界节点，1 号为心部节点，各节点坐标同时给出。

3. 温度场云图显示

图 5-13～图 5-16 所示分别为淬火热处理过程不同时刻温度场的云图，能够更直观地表达淬火热处理过程中的温度分布。温度的变化情况、高温区、低温区、温度梯度等都一目了然。可见，心部温度降得缓慢，而表面温度下降迅速。

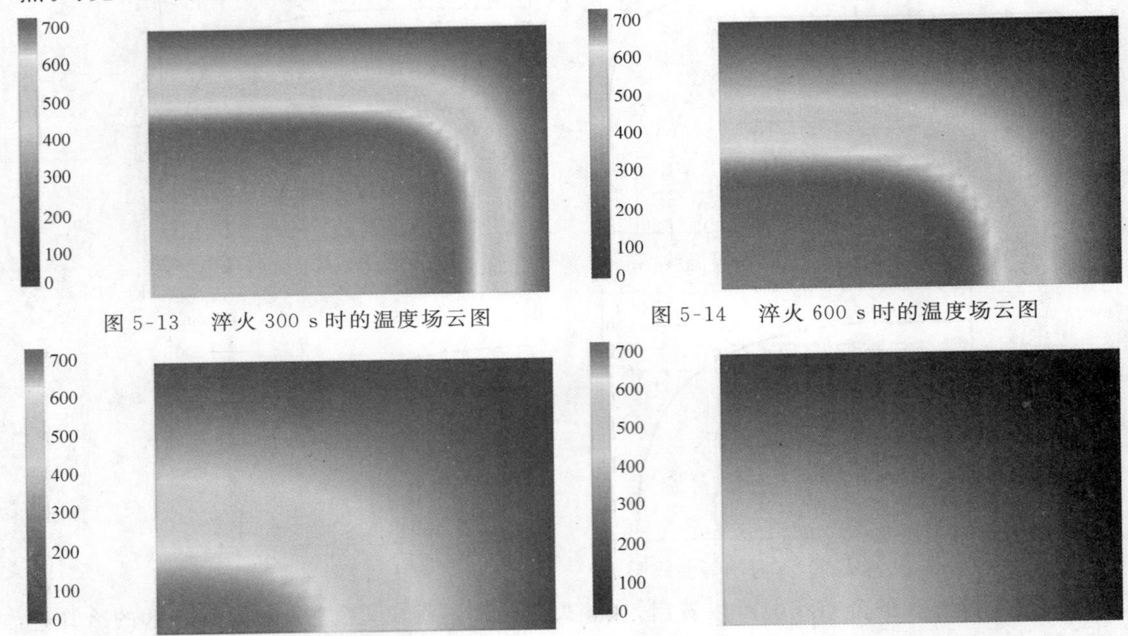

图 5-13　淬火 300 s 时的温度场云图

图 5-14　淬火 600 s 时的温度场云图

图 5-15　淬火 900 s 时的温度场云图

图 5-16　淬火 1 200 s 时的温度场云图

4. 温度场的三维立体图显示

图 5-17、图 5-18 分别是淬火热处理过程不同时刻温度场的三维立体图，比等温线图和云图更加直观。

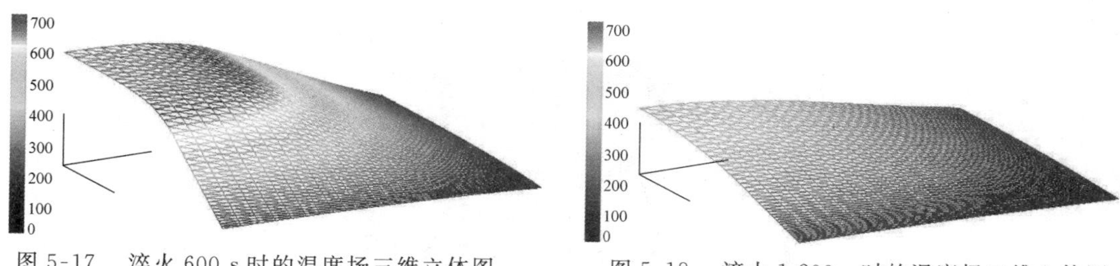

图 5-17　淬火 600 s 时的温度场三维立体图　　图 5-18　淬火 1 200 s 时的温度场三维立体图

5.1.4　组织场数值模拟计算结果

在此仍以 35CrMo 钢为例进行淬火热处理过程数值模拟，计算其组织转变。工件直径为 350 mm、高为 500 mm，初始温度为 860 ℃，完全奥氏体化，淬火介质水的温度为 20 ℃，计算时间取 1 200 s。

1. 马氏体分布云图显示

图 5-19 ～ 图 5-21 分别是淬火 300 s、600 s 和 1 200 s 时的马氏体分布云图。

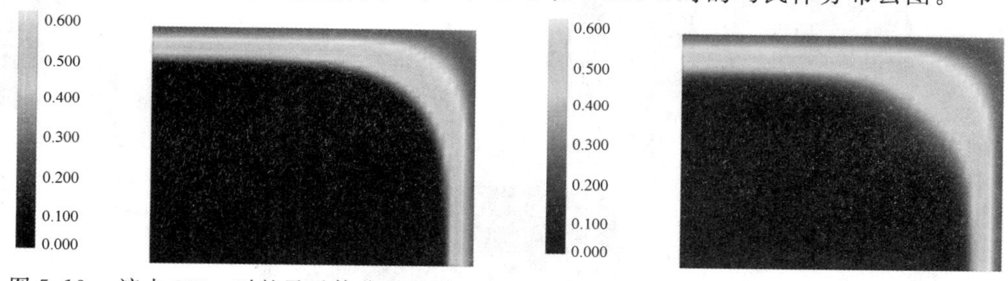

图 5-19　淬火 300 s 时的马氏体分布云图　　图 5-20　淬火 600 s 时的马氏体分布云图

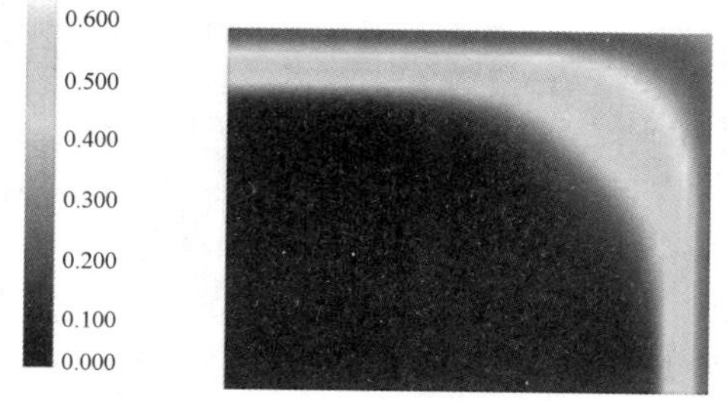

图 5-21　淬火 1 200 s 时的马氏体分布云图

2. 贝氏体分布云图显示

图 5-22 ～ 图 5-24 分别是淬火 300 s、600 s 和 1 200 s 时的贝氏体分布云图。

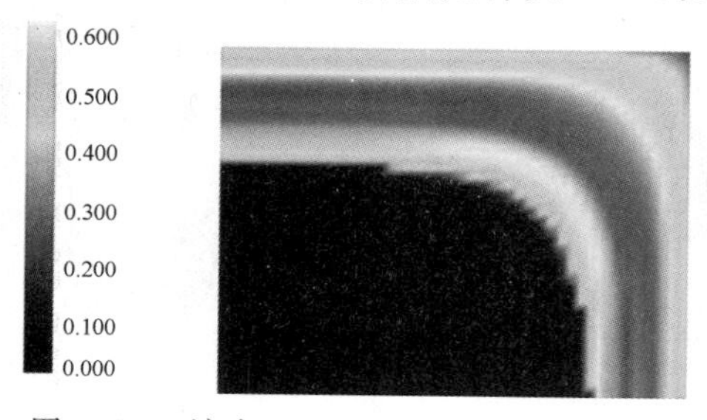

图 5-22　淬火 300 s 时的贝氏体分布云图

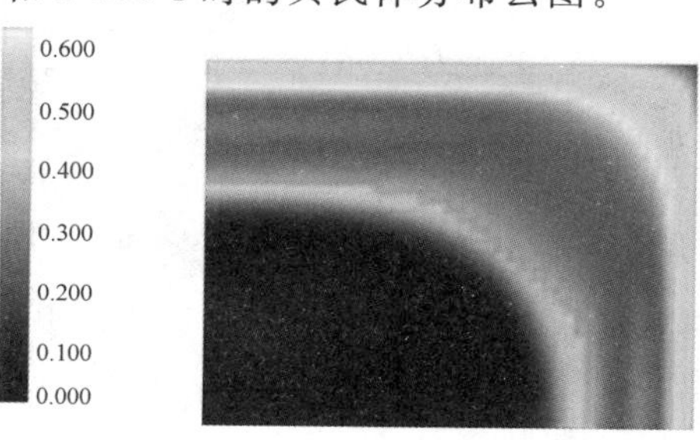

图 5-23　淬火 600 s 时的贝氏体分布云图

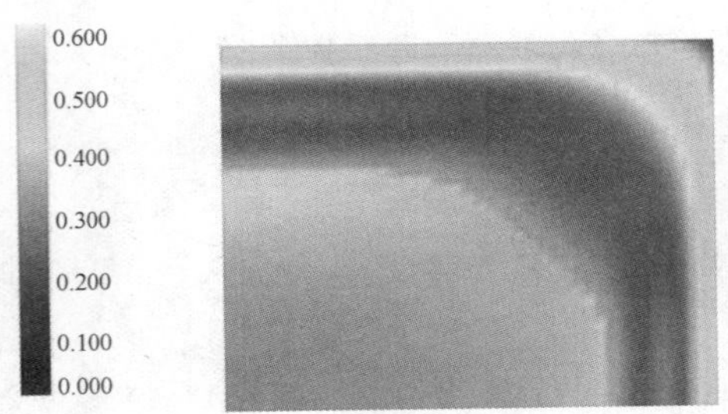

图 5-24　淬火 1 200 s 时的贝氏体分布云图

3. 珠光体分布云图显示

图 5-25 ～ 图 5-27 分别是淬火 300 s、600 s 和 1 200 s 时的珠光体分布云图。

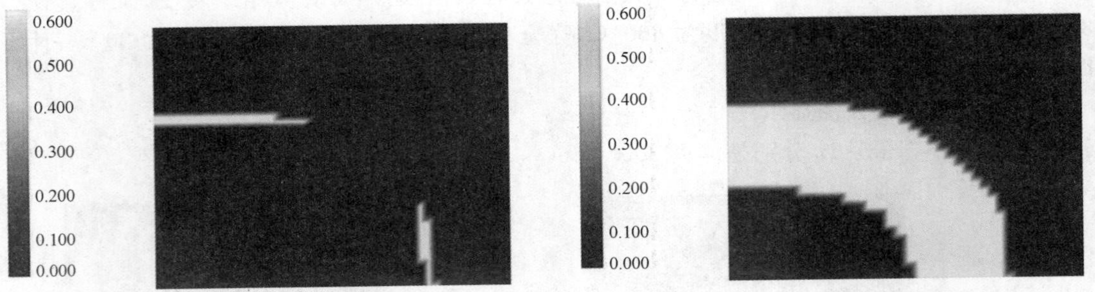

图 5-25　淬火 300 s 时的珠光体分布云图　　图 5-26　淬火 600 s 时的珠光体分布云图

图 5-27　淬火 1 200 s 时的珠光体分布云图

4. 铁素体分布云图显示

图 5-28 ～ 图 5-30 分别是淬火 300 s、600 s 和 1 200 s 时的铁素体分布云图。

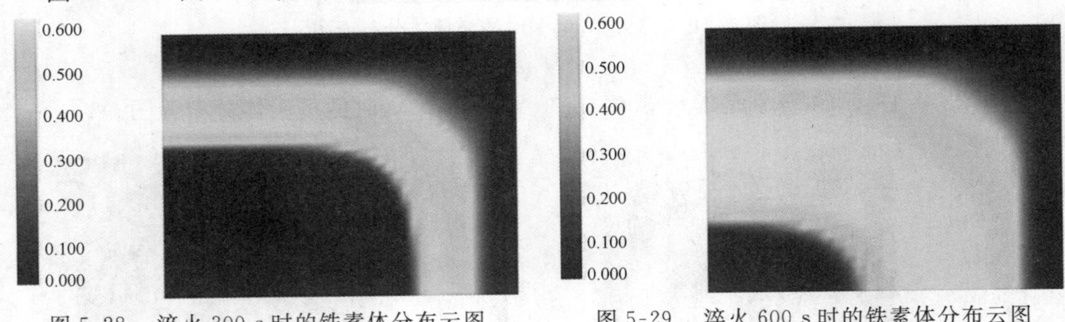

图 5-28　淬火 300 s 时的铁素体分布云图　　图 5-29　淬火 600 s 时的铁素体分布云图

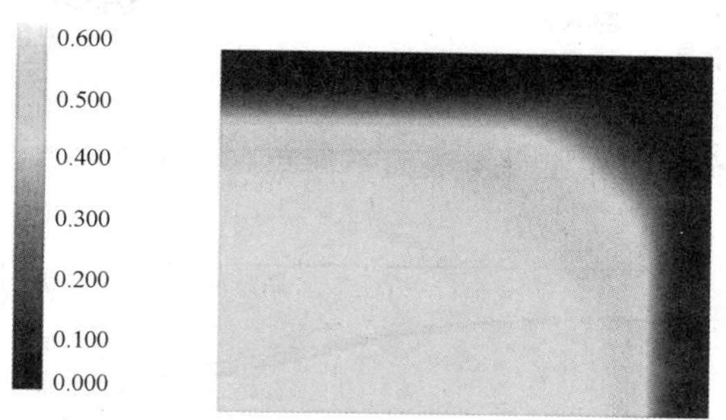

图 5-30　淬火 1 200 s 时的铁素体分布云图

5.1.5　计算结果与实验结果的比较

为了验证本系统计算模型的正确性，需要进行大型锻件的实际淬火实验。为此进行了 35CrMo 钢试件水淬过程温度场实测和组织场实测两项实验。

1. 实验方法

(1)温度场实测方法

试件采用 35CrMo 钢，直径为 350 mm、高为 500 mm。在试件端面上，距侧表面 20 mm、88 mm 和 175 mm 处钻 3 个孔(图 5-31)，孔的轴线与试件轴线平行，孔径为 8 mm，孔深为 205 mm，孔口攻丝为 M16 mm×1.5 mm，深为 20 mm。在孔中埋入直径为 5.0 mm 的铠装接壳式镍铬－镍硅热电偶，用活动卡套固定，作为感温元件。采用台车式加热煤气炉将试件加热到 860 ℃，保温 2.5 h 后直接用冷水淬火冷却 18 min，测取各点温度随冷却时间的变化。

(2)组织场实测方法

试件仍采用 35CrMo 钢，直径为 300 mm、高为 390 mm。用与测温实验相同的设备、装炉方式和热处理工艺对试件进行淬火处理。淬火后在试件中心圆截面上切取直径为 300 mm、厚为 15 mm 的试片(图 5-32，画斜线部分为切片位置)，在试片直径方向上切取六块金相试样进行金相分析。

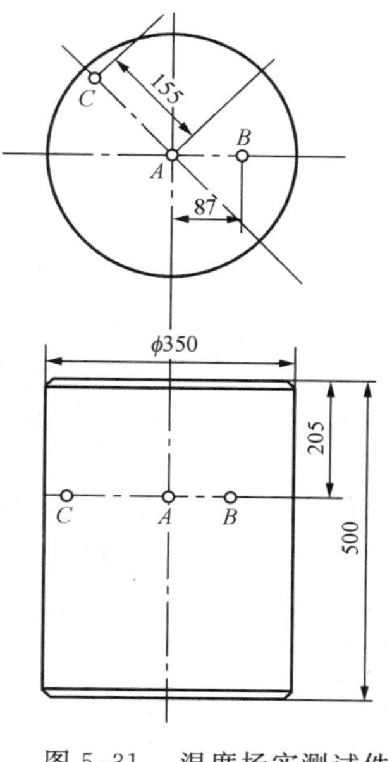

图 5-31　温度场实测试件

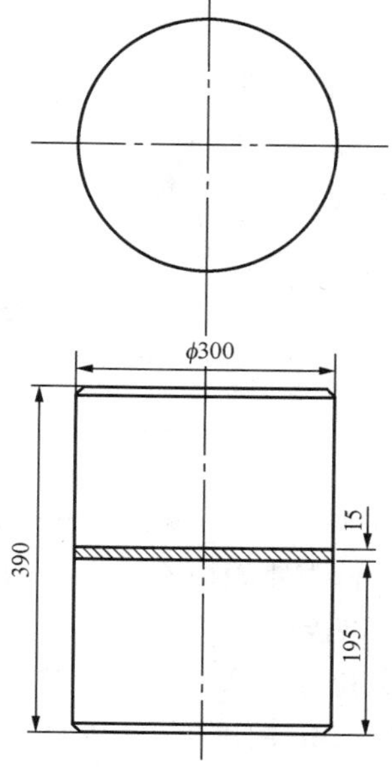

图 5-32　组织场实测试件

2. 实验结果与计算结果的比较

(1)温度场实验结果与计算结果的比较

图 5-33 ~ 图 5-35 分别是距工件侧表面不同距离温度的计算结果和实验结果的比较。

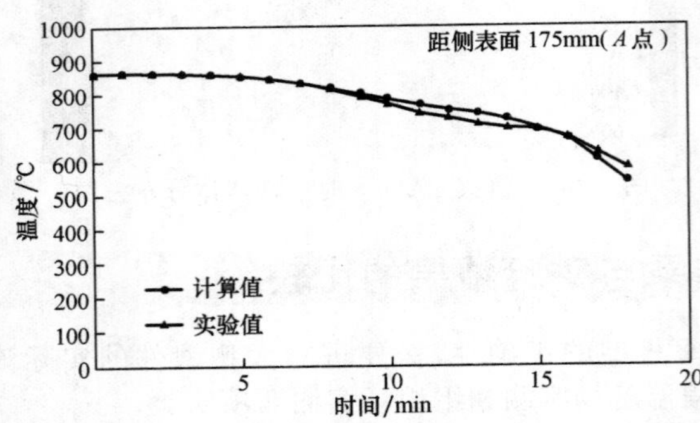

图 5-33　距工件侧表面 175 mm 距离处温度的计算结果和实验结果的比较

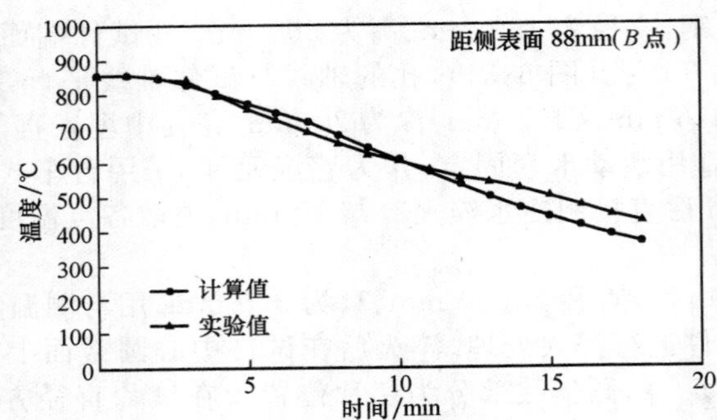

图 5-34　距工件侧表面 88 mm 距离处温度的计算结果和实验结果的比较

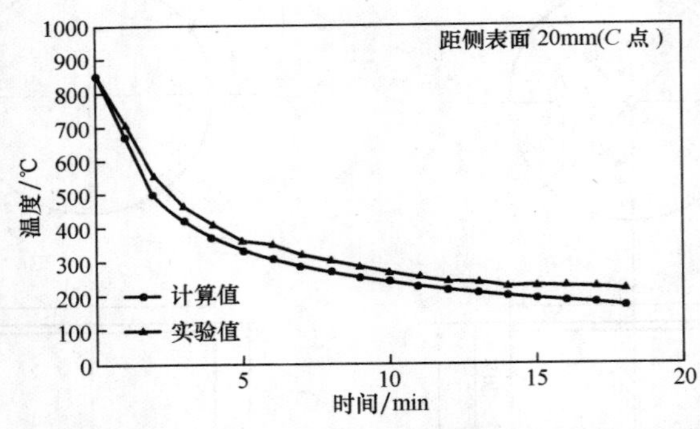

图 5-35　距工件侧表面 20 mm 距离处温度的计算结果和实验结果的比较

由图可以看出,距侧表面不同距离的三个点的计算结果与实验结果吻合较好,误差基本在 30 ℃ 以内,可以接受。

(2)组织场实验与计算结果的比较

表 5-1 是 35CrMo 钢试件(直径为 300 mm、高为 390 mm)淬火实验后,试件切片的金相分析结果。

表 5-1　35CrMo 钢试件切片的金相分析结果

试样号	距侧表面距离 /mm	金相分析结果	试样号	距侧表面距离 /mm	金相分析结果
A	0 ～ 4	M＋B	*D*	56 ～ 64	F＋B＋P
B	11 ～ 25	M＋B	*E*	86 ～ 94	F＋B＋P
C	26 ～ 43	F＋B＋M	*F*	146 ～ 150	F＋B＋P

采用本系统模拟的淬火 20 min 后工件距侧表面不同距离组织分布的计算结果如图 5-36 所示。

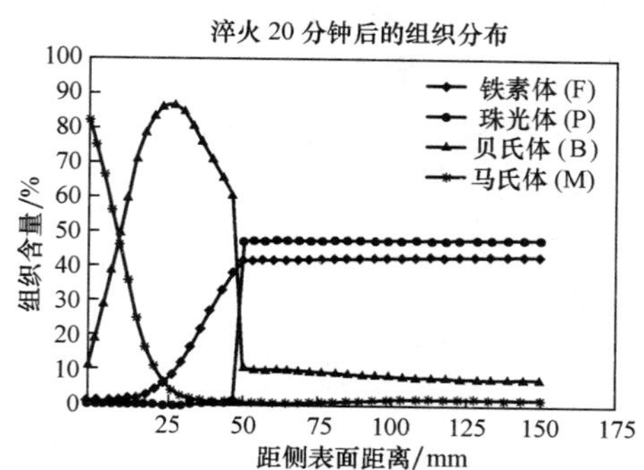

图 5-36　淬火 20 min 后工件距侧表面不同距离组织分布的计算结果

可以看出，计算结果与实验结果基本一致。

5.2　激光束材料表面相变硬化处理过程的数值模拟

金属材料表面经激光热处理后的性能有显著提高，特别是耐磨性可提高几倍甚至十几倍，这样就可明显地提高机械零部件的使用寿命，有着非常大的经济效益和广泛的应用前景。金属材料表面激光热处理技术是目前激光表面改性技术中最为成熟的技术，目前已达到实用化阶段，并取得了非常大的经济效益。

金属材料表面激光热处理工艺参数的选择是激光热处理技术的关键。对于一定形状的钢材零部件，激光热处理工艺参数包括激光功率 P、光斑直径 D、激光束扫描速度 V、光斑能量分布模式等。如果激光热处理工艺参数选择不当，将达不到预期的热处理效果。在一些情况下，如激光功率太小或激光束扫描速度太快，可能得不到预期的马氏体相变硬化区。如激光功率太大或激光束扫描速度太慢，则可能使钢材零部件表面熔化或汽化，而使工件烧损。因此如何正确地选择激光热处理工艺参数，避免这些情况的出现是激光热处理领域的一个具有普遍性的问题。

传统的方法是采用实验来探索合适的激光热处理工艺参数。这种方法虽然简单易行，但却需要进行大量的实验。通过数值模拟计算的方法能准确地计算出激光热处理过程中的瞬态温度场、组织场，以及激光热处理后马氏体相变硬化区的宽度和深度，还可以建立激光热处理过程的温度场、组织场与激光热处理工艺参数的关系。只要通过少量验证性实验证明数值模拟计算方法在激光热处理过程中的适用性，那么大量的工艺参数筛选工作就可以由计算机来进行，这就大大节省了人力、物力和时间。这对于正确地选择激光热处理工艺参数，指导实际生产，具有很重要的实际意义。

国内在材料激光热处理过程温度场的计算方面有了很大的进展。章靖国等，郭景杰等，郭元强等，雷永平等，马天驰等分别用有限差分法对激光改性处理过程中的温度场进行了数值模拟计算。国外对温度场的计算开展得较早，S. Kou，M. F. Ashby，C. Hu 等分别对激光相变硬化处理过程的温度场进行了数值模拟计算。

5.2.1 激光热处理过程的传热学模型

1. 平板类工件激光热处理过程的二维及三维传热学模型

平板类工件是工业界最常见的一类工件，在许多情况下需要对其表面进行激光热处理，以提高其表面的硬度及耐磨性。图 5-37 是平板类工件激光热处理示意图。在平板类工件激光热处理过程的三维传热学模型中采用以下几点假定：

(1)材料表面对激光的吸收系数不随温度变化；

(2)材料的热物性参数随温度变化；

(3)考虑相变潜热；

(4)考虑工件的辐射换热与对流换热；

(5)入射激光束能量分布为高斯分布(TEM_{00})；

(6)激光功率恒定；

(7)激光束扫描速度不变；

(8)材料各向同性；

(9)工件为三维有限大平板；

(10)工件初始温度恒定。

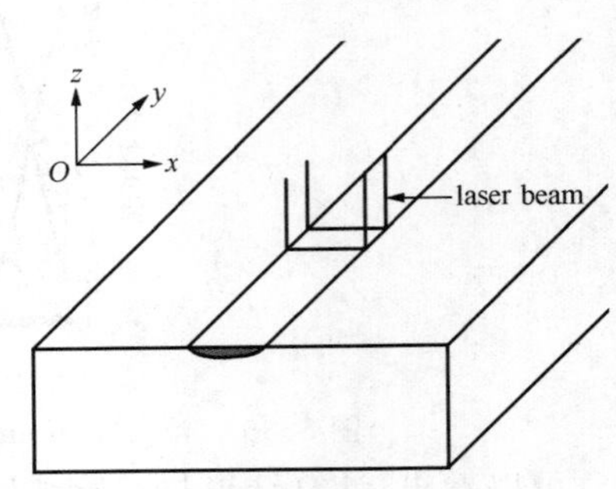

图 5-37 平板类工件激光热处理示意图

如果激光束扫描的速度很快，则沿激光束扫描方向(y 方向)的传热可以忽略，这样三维传热问题就可简化为 x 方向和 z 方向的二维传热问题，这就是平板类工件激光热处理过程的二维传热模型。

在直角坐标系中，工件内部的热传导方程为

$$\rho C_p \frac{\partial T}{\partial t} = \frac{\partial}{\partial x}\left(\lambda \frac{\partial T}{\partial x}\right) + \frac{\partial}{\partial y}\left(\lambda \frac{\partial T}{\partial y}\right) + \frac{\partial}{\partial z}\left(\lambda \frac{\partial T}{\partial z}\right) + Q \tag{5-45}$$

式中 ρ—— 材料密度，kg/m^3；

C_p—— 材料比热，J/(kg·℃)；

λ—— 热导率，W/(m·℃)；

T—— 温度，℃；

t—— 时间，s。

边界条件为

上表面：

$$-k\frac{\partial T}{\partial z} = -Q(x,y,t) + h(T - T_a) \tag{5-46}$$

式中 T_a —— 环境温度，℃；

h—— 材料表面总的换热系数，W/(m^2·℃)，包括对流换热和辐射换热。

$Q(x,y,t)$—— 激光光斑能量分布函数：

$$Q(x,y,t) = \frac{PA}{2\pi R^2}\exp\left[-\frac{x^2 + (y + 3R - Vt)^2}{2R^2}\right] \tag{5-47}$$

式中　P—— 激光功率，W；

A—— 吸收系数；

R—— 激光光斑半径，m；

V—— 激光束扫描速度，m/s。

其他表面：

$$-k\frac{\partial T}{\partial n}=h(T-T_a) \tag{5-48}$$

式中　n—— 其他表面的外法线方向。

初始条件为

$$T(x,y,z)\big|_{t=0}=T_a \tag{5-49}$$

2. 圆柱体类工件激光热处理过程的二维及三维传热学模型

圆柱体类工件在工业上应用广泛，因此需要对其表面进行激光热处理，以提高其表面的硬度、耐磨性及使用寿命，节约成本。图 5-38 是圆柱体类工件激光热处理示意图。在圆柱体类工件激光热处理过程的三维传热学模型中采用以下几点假定：

(1)工件表面吸收系数定为常数；

(2)热物性参数随温度变化；

(3)考虑相变潜热；

(4)考虑工件的辐射换热与对流换热；

(5)入射激光束能量分布为理想的高斯分布(TEM_{00})。

(6)激光功率恒定；

(7)激光束扫描速度不变；

(8)材料各向同性；

(9)工件为三维有限大圆柱体；

(10)工件初始温度恒定。

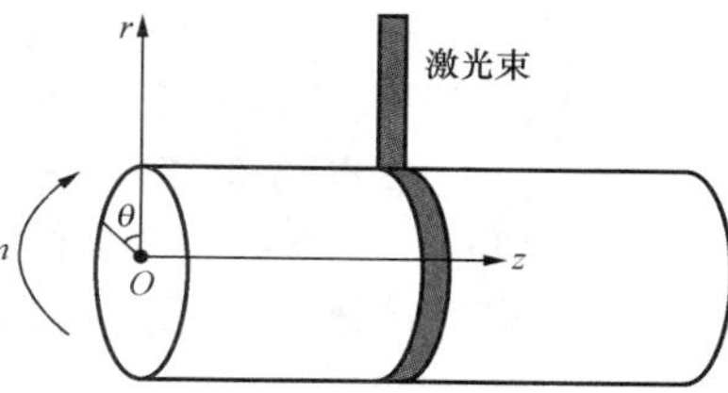

图 5-38　圆柱体类工件激光热处理示意图

如果激光束扫描的速度很快，则沿激光束扫描方向(θ 方向）的传热可以忽略，这样三维传热问题就可简化为 r 方向和 z 方向的二维传热问题，这就是圆柱体类工件激光热处理过程的二维传热模型。

在柱坐标系中，工件内部的热传导方程为

$$\rho C_p\frac{\partial T}{\partial t}=\frac{\partial}{\partial r}\left(\lambda\frac{\partial T}{\partial r}\right)+\frac{1}{r}\left(\lambda\frac{\partial T}{\partial r}\right)+\frac{1}{r^2}\frac{\partial}{\partial \theta}\left(\lambda\frac{\partial T}{\partial \theta}\right)+\frac{\partial}{\partial z}\left(\lambda\frac{\partial T}{\partial z}\right)+Q \tag{5-50}$$

边界条件为

外环面：

$$-\lambda\frac{\partial T}{\partial r}=-Q(r,\theta,z,t)+h(T-T_a) \tag{5-51}$$

式中　$Q(r,\theta,z,t)$—— 激光光斑能量分布函数：

$$Q(r,\theta,z,t)=\frac{PA}{2\pi R^2}\exp\left[-\frac{z^2+(r_a\theta-Vt)^2}{2R^2}\right] \tag{5-52}$$

式中　r_a—— 圆柱体半径。

其他表面：

$$-\lambda\frac{\partial T}{\partial n}=h(T-T_a) \tag{5-53}$$

初始条件为

$$T(\theta,r,z)\big|_{t=0}=T_a \tag{5-54}$$

材料的热物性参数（比热 C_p、热导率 λ 和密度 ρ）均随温度变化。对它们随温度变化的曲线采用分段线性回归处理。

3. 相变潜热的处理

激光热处理时发生奥氏体相变，冷却时发生马氏体相变，其他相变不可能发生。目前对于在激光相变硬化等超快速加热条件下的奥氏体相变动力学尚不明确，因此，采用把奥氏体化的相变潜热折算成温度降低值的办法，把温度降低值等分，分步加到计算得到的温度场中。

$$\Delta T=\frac{H_A}{nC_p} \tag{5-55}$$

式中 H_A—— 奥氏体的相变潜热；

n—— 整数，一般取为 10 或者其他合适的整数。

可以用 K-M 方程来计算钢铁材料中马氏体相变的转变量：

$$F_M=1-\exp[-k(M_s-T)^n] \tag{5-56}$$

式中 F_M—— 马氏体相变的转变量；

M_s—— 马氏体相变开始的温度，℃；

T—— 节点温度，℃；

k 和 n—— 常数，与具体的钢种有关。

每一步马氏体相变所放出的相变潜热可折算成温升，然后利用 ΔT_M^n 对温度场进行修正：

$$\Delta T_M^n=\frac{H_M(F_M^n-F_M^{n-1})}{C_p} \tag{5-57}$$

式中 H_M—— 马氏体相变的相变潜热；

ΔT_M^n —— 每一步马氏体相变放出的相变潜热所引起的温升。

5.2.2 激光热处理过程的三维差分方程

偏微分方程和边界条件、初始条件构成了传热的定解问题，下面用能量平衡法推导这一问题的非均匀空间网格的三维显式差分方程。

1. 直角坐标系下的三维差分方程

$$\begin{aligned}T_{i,j,k}^{n+1}=&\frac{\Delta\tau}{\rho C_{i,j,k}}\Bigg[\frac{1}{\Delta x_{i-1}+\Delta x_i}\left(\frac{\lambda_{i-1,j,k}+\lambda_{i,j,k}}{\Delta x_{i-1}}T_{i-1,j,k}^n+\frac{\lambda_{i+1,j,k}+\lambda_{i,j,k}}{\Delta x_i}T_{i+1,j,k}^n\right)+\\&\frac{1}{\Delta y_{j-1}+\Delta y_j}\left(\frac{\lambda_{i,j-1,k}+\lambda_{i,j,k}}{\Delta y_{j-1}}T_{i,j-1,k}^n+\frac{\lambda_{i,j+1,k}+\lambda_{i,j,k}}{\Delta y_j}T_{i,j+1,k}^n\right)+\\&\frac{1}{\Delta z_{k-1}+\Delta z_k}\left(\frac{\lambda_{i,j,k-1}+\lambda_{i,j,k}}{\Delta z_{k-1}}T_{i,j,k-1}^n+\frac{\lambda_{i,j,k+1}+\lambda_{i,j,k}}{\Delta z_k}T_{i,j,k+1}^n\right)\Bigg]+\\&\Bigg\{1-\frac{\Delta\tau}{\rho C_{i,j,k}}\Bigg[\frac{1}{\Delta x_{i-1}+\Delta x_i}\left(\frac{\lambda_{i-1,j,k}+\lambda_{i,j,k}}{\Delta x_{i-1}}+\frac{\lambda_{i+1,j,k}+\lambda_{i,j,k}}{\Delta x_i}\right)+\\&\frac{1}{\Delta y_{j-1}+\Delta y_j}\left(\frac{\lambda_{i,j-1,k}+\lambda_{i,j,k}}{\Delta y_{j-1}}+\frac{\lambda_{i,j+1,k}+\lambda_{i,j,k}}{\Delta y_j}\right)+\\&\frac{1}{\Delta z_{k-1}+\Delta z_k}\left(\frac{\lambda_{i,j,k-1}+\lambda_{i,j,k}}{\Delta z_{k-1}}+\frac{\lambda_{i,j,k+1}+\lambda_{i,j,k}}{\Delta z_k}\right)\Bigg]\Bigg\}T_{i,j,k}^n\end{aligned} \tag{5-58}$$

$$
\begin{aligned}
&\left\{1+\frac{\Delta T}{\rho C_{i,j,k}}\left[\frac{1}{\Delta x_{i-1}+\Delta x_i}\left(\frac{\lambda_{i-1,j,k}+\lambda_{i,j,k}}{\Delta x_{i-1}}+\frac{\lambda_{i+1,j,k}+\lambda_{i,j,k}}{\Delta x_i}\right)+\frac{1}{\Delta y_{j-1}+\Delta y_j}\left(\frac{\lambda_{i,j-1,k}+\lambda_{i,j,k}}{\Delta y_{j-1}}+\right.\right.\right.\\
&\left.\left.\left.\frac{\lambda_{i,j+1,k}+\lambda_{i,j,k}}{\Delta y_j}\right)+\frac{1}{\Delta z_{k-1}+\Delta z_k}\left(\frac{\lambda_{i,j,k-1}+\lambda_{i,j,k}}{\Delta z_{k-1}}+\frac{\lambda_{i,j,k+1}+\lambda_{i,j,k}}{\Delta z_k}\right)\right]\right\}T_{i,j,k}^{n+1}\\
&=T_{i,j,k}^{n}+\frac{\Delta\tau}{\rho C_{i,j,k}}\left[\frac{1}{\Delta x_{i-1}+\Delta x_i}\left(\frac{\lambda_{i-1,j,k}+\lambda_{i,j,k}}{\Delta x_{i-1}}T_{i-1,j,k}^{n+1}+\frac{\lambda_{i+1,j,k}+\lambda_{i,j,k}}{\Delta x_i}T_{i+1,j,k}^{n+1}\right)+\right.\\
&\frac{1}{\Delta y_{j-1}+\Delta y_j}\left(\frac{\lambda_{i,j-1,k}+\lambda_{i,j,k}}{\Delta y_{j-1}}T_{i,j-1,k}^{n+1}+\frac{\lambda_{i,j+1,k}+\lambda_{i,j,k}}{\Delta y_j}T_{i,j+1,k}^{n+1}\right)+\\
&\left.\frac{1}{\Delta z_{k-1}+\Delta z_k}\left(\frac{\lambda_{i,j,k-1}+\lambda_{i,j,k}}{\Delta z_{k-1}}T_{i,j,k-1}^{n+1}+\frac{\lambda_{i,j,k+1}+\lambda_{i,j,k}}{\Delta z_k}T_{i,j,k+1}^{n+1}\right)\right] \qquad (5\text{-}59)
\end{aligned}
$$

式中　Δx——x 方向空间增量；

Δy——y 方向空间增量；

Δz——z 方向空间增量；

$\Delta\tau$——时间增量。

方程(5-58)是直角坐标系下内部节点的三维显式差分方程，方程(5-59)是直角坐标系下内部节点的三维隐式差分方程。另外还有 6 个边界面的差分方程、12 个边界棱的差分方程和 8 个边界角的差分方程，共 27 个差分方程，其他方程略。

2. 圆柱坐标系下的三维差分方程

$$
\begin{aligned}
T_{i,j,k}^{n+1}=&\frac{\Delta\tau}{\rho C_{i,j,k}}\left[\frac{4}{(\Delta\theta_{i-1}+\Delta\theta_i)(4r_j+\Delta r_j-\Delta r_{j-1})}\left(\frac{\lambda_{i-1,j,k}+\lambda_{i,j,k}}{r_j\Delta\theta_{i-1}}T_{i-1,j,k}^{n}+\frac{\lambda_{i+1,j,k}+\lambda_{i,j,k}}{r_j\Delta\theta_i}T_{i+1,j,k}^{n}\right)+\right.\\
&\frac{2(2r_j-\Delta r_{j-1})}{(4r_j+\Delta r_j-\Delta r_{j-1})(\Delta r_j+\Delta r_{j-1})}\frac{\lambda_{i,j-1,k}+\lambda_{i,j,k}}{\Delta r_{j-1}}T_{i,j-1,k}^{n}+\\
&\frac{2(2r_j+\Delta r_j)}{(4r_j+\Delta r_j-\Delta r_{j-1})(\Delta r_j+\Delta r_{j-1})}\frac{\lambda_{i,j+1,k}+\lambda_{i,j,k}}{\Delta r_j}T_{i,j+1,k}^{n}+\\
&\left.\frac{1}{\Delta z_{k-1}+\Delta z_k}\left(\frac{\lambda_{i,j,k-1}+\lambda_{i,j,k}}{\Delta z_{k-1}}T_{i,j,k-1}^{n}+\frac{\lambda_{i,j,k+1}+\lambda_{i,j,k}}{\Delta z_k}T_{i,j,k+1}^{n}\right)\right]+\\
&\left\{1-\frac{\Delta\tau}{\rho C_{i,j,k}}\left[\frac{4}{(\Delta\theta_{i-1}+\Delta\theta_i)(4r_j+\Delta r_j-\Delta r_{j-1})}\left(\frac{\lambda_{i-1,j,k}+\lambda_{i,j,k}}{r_j\Delta\theta_{i-1}}+\frac{\lambda_{i+1,j,k}+\lambda_{i,j,k}}{r_j\Delta\theta_i}\right)+\right.\right.\\
&\frac{2(2r_j-\Delta r_{j-1})}{(4r_j+\Delta r_j-\Delta r_{j-1})(\Delta r_j+\Delta r_{j-1})}\frac{\lambda_{i,j-1,k}+\lambda_{i,j,k}}{\Delta r_{j-1}}+\\
&\frac{2(2r_j+\Delta r_j)}{(4r_j+\Delta r_j-\Delta r_{j-1})(\Delta r_j+\Delta r_{j-1})}\frac{\lambda_{i,j+1,k}+\lambda_{i,j,k}}{\Delta r_j}+\\
&\left.\left.\frac{1}{\Delta z_{k-1}+\Delta z_k}\left(\frac{\lambda_{i,j,k-1}+\lambda_{i,j,k}}{\Delta z_{k-1}}+\frac{\lambda_{i,j,k+1}+\lambda_{i,j,k}}{\Delta z_k}\right)\right]\right\}T_{i,j,k}^{n} \qquad (5\text{-}60)
\end{aligned}
$$

$$
\begin{aligned}
&\left\{1+\frac{\Delta\tau}{\rho C_{i,j,k}}\left[\frac{4}{(\Delta\theta_{i-1}+\Delta\theta_i)(4r_j+\Delta r_j-\Delta r_{j-1})}\left(\frac{\lambda_{i-1,j,k}+\lambda_{i,j,k}}{r_j\Delta\theta_{i-1}}+\frac{\lambda_{i+1,j,k}+\lambda_{i,j,k}}{r_j\Delta\theta_i}\right)+\right.\right.\\
&\frac{2(2r_j-\Delta r_{j-1})}{(4r_j+\Delta r_j-\Delta r_{j-1})(\Delta r_j+\Delta r_{j-1})}\frac{\lambda_{i,j-1,k}+\lambda_{i,j,k}}{\Delta r_{j-1}}+\\
&\frac{2(2r_j+\Delta r_j)}{(4r_j+\Delta r_j-\Delta r_{j-1})(\Delta r_j+\Delta r_{j-1})}\frac{\lambda_{i,j+1,k}+\lambda_{i,j,k}}{\Delta r_j}+\\
&\left.\left.\frac{1}{\Delta z_{k-1}+\Delta z_k}\left(\frac{\lambda_{i,j,k-1}+\lambda_{i,j,k}}{\Delta z_{k-1}}+\frac{\lambda_{i,j,k+1}+\lambda_{i,j,k}}{\Delta z_k}\right)\right]\right\}T_{i,j,k}^{n+1}
\end{aligned}
$$

$$= T^{n}_{i,j,k} + \frac{\Delta\tau}{\rho C_{i,j,k}}\left[\frac{4}{(\Delta\theta_{i-1}+\Delta\theta_i)(4r_j+\Delta r_j-\Delta r_{j-1})}\left(\frac{\lambda_{i-1,j,k}+\lambda_{i,j,k}}{r_j\Delta\theta_{i-1}}T^{n+1}_{i-1,j,k}+\right.\right.$$

$$\left.\frac{\lambda_{i+1,j,k}+\lambda_{i,j,k}}{r_j\Delta\theta_i}T^{n+1}_{i+1,j,k}\right)+\frac{2(2r_j-\Delta r_{j-1})}{(4r_j+\Delta r_j-\Delta r_{j-1})(\Delta r_j+\Delta r_{j-1})}\frac{\lambda_{i,j-1,k}+\lambda_{i,j,k}}{\Delta r_{j-1}}T^{n+1}_{i,j-1,k}+$$

$$\frac{2(2r_j+\Delta r_j)}{(4r_j+\Delta r_j-\Delta r_{j-1})(\Delta r_j+\Delta r_{j-1})}\frac{\lambda_{i,j+1,k}+\lambda_{i,j,k}}{\Delta r_j}T^{n+1}_{i,j+1,k}+$$

$$\left.\frac{1}{\Delta z_{k-1}+\Delta z_k}\left(\frac{\lambda_{i,j,k-1}+\lambda_{i,j,k}}{\Delta z_{k-1}}T^{n+1}_{i,j,k-1}+\frac{\lambda_{i,j,k+1}+\lambda_{i,j,k}}{\Delta z_k}T^{n+1}_{i,j,k+1}\right)\right] \tag{5-61}$$

式中 $\Delta\theta$—— 环向空间增量；

Δr—— 径向空间增量；

Δz—— 轴向空间增量；

$\Delta\tau$—— 时间增量。

方程(5-60)是圆柱体内部节点的三维显式差分方程。方程(5-61)是圆柱体内部节点的三维隐式差分方程。另外还有3个边界面的差分方程、3个边界线的差分方程和2个边界点的差分方程，共9个差分方程，其他方程式略。

5.2.3 计算机程序设计

根据以上模型，采用FORTRAN语言编写了用有限元法和有限差分法求解激光热处理过程温度场和组织场的计算机程序。用VB语言编写了相应的数据处理程序。最后把这些程序集成在一起组成了激光热处理过程温度场和组织场的计算机数值模拟系统。

5.2.4 激光热处理过程数值分析和工艺优化系统

系统是在WINDOWS环境下用VB开发的，其中计算模块用FORTRAN语言编写。本系统将数据输入、计算及后处理等通常分开操作的部分结合起来，综合考虑热物性参数、工艺参数、数据处理等方面，并配有必要的提示和帮助，易学易用。系统的封面如图5-39所示。

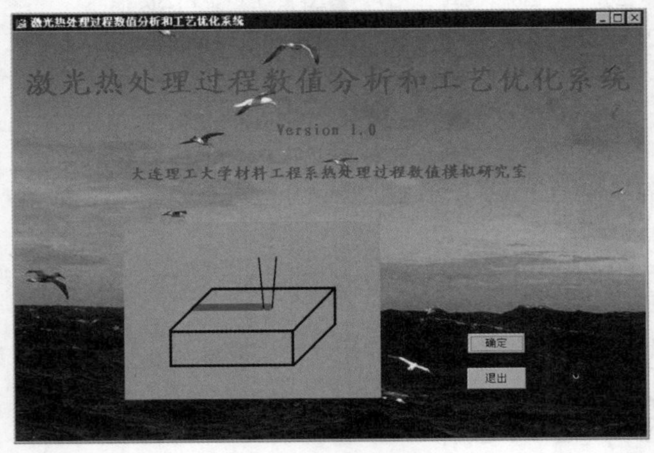

图5-39 系统的封面

系统主要模块如图5-40所示。

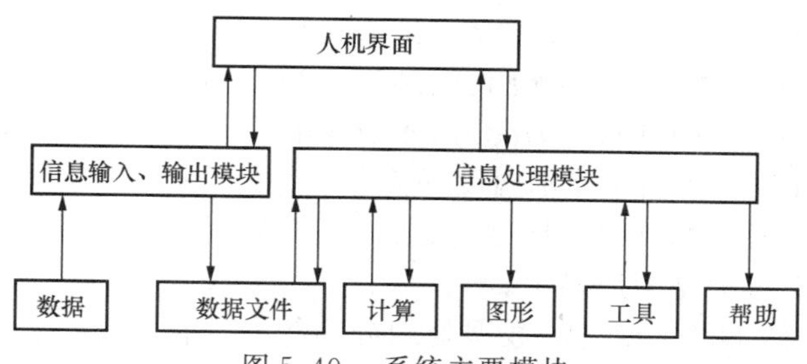

图 5-40　系统主要模块

1. 信息输入模块

热处理工艺是根据输入的材料、零件类型、大小及热处理要求制定的。本模块要求用户输入工件的热物性参数及工艺参数，以生成相应的数据文件。使用本模块可对不同工件建立完整的热物性参数库和工艺参数库。热物性参数输入窗口如图 5-41 所示，工艺参数输入窗口与之相似。

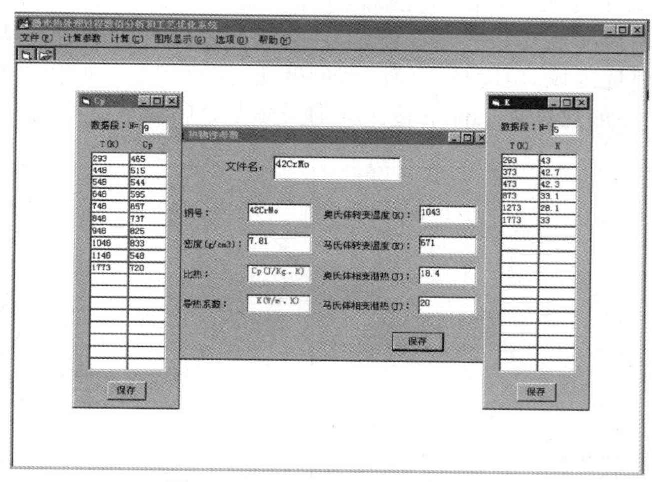

图 5-41　热物性参数输入窗口

2. 信息输出模块

对于激光相变硬化温度场的数值模拟分为二维有限元模型和三维有限元模型，分别用于计算轴对称体及平板工件的温度场。在三维模型中又采用了显式差分、隐式差分和交替隐式差分三种计算方法。计算程序界面如图 5-42 所示，输入热物性参数文件后，输入工艺参数文件，指定输出文件名，程序开始计算，屏幕上显示相变硬化区宽度、深度及峰值温度等信息。

图 5-42　计算程序界面

3. 信息处理模块

二维模型和三维模型的数据处理都分为相变硬化区宽度及深度显示、空间分布图和时间分布图三部分，实现了对 Excel 的运用，使温度场能以立体图、等温图和散点图等直观形式显示出来。但由于建立模型的方法不同，图形显示各有其不同特点。

在相变硬化区宽深对话框中，输入计算时指定的输出文件名，将显示相变硬化区宽度、深度和峰值温度等信息。

三维模型的空间分布图显示相变硬化区到达准稳态时的温度分布，由于不同面温度分布不同，故将三维模型的空间分布分为 xOy 面、yOz 面和 xOz 面，在空间分布图窗口中选择图形显示方式，将在 Excel 图表中显示温度场信息。

时间分布图显示不同时刻(包括到达准稳态前后)分别沿 x 方向、y 方向和 z 方向的温度分布。下面着重介绍三维模型图形显示。

平板工件和圆柱体工件温度场的数据处理分为相变硬化区宽度及深度显示、时间分布图和空间分布图三部分。在此列出 42CrMo 钢平板工件和圆柱体工件在激光功率为 1 000 W、光斑半径为 0.75 mm、表面吸收系数为 0.45、扫描速度为 100 mm/s 的工艺条件下，三维模型温度场的数据处理。

平板工件三维模型的温度场时间分布图显示相变硬化过程不同时刻分别沿 x 方向、y 方向和 z 方向温度分布。图 5-43 为 $y=0.00$ mm，$z=0.00$ mm 边上沿 x 方向三点热循环图。图 5-44 ～ 图 5-46 所示为三个表面激光扫描至准稳态时的温度场等温图。从图可以看出，激光相变硬化过程是超快速加热和冷却过程，工件在相变硬化时加热的不是整体，只是在激光热源直接作用下的邻近区域，温度场有较剧烈的变化，温度场前沿的温度梯度大于后沿的温度梯度，这一点要比一般热处理条件下整体均匀受热复杂得多。

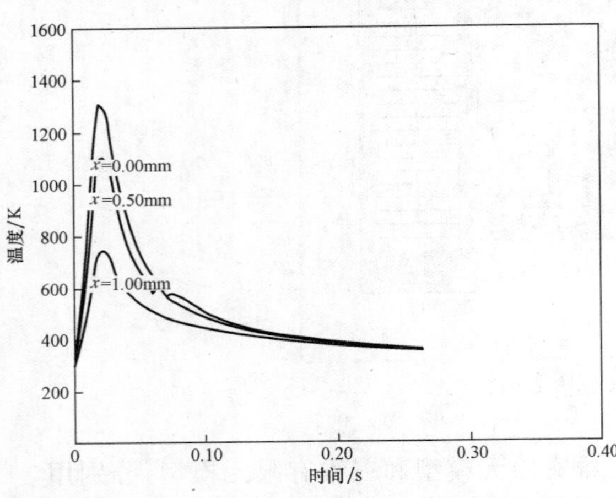

图 5-43 $y=0.00$ mm，$z=0.00$ mm 边上沿 x 方向三点热循环图

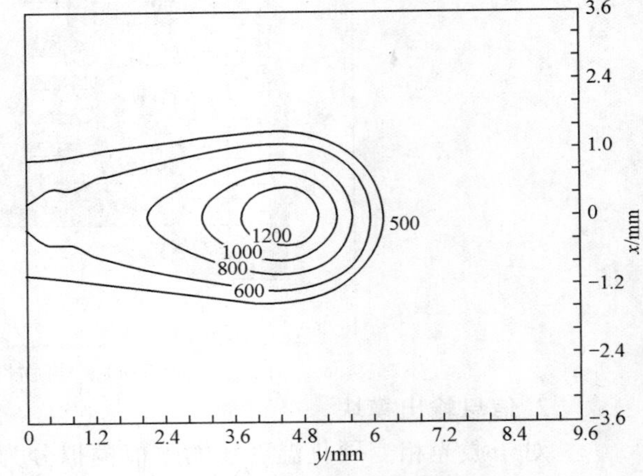

图 5-44 xOy 面准稳态温度场等温图($z=0.00$ mm)

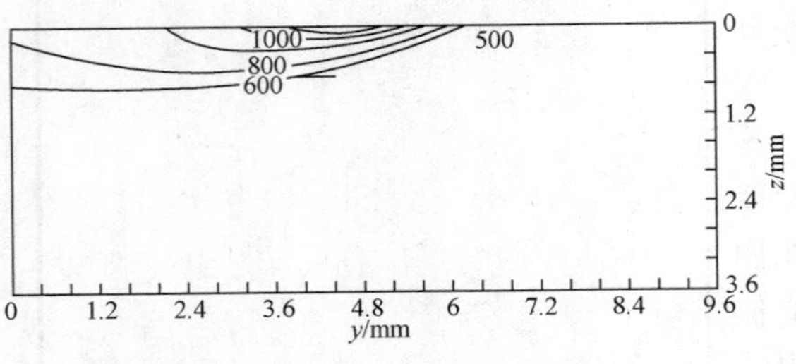

图 5-45 yOz 面准稳态温度场等温图($x=0.00$ mm)

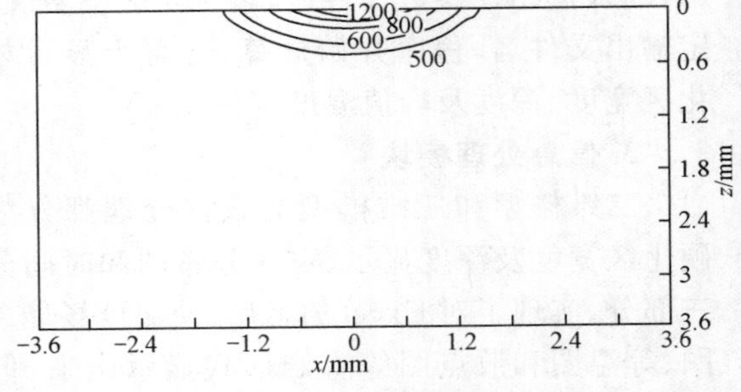

图 5-46 xOz 面准稳态温度场等温图($y=4.80$ mm)

图 5-47、图 5-48 是 42CrMo 钢圆柱体工件在不同时刻，$\theta=0.147$ 方向横截面等温图。由

图可知，工件在加热瞬间即达到临界温度以上，工件表面温度梯度大，内部和远离激光束的区域温度变化较缓和。图 5-49、图 5-50 为工件在不同时刻，$z=0.0$ mm 方向横截面等温图。可以看出，激光束沿圆柱体环向扫描时，温度的显著变化仅发生在几毫米的深度，前沿温度梯度比后沿温度梯度大，深度方向的温度梯度比轴向温度梯度大。

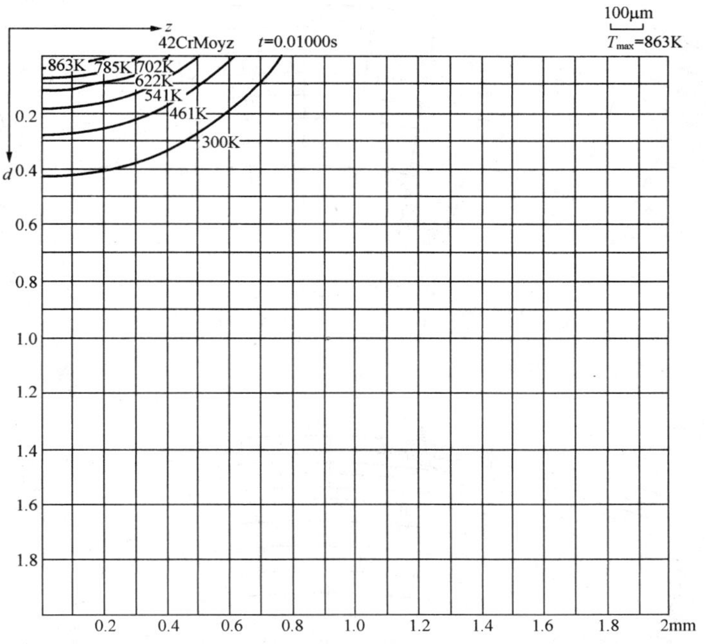

图 5-47　42CrMo 钢在 0.01 s，$\theta=0.147$ 方向横截面等温图

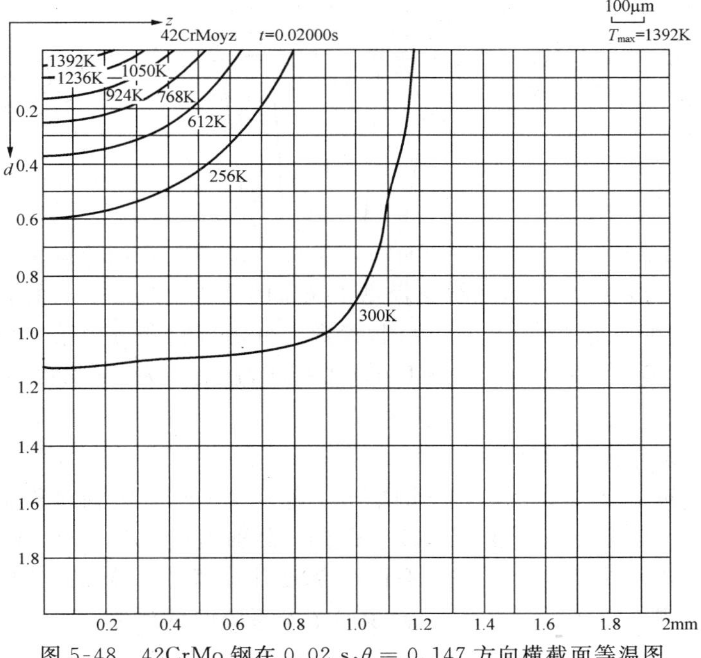

图 5-48　42CrMo 钢在 0.02 s，$\theta=0.147$ 方向横截面等温图

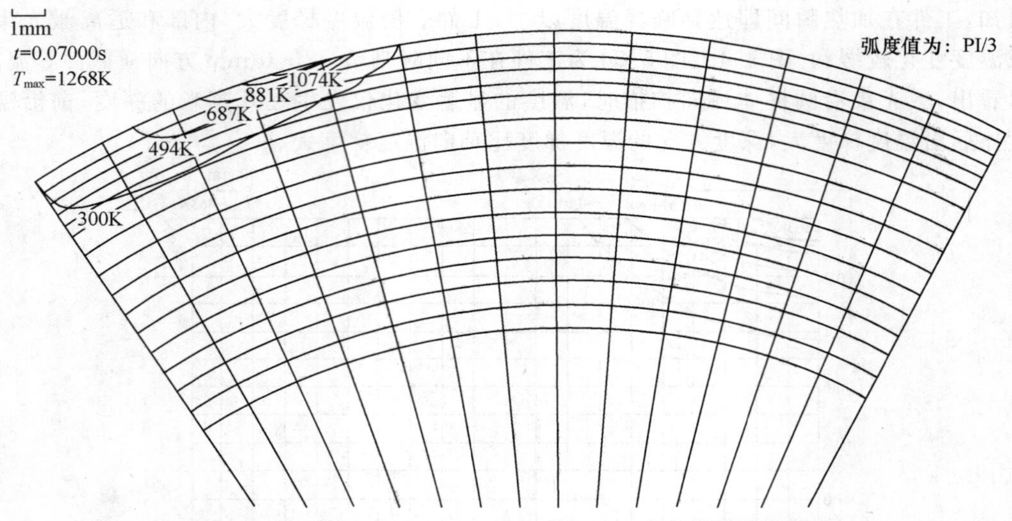

图 5-49　42CrMo 钢在 0.07 s，$z=0.0$ mm 方向横截面等温图

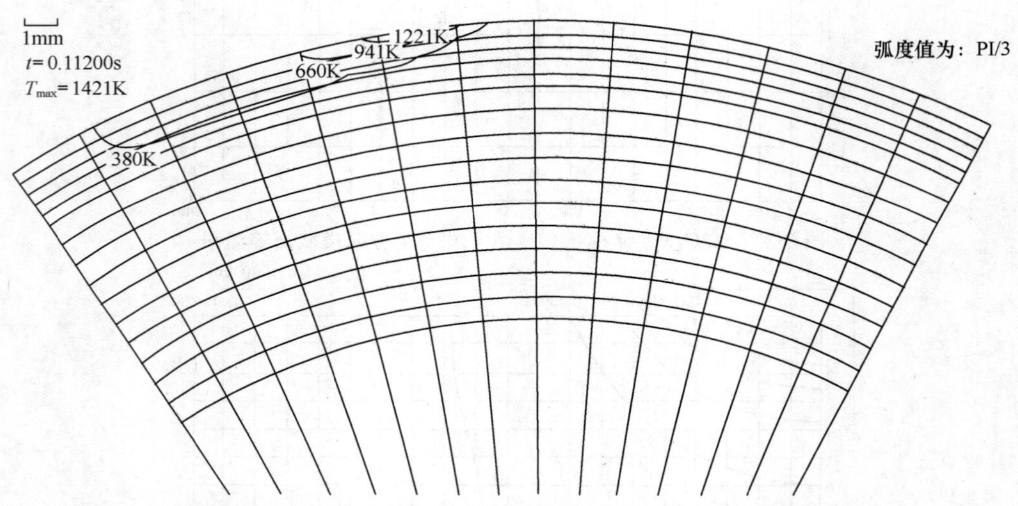

图 5-50　42CrMo 钢在 0.112 s，$z=0.0$ mm 方向横截面等温图

工具部分提供了搜索等功能，系统还提供了完备的帮助信息。除前面所描述的各项功能外，还需要对本系统的打印功能做一下介绍，参数文件内容打印可由菜单命令完成。对于计算后的数据及"图形显示"中的图表可在 Excel 中打印，这是因为 Excel 提供了更加强大的打印功能。

4. 系统模拟结果与实验验证

本系统已分别对 C22、42CrMo、C60 钢平板工件及 42CrMo 钢轴对称工件进行了计算，分别测出相变硬化区的宽度与深度，图 5-51、图 5-52 分别是 C60 钢平板工件和 42CrMo 钢轴对称工件在一定工艺条件下的相变硬化区半宽、深度计算值与实验值的比较。从图中可以看出计算值和实验所测得数据比较吻合，从而说明了本系统的可靠性。

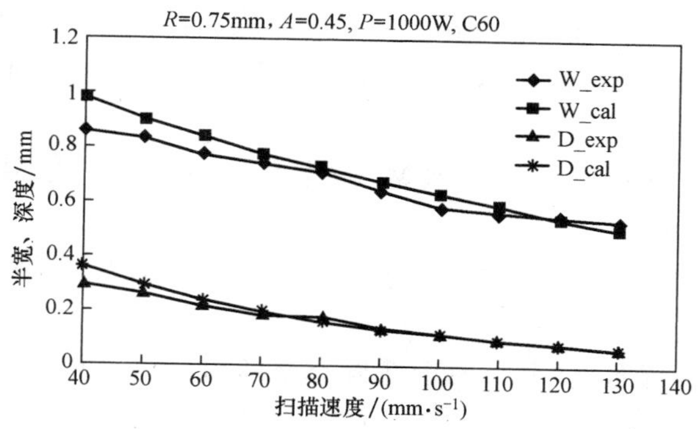

图 5-51　C60 钢平板工件相变硬化区半宽、深度计算值与实验值的比较

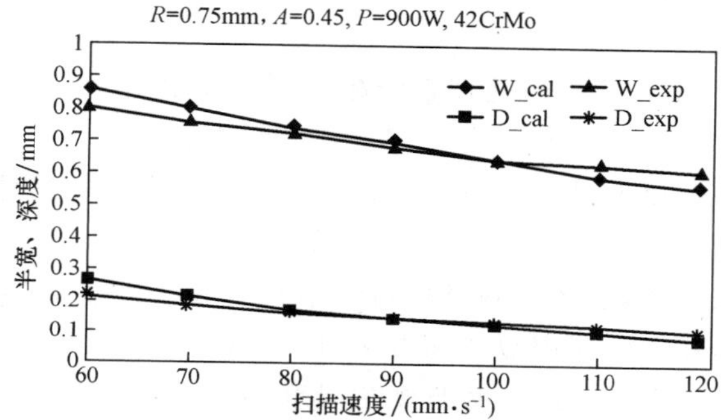

图 5-52　42CrMo 钢轴对称工件相变硬化区半宽、深度计算值与实验值比较

三维模型计算量大，如果激光光斑运动速度较大，可以采用简化的二维模型来计算。计算结果表明，在激光光斑运动速度较大时，二维模型的计算结果与三维模型的计算结果非常接近。

参考文献

[1]　刘庄，吴肇基，吴景之，等. 热处理过程的数值模拟[M]. 北京：科学出版社，1996.

[2]　张立文，赵志国，范权利. 用有限元法计算 35CrMo 钢大型锻件淬火热处理过程的瞬态温度场[J]. 金属热处理，1994，12：24.

[3]　赵志国，张立文，张兆彪. MoCu 球铁激光淬火热处理过程温度场的数值计算[J]. 大连理工大学学报，1995，35(2)：164-169.

[4]　马天驰，陈概. 金属材料激光相变硬化三维数值模拟[J]. 中国激光，1996，23(12)：1127.

[5]　Zhang Liwen，Wei Lixia，Zhang Guoliang. Calculation of temperature field during laser transformation hardening of cylindrical bodies[J]. Journal of Shanghai Jiaotong University，2000，5(1)：72.

[6]　Zhang Liwen，Wang Rongshan，Hosson J T，et al. Calculation of 3-D transient temperature field during laser transformation hardening process[J]. Acta

Metallurgica Sinica (English Letters),2000,13(2):806-809.

[7] 原思宇,张立文,张国梁.大型锻件淬冷过程数值模拟与实验验证[J].大连理工大学学报,2005,45(4):547.

[8] 顾剑峰,潘健生,胡明娟,等. 9Cr2Mo 冷轧辊加热过程的数值模拟[J].金属学报,1999,35(12):1266.

[9] 叶健松,李勇军,潘健生,等.大型支承辊热处理过程的数值模拟[J].机械工程材料,2002,26(6):12.

[10] 潘建生,胡明娟,田东.45 钢淬火三维瞬态温度场与相变的计算机模拟[J].热加工工艺,1998,1(1):1-4.

[11] 顾剑锋,潘健生,胡明娟,等.冷轧辊淬冷过程数值模拟的研究[J].金属热处理学报,1999, 20(2):1-7.

[12] 潘健生,张伟民,田东,等.热处理数学模型及计算机模拟[J].中国科学工程,2003,5(5):47-54.

[13] 李勇军,顾剑锋,潘建生,等.70Cr3Mo 钢大型支承辊淬火加热计算机模拟[J].金属热处理,2000,9:34-35.

[14] 程赫明,张曙红,王洪纲.淬火热处理过程中具有非线性表面换热系数考虑相变时温度场的有限元分析[J].应用数学和力学,1998,19(l):15-19.

[15] 谢建斌,程赫明,何天淳.1045 钢淬火时温度场的数值模拟[J].甘肃工业大学学报,2003,29(4):33-37.

[16] 潘健生,田东.45 钢淬火三维瞬态温度场与相变的计算机模拟[J].热加工工艺,1998,1:9-12.

[17] 蒋昱,曾攀,娄路亮.26Cr2Ni4MoV 钢淬火热处理过程的三场耦合数值模拟[J].哈尔滨工业大学学报,2002,34(3):303-307.

[18] 贺连芳,李辉平,赵国群.淬火热处理过程温度、组织及应力/应变的有限元模拟[J].材料热处理学报,2011, 32(1):128-133.

[19] 李亚欣,刘雅政,周乐育,等.石油套管淬火冷却中三维耦合场的有限元模拟[J].材料热处理学报,2011,32(1):155-161.

第6章

材料固态加工过程的力学原理及有限元法

材料固态加工所涉及的工艺过程很多，主要有体成型和板成型。体成型包括轧制、锻压、拉拔、挤压、旋压等。板成型包括板材的冲压、弯曲、胀形等。这些工艺过程虽然在形式上具有很大的差别，但在本质上都涉及一些同样的物理过程，即传热过程、弹塑性力学过程、相变过程。可以说，金属材料的固态加工问题是一个热、力及组织多物理场的耦合问题，这是金属材料固态加工的共性。本章将对弹塑性力学的基本原理及有限元法进行论述。

6.1 力学原理

6.1.1 材料的弹塑性

图 6-1 是金属材料简单拉伸实验的应力 - 应变曲线。从 O 点开始拉伸，一直到 P 点，应力 σ 和应变 ε 成正比，OP 段为直线。这时如果除去载荷，变形可以全部恢复。在 OP 段，材料处于弹性状态。P 点的应力 σ_p 称为比例极限。应力超过比例极限以后，在一个不大的区段 PY 以内，应力与应变已不再保持正比关系，但变形仍然是弹性的。Y 点的应力 σ_s 称为弹性极限。通常规定以产生某一指定的微小残余应变的应力作为弹性极限，如 $\sigma_{0.02}$ 表示产生 0.02% 残余应变的弹性极限。应力超过弹性极限以后，材料就进入塑性阶段，出现屈服现象，即当应力达到 Y 点时曲线突然下降，Y 点表示屈服极限点，对应的应力 σ_s 称为屈服极限或屈服应力。通常规定 $\sigma_{0.2}$ 为屈服应力。曲线 OYS 为加载曲线，SO' 为卸载曲线，$O'Y'S'$ 为卸载后重新加载曲线。由于重新加载曲线的一部分和卸载曲线相差甚微，对于各向同性材料，通常把应力 - 应变曲线理想化为图 6-2 的形状。

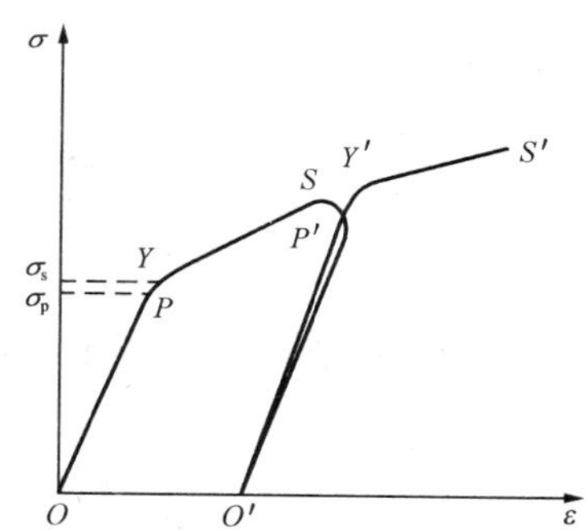

图 6-1 金属材料简单拉伸实验的应力 - 应变曲线

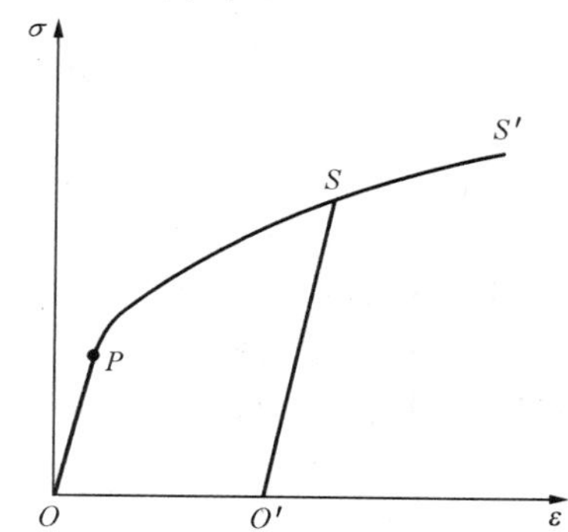

图 6-2 理想化的应力 - 应变曲线

从图 6-2 可以看出，当应力超过屈服应力后，应力和应变为非线性关系，即应变不仅依赖于当时的应力状态，还依赖于整个加载过程。因此，在一般情况下，对于弹塑性材料，无法像弹性情况那样，建立起最终应力状态和最终应变状态的全量关系，而只能建立起依赖于加载途径的应力 - 应变的增量关系。

6.1.2 弹性力学的基本理论

当材料处于弹性状态时，材料的应力 σ 和应变 ε 成正比，在单向拉伸情况下，服从虎克定律：

$$\sigma = E\varepsilon \tag{6-1}$$

式中 E—— 材料的弹性模量，或杨氏模量。

1. 应力分析

实际的材料加工问题基本都是三维问题。如图 6-3 所示，在三维直角坐标系下，物体内一微元体的应力是一个张量，共有九个分量：三个主应力分量 σ_x、σ_y、σ_z；六个切应力分量 τ_{xy}、τ_{yx}、τ_{xz}、τ_{zx}、τ_{yz}、τ_{zy}。可写为

$$\boldsymbol{\sigma}_{ij} = \begin{bmatrix} \sigma_x & \tau_{xy} & \tau_{xz} \\ \tau_{yx} & \sigma_y & \tau_{yz} \\ \tau_{zx} & \tau_{zy} & \sigma_z \end{bmatrix} \tag{6-2}$$

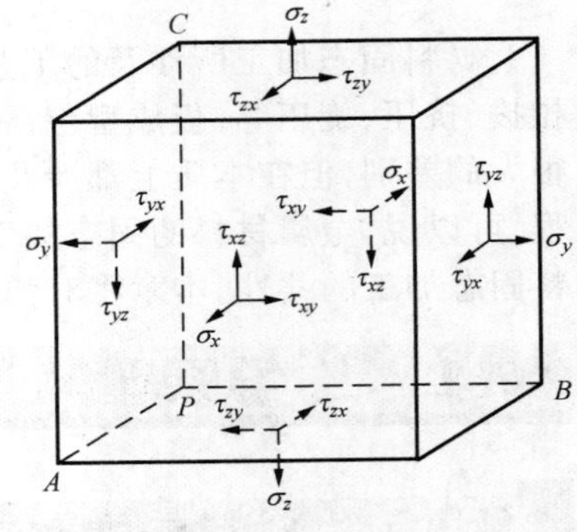

图 6-3 三维直角坐标系下的应力分量

如果这个微元体处于平衡状态，则根据切应力互等定律有 $\tau_{xy} = \tau_{yx}$，$\tau_{xz} = \tau_{zx}$，$\tau_{yz} = \tau_{zy}$。这时应力张量共有六个分量：三个主应力分量 σ_x、σ_y、σ_z；三个切应力分量 τ_{xy}、τ_{xz}、τ_{yz}。可写为

$$\boldsymbol{\sigma}_{ij} = \begin{bmatrix} \sigma_x & \tau_{xy} & \tau_{xz} \\ \tau_{xy} & \sigma_y & \tau_{yz} \\ \tau_{xz} & \tau_{yz} & \sigma_z \end{bmatrix} \tag{6-3}$$

或

$$\{\boldsymbol{\sigma}\} = \begin{Bmatrix} \sigma_x \\ \sigma_y \\ \sigma_z \\ \tau_{xy} \\ \tau_{yz} \\ \tau_{zx} \end{Bmatrix} = \{\sigma_x, \sigma_y, \sigma_z, \tau_{xy}, \tau_{yz}, \tau_{zx}\}^{\mathrm{T}} \tag{6-4}$$

2. 位移分析

物体发生变形时，其内部的各点会出现位移，从而产生应变。在三维直角坐标系下，位移分量是坐标的函数，$u = u(x, y, z)$，$v = v(x, y, z)$，$w = w(x, y, z)$。

$$\{\boldsymbol{u}\} = \begin{Bmatrix} u \\ v \\ w \end{Bmatrix} = \{u, v, w\}^{\mathrm{T}} \tag{6-5}$$

3. 应变分析

物体内一微元体的应变是一个张量，共有六个分量：三个主应变分量 ε_x、ε_y、ε_z；三个切应变分量 γ_{xy}、γ_{xz}、γ_{yz}。可写为

$$\{\boldsymbol{\varepsilon}\} = \begin{bmatrix} \varepsilon_x & \gamma_{xy} & \gamma_{xz} \\ \gamma_{xy} & \varepsilon_y & \gamma_{yz} \\ \gamma_{xz} & \gamma_{yz} & \varepsilon_z \end{bmatrix} \tag{6-6}$$

或

$$\{\boldsymbol{\varepsilon}\} = \begin{Bmatrix} \varepsilon_x \\ \varepsilon_y \\ \varepsilon_z \\ \gamma_{xy} \\ \gamma_{yz} \\ \gamma_{zx} \end{Bmatrix} = \{\varepsilon_x, \varepsilon_y, \varepsilon_z, \gamma_{xy}, \gamma_{yz}, \gamma_{zx}\}^{\mathrm{T}} \tag{6-7}$$

4. 几何方程

在小变形条件下，应变分量与位移分量有如下关系：

$$\left.\begin{aligned} \varepsilon_x &= \frac{\partial u}{\partial x}, \quad \gamma_{yz} = \gamma_{zy} = \frac{\partial v}{\partial z} + \frac{\partial w}{\partial y} \\ \varepsilon_y &= \frac{\partial v}{\partial y}, \quad \gamma_{zx} = \gamma_{xz} = \frac{\partial w}{\partial x} + \frac{\partial u}{\partial z} \\ \varepsilon_z &= \frac{\partial w}{\partial z}, \quad \gamma_{xy} = \gamma_{yx} = \frac{\partial u}{\partial y} + \frac{\partial v}{\partial x} \end{aligned}\right\} \tag{6-8}$$

式(6-8)叫作几何方程，也可简写为

$$\{\boldsymbol{\varepsilon}\} = [\boldsymbol{L}]\{\boldsymbol{u}\} \tag{6-9}$$

其中，$[\boldsymbol{L}]$ 为微分算子矩阵：

$$[\boldsymbol{L}] = \begin{bmatrix} \frac{\partial}{\partial x} & 0 & 0 \\ 0 & \frac{\partial}{\partial y} & 0 \\ 0 & 0 & \frac{\partial}{\partial z} \\ \frac{\partial}{\partial y} & \frac{\partial}{\partial x} & 0 \\ 0 & \frac{\partial}{\partial z} & \frac{\partial}{\partial y} \\ \frac{\partial}{\partial z} & 0 & \frac{\partial}{\partial x} \end{bmatrix} \tag{6-10}$$

5. 物理方程

在三维弹性力学问题中，各向同性材料的应力与应变关系服从广义虎克定律：

$$\left.\begin{aligned}
\varepsilon_x &= \frac{1}{E}[\sigma_x - \nu(\sigma_y + \sigma_z)], \quad \gamma_{yz} = \frac{\tau_{yz}}{G} \\
\varepsilon_y &= \frac{1}{E}[\sigma_y - \nu(\sigma_z + \sigma_x)], \quad \gamma_{zx} = \frac{\tau_{zx}}{G} \\
\varepsilon_z &= \frac{1}{E}[\sigma_z - \nu(\sigma_x + \sigma_y)], \quad \gamma_{xy} = \frac{\tau_{xy}}{G}
\end{aligned}\right\} \tag{6-11}$$

式中　E—— 弹性模量；

ν—— 泊松比；

G—— 剪切模量，$G = \dfrac{E}{2(1+\nu)}$。

式(6-11)叫作物理方程，也可写成如下形式：

$$\begin{Bmatrix} \sigma_x \\ \sigma_y \\ \sigma_z \\ \tau_{xy} \\ \tau_{yz} \\ \tau_{zx} \end{Bmatrix} = \frac{E(1-\nu)}{(1+\nu)(1-2\nu)} \begin{bmatrix} 1 & \frac{\nu}{1-\nu} & \frac{\nu}{1-\nu} & 0 & 0 & 0 \\ \frac{\nu}{1-\nu} & 1 & \frac{\nu}{1-\nu} & 0 & 0 & 0 \\ \frac{\nu}{1-\nu} & \frac{\nu}{1-\nu} & 1 & 0 & 0 & 0 \\ 0 & 0 & 0 & \frac{1-2\nu}{2(1-\nu)} & 0 & 0 \\ 0 & 0 & 0 & 0 & \frac{1-2\nu}{2(1-\nu)} & 0 \\ 0 & 0 & 0 & 0 & 0 & \frac{1-2\nu}{2(1-\nu)} \end{bmatrix} \begin{Bmatrix} \varepsilon_x \\ \varepsilon_y \\ \varepsilon_z \\ \gamma_{xy} \\ \gamma_{yz} \\ \gamma_{zx} \end{Bmatrix} \tag{6-12}$$

或

$$\{\boldsymbol{\sigma}\} = [\boldsymbol{D}]_e \{\boldsymbol{\varepsilon}\} \tag{6-13}$$

其中

$$[\boldsymbol{D}]_e = \frac{E(1-\nu)}{(1+\nu)(1-2\nu)} \begin{bmatrix} 1 & \frac{\nu}{1-\nu} & \frac{\nu}{1-\nu} & 0 & 0 & 0 \\ \frac{\nu}{1-\nu} & 1 & \frac{\nu}{1-\nu} & 0 & 0 & 0 \\ \frac{\nu}{1-\nu} & \frac{\nu}{1-\nu} & 1 & 0 & 0 & 0 \\ 0 & 0 & 0 & \frac{1-2\nu}{2(1-\nu)} & 0 & 0 \\ 0 & 0 & 0 & 0 & \frac{1-2\nu}{2(1-\nu)} & 0 \\ 0 & 0 & 0 & 0 & 0 & \frac{1-2\nu}{2(1-\nu)} \end{bmatrix} \tag{6-14}$$

$[\boldsymbol{D}]_e$ 称为弹性矩阵。

6. 平衡方程与运动方程

物体内一个微元体受到的体积力分量为 F_x、F_y、F_z，材料密度为 ρ。如果微元体不运动，处于平衡状态，则可得到如下方程：

$$\left.\begin{aligned}\frac{\partial \sigma_x}{\partial x}+\frac{\partial \tau_{xy}}{\partial y}+\frac{\partial \tau_{xz}}{\partial z}+F_x=0\\\frac{\partial \tau_{xy}}{\partial x}+\frac{\partial \sigma_y}{\partial y}+\frac{\partial \tau_{yz}}{\partial z}+F_y=0\\\frac{\partial \tau_{xz}}{\partial x}+\frac{\partial \tau_{yz}}{\partial y}+\frac{\partial \sigma_z}{\partial z}+F_z=0\end{aligned}\right\}\tag{6-15}$$

式(6-15)叫作平衡方程，也可简写成：

$$[\boldsymbol{L}]^{\mathrm{T}}\{\boldsymbol{\sigma}\}+\{\boldsymbol{F}\}=0\tag{6-16}$$

如果微元体在运动，则可得到如下方程：

$$\left.\begin{aligned}\frac{\partial \sigma_x}{\partial x}+\frac{\partial \tau_{xy}}{\partial y}+\frac{\partial \tau_{xz}}{\partial z}+F_x=\rho\frac{\partial^2 u}{\partial t^2}\\\frac{\partial \tau_{xy}}{\partial x}+\frac{\partial \sigma_y}{\partial y}+\frac{\partial \tau_{yz}}{\partial z}+F_y=\rho\frac{\partial^2 v}{\partial t^2}\\\frac{\partial \tau_{xz}}{\partial x}+\frac{\partial \tau_{yz}}{\partial y}+\frac{\partial \sigma_z}{\partial z}+F_z=\rho\frac{\partial^2 w}{\partial t^2}\end{aligned}\right\}\tag{6-17}$$

式(6-17)叫作运动方程。

7. 边界条件

对于具体问题还应有边界条件。

力的边界条件：

$$\left.\begin{aligned}n_x\sigma_x+n_y\tau_{xy}+n_z\tau_{xz}=p_x\\n_x\tau_{xy}+n_y\sigma_y+n_z\tau_{yz}=p_y\\n_x\tau_{xz}+n_y\tau_{yz}+n_z\sigma_z=p_z\end{aligned}\right\}\tag{6-18}$$

或

$$[\boldsymbol{n}]\{\boldsymbol{\sigma}\}=\{\boldsymbol{p}\}\tag{6-19}$$

其中

$$[\boldsymbol{n}]=\begin{bmatrix}n_x & 0 & 0 & n_y & 0 & n_z\\0 & n_x & 0 & n_y & n_z & 0\\0 & 0 & n_x & 0 & n_y & n_z\end{bmatrix}\tag{6-20}$$

位移边界条件：

$$\{\boldsymbol{u}\}=\{\bar{\boldsymbol{u}}\}\tag{6-21}$$

在三维弹性力学问题中，共有 15 个独立变量：6 个应力分量，3 个位移分量，6 个应变分量。涉及这 15 个独立变量的方程也有 15 个：6 个几何方程，6 个物理方程，3 个平衡方程或运动方程。所以说原则上三维弹性力学问题是可求解的。

8. 二维问题

(1)平面应变问题

工程中许多弹性力学问题都属于平面应变问题，如水坝、隧道、水管等。

位移为

$$\{\boldsymbol{u}\}=\begin{Bmatrix}u\\v\end{Bmatrix}=\{u,v\}^{\mathrm{T}},\quad w=0 \tag{6-22}$$

三个不为零的应变分量为

$$\{\boldsymbol{\varepsilon}\}=\begin{Bmatrix}\varepsilon_x\\\varepsilon_y\\\gamma_{xy}\end{Bmatrix} \tag{6-23}$$

三个独立的应力分量为

$$\{\boldsymbol{\sigma}\}=\begin{Bmatrix}\sigma_x\\\sigma_y\\\tau_{xy}\end{Bmatrix}=\{\sigma_x,\sigma_y,\tau_{xy}\}^{\mathrm{T}},\quad \sigma_z=\nu(\sigma_x+\sigma_y) \tag{6-24}$$

几何方程为

$$\left.\begin{aligned}\varepsilon_x&=\frac{\partial u}{\partial x}\\\varepsilon_y&=\frac{\partial v}{\partial y}\\\gamma_{xy}&=\frac{\partial u}{\partial y}+\frac{\partial v}{\partial x}\end{aligned}\right\} \tag{6-25}$$

物理方程为

$$\begin{Bmatrix}\sigma_x\\\sigma_y\\\tau_{xy}\end{Bmatrix}=\frac{E(1-\nu)}{(1+\nu)(1-2\nu)}\begin{bmatrix}1&\dfrac{\nu}{1-\nu}&0\\\dfrac{\nu}{1-\nu}&1&0\\0&0&\dfrac{1-2\nu}{2(1-\nu)}\end{bmatrix}\begin{Bmatrix}\varepsilon_x\\\varepsilon_y\\\gamma_{xy}\end{Bmatrix} \tag{6-26}$$

平衡方程为

$$\left.\begin{aligned}\frac{\partial\sigma_x}{\partial x}+\frac{\partial\tau_{xy}}{\partial y}+F_x=0\\\frac{\partial\tau_{xy}}{\partial x}+\frac{\partial\sigma_y}{\partial y}+F_y=0\end{aligned}\right\} \tag{6-27}$$

(2)平面应力问题

工程中许多弹性力学问题都属于平面应力问题，如薄板等。

位移为

$$\{\boldsymbol{u}\}=\begin{Bmatrix}u\\v\end{Bmatrix}=\{u,v\}^{\mathrm{T}} \tag{6-28}$$

三个独立的应变分量为

$$\{\boldsymbol{\varepsilon}\}=\begin{Bmatrix}\varepsilon_x\\\varepsilon_y\\\gamma_{xy}\end{Bmatrix}=\{\varepsilon_x,\varepsilon_y,\gamma_{xy}\}^{\mathrm{T}},\quad \varepsilon_z=-\frac{\nu}{E}(\sigma_x+\sigma_y) \tag{6-29}$$

三个不为零的应力分量为

$$\{\boldsymbol{\sigma}\} = \begin{Bmatrix} \sigma_x \\ \sigma_y \\ \tau_{xy} \end{Bmatrix} \tag{6-30}$$

几何方程为

$$\left.\begin{aligned} \varepsilon_x &= \frac{\partial u}{\partial x} \\ \varepsilon_y &= \frac{\partial v}{\partial y} \\ \gamma_{xy} &= \frac{\partial u}{\partial y} + \frac{\partial v}{\partial x} \end{aligned}\right\} \tag{6-31}$$

物理方程为

$$\begin{Bmatrix} \sigma_x \\ \sigma_y \\ \tau_{xy} \end{Bmatrix} = \frac{E}{1-\nu^2} \begin{bmatrix} 1 & \nu & 0 \\ \nu & 1 & 0 \\ 0 & 0 & \dfrac{1-\nu}{2} \end{bmatrix} \begin{Bmatrix} \varepsilon_x \\ \varepsilon_y \\ \gamma_{xy} \end{Bmatrix} \tag{6-32}$$

平衡方程为

$$\left.\begin{aligned} \frac{\partial \sigma_x}{\partial x} + \frac{\partial \tau_{xy}}{\partial y} + F_x = 0 \\ \frac{\partial \tau_{xy}}{\partial x} + \frac{\partial \sigma_y}{\partial y} + F_y = 0 \end{aligned}\right\} \tag{6-33}$$

在平面应变及平面应力弹性力学问题中，共有 8 个独立变量：2 个位移分量，3 个应变分量，3 个应力分量。涉及这 8 个独立变量的方程也有 8 个：3 个几何方程，3 个物理方程，2 个平衡方程。所以说原则上平面应变及平面应力弹性力学问题是可求解的。

(3)轴对称问题

工程中许多弹性力学问题都具有轴对称性，属于轴对称问题，如圆柱体等。

位移为

$$\{\boldsymbol{u}\} = \begin{Bmatrix} u \\ v \end{Bmatrix} \tag{6-34}$$

四个独立的应变分量为

$$\{\boldsymbol{\varepsilon}\} = \begin{Bmatrix} \varepsilon_z \\ \varepsilon_r \\ \varepsilon_\theta \\ \gamma_{zr} \end{Bmatrix} \tag{6-35}$$

四个不为零的应力分量为

$$\{\boldsymbol{\sigma}\} = \begin{Bmatrix} \sigma_z \\ \sigma_r \\ \sigma_\theta \\ \gamma_{zr} \end{Bmatrix} \tag{6-36}$$

几何方程为

$$
\left.\begin{aligned}
\varepsilon_x &= \frac{\partial u}{\partial z} \\
\varepsilon_y &= \frac{\partial v}{\partial r} \\
\varepsilon_\theta &= \frac{v}{r} \\
\gamma_{zr} &= \frac{\partial u}{\partial r}+\frac{\partial v}{\partial z}
\end{aligned}\right\} \tag{6-37}
$$

物理方程为

$$
\begin{Bmatrix} \sigma_z \\ \sigma_r \\ \sigma_\theta \\ \tau_{zr} \end{Bmatrix} = \frac{E}{(1+\nu)(1-2\nu)} \begin{Bmatrix} 1-\nu & \nu & \nu & 0 \\ \nu & 1-\nu & \nu & 0 \\ \nu & \nu & 1-\nu & 0 \\ 0 & 0 & 0 & \dfrac{1-2\nu}{2} \end{Bmatrix} \begin{Bmatrix} \varepsilon_z \\ \varepsilon_r \\ \varepsilon_\theta \\ \gamma_{zr} \end{Bmatrix} \tag{6-38}
$$

平衡方程为

$$
\left.\begin{aligned}
\frac{\partial \sigma_z}{\partial z}+\frac{\partial \tau_{zr}}{\partial r}+\frac{\tau_{zr}}{r}+F_z &= 0 \\
\frac{\partial \tau_{zr}}{\partial z}+\frac{\partial \sigma_r}{\partial r}+\frac{\sigma_r-\sigma_\theta}{r}+F_r &= 0
\end{aligned}\right\} \tag{6-39}
$$

在轴对称弹性力学问题中，共有10个独立变量：2个位移分量，4个应变分量，4个应力分量。涉及这10个独立变量的方程也有10个：4个几何方程，4个物理方程，2个平衡方程。所以说原则上轴对称弹性力学问题是可求解的。

6.1.3 弹塑性力学的基本理论

1. 屈服准则

在单向拉伸实验中，应力只有一个分量 σ_x，当 $\sigma_x \geqslant \sigma_s$ 时，材料进入屈服阶段。一般三维情况下，定义 $\bar{\sigma}$ 为等效应力，即

$$
\bar{\sigma} = \sqrt{\frac{1}{2}[(\sigma_x-\sigma_y)^2+(\sigma_y-\sigma_z)^2+(\sigma_z-\sigma_x)^2+6(\tau_{xy}^2+\tau_{yz}^2+\tau_{zx}^2)]} \tag{6-40}
$$

当 $\bar{\sigma} \geqslant \sigma_s$ 时，材料进入屈服阶段，这就是所谓的米塞斯(Mises)屈服准则。一般各向同性多晶金属材料都服从米塞斯屈服准则。

对于各向同性材料，在弹性范围内，应力－应变呈线性关系。当应力超过屈服极限以后，应力－应变呈非线性关系。这时可采用增量理论建立其增量间的本构方程。定义 $\bar{\varepsilon}$ 为等效应变：

$$
\bar{\varepsilon} = \frac{\sqrt{2}}{3}\sqrt{(\varepsilon_x-\varepsilon_y)^2+(\varepsilon_y-\varepsilon_z)^2+(\varepsilon_z-\varepsilon_x)^2+\frac{3}{2}(\gamma_{xy}^2+\gamma_{yz}^2+\gamma_{zx}^2)} \tag{6-41}
$$

等效应变增量 $d\bar{\varepsilon}$ 为

$$
d\bar{\varepsilon} = \frac{\sqrt{2}}{3}\sqrt{(d\varepsilon_x-d\varepsilon_y)^2+(d\varepsilon_y-d\varepsilon_z)^2+(d\varepsilon_z-d\varepsilon_x)^2+\frac{3}{2}(d\gamma_{xy}^2+d\gamma_{yz}^2+d\gamma_{zx}^2)} \tag{6-42}
$$

则材料要继续屈服的条件为

$$\bar{\sigma} = H\left(\int d\bar{\varepsilon}_p\right) \tag{6-43}$$

式中　$d\bar{\varepsilon}_p$—— 等效塑性应变增量；

$\int d\bar{\varepsilon}_p$—— 卸载前的等效塑性应变总量。

H—— 新的屈服应力同等效塑性应变总量的依赖关系。

而

$$H' = d\bar{\sigma}/d\bar{\varepsilon}_p \tag{6-44}$$

式中　H'—— 应变硬化率，对于理想塑性材料，$H' = 0$。

2. 流动法则

材料在塑性区内的行为，服从流动法则，塑性应变增量与应力状态有如下流动法则：

$$d\{\boldsymbol{\varepsilon}\}_p = \lambda \frac{\partial\bar{\sigma}}{\partial\{\boldsymbol{\sigma}\}} \tag{6-45}$$

式中　λ—— 数量因子；

$\dfrac{\partial\bar{\sigma}}{\partial\{\boldsymbol{\sigma}\}}$—— 标量函数 $\bar{\sigma}$ 对向量 $\{\boldsymbol{\sigma}\}$ 的偏导数。

$\lambda = d\bar{\varepsilon}_p$，则流动法则可改写为

$$d\{\boldsymbol{\varepsilon}\}_p = d\bar{\varepsilon}_p \frac{\partial\bar{\sigma}}{\partial\{\boldsymbol{\sigma}\}} \tag{6-46}$$

式(6-46) 称为 Prandtl-Reuss 流动法则。

3. 弹塑性增量理论

采用增量理论，全应变增量可分解为弹性应变增量和塑性应变增量之和：

$$d\{\boldsymbol{\varepsilon}\} = d\{\boldsymbol{\varepsilon}\}_p + d\{\boldsymbol{\varepsilon}\}_e \tag{6-47}$$

式中　$d\{\boldsymbol{\varepsilon}\}_e$—— 弹性应变增量；

$d\{\boldsymbol{\varepsilon}\}_p$—— 塑性应变增量。

根据流动法则，有

$$d\{\boldsymbol{\varepsilon}\}_p = d\bar{\varepsilon}_p \frac{\partial\bar{\sigma}}{\partial\{\boldsymbol{\sigma}\}} \tag{6-48}$$

由式(6-45) 得

$$\left(\frac{\partial\bar{\sigma}}{\partial\{\boldsymbol{\sigma}\}}\right)^{\mathrm{T}} d\{\boldsymbol{\sigma}\} = H' d\bar{\varepsilon}_p \tag{6-49}$$

由式(6-47) ～ 式(6-49) 可得

$$d\{\boldsymbol{\sigma}\} = ([\boldsymbol{D}]_e - [\boldsymbol{D}]_p) d\{\boldsymbol{\varepsilon}\} \tag{6-50}$$

式中　$[\boldsymbol{D}]_p$—— 塑性矩阵：

$$[\boldsymbol{D}]_p = \frac{[\boldsymbol{D}]_e \dfrac{\partial\bar{\sigma}}{\partial\{\boldsymbol{\sigma}\}} \left\{\dfrac{\partial\bar{\sigma}}{\partial\{\boldsymbol{\sigma}\}}\right\}^{\mathrm{T}} [\boldsymbol{D}]_e}{H' + \left\{\dfrac{\partial\bar{\sigma}}{\partial\{\boldsymbol{\sigma}\}}\right\}^{\mathrm{T}} [\boldsymbol{D}]_e \dfrac{\partial\bar{\sigma}}{\partial\{\boldsymbol{\sigma}\}}} \tag{6-51}$$

令 $[\boldsymbol{D}]_{ep}$ 为弹塑性矩阵：

$$[\boldsymbol{D}]_{ep} = [\boldsymbol{D}]_e - [\boldsymbol{D}]_p \tag{6-52}$$

则塑性阶段的应力增量及应变增量关系为

$$d\{\boldsymbol{\sigma}\} = [\boldsymbol{D}]_{ep} d\{\boldsymbol{\varepsilon}\} \tag{6-53}$$

塑性区的加载、卸载由 $d\bar{\varepsilon}_p$ 来判定：$d\bar{\varepsilon}_p > 0$，加载；$d\bar{\varepsilon}_p = 0$，中性；$d\bar{\varepsilon}_p < 0$，卸载。卸载时材料回到弹性状态。

6.1.4 热弹塑性力学的基本理论

材料固态加工及热处理问题大多数都涉及传热，材料内温度会发生较大的变化。由于材料的热膨胀，会产生相应的热应变和热应力。仍采用增量理论建立热弹塑性应力增量及应变增量的关系，假定弹性应变增量、塑性应变增量和温度应变增量是可分的。

1. 热弹性力学

在弹性区，全应变增量可表示为

$$d\{\boldsymbol{\varepsilon}\} = d\{\boldsymbol{\varepsilon}\}_e + d\{\boldsymbol{\varepsilon}\}_T \tag{6-54}$$

式中　$d\{\boldsymbol{\varepsilon}\}_T$—— 由温度变化而产生的应变增量：

$$d\{\boldsymbol{\varepsilon}\}_T = \{\boldsymbol{\alpha}\} dT \tag{6-55}$$

式中　dT—— 温度的变化；

$\{\boldsymbol{\alpha}\}$—— 材料的热膨胀向量，对各向同性材料，$\{\boldsymbol{\alpha}\} = \alpha(1,1,1,0,0,0)^T$；$\alpha$ 是材料的线膨胀系数。

在达到某一应力状态 $\{\boldsymbol{\sigma}\}$ 时，因弹性矩阵 $[\boldsymbol{D}]_e$ 随温度而变化，则

$$d\{\boldsymbol{\varepsilon}\}_e = d([\boldsymbol{D}]_e^{-1}\{\boldsymbol{\sigma}\}) = [\boldsymbol{D}]_e^{-1} d\{\boldsymbol{\sigma}\} + \frac{\partial [\boldsymbol{D}]_e^{-1}}{\partial T}\{\boldsymbol{\sigma}\} dT \tag{6-56}$$

由此可得弹性区内热弹性应力增量及应变增量的关系：

$$d\{\boldsymbol{\sigma}\} = [\boldsymbol{D}]_e d\{\boldsymbol{\varepsilon}\} - \{\boldsymbol{C}\}_e dT \tag{6-57}$$

其中

$$\{\boldsymbol{C}\}_e = [\boldsymbol{D}]_e \left(\{\boldsymbol{\alpha}\} + \frac{\partial [\boldsymbol{D}]_e^{-1}}{\partial T}\{\boldsymbol{\sigma}\}\right)$$

2. 热弹塑性力学

在塑性区域内，全应变增量分解为

$$d\{\boldsymbol{\varepsilon}\} = d\{\boldsymbol{\varepsilon}\}_p + d\{\boldsymbol{\varepsilon}\}_e + d\{\boldsymbol{\varepsilon}\}_T \tag{6-58}$$

式中　$d\{\boldsymbol{\varepsilon}\}_p$—— 塑性应变增量。

材料的屈服函数也与温度有关：

$$\bar{\sigma} = H\left(\int d\bar{\varepsilon}_p, T\right) \tag{6-59}$$

$$d\bar{\sigma} = \left(\frac{\partial \bar{\sigma}}{\partial \{\boldsymbol{\sigma}\}}\right)^T d\{\boldsymbol{\sigma}\} = H' d\bar{\varepsilon}_p + \frac{\partial H}{\partial T} dT \tag{6-60}$$

$$H' = \frac{\partial H}{\partial\left(\int d\bar{\varepsilon}_p\right)} \tag{6-61}$$

根据流动法则：

$$d\{\boldsymbol{\varepsilon}\}_p = d\bar{\varepsilon}_p \frac{\partial \bar{\sigma}}{\partial \{\boldsymbol{\sigma}\}} \tag{6-62}$$

$$d\{\boldsymbol{\varepsilon}\} = [\boldsymbol{D}]_e^{-1} d\{\boldsymbol{\sigma}\} + \frac{\partial [\boldsymbol{D}]_e^{-1}}{\partial T}\{\boldsymbol{\sigma}\} dT + \frac{\partial \bar{\sigma}}{\partial \{\boldsymbol{\sigma}\}} d\bar{\varepsilon}_p + \{\boldsymbol{\alpha}\} dT \tag{6-63}$$

由此可得

$$\mathrm{d}\{\boldsymbol{\sigma}\} = [\boldsymbol{D}]_{\mathrm{e}}\left[\mathrm{d}\{\boldsymbol{\varepsilon}\} - \frac{\partial\bar{\sigma}}{\partial\{\boldsymbol{\sigma}\}}\mathrm{d}\bar{\varepsilon}_{\mathrm{p}} - \left(\frac{\partial[\boldsymbol{D}]_{\mathrm{e}}^{-1}}{\partial T}\{\boldsymbol{\sigma}\} + \{\boldsymbol{\alpha}\}\right)\mathrm{d}T\right] \tag{6-64}$$

式(6-64)两边乘$\left(\frac{\partial\bar{\sigma}}{\partial\{\boldsymbol{\sigma}\}}\right)^{\mathrm{T}}$并代入式(6-60)可得

$$\mathrm{d}\bar{\varepsilon}_{\mathrm{p}} = \frac{\left(\frac{\partial\bar{\sigma}}{\partial\{\boldsymbol{\sigma}\}}\right)^{\mathrm{T}}[\boldsymbol{D}]_{\mathrm{e}}\mathrm{d}\{\boldsymbol{\varepsilon}\} - \left(\frac{\partial\bar{\sigma}}{\partial\{\boldsymbol{\sigma}\}}\right)^{\mathrm{T}}[\boldsymbol{D}]_{\mathrm{e}}\left(\{\boldsymbol{\alpha}\} + \frac{\partial[\boldsymbol{D}]_{\mathrm{e}}^{-1}}{\partial T}\{\boldsymbol{\sigma}\}\right)\mathrm{d}T - \frac{\partial H}{\partial T}\mathrm{d}T}{H' + \left(\frac{\partial\bar{\sigma}}{\partial\{\boldsymbol{\sigma}\}}\right)^{\mathrm{T}}[\boldsymbol{D}]_{\mathrm{e}}\frac{\partial\bar{\sigma}}{\partial\{\boldsymbol{\sigma}\}}} \tag{6-65}$$

则塑性区内热弹塑性应力增量及应变增量的关系可表示成如下形式：

$$\mathrm{d}\{\boldsymbol{\sigma}\} = [\boldsymbol{D}]_{\mathrm{ep}}\mathrm{d}\{\boldsymbol{\varepsilon}\} - \{\boldsymbol{C}\}_{\mathrm{ep}}\mathrm{d}T \tag{6-66}$$

式中　$[\boldsymbol{D}]_{\mathrm{ep}}$——弹塑性矩阵。

$$[\boldsymbol{D}]_{\mathrm{ep}} = [\boldsymbol{D}]_{\mathrm{e}} - \frac{[\boldsymbol{D}]_{\mathrm{e}}\frac{\partial\bar{\sigma}}{\partial\{\boldsymbol{\sigma}\}}\left(\frac{\partial\bar{\sigma}}{\partial\{\boldsymbol{\sigma}\}}\right)^{\mathrm{T}}[\boldsymbol{D}]_{\mathrm{e}}}{H' + \left(\frac{\partial\bar{\sigma}}{\partial\{\boldsymbol{\sigma}\}}\right)^{\mathrm{T}}[\boldsymbol{D}]_{\mathrm{e}}\frac{\partial\bar{\sigma}}{\partial\{\boldsymbol{\sigma}\}}} \tag{6-67}$$

$$\{\boldsymbol{C}\}_{\mathrm{ep}} = [\boldsymbol{D}]_{\mathrm{ep}}\{\boldsymbol{\alpha}\} + [\boldsymbol{D}]_{\mathrm{ep}}\frac{\partial[\boldsymbol{D}]_{\mathrm{e}}^{-1}}{\partial T}\{\boldsymbol{\sigma}\} - \frac{[\boldsymbol{D}]_{\mathrm{e}}\frac{\partial\bar{\sigma}}{\partial\{\boldsymbol{\sigma}\}}\frac{\partial H}{\partial T}}{H' + \left(\frac{\partial\bar{\sigma}}{\partial\{\boldsymbol{\sigma}\}}\right)^{\mathrm{T}}[\boldsymbol{D}]_{\mathrm{e}}\frac{\partial\bar{\sigma}}{\partial\{\boldsymbol{\sigma}\}}} \tag{6-68}$$

塑性区的加载、卸载由 $\mathrm{d}\bar{\varepsilon}_{\mathrm{p}}$ 来判定：$\mathrm{d}\bar{\varepsilon}_{\mathrm{p}} > 0$，加载；$\mathrm{d}\bar{\varepsilon}_{\mathrm{p}} = 0$，中性；$\mathrm{d}\bar{\varepsilon}_{\mathrm{p}} < 0$，卸载，卸载时材料回到弹性状态。

6.2　有限元法

有限元法求解力学问题的过程是：

(1)寻找与所求解力学问题等价的变分方程；

(2)把求解区域用有限个单元离散，确定单元的类型、位移模式、插值函数形式，并得到相应的形函数；

(3)单元分析，利用变分方程计算联系单元节点力和节点位移的单元刚度矩阵；

(4)总体合成，由单元刚度矩阵集合成整体刚度矩阵，得到整体方程；

(5)求解联系整体节点位移和节点载荷的代数方程组，得到节点位移；

(6)由节点位移，根据几何方程和物理方程，求得单元体内的应变和应力。

6.2.1　弹性力学的有限元法

1. 变分方程

在三维直角坐标系下，弹性力学问题共有 15 个独立变量：3 个位移分量$\{\boldsymbol{u}\}$，6 个应力分量$\{\boldsymbol{\sigma}\}$，6 个应变分量$\{\boldsymbol{\varepsilon}\}$。涉及这 15 个独立变量的方程也有 15 个：6 个几何方程，6 个物理方程，3 个平衡方程或运动方程。对于具体问题还应包括边界条件。所以说原则上弹性力学问题是可求解的。

几何方程：

$$\{\boldsymbol{\varepsilon}\} = [\boldsymbol{L}]\{\boldsymbol{u}\} \tag{6-69}$$

物理方程：

$$\{\boldsymbol{\sigma}\} = [\boldsymbol{D}]_{e}\{\boldsymbol{\varepsilon}\} \tag{6-70}$$

平衡方程：

$$[\boldsymbol{L}]^{T}\{\boldsymbol{\sigma}\} + \{\boldsymbol{F}\} = 0 \tag{6-71}$$

边界条件：

力的边界条件：

$$[\boldsymbol{n}]\{\boldsymbol{\sigma}\} = \{\boldsymbol{p}\} \tag{6-72}$$

位移的边界条件：

$$\{\boldsymbol{u}\} = \{\bar{\boldsymbol{u}}\} \tag{6-73}$$

这一弹性力学问题的变分方程为

$$\Pi = \iiint_{V}(U - \{\boldsymbol{F}\}^{T}\{\boldsymbol{u}\})\mathrm{d}V - \iint_{\Gamma_{p}}\{\boldsymbol{p}\}^{T}\{\boldsymbol{u}\}\mathrm{d}\Gamma \tag{6-74}$$

式中 U—— 弹性应变能密度：

$$U = \frac{1}{2}\{\boldsymbol{\varepsilon}\}^{T}[\boldsymbol{D}]_{e}\{\boldsymbol{\varepsilon}\} \tag{6-75}$$

2. 求解区域的离散化

有限元法中单元的种类有很多，对二维问题，有三节点三角形单元（图 6-4）、四节点四边形单元（图 6-5）、八节点曲边四边形等参单元等。

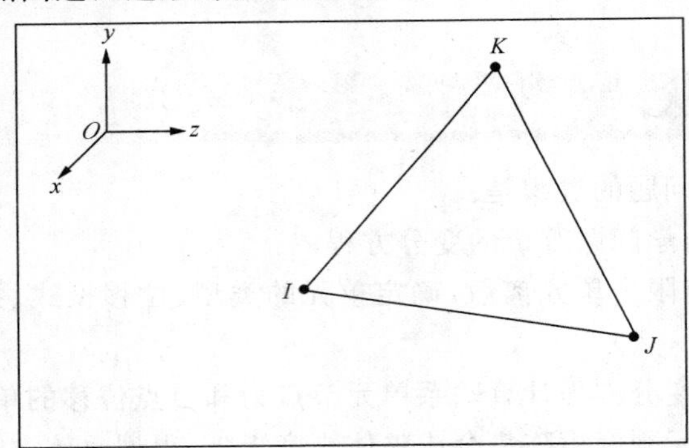

图 6-4 三节点三角形单元

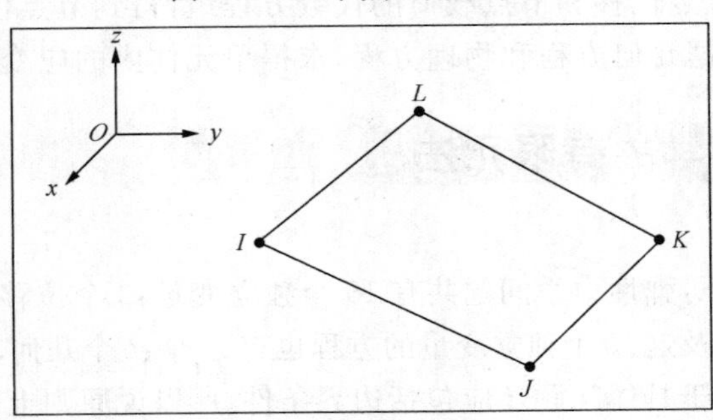

图 6-5 四节点四边形单元

利用以上这些单元，可将任意二维问题的求解区域离散成若干个单元，如图 6-6 和图

6-7 所示。

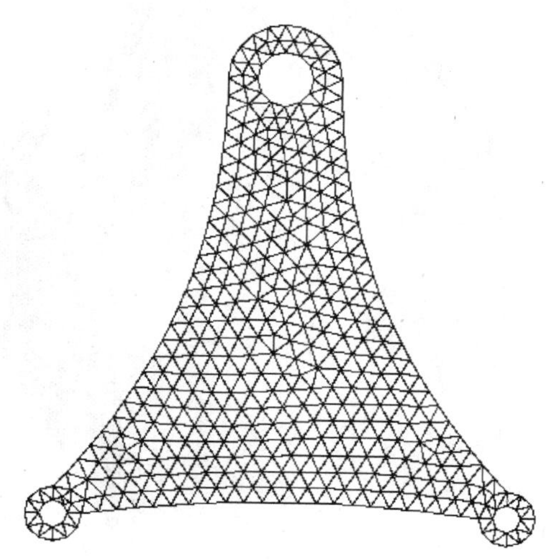

图 6-6　二维问题的三角形单元划分

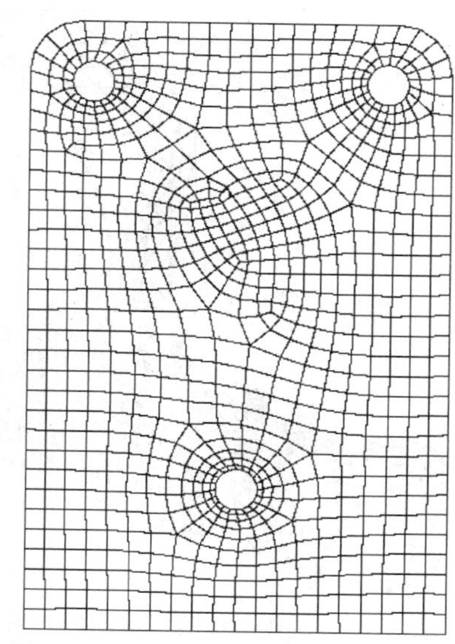

图 6-7　二维问题的四边形单元划分

对于三维问题，有四节点四面体单元(图 6-8)、六节点五面体单元、八节点六面体等参单元(图 6-9)、二十节点六面体等参单元等。

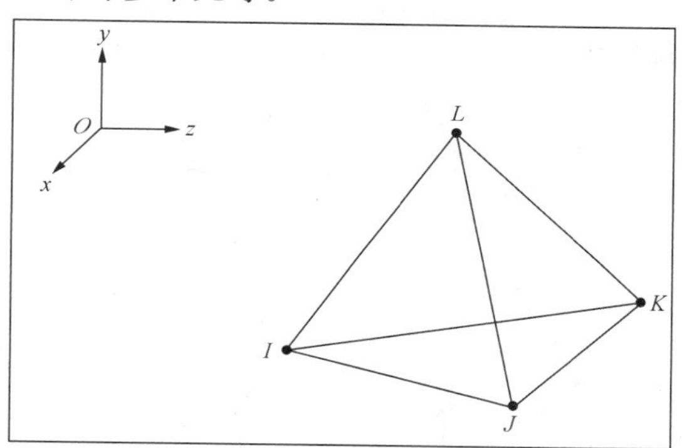

图 6-8　四节点四面体单元

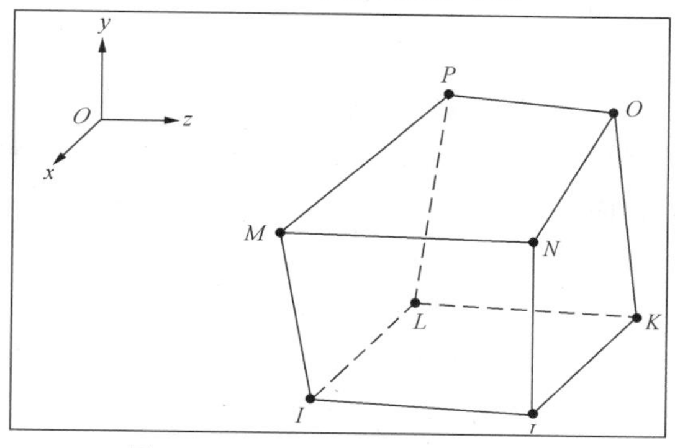

图 6-9　八节点六面体等参单元

利用以上这些单元，可将任意三维问题的求解区域离散成若干个单元，如图 6-10 和图 6-11 所示。如何选择单元的类型以及划分的单元数目等，要根据具体的问题来决定。

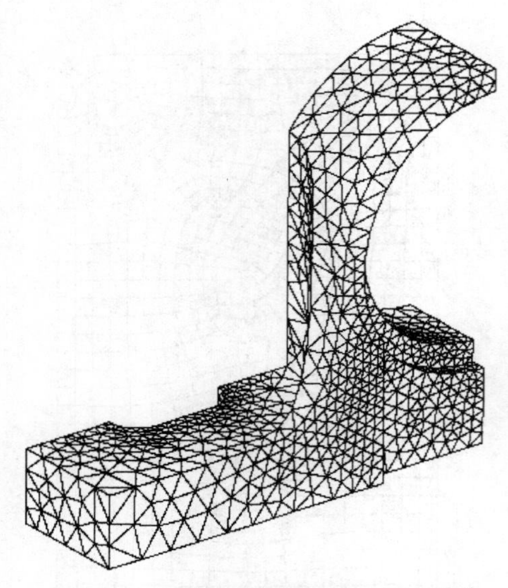
图 6-10　三维实体的四面体单元划分

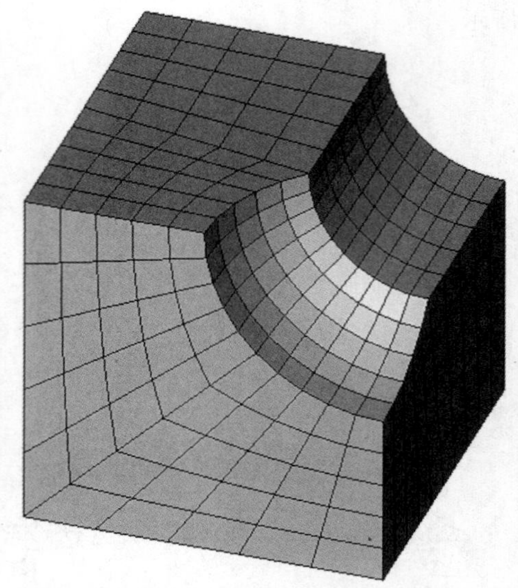
图 6-11　三维实体的六面体单元划分

单元内的位移变化可以假定一个函数来表示，这个函数称为单元位移函数或单元位移模式。图 6-12 所示是三节点三角形单元，节点 I、J、M 的坐标分别为(x_i, y_i)、(x_j, y_j)、(x_m, y_m)，节点位移分别为 u_i、v_i、u_j、v_j、u_m、v_m。六个节点位移只能确定六个多项式的系数，所以三节点三角形单元的位移函数如下：

$$\left.\begin{aligned} u &= a_1 + a_2 x + a_3 y \\ v &= a_4 + a_5 x + a_6 y \end{aligned}\right\} \tag{6-76}$$

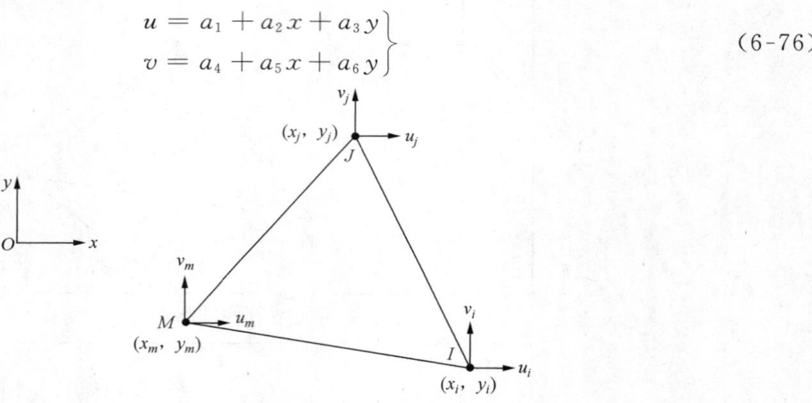

图 6-12　三节点三角形单元

将三个节点上的坐标和位移分量代入式(6-76)就可以将六个待定系数用节点坐标和位移分量表示出来。将水平位移分量和节点坐标代入式(6-76)中的第一式，得

$$\left.\begin{aligned} u_i &= a_1 + a_2 x_i + a_3 y_i \\ u_j &= a_1 + a_2 x_j + a_3 y_j \\ u_m &= a_1 + a_2 x_m + a_3 y_m \end{aligned}\right\} \tag{6-77}$$

写成矩阵形式为

$$\begin{Bmatrix} u_i \\ u_j \\ u_m \end{Bmatrix} = \begin{bmatrix} 1 & x_i & y_i \\ 1 & x_j & y_j \\ 1 & x_m & y_m \end{bmatrix} \begin{Bmatrix} a_1 \\ a_2 \\ a_3 \end{Bmatrix} \tag{6-78}$$

令

$$\begin{bmatrix} 1 & x_i & y_i \\ 1 & x_j & y_j \\ 1 & x_m & y_m \end{bmatrix} = [\boldsymbol{T}]$$

则

$$\begin{Bmatrix} a_1 \\ a_2 \\ a_3 \end{Bmatrix} = [\boldsymbol{T}]^{-1} \begin{Bmatrix} u_i \\ u_j \\ u_m \end{Bmatrix} \tag{6-79}$$

$$[\boldsymbol{T}]^{-1} = \frac{[\boldsymbol{T}]^*}{|T|} \tag{6-80}$$

其中，$|T| = 2A$，A 为三角形单元的面积。

$[\boldsymbol{T}]$ 的伴随矩阵为

$$[\boldsymbol{T}]^* = \begin{bmatrix} x_j y_m - x_m y_j & y_j - y_m & x_m - x_j \\ x_m y_i - x_i y_m & y_m - y_i & x_i - x_m \\ x_i y_j - x_j y_i & y_i - y_j & x_j - x_i \end{bmatrix}^{\mathrm{T}} \tag{6-81}$$

令

$$a_i = x_j y_m - x_m y_j,\quad b_i = y_j - y_m,\quad c_i = x_m - x_j$$
$$a_j = x_m y_i - x_i y_m,\quad b_j = y_m - y_i,\quad c_j = x_i - x_m$$
$$a_m = x_i y_j - x_j y_i,\quad b_m = y_i - y_j,\quad c_m = x_j - x_i$$

则有

$$[\boldsymbol{T}]^* = \begin{bmatrix} a_i & b_i & c_i \\ a_j & b_j & c_j \\ a_m & b_m & c_m \end{bmatrix}^{\mathrm{T}} = \begin{bmatrix} a_i & a_j & a_m \\ b_i & b_j & b_m \\ c_i & c_j & c_m \end{bmatrix} \tag{6-82}$$

由此可得

$$\begin{Bmatrix} a_1 \\ a_2 \\ a_3 \end{Bmatrix} = \frac{1}{2A} \begin{bmatrix} a_i & a_j & a_m \\ b_i & b_j & b_m \\ c_i & c_j & c_m \end{bmatrix} \begin{Bmatrix} u_i \\ u_j \\ u_m \end{Bmatrix} \tag{6-83}$$

同样，将垂直位移分量与节点坐标代入式(6-76)中的第二式，可得

$$\begin{Bmatrix} a_4 \\ a_5 \\ a_6 \end{Bmatrix} = \frac{1}{2A} \begin{bmatrix} a_i & a_j & a_m \\ b_i & b_j & b_m \\ c_i & c_j & c_m \end{bmatrix} \begin{Bmatrix} v_i \\ v_j \\ v_m \end{Bmatrix} \tag{6-84}$$

整理后可得

$$u = \frac{1}{2A}[(a_i + b_i x + c_i y)u_i + (a_j + b_j x + c_j y)u_j + (a_m + b_m x + c_m y)u_m] \tag{6-85}$$

$$v = \frac{1}{2A}[(a_i + b_i x + c_i y)v_i + (a_j + b_j x + c_j y)v_j + (a_m + b_m x + c_m y)v_m] \tag{6-86}$$

令

$$N_i = \frac{1}{2A}(a_i + b_i x + c_i y) \quad (\text{下标 } i,j,m \text{ 轮换})$$

可得

$$\begin{Bmatrix} u \\ v \end{Bmatrix} = \begin{bmatrix} N_i & 0 & N_j & 0 & N_m & 0 \\ 0 & N_i & 0 & N_j & 0 & N_m \end{bmatrix} \begin{Bmatrix} u_i \\ v_i \\ u_j \\ v_j \\ u_m \\ v_m \end{Bmatrix} \tag{6-87}$$

单元内的位移记为

$$\{\boldsymbol{u}\} = \begin{Bmatrix} u \\ v \end{Bmatrix} \tag{6-88}$$

单元的节点位移记为

$$\{\boldsymbol{\delta}\}^e = \begin{Bmatrix} \delta_i \\ \delta_j \\ \delta_m \end{Bmatrix} = \begin{Bmatrix} u_i \\ v_i \\ u_j \\ v_j \\ u_m \\ v_m \end{Bmatrix} \tag{6-89}$$

单元内的位移函数可以简写成

$$\{\boldsymbol{u}\} = [\boldsymbol{N}]\{\boldsymbol{\delta}\}^e \tag{6-90}$$

把$[\boldsymbol{N}]$称为形函数矩阵，N_i称为形函数。

单元的类型确定后，也就确定了位移模式，从而可以确定形函数矩阵$[\boldsymbol{N}]$。如果单元内有n个节点，这n个节点的位移用$\{\boldsymbol{\delta}\}^e$表示：

$$\{\boldsymbol{\delta}\}^e = \{u_1, v_1, w_1, u_2, v_2, w_2, u_3, v_3, w_3, \cdots, u_n, v_n, w_n\}^{\mathrm{T}} \tag{6-91}$$

则单元内任意一点的位移$\{\boldsymbol{u}\}$可用这n个节点的位移$\{\boldsymbol{\delta}\}^e$插值来表示：

$$\{\boldsymbol{u}\} = [\boldsymbol{N}]\{\boldsymbol{\delta}\}^e \tag{6-92}$$

$$[\boldsymbol{N}] = \begin{bmatrix} N_1 & 0 & 0 & N_2 & 0 & 0 & \cdots & N_n & 0 & 0 \\ 0 & N_1 & 0 & 0 & N_2 & 0 & \cdots & 0 & N_n & 0 \\ 0 & 0 & N_1 & 0 & 0 & N_3 & \cdots & 0 & 0 & N_n \end{bmatrix} \tag{6-93}$$

根据几何方程：

$$\{\boldsymbol{\varepsilon}\} = [\boldsymbol{L}]\{\boldsymbol{u}\} \tag{6-94}$$

则

$$\{\boldsymbol{\varepsilon}\} = [\boldsymbol{L}]\{\boldsymbol{u}\} = [\boldsymbol{L}][\boldsymbol{N}]\{\boldsymbol{\delta}\}^e = [\boldsymbol{B}]\{\boldsymbol{\delta}\}^e \tag{6-95}$$

式中　$[\boldsymbol{B}]$——B矩阵，$[\boldsymbol{B}] = [\boldsymbol{L}][\boldsymbol{N}]$。

3. 单元分析

单元的变分方程为

$$\Pi^e = \iiint_e \left[\frac{1}{2}\{\boldsymbol{\varepsilon}\}^{\mathrm{T}}[\boldsymbol{D}]_e\{\boldsymbol{\varepsilon}\} - (\{\boldsymbol{\delta}\}^e)^{\mathrm{T}}\{\boldsymbol{F}\}^e\right]\mathrm{d}V - (\{\boldsymbol{\delta}\}^e)^{\mathrm{T}}\{\boldsymbol{p}\}^e \tag{6-96}$$

将$\{\boldsymbol{\varepsilon}\} = [\boldsymbol{B}]\{\boldsymbol{\delta}\}^e$代入式(6-96)，得

$$\Pi^e = \frac{1}{2}(\{\boldsymbol{\delta}\}^e)^{\mathrm{T}}\iiint_e [\boldsymbol{B}]^{\mathrm{T}}[\boldsymbol{D}]_e[\boldsymbol{B}]\mathrm{d}V\{\boldsymbol{\delta}\}^e - (\{\boldsymbol{\delta}\}^e)^{\mathrm{T}}\iiint_e \{\boldsymbol{F}\}^e\mathrm{d}V - (\{\boldsymbol{\delta}\}^e)^{\mathrm{T}}\{\boldsymbol{p}\}^e \tag{6-97}$$

根据变分原理，真实解的节点位移应使 $\delta\Pi^e = 0$，所以

$$\delta\Pi^e = \delta(\{\boldsymbol{\delta}\}^e)^{\mathrm{T}}\left(\iiint_e [\boldsymbol{B}]^{\mathrm{T}}[\boldsymbol{D}]_e[\boldsymbol{B}]\mathrm{d}V\{\boldsymbol{\delta}\}^e - \iiint_e \{\boldsymbol{F}\}^e\mathrm{d}V - \{\boldsymbol{p}\}^e\right) \tag{6-98}$$

由此得

$$\iiint_e [\boldsymbol{B}]^{\mathrm{T}}[\boldsymbol{D}]_e[\boldsymbol{B}]\mathrm{d}V\{\boldsymbol{\delta}\}^e = \iiint_e \{\boldsymbol{F}\}^e\mathrm{d}V + \{\boldsymbol{p}\}^e \tag{6-99}$$

令

$$[\boldsymbol{k}]^e = \iiint_e [\boldsymbol{B}]^{\mathrm{T}}[\boldsymbol{D}]_e[\boldsymbol{B}]\mathrm{d}V \tag{6-100}$$

$$\{\boldsymbol{f}\}^e = \iiint_e \{\boldsymbol{F}\}^e\mathrm{d}V \tag{6-101}$$

则得单元平衡方程：

$$[\boldsymbol{k}]^e\{\boldsymbol{\delta}\}^e = \{\boldsymbol{f}\}^e + \{\boldsymbol{p}\}^e \tag{6-102}$$

式中　$[\boldsymbol{k}]^e$——单元的刚度矩阵；

$\{\boldsymbol{f}\}^e$——单元节点所受到的体积力；

$\{\boldsymbol{p}\}^e$——单元节点所受到的外力。

4. 总体合成

把所有单元的刚度矩阵集合形成一个整体刚度矩阵，同时将作用于各单元节点的节点力向量组集成整体的节点载荷向量：

$$[\boldsymbol{k}] = \sum_e [\boldsymbol{k}]^e \tag{6-103}$$

$$\{\boldsymbol{f}\} = \sum_e \{\boldsymbol{f}\}^e \tag{6-104}$$

$$\{\boldsymbol{p}\} = \sum_e \{\boldsymbol{p}\}^e \tag{6-105}$$

则得整体平衡方程：

$$[\boldsymbol{k}]\{\boldsymbol{\delta}\} = \{\boldsymbol{f}\} + \{\boldsymbol{p}\} \tag{6-106}$$

5. 求解整体平衡方程

求解这个整体平衡方程，就会得到整个求解区域各节点的位移 $\{\boldsymbol{\delta}\}$。

6. 回代

根据计算出的单元节点位移 $\{\boldsymbol{\delta}\}^e$，代入几何方程可得到单元的应变 $\{\boldsymbol{\varepsilon}\}^e$，将单元的应变 $\{\boldsymbol{\varepsilon}\}^e$ 代入物理方程可得到单元的应力 $\{\boldsymbol{\sigma}\}^e$。

6.2.2　弹塑性力学的有限元法

对于弹塑性问题，可用增量理论。这时几何方程、物理方程、平衡方程以及边界条件都可写成增量的形式。

几何方程：

$$\Delta\{\boldsymbol{\varepsilon}\} = [\boldsymbol{L}]\Delta\{\boldsymbol{u}\} \tag{6-107}$$

物理方程：

$$\Delta\{\boldsymbol{\sigma}\} = [\boldsymbol{D}]_{\mathrm{ep}}\Delta\{\boldsymbol{\varepsilon}\} \tag{6-108}$$

平衡方程：

$$[\boldsymbol{L}]^{\mathrm{T}}\Delta\{\boldsymbol{\sigma}\} + \Delta\{\boldsymbol{F}\} = 0 \tag{6-109}$$

边界条件：

力的边界条件：

$$[\boldsymbol{n}]\Delta\{\boldsymbol{\sigma}\} = \Delta\{\boldsymbol{p}\} \tag{6-110}$$

位移边界条件：

$$\Delta\{\boldsymbol{u}\} = \Delta\{\bar{\boldsymbol{u}}\} \tag{6-111}$$

这一力学问题的变分方程为

$$\Pi = \iiint\limits_V (\Delta U - \Delta\{\boldsymbol{F}\}^{\mathrm{T}}\Delta\{\boldsymbol{u}\})\mathrm{d}V - \iint\limits_{\Gamma_p}\Delta\{\boldsymbol{p}\}^{\mathrm{T}}\Delta\{\boldsymbol{u}\}\mathrm{d}\Gamma \tag{6-112}$$

式中 ΔU—— 弹塑性应变能密度增量。

$$\Delta\{\boldsymbol{u}\} = [\boldsymbol{N}]\Delta\{\boldsymbol{\delta}\}^e \tag{6-113}$$

$$\Delta\{\boldsymbol{\varepsilon}\} = [\boldsymbol{B}]\Delta\{\boldsymbol{\delta}\}^e \tag{6-114}$$

不计体积力，则单元的变分方程为

$$\Pi^e = \iiint\limits_e \frac{1}{2}\Delta\{\boldsymbol{\varepsilon}\}^{\mathrm{T}}\Delta\{\boldsymbol{\sigma}\}\mathrm{d}V - (\Delta\{\boldsymbol{\delta}\}^e)^{\mathrm{T}}\Delta\{\boldsymbol{p}\}^e \tag{6-115}$$

由此得

$$\Pi^e = \frac{1}{2}(\Delta\{\boldsymbol{\delta}\}^e)^{\mathrm{T}}\iiint\limits_e[\boldsymbol{B}]^{\mathrm{T}}[\boldsymbol{D}]_{\mathrm{ep}}[\boldsymbol{B}]\mathrm{d}V\Delta\{\boldsymbol{\delta}\}^e - (\Delta\{\boldsymbol{\delta}\}^e)^{\mathrm{T}}\Delta\{\boldsymbol{p}\}^e \tag{6-116}$$

根据变分原理，真实解的节点位移应使 $\delta\Pi^e = 0$，所以

$$\delta\Pi^e = \delta(\Delta\{\boldsymbol{\delta}\}^e)^{\mathrm{T}}\left(\iiint\limits_e[\boldsymbol{B}]^{\mathrm{T}}[\boldsymbol{D}]_{\mathrm{ep}}[\boldsymbol{B}]\mathrm{d}V\Delta\{\boldsymbol{\delta}\}^e - \Delta\{\boldsymbol{p}\}^e\right) \tag{6-117}$$

由此得

$$\iiint\limits_e[\boldsymbol{B}]^{\mathrm{T}}[\boldsymbol{D}]_{\mathrm{ep}}[\boldsymbol{B}]\mathrm{d}V\Delta\{\boldsymbol{\delta}\}^e = \Delta\{\boldsymbol{p}\}^e \tag{6-118}$$

令

$$[\boldsymbol{k}]^e = \iiint\limits_e[\boldsymbol{B}]^{\mathrm{T}}[\boldsymbol{D}]_{\mathrm{ep}}[\boldsymbol{B}]\mathrm{d}V \tag{6-119}$$

则得单元平衡方程：

$$[\boldsymbol{k}]^e\Delta\{\boldsymbol{\delta}\}^e = \Delta\{\boldsymbol{p}\}^e \tag{6-120}$$

式中 $[\boldsymbol{k}]^e$—— 单元的刚度矩阵；

$\Delta\{\boldsymbol{p}\}^e$—— 单元节点所受到的外力增量。

把所有单元的刚度矩阵集合形成一个整体刚度矩阵，同时将作用于各单元节点的节点力向量组集成整体的节点载荷向量：

$$[\boldsymbol{k}] = \sum_e[\boldsymbol{k}]^e \tag{6-121}$$

$$\Delta\{\boldsymbol{p}\} = \sum_e\Delta\{\boldsymbol{p}\}^e \tag{6-122}$$

则得整体平衡方程：

$$[\boldsymbol{k}]\Delta\{\boldsymbol{\delta}\} = \Delta\{\boldsymbol{p}\} \tag{6-123}$$

求解这个整体平衡方程，就会得到整个求解区域各节点的位移增量 $\Delta\{\boldsymbol{\delta}\}$。根据计算出的单元节点位移增量 $\Delta\{\boldsymbol{\delta}\}^e$，代入几何方程可得到单元的应变增量 $\Delta\{\boldsymbol{\varepsilon}\}^e$，将单元的应变增量 $\Delta\{\boldsymbol{\varepsilon}\}^e$ 代入物理方程可得到单元的应力增量 $\Delta\{\boldsymbol{\sigma}\}^e$。

6.2.3 热弹塑性力学的有限元法

热弹塑性问题的物理方程增量形式为

$$\Delta\{\boldsymbol{\sigma}\} = [\boldsymbol{D}]\Delta\{\boldsymbol{\varepsilon}\} - \{\boldsymbol{C}\}\Delta T \tag{6-124}$$

在弹性区域：

$$[\boldsymbol{D}] = [\boldsymbol{D}]_{\mathrm{e}}, \quad \{\boldsymbol{C}\} = \{\boldsymbol{C}\}_{\mathrm{e}}$$

在塑性区域：

$$[\boldsymbol{D}] = [\boldsymbol{D}]_{\mathrm{ep}}, \quad \{\boldsymbol{C}\} = \{\boldsymbol{C}\}_{\mathrm{ep}}$$

单元方程为

$$[\boldsymbol{k}]^e\Delta\{\boldsymbol{\delta}\}^e = \Delta\{\boldsymbol{p}\}^e + \Delta\{\boldsymbol{R}\}^e \tag{6-125}$$

式中　$\Delta\{\boldsymbol{R}\}^e$—— 初应变等效节点力；

$[\boldsymbol{k}]^e$—— 单元刚度矩阵。

则

$$\Delta\{\boldsymbol{R}\}^e = \iiint_e [\boldsymbol{B}]^{\mathrm{T}}\{\boldsymbol{C}\}\mathrm{d}T\mathrm{d}V \tag{6-126}$$

$$[\boldsymbol{k}]^e = \iiint_e [\boldsymbol{B}]^{\mathrm{T}}[\boldsymbol{D}][\boldsymbol{B}]\mathrm{d}V \tag{6-127}$$

按单元是处于弹性还是塑性状态，分别选用不同的 $[\boldsymbol{D}]$ 和 $\{\boldsymbol{C}\}$。总体合成后，得

$$[\boldsymbol{k}]\Delta\{\boldsymbol{\delta}\} = \Delta\{\boldsymbol{p}\} + \Delta\{\boldsymbol{R}\} \tag{6-128}$$

求解这个整体平衡方程，就会得到整个求解区域各节点的位移增量 $\Delta\{\boldsymbol{\delta}\}$。根据计算出的单元节点位移增量 $\Delta\{\boldsymbol{\delta}\}^e$，代入几何方程可得到单元的应变增量 $\Delta\{\boldsymbol{\varepsilon}\}^e$，将单元的应变增量 $\Delta\{\boldsymbol{\varepsilon}\}^e$ 代入物理方程可得到单元的应力增量 $\Delta\{\boldsymbol{\sigma}\}^e$。

参考文献

[1]　龙驭球. 有限元法概论[M]. 北京：人民教育出版社，1978.

[2]　李大潜. 有限元素法续讲[M]. 北京：科学出版社，1979.

[3]　黄义. 弹性力学基础及有限元法[M]. 西安：西安冶金建筑学院，1980.

[4]　谢贻权，何福保. 弹性和塑性力学中的有限元法[M]. 北京：机械工业出版社，1981.

[5]　王仁，熊祝华，黄文彬. 弹塑性力学基础[M]. 北京：科学出版社，1982.

[6]　王洪纲. 热弹性力学概论[M]. 北京：清华大学出版社，1983.

[7]　王祖诚，汪家才. 弹性和塑性理论及有限元法[M]. 北京：冶金工业出版社，1983.

[8] 孟凡中.弹塑性有限变形理论和有限元方法[M]. 北京:清华大学出版社,1985.
[9] 王仲仁,苑世剑,胡连喜.弹性与塑性力学基础[M].哈尔滨:哈尔滨工业大学出版社,1997.
[10] 孔祥谦.热应力有限元法分析[M]. 上海:上海交通大学出版社,1999.
[11] 朱伯芳.有限元法原理及应用[M].北京:中国水利水电出版社,1998.
[12] 王勖成,邵敏.有限元法基本原理和数值方法[M]. 北京:清华大学出版社,2001.
[13] 王勖成.有限元法[M]. 北京:清华大学出版社,2003.
[14] 杨佳通.弹塑性力学引论[M]. 北京:清华大学出版社,2004.
[15] 曾攀. 有限元分析及应用[M]. 北京:清华大学出版社,2004.
[16] 陈火红. Marc 有限元实例分析教程[M]. 北京:机械工业出版社,2002.
[17] 陈火红,尹伟奇,薛小香. MSC. Marc 二次开发指南[M]. 北京:科学出版社,2004.
[18] 陈火红,杨剑,薛小香,等. 新编 Marc 有限元实例教程[M]. 北京:机械工业出版社,2007.
[19] 胡建军,李小平. DEFORM-3D 塑性成型 CAE 应用教程[M]. 北京:北京大学出版社,2011.

第7章

计算机数据采集及数据库技术在材料科学与工程中的应用

7.1 计算机温度场实时数据采集系统

近年来人们对所建立的温度场计算数学模型的可靠性越来越重视，因此，用对温度场实时数据采集的实验方法来验证数学模型的合理性，显得越来越重要。

整个温度场实时数据采集系统由硬件系统和软件系统构成。硬件系统是载体，软件系统是核心。因此在设计中要充分利用硬件资源，同时也要使软件紧密的结合硬件来实现用户所需的功能。

7.1.1 温度场实时数据采集系统的整体设计

温度场实时数据采集系统设计流程采用自上向下、逐步细化的设计思想，如图 7-1 所示。

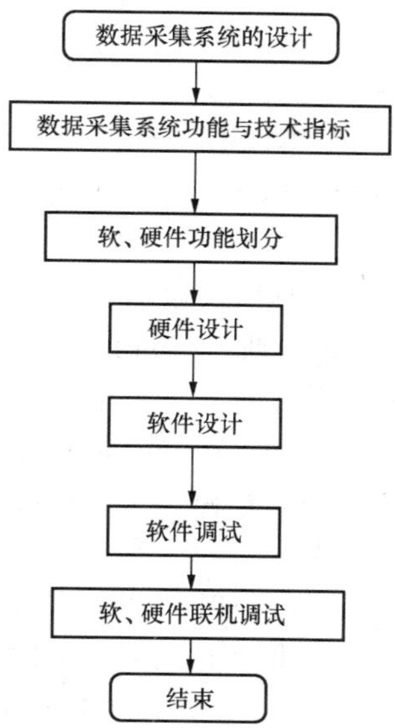

图 7-1　温度场实时数据采集系统设计流程

7.1.2 温度场实时数据采集系统的硬件系统设计

整个硬件系统是基于PC机的，它是一种典型的总线式结构，其I/O扩展槽实际上是连接在PC机的系统总线上的，这种总线叫作PC总线。在PC机剩余的I/O扩展槽中插入所需的I/O功能板，例如A/D转换板、放大板，就构成了一个温度场实时数据采集系统的硬件系统。

这种结构的优点是系统的软、硬件设计简捷、明快，简化了系统的结构，采用了标准总线，使用户受益，系统的可扩展性和可维护性好、易于升级换代，提高了系统的性能。其硬件结构框图如图 7-2 所示 。

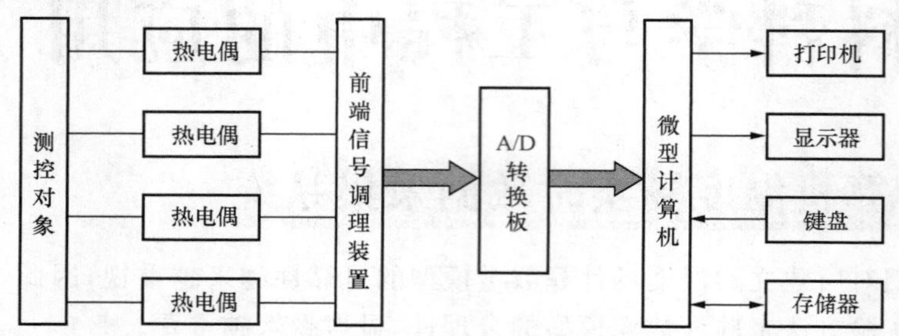

图 7-2 温度场实时数据采集系统的硬件结构框图

1. A/D 转换板

PCL-818HD A/D 转换板能保证在所有的增益(1、2、4 或 8，可编程) 及输入范围内都有 100 KS/s 的采样及转换速度。它有一个 1 KB 的缓存器用来获得快的数据和 Windows 下更好的性能。

转换的时间：8 μs。

输入范围：最大数据吞吐量为 100 KS/s。

精度：

增益 = 0.5，1　　0.01% FSR ± 1 LSB

增益 = 2，4　　0.02% FSR ± 1 LSB

增益 = 8　　0.04% FSR ± 1 LSB

2. 前置放大板

PCLD-789D 放大板提供前端信号调理以及通道多路扩展，和数据采集卡的模拟量输入端口一起使用。提供多路选通 16 个差分输入通道，可输入到数据采集卡 / 转换器的一个输入通道，最高可级联 10 片，允许一个数据采集卡读取 160 个模拟输入通道。用高级仪表放大器提供可开关选择的增益：1、10、50、100、200、1 000，这些放大器可使用户精确地在数据采集卡上测量微小信号。同时放大板也提供一组冷端补偿电路，可以直接连接热电偶的输出端来测量温度。

3. 工业控制级的计算机

系统所使用的计算机为一台 PentiumⅢ933、256 MB 内存的研华 610 工控机，操作系统为中文 Windows 98。目前操作系统即插即用的特性，对于安装放大板和 A/D 转换板是很方便的。并且，由于提供了足够大的内存，对于采集后的数据处理也具有很大的优势。

4. 热电偶传感器

热电偶传感器具有价廉、精度高、构造简单及反应迅速等优点，测量范围通常是 −50 ℃ ～ 1 600 ℃。常用的热电偶传感器型号及测量范围见表 7-1。

表 7-1　常用的热电偶传感器型号及测量范围

型号	构成材料	测量范围 /℃	输出电压 /mV
B	铂铑	38 ～ 1 800	13.6
E	铬 - 康铜	0 ～ 982	75.0
J	铁 - 康铜	－184 ～ 760	50.0
K	镍铬 - 镍硅合金	－184 ～ 1 260	56.0
R	铂 - 铂＋13% 铑	0 ～ 1 593	18.7
S	铂 - 铂＋10% 铑	0 ～ 1 538	16.0
T	铜 - 康铜	－184 ～ 400	26.0

在本系统中，基于实际过程中测量的温度为 20 ～ 1 200 ℃，以及所要求的采样频率与热电偶时间常数的匹配性，采用了镍铬 - 镍硅铠装的热电偶，其偶丝直径为 0.18 mm，金属外壳直径为 1.0 mm，热响应时间常数为 0.01 s。

7.1.3　温度场实时数据采集系统的软件系统设计

温度场实时数据采集系统的软件系统由数据采集、数据处理两大模块组成。这些模块是按照功能划分的，各个模块之间相互独立。采用了模块化程序设计方法进行程序设计。所谓模块化程序设计就是把一个复杂的系统软件，分解成若干个程序段，这些程序段完成单一的功能，并且有一定的相对独立性，称之为“模块”，这种程序设计的方法为模块化程序设计。其优点是程序容易编写、结构清晰、可读性强、易于查错和调试。温度场实时数据采集系统的软件系统程序模块如图 7-3 所示。

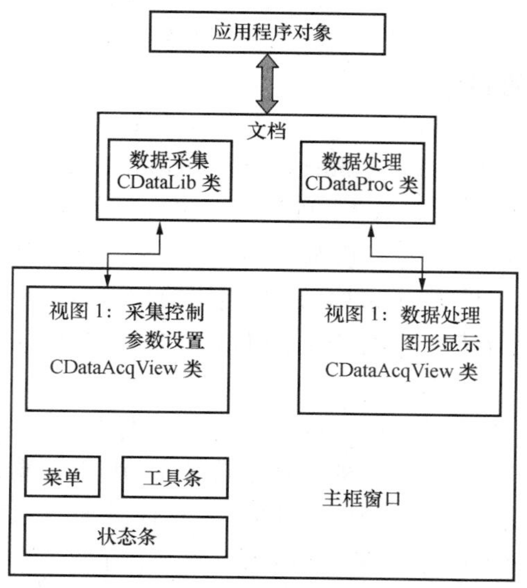

图 7-3　温度场实时数据采集系统的软件系统程序模块

1. 软件系统的结构

(1)数据采集模块

它是整个软件系统的核心部分。由于大多数传感器输出的信号都很微弱，而且通常混有噪声和干扰，因此必须对传感器的输出信号进行放大。在数据采集过程中，通过研华的 PCLD-789D 放大板对传感器的输出信号进行放大，通过 PCL-818HD A/D 转换板对输入信号进行 A/D 转换,将其模拟电压通过量化、编码转化为数字信息。

(2)数据处理模块

由于热电偶的非线性特征,由输出电压求取对应的温度时,在输入信号中采用查表法来进行温度转换。通常采用滤波器来滤掉叠加在有用信号上的噪声和不必要的频率分量。测温软件系统的结构如图 7-4 所示。

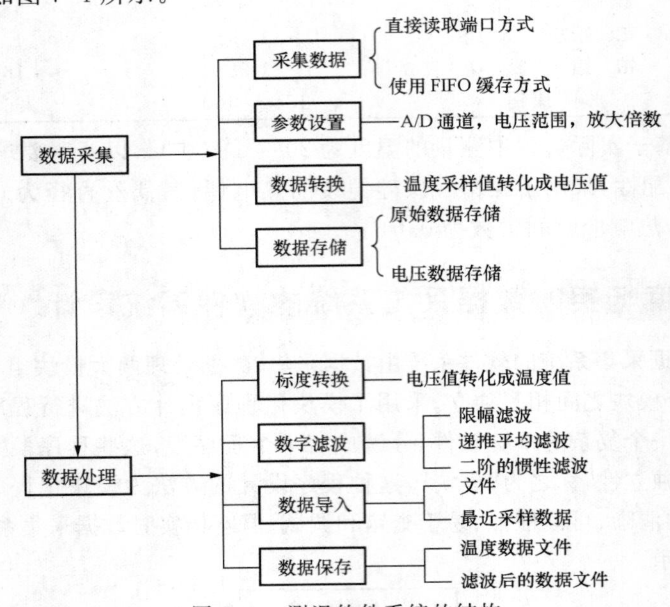

图 7-4　测温软件系统的结构

2. 测温软件系统软件的实现

软件采用的编程语言是 Visual C++,它是面向对象的程序设计语言,具有多态性(polymorphism)、动态绑定(dynamic binding)、继承性(inherit)的特征。Visual C++的功能强大,广泛应用于工业控制、数据通信、网络与多媒体等领域。特别是在工业控制方面,它可以对硬件的低层进行操作,比如对微机端口的控制、内存的管理、多线程的应用。这些功能对于其他高级语言来说是无法与 Visual C++相比的。并且,对于同一个应用程序用不同的高级语言来实现时,就其运行速度来说,Visual C++是最快的,可以说 Visual C++的代码优化是最好的 。

在软件设计中,利用了面向对象程序设计语言的三大特征,把一组属性以及这组属性上的方法封装在相应的对象中,封装是一种信息隐蔽技术,用户只能看得到对象封装界面上的信息,对象内部的实现是隐蔽的。整个温度场实时数据采集系统主要由 CDataLib、CDataProc、CDataAcqView、CDisplayView 四大类组成。所谓类,是指一组相同属性和相同方法的对象的集合,通过对类的操作可以实现程序模块化。现在主要介绍一下 CDataLib、CDataProc 的功能。

CDataLib 是一个专门用于数据采集的类。通过这个类可以设置研华 PCLD-789D 放大板和 PCL-818HD A/D 转换板的通道、放大倍数、采样间隔、电压范围等参数。同时根据用户的设置进行数据采集,把采集到的电压放到一个全局的数组中。采集过程结束后,把其中的数值存放到一个文件中。在采集时,为了提高系统的实时性,在程序中采用了嵌入式软件编程。

CDataProc 是一个专门用于数据处理的类。通过这个类来实现各种数据处理。其中最为重要的处理是标度转换和数字滤波的实现，在标度转换中采用了查表法；通过几种滤波方法来抑制随机的干扰。

(1)数据采集类(CDataLib)

在数据采集时采用了程序查询方式，同时为了达到系统实时性的要求和实现交互式的人机对话功能，采用了多线程和嵌入式汇编技术。数据采集的方式有：

①程序查询方式

这种方式下 CPU 不断查询 ADC 的结束信号，一旦发现有效，则认为 ADC 完成转换，这时就可以读取数据。

②中断方式

用这种方式，把转换结束信号作为中断请求信号，送入中断控制器中断。

③固定延时程序方式

用这种方式，要预先精确地知道完成一次转换所需的时间，这样 CPU 发出启动信号以后，执行一个固定延时程序，此程序结束后，A/D 转换也正好结束，于是 CPU 读取数据。

④采用 DMA(direct memory access) 方式

此方式常用于高速 A/D转换，A/D转换的速度超过CPU的控制速度后，无法对 ADC进行控制，而由硬件逻辑电路来完成。这时，所谓的结束信号不是一次 A/D 转换结束信号，而是一批 A/D 转换的数据，在硬件逻辑电路的控制下，存入高速缓存后，通知 DMA 控制器发出 DMA 请求信号，然后系统进入 DMA 期间，在高速缓存和 RAM 间进行数据传送。

对于前三种方式，如果 A/D 转换时间较长，并且有几件事情要 CPU 进行处理，那么使用中断方式的效率是比较高的，但是如果 A/D 转换的时间较短，那么中断方式就失去了优越性，因为响应中断、保留现场、恢复现场、退出中断一系列环节所花去的时间与转换的时间相当，此时可采用查询方式或者同步方式。对于高速的 A/D 转换可采用 DMA 方式。

(2)多线程

在 Windows 操作系统中，线程是进程的活动成分，它可以共享进程的资源与地址空间，通过线程的活动，进程可以提供多种服务。每个进程都可以创建多个线程，在 Windows 操作系统中有用户线程和工作线程。采用多线程机制的最大优点是节省开销，传统的进程创建子进程的办法内存开销大，而且创建时间长。不过在使用线程时一定要注意各线程之间的同步。

(3)工作线程

在有些时候，想要完成后台的诸如计算、打印等任务，那么工作线程是非常好用的。可以用 AfxBeginThread() 来创建工作线程，然后编写线程函数，通过工作线程来执行线程函数，再用 AfxEndThread() 结束工作线程。

(4)用户线程

用户线程和工作线程相似，因为它们是拥有操作系统提供的管理新线程的同一机制。但是用户线程可以调用 MFC 所提供的其他函数，这是工作线程所不及的。它的创建方法与工作线程大致相似。

(5)嵌入式汇编技术

采用嵌入式汇编技术，可以用 Visual C＋＋编写出灵活的用户界面，同时为了达到高速的数据采集的要求，对于数据采集模块使用汇编程序来完成，以下为采集模块的代码：

```
_asm {
        mov     AL,300H         // 启动转换
        out     portA,AL
        mov     DX,308H
wait:   in      AL,DX
        test    AL,80H
        jnz     wait
        mov     DX,301H         // 读高 4 位的值
        in      AL,DX
        mov     AH,AL
        mov     DX,300H         // 读低 8 位的值
        in      AL,DX
        mov     CL,4
        shr     AX,CL
        mov     data_returned,AX
}
```

300H 为触发地址(A/D转换板基地址),308H 为状态地址,同时 300H 也为 A/D转换后数据存放的低 8 位地址,301H 为 A/D 转换后数据存放的高 4 位地址,data_returned 为采集后所得到的值。

把这段程序嵌入用 Visual C++编写的数据采集的程序中,适当加以修改即可实现所需的数据采集功能。以上的代码只能对一个通道进行数据采集,对于多通道的 ADC 转换,可以通过不断查询每个通道的状态来进行数据采集。

3. 数据处理

(1)标度转换的原理

①标度转换公式

对于线性特性的热电偶可用标度转换公式:

$$Y_x = Y_0 + (Y_m - Y_0)N_x/N_m$$

式中 Y_m——一次测量仪器的上限(传感器输出上限);

Y_0——一次测量仪器的下限(传感器输出下限);

Y_x——一次测量仪器的实际测量值;

N_m——仪器上限所对应的数字量;

N_x——实际测量值所对应的数字量。

②查表法

对于非线性特性热电偶,用查表法来进行标度转换。所谓的查表法就是事先把热电偶测量的电压与温度关系的表格,按一定的方式存入内存单元中,然后计算机根据实际测量值(电压)的大小,查出被测的量(温度)。这是通过数据转化模块的功能来实现的。

(2)数字滤波

输入信号中,通常叠加有噪声和不必要的频率分量,在信号取样时,这些分量将会带来误差,在输入/输出通道中,通常采用滤波器来滤掉叠加在有用信号上的噪声和不必要的频率分量。滤波器可分为低通滤波器、高通滤波器、带通滤波器。在一般的数据采集系统中,通常使用低通滤波器。它是抑制噪声干扰最为有效的手段,特别是对抑制经导线耦合到电路的噪声干扰最为显著。数据采集装置中,常采用数字滤波器,它通过对输入的数据进行处理运

算，使用软件来实现滤波。

数字滤波的优点：

①不需要增加硬件设备，只要在程序进入控制算法之前，附加一段数字滤波的程序；

②多个输入通道共用一个滤波器从而有显著的经济性；

③数字滤波不用硬件，因此可靠性高，也不存在阻抗匹配的问题；

④使用灵活，只要改变滤波的程序段或其参数，就可以实现不同的滤波效果，很容易解决低频信号的滤波问题。

下面介绍一下本数据采集系统所用的几种滤波方法。

①二阶的惯性滤波法

二阶的惯性滤波法特别适用于尖峰的随机干扰。所谓尖峰的随机干扰就是单脉冲的干扰，它的宽度不大，通常是几个点的范围。同时，对于非周期随机干扰，其抑制的能力较强。只要随机干扰的宽度不大就可以用二阶的惯性滤波法。但是，随机干扰如果是较小的方波或者三角波，用二阶的惯性滤波法就达不到相应的效果。

②递推均值滤波法

递推均值滤波法对于周期性的干扰有良好的抑制作用，平滑度高，灵敏度低；但对偶然出现的脉冲性干扰的抑制作用差，不能消除由于脉冲干扰所引起的取样偏差。因此，它不适合于脉冲干扰较严重的场合，而适合高频振荡的系统。

③限幅滤波法

限幅滤波法对于方波、三角波随机干扰的抑制效果特别好，但对于单脉冲特别严重的干扰，其抑制效果不如二阶的惯性滤波法好。

7.1.4　数据采集的结果与分析

1. 数字滤波

在一杯温度大约为 70 ℃ 的热水中，用热电偶快速连续点击三次，所得到的温度与时间的关系曲线如图 7-5 所示。

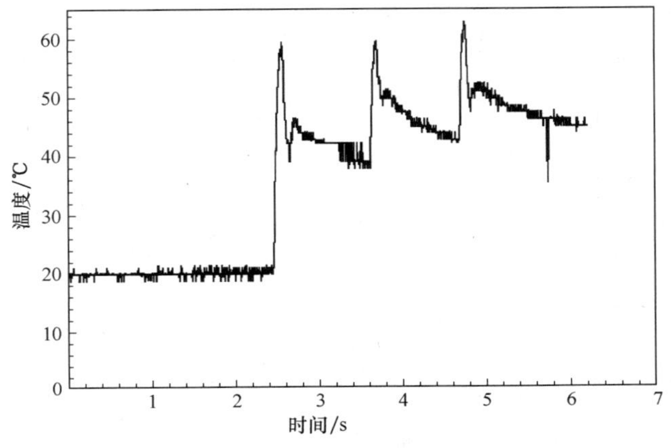

图 7-5　原始的温度与时间的关系曲线

从图 7-5 中可以看出，原始信号本身是三角波，同时混有大量单脉冲的干扰。这对于实验结果影响特别大，因此，必须进行数字滤波。经过二阶的惯性滤波后的温度与时间的关系曲线如图 7-6 所示。

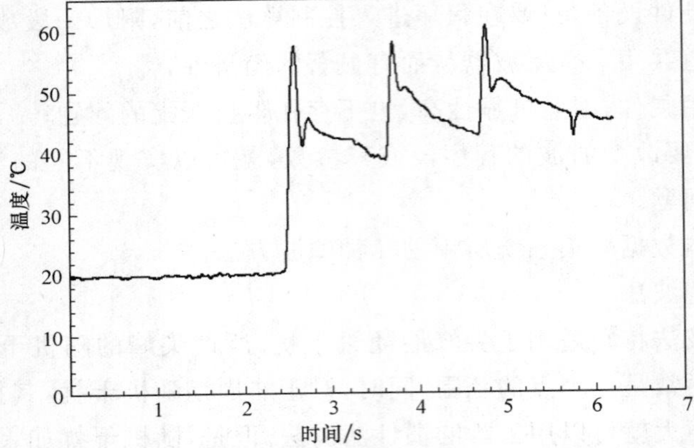

图 7-6　经过二阶的惯性滤波后的温度与时间的关系曲线

2. 曲线的平滑处理

原始信号中的干扰是三角波或者方波的数据曲线如图 7-7 所示。

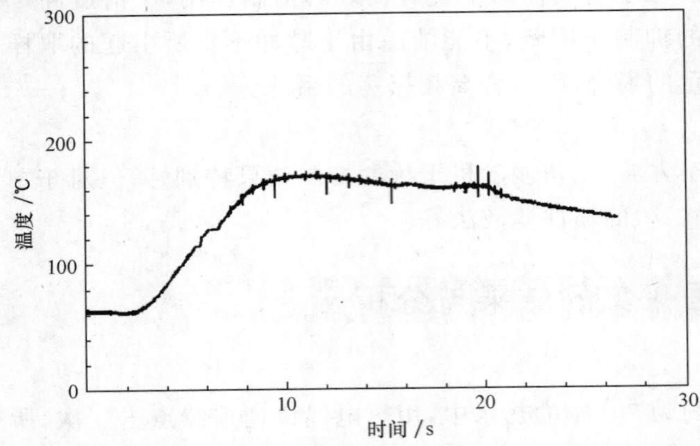

图 7-7　原始信号中的干扰是三角波或者方波的数据曲线

限幅滤波后，再经过递推均值滤波的数据曲线如图 7-8 所示。

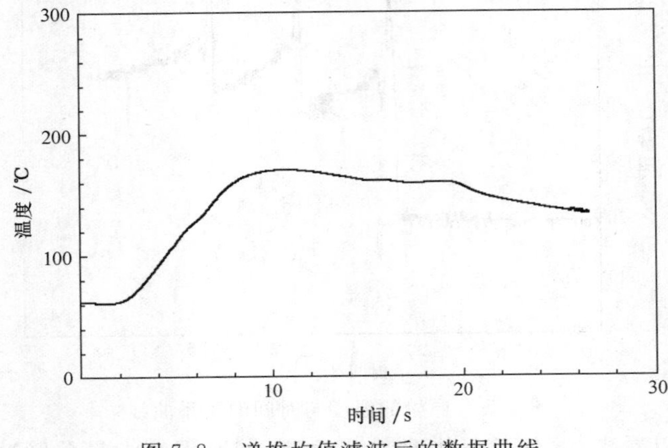

图 7-8　递推均值滤波后的数据曲线

从图 7-8 中可以看出，经过限幅滤波后的信号再经过递推均值滤波后，全部的单脉冲干扰被滤掉。同时，递推均值滤波最大的效果是曲线变得十分平滑了，这是其他滤波方法所不及的。

7.1.5　温度场实时数据采集系统的性能

1. 实时性

由于整个温度场数据采集是一个高速的过程，因此必须考虑软件的实时性，来提高采集的速度。在工程应用中为了满足实时性的要求，通常采用嵌入式的软件编程。并且，嵌入式的软件编程在我们生活中的作用也越来越大。所谓嵌入式的软件编程就是在高级语言中嵌入一段汇编程序来实现软件的实时性。

2. 可靠性

应用软件的可靠性与硬件系统的可靠性一样，也是关键性的指标。虽然，应用软件的设计采用了模块化结构，使软件结构清晰，有利于软件的功能调试。但是，也要对整个软件系统进行各种性能的调试，比如，模块调试、集成调试、系统调试等，以提高整个系统的可靠性。

3. 可维护性

由于用户通常没有参与整个软件的设计过程，对于软件的工作流程不清楚，并且用户通常更关心的是软件的使用，因此，一定要使用户能够容易操作和改进这个软件。

4. 可扩展性

对于不同的用户，其操作系统的平台是不同的，因此，在选择高级语言的时候，一定要考虑其通用性。

7.2　计算机温度场实时数据采集系统的应用

7.2.1　惯性摩擦焊接过程温度的计算机实时测量

航空发动机转子及涡轮机转子等关键部件都是用高温合金及钛合金来制造的，各级转子之间是靠焊接方法来连接的，目前国际上公认的焊接航空发动机转子的最好的方法就是惯性摩擦焊。惯性摩擦焊是一种固态焊接方法，与传统的焊接方法相比，其具有能产生锻制质量的焊接接头，无固化缺陷及焊缝内在的非连续性缺陷，焊接涉及的参数少(转速与压力)，自动化程度高等优点。可以说惯性摩擦焊是 21 世纪航空发动机转子的主要焊接工艺，航空发动机转子是航空发动机的核心部件，它的焊接质量的好坏直接影响航空发动机的质量。因为开展高温合金及钛合金航空发动机转子的惯性摩擦焊技术研究对我国航空工业的发展具有重要的战略意义。但采用传统的方法用许多实验来探索某个具体工艺参数的代价太昂贵，每套实验件价值 40 万 ～ 50 万元，要找到一个好的工艺参数至少需 10 ～ 20 套实验件。过去国外都是用许多实际零件进行惯性摩擦焊实验来寻找最佳的工艺参数，这样找到的最佳工艺参数代价昂贵，而且只是针对具体合金和具体零件的工艺参数，不具有普遍意义。可以采用计算机数值模拟的方法对惯性摩擦焊过程的温度场、应力场及变形场进行有限元数值模拟计算，预测在一定的工艺参数下惯性摩擦焊后的焊接质量和性能，进而建立惯性摩擦焊工艺参数与焊接质量和性能的定量关系，这样一来，许多工艺参数探索实验就可在计算机上虚拟进行，可节省大量的人力、物力和时间，加速新产品的研制与开发。

作者团队已经建立了航空发动机转子惯性摩擦焊过程温度场计算的数学物理模型，编制了航空发动机转子惯性摩擦焊过程的温度场有限元数值模拟程序，并对航空发动机转子惯性摩擦焊过程的温度场进行了有限元数值模拟计算。为了验证计算模型的正确性，建立了航空发动机转子惯性摩擦焊过程温度场测量的软件和硬件系统。用和计算用的大小相同、材料相同的实验件在 MTI 惯性摩擦焊机上进行了惯性摩擦焊过程温度场的实际测量实验。实验采用在工件表面点焊热电偶法，把裸端式铠装热电偶沿环向和径向分布开来。其中两根热电偶因震动、高温等原因在焊接过程中断裂脱落。测温装置如图 7-9 所示。

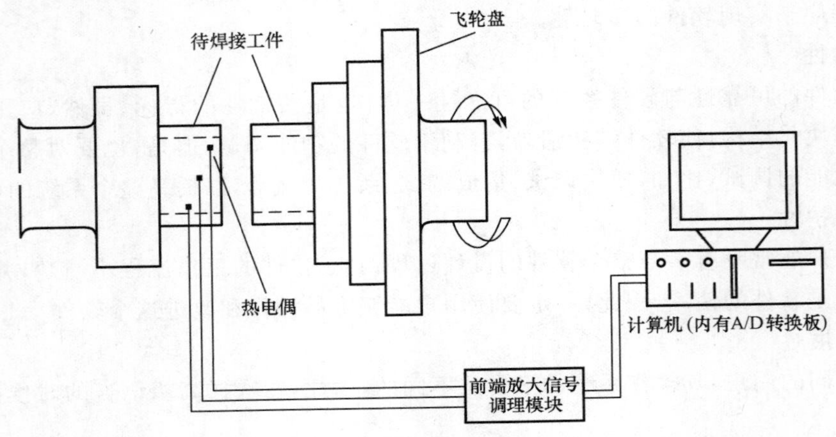

图 7-9　测温装置

惯性摩擦焊过程温度的实测结果如图 7-10 所示。

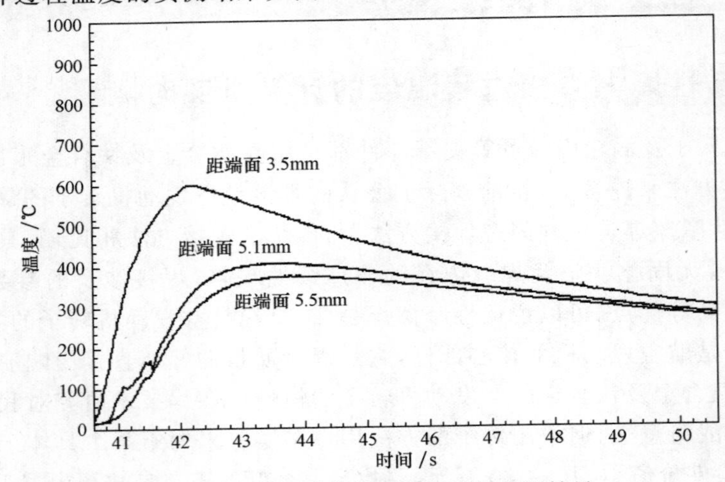

图 7-10　惯性摩擦焊过程温度的实测结果

惯性摩擦焊过程温度的计算结果与实测结果的比较如图 7-11 ～ 图 7-13 所示。

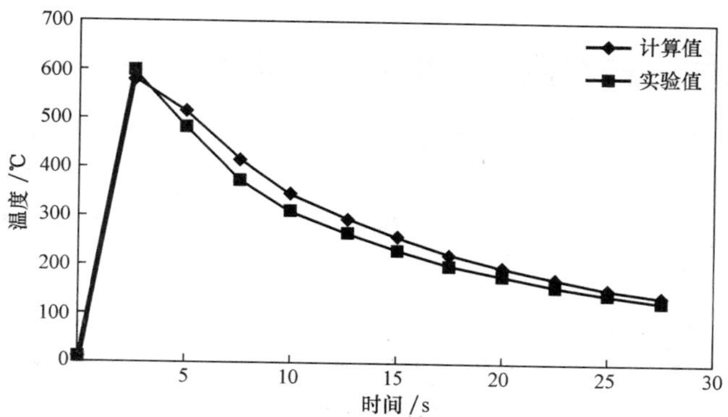

图7-11　惯性摩擦焊过程温度的计算结果与实测结果的比较(距端面3.5 mm)

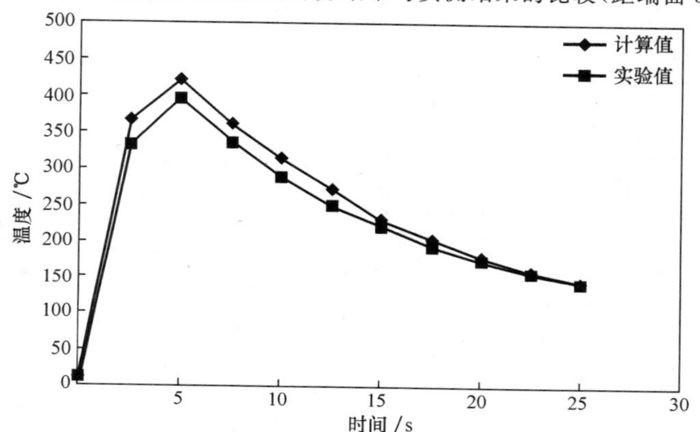

图7-12　惯性摩擦焊过程温度的计算结果与实测结果的比较(距端面5.1 mm)

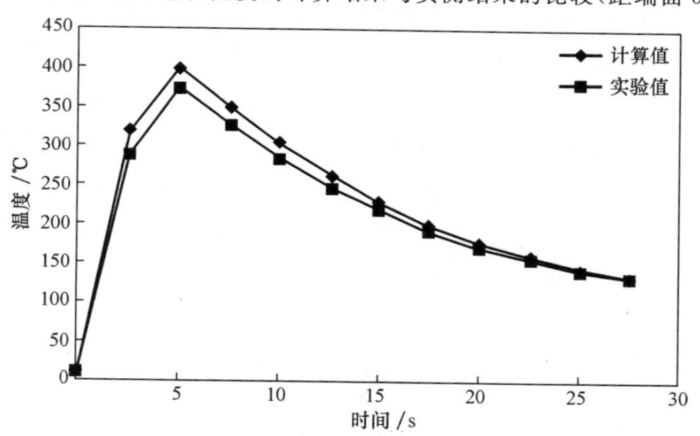

图7-13　惯性摩擦焊过程温度的计算结果与实测结果的比较(距端面5.5 mm)

由图7-11～图7-13可以看出,沿轴向距工件的外表面不同距离的三点的计算温度和实验温度吻合良好。但是三个图具有一个共同的特点,就是计算值都比实验值偏高,这是因为在建立计算模型的时候,没有考虑飞边打出对热量的影响。在实际的实验中焊接过后有1 mm的缩短量,接合面有小的飞边打出,这相当于把温度最高的部分打到了外边,加快了热量的散失。

7.2.2 淬火热处理过程温度的计算机实时测量

随着科学技术和现代工农业的迅速发展，人们对于金属材料的性能要求也越来越高。为了使各种零件能满足其使用性能的要求，通常对钢进行热处理，以提高钢的使用性能。重要的机器零件绝大多数都要经过热处理，所以钢的热处理工艺越来越受到人们的重视。淬火是最重要的热处理方法之一。

整个淬火冷却过程的温度场数据采集系统由硬件部分和软件部分构成，其中硬件部分主要包括淬火介质加热装置、热电偶传感器、前置放大板、A/D 转换板和工业控制级计算机。软件部分具有数据采集和数据处理两大功能，首先将热电偶传感器的电信号转换为电压值，再将电压值转换为温度，经数字滤波后保存为温度数据文件。温度场数据采集系统原理如图 7-14 所示。

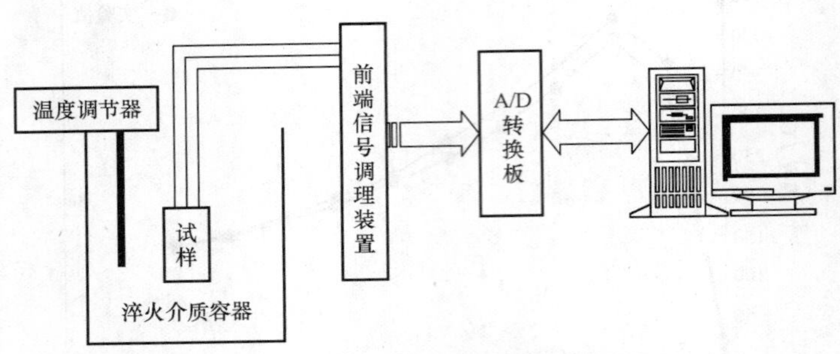

图 7-14　温度场数据采集系统原理

应用温度场数据采集系统，测量 42CrMo、20CrMnMo、20CrMnTi 等十余种钢材试样在 2 号分级油、超快速淬火油、快速淬火油、普通淬火油及自来水等淬火介质中的淬火冷却曲线。将十余种钢号的钢材都加工成直径为 50 mm、高为 100 mm 的圆柱体试样探头。在钢件试样沿轴向距心部分别为 0.00 mm、12.50 mm、23.00 mm，用电火花加工法加工出三个孔，孔深为 50.00 mm，直径为 1.10 mm。测温所用的热电偶采用镍铬 - 镍硅铠装的热电偶，金属外壳直径为 1.00 mm，偶丝直径为 0.18 mm，热响应时间常数为 0.01 s。

将三根热电偶的一端安装在试样上，另一端与补偿导线连接，补偿导线与数据采集系统连接，如图 7-15 所示。三根热电偶需要插入试样中 50 mm，并在试样表面进行固定，以防在移动工件或加热时，使热电偶移动。

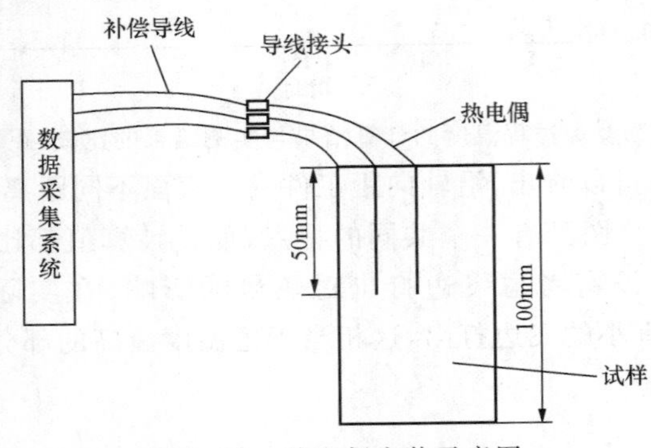

图 7-15　热电偶安装示意图

图 7-16 是原始测量的温度 - 时间曲线图，图 7-17 是递推均值滤波后的温度 - 时间曲线图。

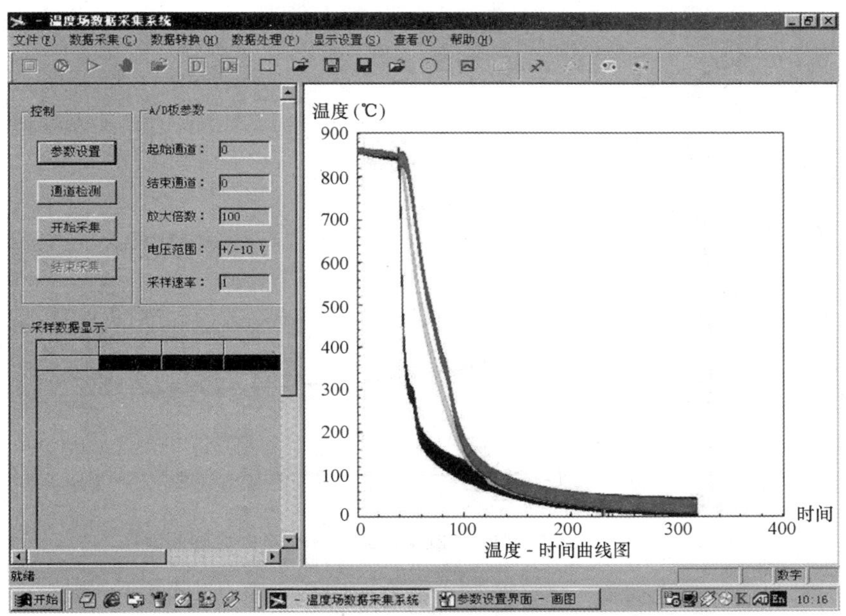

图 7-16　原始测量的温度 - 时间曲线图

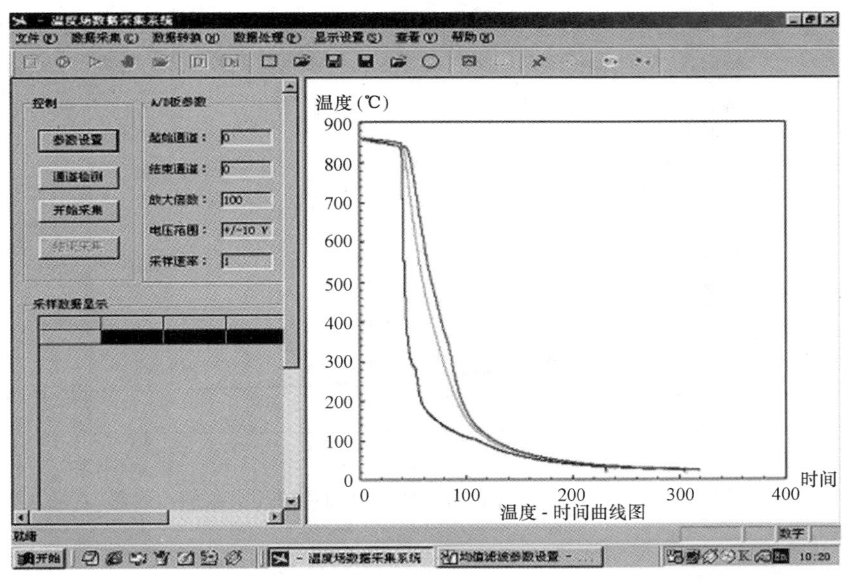

图 7-17　递推均值滤波后的温度 - 时间曲线图

图 7-18 ～ 图 7-22 分别是 42CrMo 钢试样在 2 号分级油、超快速淬火油、快速淬火油、普通淬火油及自来水中的淬火冷却曲线图。

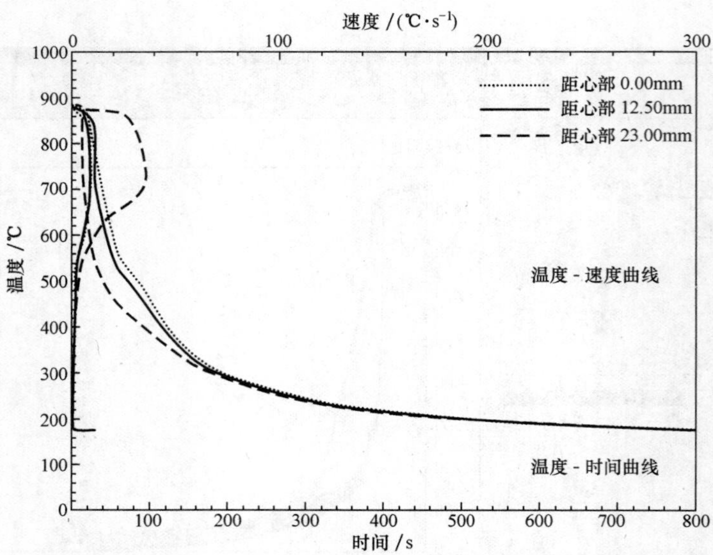

图 7-18　42CrMo 钢试样在 2 号分级油中的淬火冷却曲线图

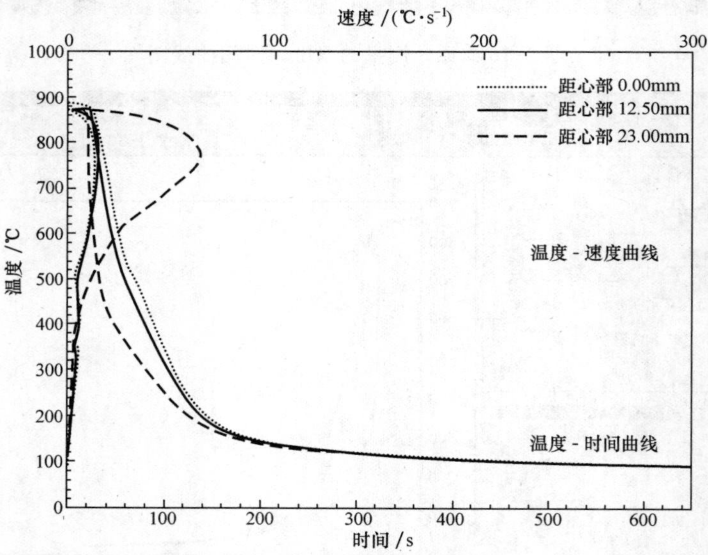

图 7-19　42CrMo 钢试样在超快速淬火油中的淬火冷却曲线图

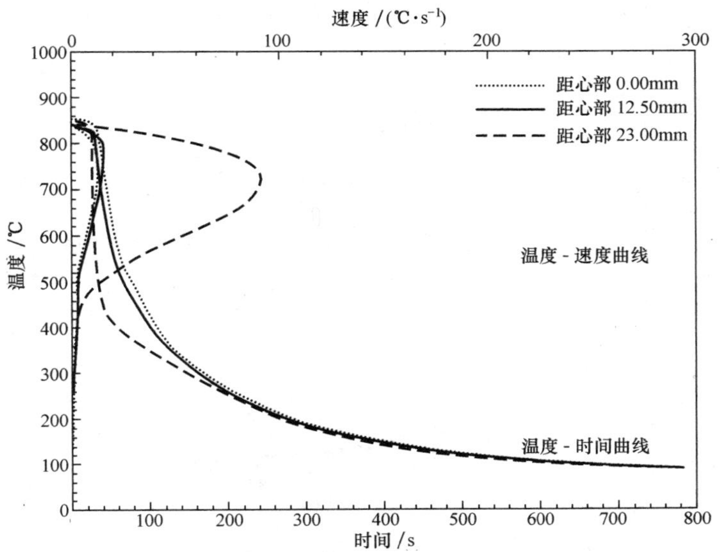

图 7-20　42CrMo 钢试样在快速淬火油中的淬火冷却曲线图

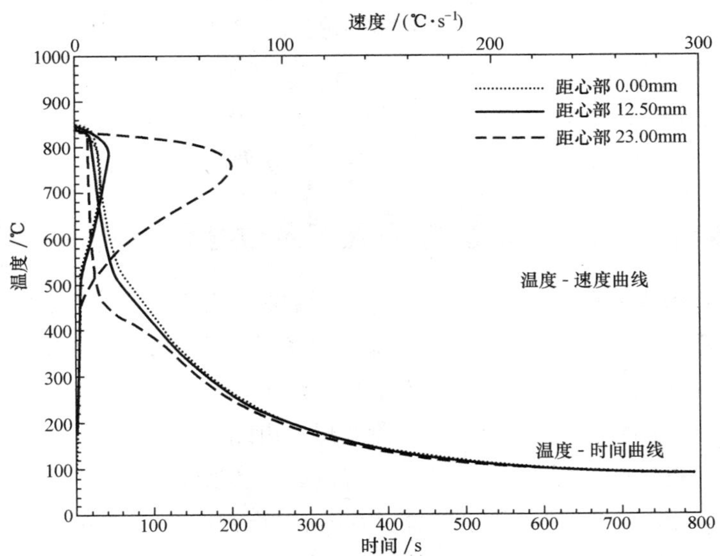

图 7-21　42CrMo 钢试样在普通淬火油中的淬火冷却曲线图

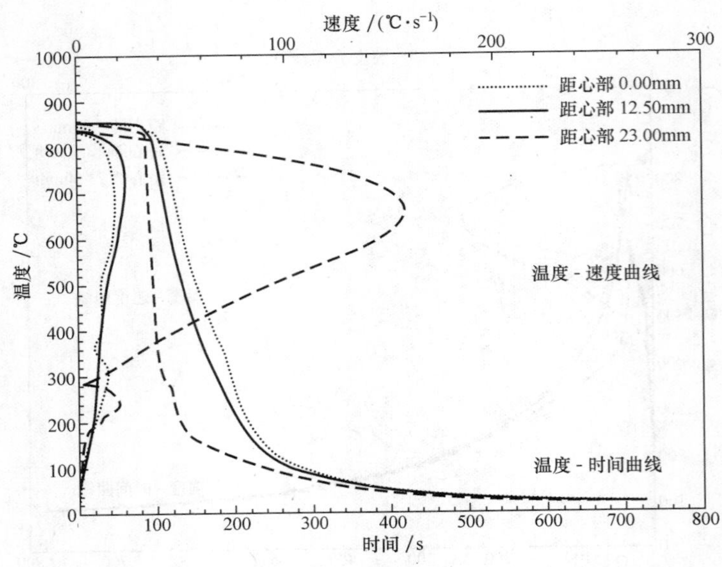

图 7-22　42CrMo 钢试样在自来水中的淬火冷却曲线图

通过对以上五幅图进行分析，可以看出在不同淬火介质中同一种钢的冷却能力是不同的。42CrMo 钢在自来水中的冷却能力最大，冷速最快，最快冷速达到 160 ℃/s；其次为快速淬火油，冷速达到95 ℃/s；再次为普通淬火油，冷速达到80 ℃/s；之后为超快速淬火油，冷速达到70 ℃/s；冷速最慢的是 2 号分级油，仅达到 40 ℃/s。淬火介质按冷速大小排序为自来水 > 快速淬火油 > 普通淬火油 > 超快速淬火油 > 2 号分级油。

7.2.3　板材激光弯曲成型过程温度及位移的计算机实时测量

为了验证板材激光弯曲有限元数值模拟计算结果的准确性，对船用中厚钢板进行了相应的激光弯曲成型实验。采用温度 - 位移数据采集系统对板材激光弯曲成型过程中不断变化的温度和位移数据进行实时采集。在数据采集系统中，利用热电偶测量激光弯曲板材下表面三点的温度，利用位移传感器测量激光弯曲变形自由端一点的位移，将所采集到的温度和位移信号的模拟量通过数模转换，成为计算机可以处理的数字信号，在计算机中显示出来。

图 7-23 为板材激光弯曲成型实验装置示意图。实验钢板 ② 被夹持在试样夹具 ① 上，夹具固定在工作台上，钢板随工作台一起移动，从激光器 ⑧ 所发出的激光束 ⑨ 照射在钢板的上表面，扫描过程所产生的温度及位移的模拟信号被热电偶 ③ 和位移传感器 ⑤ 获得，经过数据调理模块 ⑥ 处理后送到计算机中的 A/D 转换板，模拟信号转化为便于计算机处理的数字信号。每块钢板的背面布置了三根热电偶，分别距激光扫描中心线 0 mm、4 mm 和 8 mm。图 7-24 是激光弯曲成型过程温度及位移的实测结果。

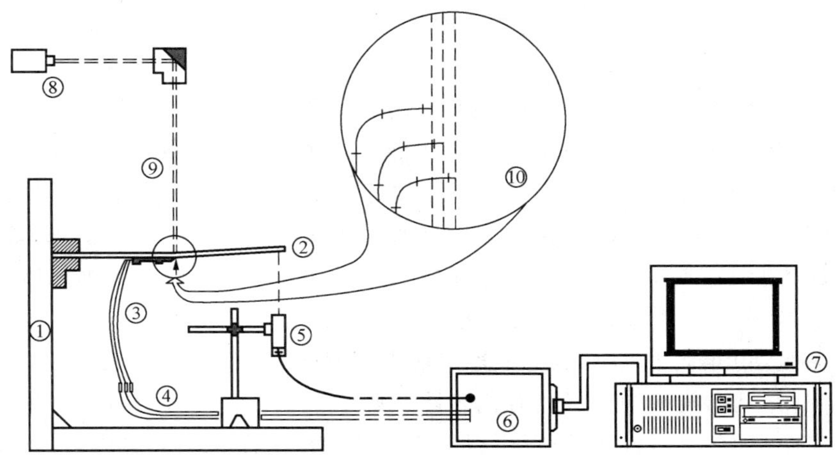

图 7-23　板材激光弯曲成型实验装置示意图

①— 试样夹具；②— 实验钢板；③— 热电偶；④— 补偿导线；⑤— 位移传感器；
⑥— 数据调理模块；⑦— 工控机；⑧— 激光器；⑨— 激光束；⑩— 钢板背面热电偶布置图

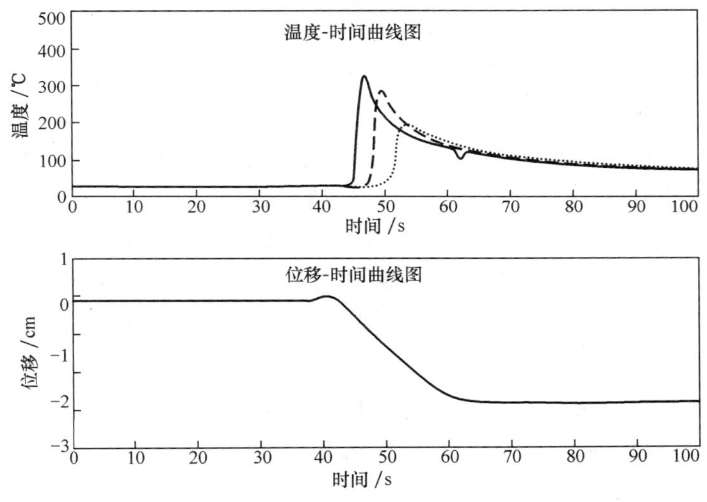

图 7-24　激光弯曲成型过程温度及位移的实测结果

7.3　数据库技术在材料科学与工程中的应用

淬火冷却曲线及组织和性能分布数据库的开发是计算机在热处理研究领域的一个有益的尝试。众所周知，热处理研究工作经常需要分析某种钢材在某种淬火介质中的冷却特性，如果每个热处理厂都直接测定它的冷却曲线，不但费时费力，而且重复性劳动多，会使生产成本增高。如果利用计算机温度场实时数据采集系统对各种钢材试样在不同淬火介质中淬火热处理过程的冷却曲线进行测量，对淬火热处理后各种钢材试样内部的微观组织分布和硬度分布进行测量，然后把这些数据有机地组织在一起，形成一个淬火冷却曲线及组织和性能分布数据库，就会使得热处理工作者可以方便地查询各种钢材在不同淬火介质中的冷却曲线、金相图片以及硬度数据；而且以后如果能不断地有更多的数据输入进去，则可以逐渐成为一个大型的淬火介质相关数据的数据库系统，那么对热处理生产和研究将起到指导作用。

在淬火过程中所采用的冷却介质称为淬火介质。淬火介质选用的合适与否将直接影响淬火质量。淬火介质要有足够的冷却能力（淬火烈度），冷却速度必须大于钢件的临界淬火冷却速度 V_c，但冷却能力不是越大越好。一种理想的淬火介质冷却特性是在过冷奥氏体分解最快（即孕育期最短）的温度范围内（相当于CCT曲线的鼻尖处）具有较强的冷却能力，而在鼻尖上部和下部的温度区域，特别是在 M_s 点附近冷却要缓慢。这样使过冷奥氏体在鼻尖区域既不发生分解，又不致产生过高的淬火应力。

早在20世纪80年代末期，淬火介质冷却能力的测试方法就已经引入了微型计算机的计算与控制系统，并且已经研制成了具有代表性的典型产品，这使得冷却过程的研究更精确，更易于调节和控制。在应用方面，不仅可以对冷却能力准确而又连续地测量，而且也能对淬火过程中来自各个方面的影响进行自动控制。

1939 年格罗斯曼（Grossmann）和阿西莫（Asimow）在钢的淬透性技术研究中，提出了现在通常称为格罗斯曼 H 常数法的方法。其特点是将介质的冷却能力同钢的淬火效果联系起来，通过测定特定钢样的淬火效果而确定介质的冷却能力。格罗斯曼和阿西莫通过计算，绘制出著名的淬透性和冷却能力列线图，通常称为格罗斯曼 H图。通过实测 3个钢试棒在待测介质中淬火后未淬硬心部的直径，绘制成淬火特性曲线，然后，通过格罗斯曼 H 图确定介质的冷却能力 H 值。H 值看似简单方便，而实际上它是基于复杂的传热学计算的。计算中假定热导率和传热系数在冷却过程中为常数，但这两个假定并不符合实际，所以 H 值只能用于淬火介质冷却能力近似的相对比较，而很难满足迅速发展的冷却技术对淬火介质冷却能力评估的越来越高的要求。因此，尽管格罗斯曼 H 常数法迄今仍在某些情况下应用（例如，用于一些计算机预测系统），但是热处理工作者必须寻找更为完善的方法。

人们一直在设计各种实验方法以直接测定淬火介质的冷却能力。这类方法有冷却曲线法、磁性法（镍球法）、热丝法、5 秒钟法等。其中冷却曲线法是比较科学的测定方法。其关键是探头的设计与制造。探头的每一次改进，都使冷却曲线法的应用向前推进一步。时至今日，探头的性能仍是一个众所关注的问题。

探头发展初期，由于无法有效地测定试样表面的温度，只好将测温点设在探头的中心。这样，为了使检测结果能够反映探头表面的冷却过程，要求探头材料的导热性能良好；同时，为了在冷却过程中不产生相变，试样尺寸应尽量小。为此，初期探头多采用镍硅或镍铬合金、纯铁、奥氏体钢、铜和银等。试样形状则采用球形或圆柱形。例如直径为 4 mm 的镍铬合金球探头，直径为 7 mm 的和直径为 20 mm 的银球探头，直径为 25 mm 的纯铁球探头。圆柱形探头则有直径为 6.4 mm、高为 50 mm 的镍硅合金探头；直径为 10 mm、高为 60 mm 的不锈钢探头；直径为 8 mm、高为 24 mm，直径为 10 mm、高为 30 mm 和直径为 16 mm、高为 48 mm 的银探头等。电偶测温点多在试样的几何中心。但是在日本，为了提高测试的灵敏度，将测温点安装在探头的表面。早期球形探头使用最多，特别是直径为 20 mm 的银球探头使用更为广泛，国际上长期积累而引用较多的冷却曲线资料，多是由这种探头测定的，乃至近年，仍有应用。但是后来由于球体的制作工艺复杂等原因，逐渐被圆柱形探头所代替。对于采用圆柱形探头进行测定，现在似乎已形成共识，而其材料、大小和测温点等却仍未完全统一。

当前国际上使用较多的探头有日本的表面测温圆柱形银探头，法国、中国的中心测温圆柱形银探头和英国、瑞典、美国等的中心测温圆柱形镍合金探头。其中镍合金探头已被国际标准化组织(ISO) 正式推荐采用。现将 3 种探头介绍如下：

(1)日本探头(表面测温圆柱形银探头)

1965 年制定的日本标准 JISK2526《热处理油冷却性能试验法》规定了热处理油的冷却性能试验方法。1980 年由日本石油学会负责标准修订，结果该标准同另外两个有关热处理油的标准 K2242、K2527 合并修订成现行的 JISK2242—1980《热处理油》，其中包括冷却性能试验方法。该标准采用被称为阪大式的圆柱形银探头。探头本体直径为 10 mm、高为 30 mm，测温点在圆柱体表面。该标准系日本石油学会组织制定的石油制品类标准，同时也通用于日本热处理行业。这种探头的特点是灵敏度较高，但重复性和再现性较差，制造工艺极为复杂，使用寿命较短。所以除日本外，其他国家很少应用。

(2)法国、中国探头(中心测温圆柱形银探头)

法国 ATTSFM 联合委员会淬火液小组于 1982 年提出《淬火油烈度银探头实验法》，国家标准 NFT 60178。探头型号为 SEM-51，这是一种圆柱形银探头，直径为 16 mm、高为 48 mm，K 型热电偶丝直径为 1.0 mm，测温点在探头几何中心。

我国标准 JB/T 7951—95《淬火介质冷却性能试验法》(即原 GB 9449—88) 所用探头基本上与法国探头相同。但所用 K 型热电偶丝直径为 0.5 mm，比法国的细，目的是为了提高探头的灵敏度。我国标准还规定，这种探头也可用于水基淬火介质的性能测定。我国热处理油生产部门制定了行业标准 ZBE45003，规定测定淬火油的探头为 ZJY-10 型圆柱形银探头，直径为 10 mm、高为 30 mm，测温点在探头几何中心。这两种银探头，都是中心测温，由于银的导热性能好，其灵敏度比较高。但是这种探头制造仍然比较复杂，重复性和再现性也较差，对于生产应用来说有一定的局限性。

(3)ISO 推荐的探头 (中心测温圆柱形镍合金探头)

国际材料热处理和表面工程联合会 (IFHT) 的冷却科学和技术委员会认为，为了有可能在不同实验室所得检测结果之间进行对比，必须制定国际标准，以便采用相同的检测方法。该委员会评价了已有的各种检测方法，并在一些国家统一安排实验，以统一意见，试图推荐一种检测方法作为国际标准。委员会于 1985 年提出了标准草案 ISO/DIS 9950《工业淬火油 — 冷却特性的测定 — 试验室测试方法》。这个标准草案是以设在英国伯明翰阿斯通(Aston) 大学的华福森热处理中心(Walfson Heat Treatment Centre) 的工程部淬火介质专题组于 1982 年发表的《工业淬火介质冷却性能评定的实验室试验方法》(Laboratory Test for Assessing the Cooling Characteristics of Industrial Quenching Media) 为基础而制定的，两者的主要内容完全相同。标准草案采用华福森的圆柱形镍合金探头，但也允许采用具有相同热性能的其他材料制造的探头，这主要是指圆柱形银探头。经过 10 年的应用和修订，于 1995 年提出了正式的国际标准 ISO 9950—1995《工业淬火油 — 冷却特性的测定 — 镍合金探头试验方法》。

ISO 9950—1995 的开始试验温度为 850 ℃，试验是在 2 000 mL(或 1 000 mL) 静止的油

样中进行的，试验结果除绘制成冷却过程曲线（温度－时间函数）外，也绘制成冷却特性曲线（温度－冷速函数），同时提出下列6个特征参数：最大冷速、最大冷速所在的温度、300 ℃时的冷速、冷至600 ℃时的冷却时间、冷至400 ℃时的冷却时间、冷至200 ℃时的冷却时间。

ISO 9950—1995已被英国、瑞典和美国等欧美国家广泛采用。它不仅可用于实验室检测用的固定式检测装置，也可用于便携式的装置。镍合金探头的主要优点是其检测结果比银探头更接近钢件淬火时的冷却过程。从传热学的角度看，铁同镍很接近，而同银相差较大。由此可见，镍合金探头比银探头在热物理性能上更接近于一般钢材，它的冷却过程更能模拟钢件的淬火过程。镍合金探头所测冷却曲线，能够反映出冷却的三个阶段，检测结果重复性较好，生产实用性好。

虽然以上三种探头各有其优点，但是还不能与实物探头相比较。应用实物探头才能得到最真实的冷却曲线。我们在测量冷却曲线中应用实物探头，即实际生产实践中的各种钢材的圆柱体试样。在试样上安装了三个热电偶，第一个在圆柱体试样的中心位置，第二个在圆柱体试样的近表面位置，第三个在前二者中间。这样一来，既克服了日本探头只测表面温度数据和法国、中国探头只测中心温度数据的缺点，又保持其各种优点。所以我们这次试验所得到数据是比较接近实际情况的，具有实际使用价值。

1. 系统的总体设计

本系统采用的可视化集成编程环境是Visual C++6.0（简称VC6.0），VC6.0作为一个功能非常强大的可视化应用程序开发工具，是计算机界公认的最优秀的应用开发工具之一。

人机交互部分是一个软件系统的重要组成部分，随着图形化界面时代的到来，计算机早已告别了枯燥的命令行模式。人机交互部分突出人如何命令系统以及系统如何向用户提交信息，可以说一个软件系统的人机交互部分是否友好，直接关系着其成败。

本系统采用面向对象方法设计，用面向对象方法开发软件是当今软件开发的主流，面向对象方法把系统看成是独立对象的集合，对象将数据和操作封装在一起，提供有限的外部接口，其内部实现细节、数据结构及对它们的操作是外部不可见的。对象之间通过消息相互通信，当一个对象为完成其功能需要请求另一个对象的服务时，前者就向后者发送一条消息，后者在接收到这条消息后，识别并按照自身的适当方式予以响应。用面向对象方法开发软件，主要包括三部分，即面向对象分析（OOA）、面向对象设计（OOD）和面向对象程序设计（OOP）。

2. 系统框架的总体分析

面向对象分析是针对问题域和系统责任的，不考虑与实现有关的因素。在总体框架中我们力求简洁清晰地表达软件功能，因此决定采用单文档（SDI）模式，数据库支持、文档组合、组件等都采用VC6.0中MFC的AppWizard默认设置。根据软件要求实现的显示冷却曲线、显示金相图片、显示硬度分布以及查询四大功能，我们根据面向对象分析方法，将之对应地划分到五个类中。所谓类，是指在面向对象系统中，有些相互联系的对象具有公共特性，按照这些特性可以把它们归为一组。为了描述具有类似行为和信息结构的所有对象，通常用一个"类"来表示。系统总体框架如图7-25所示。

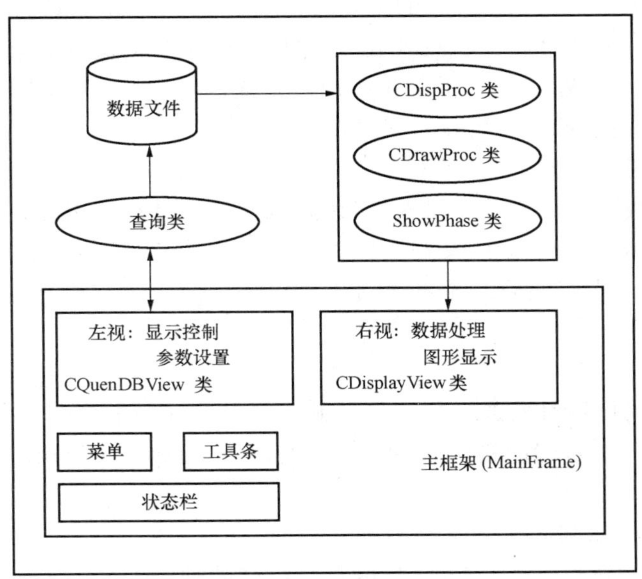

图 7-25　系统总体框架

3. 系统的开发模型

在整个数据库系统开发过程中，我们所采用的开发模型是喷泉模型。喷泉模型体现了软件创建所固有的迭代和无间隙的特征。喷泉模型如图 7-26 所示。

这一模型表明了软件刻画活动需要多次重复。例如，在编码之前(时间之后)，再次进行分析和设计，其间，添加有关功能，使系统得以演化。同时，该模型还表明活动之间没有明显的间隙，例如在分析和设计之间没有明显的界线。

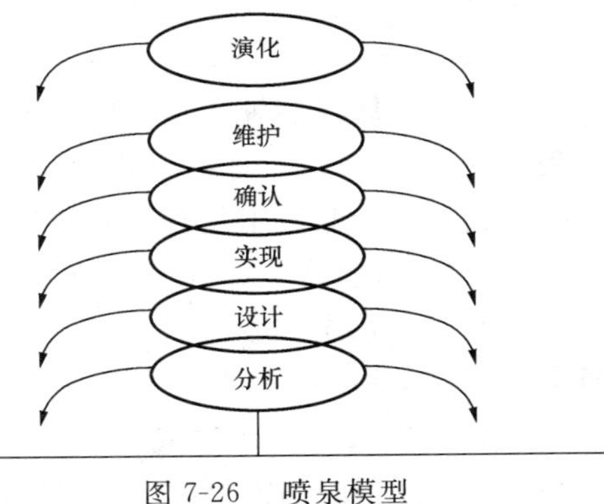

图 7-26　喷泉模型

之所以要选用喷泉模型，而不选用结构较为简单的瀑布模型，是因为喷泉模型主要应用于支持面向对象开发过程。由于对象概念的引入，使分析、设计、实现之间的表达没有明显间隙，并且这一表达自然地支持复用。

4. 问题域部分的设计

在面向对象设计中，问题域部分的设计类似于结构化程序设计中的模块化分析，即将面向对象分析的结果针对特定的环境，进行进一步细化。不同的是，面向对象的范型促使人们按照问题本身组织系统框架，这种方法从分析到设计再到编程的踪迹是很清晰的。对于本系统，我们主要考虑以下几方面因素：

(1)重用设计和编程类；

(2)将问题域专用类组合在一起；

(3)提供数据管理部分；

(4)改进性能。

本系统中用于处理冷却曲线数据的类是 CDrawProc。本系统的查询功能由两个类完成：CMaterial 类和 CQuchDB 类；显示图片功能是由 ShowPhase 类完成；显示硬度分布是由 CDispProc 类完成的。其基本流程为，先由查询类完成查询功能，将所得到的数据文件位置分别传递给对应的类来处理，然后再在右视中显示。

5. 人机交互部分的实现

随着计算机应用的不断普及和深入，非计算机专业人员在使用计算机的人群中所占比例也在不断增加，人机交互部分的友好性直接关系到一个软件系统的成败，一个很差的人机交互部分将使软件变得不可接受。本系统的开发过程中，设计人机交互部分主要考虑以下几点因素：

(1)对人分类

考虑到本系统的使用对象是非专业人员，则本系统在实现上就应该是尽量简捷方便，使用户不需要太多专业学习就能轻松掌握本系统的使用，因此决定采用结构比较简单的单文档结构设计(SDI)。

(2)描述人及其任务脚本

本系统的使用对象为非技术人员，目的是介绍产品时用于演示冷却曲线、金相图片，观察硬度分布。任务脚本为基于单文档模式的窗口分割，即将单文档窗口分割为左右两个视(View)—— 左视和右视，并分别对应两个类 ——CDisplayView 类和 CQuenDBView 类。左视类继承自 CFormView 类，主要功能为控制右视显示内容和设置显示参数。右视类继承自 CScrollView 类，为显示冷却曲线、金相图片和硬度分布的区域。

(3)设计命令层

命令层可能以多种形式呈现给用户，如命令行、一个菜单条、一系列图标等。本系统的菜单条设计为 Windows 标准模式。同时为了方便用户的使用，尤其在浏览图片时更加方便，本系统添加了一个彩色工具条，用于图片的放大、缩小等操作。

(4)设计人机交互部分的类

人机交互部分的类在很大程度上依赖于所选用的图形用户界面，例如 X-Windows、MacApp、Windows 等，由于本系统是基于 Windows 平台的 VC 6.0 开发的，部分类是由 VC 6.0 的 ClassWizard 自动生成的，如 CQuenDBApp 类、CQuenDBDoc 类和 CMainFrame 类，而这些类也根据不同的需要继承自不同的父类。继承是面向对象程序设计的一大特点，通过继承丰富的 MFC 类库可以极大提高软件开发的效率。

6. 软件核心类的实现

本系统开发中核心类属于面向对象设计中任务管理部分和数据管理部分的设计，所谓核心类，即指执行软件主要数据流的部分。本系统中核心类主要由四部分五个大类组成，其中查询部分由两个类(CMaterial 类和 CQuchDB 类) 组成，其他三个部分分别是负责处理冷却曲线数据的 CDrawProc 类、处理金相图片显示的 ShowPhase 类和处理硬度分布的 CDispProc 类。它们和由系统自动生成的 CMainFrame 类(主框架类)、CQuenDBApp 类(程序类) 及 CQuenDBDoc 类(文档类) 共同构成本系统的主要框架。下面就分别介绍一下这几个类的实现。

(1)查询类的实现

CMaterial 类是用来存放钢材型号和淬火介质名称的类。这个类的属性主要有钢材的型号、个数及淬火介质名称、个数等，通过对这个类的操作可以得到钢材型号和淬火介质名称等属性值。

CQuchDB 类是用来实现查询与钢材型号及淬火介质对应的数据的类。这个类的属性主要有钢种编号、淬火介质编号以及数据文件名，其操作主要有查找(两个参数为钢种编号和淬火介质编号)、获得冷却曲线文件名、获得金相图片文件名和获得硬度分布文件名，通过这些操作可以比较满意地完成查询工作。

下面就是实现查找的函数，因为钢种和淬火介质都已经编号，可以以相应的数字来实现查询。若是成功，返回对应的数据参数，若是失败则返回 －1。

```
//lcd//:查找
int CQuchDB::Find(int steel, int quench)
{
  for(int i = 0;i < m_nRecNum;i ++)
  {
      if(m_nSteel[i] == steel&&m_nQuench[i] == quench)
      {
          m_PreN = i;
          return m_PreN;
      }
  }
  return －1;
}
```

(2)冷却曲线数据处理类的实现

CDrawProc 类是从温度场实时数据采集系统中重用过来的类，面向对象程序设计使得软件重用变得方便无比。所谓重用不是简单的复制粘贴，首先，要划掉现成类中任何不用的属性和服务，并增加一个在从现成类到问题域类之间的一般/特殊关系；其次，修改问题域类的结构和连接，使现成类和问题域类紧密的耦合在一起；最后，再增加新的所需要的属性和服务，使现成类真正成为系统的一部分。

在 CDrawProc 类中，关于冷却曲线的温度-时间曲线的属性和操作是原系统中就已经具备的。除了根据温度数据画冷却曲线的操作，还有设置冷却曲线显示区域的一些操作以及坐标系的建立。

CDrawProc 类所未拥有的是速度-温度曲线的坐标系的建立，以及和速度-温度曲线计算有关的属性和操作。因此需要对这个类加以部分的重写，以实现显示速度-温度曲线的功能。

最主要的成员函数是 dpTempToSpeed，其功能是将点 (i,j) 位置存储的冷却曲线数据(温度数据)转换为冷却速度曲线数据。其中 k 值是拟合求导法所取点的数值，决定着拟合的效果。

```
float CDrawProc::dpTempToSpeed(int i,int j) //FBN//:将(i,j)点对应的温度转换为此点的冷却速度
  {
    int k = 10;// 拟合求导法的参数
    if(i < k)
    {
```

```
            fi = (float)(fabs(((D(i+1,j) - D(i,j))/Speed_h)));
        }
        else if((i >= k)&&i < (nRow - k))
        {
            float p1 = 0; //FBN//:拟合求导法求导数分子
            float p2 = 0;
            for(int m =- k;m <= k;m ++)
            {
                p1 = p1 + m * D(i + m,j);
                p2 = p2 + m * m;
            }
            fi = p1/p2/Speed_h;
            fi = (float)fabs(fi);
        }
        else if(i >= (nRow - k)&&i < nRow)
        {
            fi = (float)fabs(((D(i,j) - D(i - 1,j))/Speed_h));
        }
        return fi;
    }
```

此函数首先判断所拟合的点是否在拟合区间内。如果否，则用普通微分方法；如果是，则采用拟合求导法求出结果，最后将结果返回。

对应这个类的属性和操作需要有个相关的设置对话框，此对话框类叫 CSetQCDlg 类，继承于 CDialog 标准有模式对话框。通过这个对话框可以方便地对显示区域和显示方式进行设置，如设置成离散显示或连续显示曲线，或单独显示温度、速度。

(3)金相图片显示类的实现

ShowPhase 类是用来显示数据库中金相图片的类，其主要属性有图片高度、图片宽度及图片位置等。主要的操作有设置图片高度、宽度等属性，考虑到不同的浏览图片的方式，将显示图片的成员函数分成三个，分别为一次画出所有图片，根据给定的高度、宽度及位置画出图片以及以默认大小画出图片。这三个成员函数的综合运用，基本上满足了以各种方式浏览图片的要求。

下面是画出单张图片的成员函数的部分内容，其中用到一个最重要的 Win32SDK 是 LoadImage，其参数主要有文件路径、宽度、高度以及显示的形式。

```
void ShowPhase::DrawOnePic(CDC * pDC)    //FBN// 画出单张图片
{
CBitmap m_bitmap;
CString str;
  HBITMAP hBitmap = (HBITMAP)::LoadImage(NULL,
      m_strPicname[N],
      IMAGE_BITMAP,Width,Height,LR_CREATEDIBSECTION    |    LR_DEFAULTSIZE    |
LR_LOADFROMFILE);
//      ASSERT(hBitmap);
if(m_bitmap.Attach(hBitmap) == 0)
{
```

```
        str ="读取图片失败,请先查询";
        AfxMessageBox(str);
        return ;
    }
    CDC dcImage;
    BITMAP bm;                    //FBN// 声明设备上下文
    if(!dcImage.CreateCompatibleDC(pDC))
      return;
    m_bitmap.GetBitmap(&bm);
    dcImage.SelectObject(&m_bitmap);
    pDC->BitBlt(ox,oy,bm.bmWidth,bm.bmHeight,&dcImage,0,0,SRCCOPY);
    dcImage.DeleteDC();
    ………………
    ………………
    }
```

和冷却曲线数据处理类一样，这个类也对应一个对其属性进行设置的对话框类，以达到尽可能满足各种方式浏览图片的要求。

(4)硬度分布数据处理类的实现

CDispProc类是用来在显示区域显示硬度分布的类，包括建立坐标系、画网格。这个类的对象在得到查询类对象传递过来的数据文件位置参数后，通过本身的一系列操作将数据显示在软件相应的区域内。

对应于CDispProc类的参数设置有一个硬度属性设置对话框类，它生成一个Windows标准模式对话框供使用者对硬度显示方式进行设置。可以进行设置的属性有硬度区间上下限、距离区间上下限，可以设置的显示模式有网格显示和离散点显示。

7.淬火介质冷速计算中的算法分析

热探头法是目前广泛应用的测定淬火介质冷却性能的方法，一般认为，冷速的变化能准确、显著地反映介质的冷却性能，因此，测量系统应包含某种形式的微分环节，微分的方式直接影响测定结果的精度。软件微分的关键是要选择适当的数值导数算法，而要衡量这种算法是否合适，必须正确估计数据误差。

(1)算法的误差来源

根据导数定义，在时刻 x 处冷速为 $f'(x)$。数值导数的最简单算法是差商：

$$f'_i=\frac{f_{i+1}-f_i}{h} \tag{7-1}$$

影响冷速计算精度的主要原因是温度数据 f_i 本身包含的测量误差，我们称之为“数据误差”。在本系统中的数据误差主要包括：

①热电偶的热电转换误差；

②A/D转换的量化误差；

③前置放大板的误差；

④各种外界影响造成的误差等。

若 $\varphi=\alpha f$，则 $\sigma\varphi=\alpha*\sigma_f$(假定 α 为精度值)。

若

$$\varphi = \sum_{j=1}^{m} (\pm f_i) \tag{7-2}$$

则

$$\sigma_f = \sqrt{\sum_{i=1}^{m} \sigma_{fi}^2} \tag{7-3}$$

应用上述理论来估计差商算法，数据误差在公式(7-1)中的传递影响为

$$\sigma = 1.41 \frac{\sigma_f}{h} \tag{7-4}$$

当 $h = 0.001$ s时，可知数据误差在公式(7-1)中被放大1 410倍，在这种情况下实际上没有人采用简单差商来计算冷速。这里仅以此说明数据误差的影响之大。

(2)拟合求导法

以前Stirling插值求导法和中心差分法都曾被用来进行淬火介质冷速计算，但是因为其数据误差较大，都不适合用在淬火介质测定中由实时采样温度数据求算冷速数据。能有效抑制数据误差的算法是拟合求导法，也称数据平滑法。下面主要介绍这种算法的基本思想。

用已知表达式函数 $\varphi(x)$ 代替真实温度函数 $f(x)$，然后用 $\varphi'(x)$ 近似 $f'(x)$。既然 f_i 包含随机误差，则由下式确定的 $\varphi(x)$ 具有最小的统计误差：

$$Q = \sum_{i=0}^{m} [f_i - \varphi(x)]^2 = \min \tag{7-5}$$

因此 $\varphi(x)$ 是 $f(x)$ 的最佳估计。而 $\varphi(x)$ 的表达式，可以足够精确地假定，在很小的区段内 $f'(x)$ 为常数，于是：

$$\varphi(x) = a + bx + cx^2 \tag{7-6}$$

为确定式(7-6)中的待定系数 a、b、c，可将式(7-6)代入式(7-5)，得

$$Q = \sum_{i=-k}^{k} (f_i - a - bx_i - cx_i^2)^2 \quad (k > 1) \tag{7-7}$$

其中为简化计算，取某时刻 $x_0 = 0$，用多元函数求极值的方法，不难得到任意时刻 $x_0 = 0$ 处的数值导数计算公式：

$$f'_0 = \varphi'(0) = \frac{\sum_{i=-k}^{k} i f_i}{\sum_{i=-k}^{k} i^2 h} \tag{7-8}$$

这就是本系统求冷速的最终公式，其数据误差可由下式计算：

$$\sigma = \frac{\sqrt{2\sum_{i=1}^{k} (i\sigma_f)^2}}{2\sum_{i=1}^{k} i^2 h} = \frac{\sqrt{3}\sigma_f}{\sqrt{k(k+1)(2k+1)}h} \tag{7-9}$$

当 $h = 0.001$ s，$\sigma_f = 0.1$ ℃ 时，不同的 k 值下冷速计算由数据误差引起的标准差 σ 见表7-2。

表 7-2　　不同 k 值下冷速计算由数据误差引起的标准差

k	σ	k	σ
2	31.62	4	12.91
3	18.90	5	9.53

可见，当 $k=2$，即 5 点拟合求导的数据误差仅为中心差分数据误差的 1/3。随着 k 值的增加，拟合求导法对数据误差的抑制更明显。

8. 数据库系统使用

当本系统成功安装到计算机上后，单击桌面上的“QuenDB”图标，或单击“开始”，选择程序中的“淬火介质数据库系统”一项，便可以打开本系统。

软件启动画面如图 7-27 所示，等待本系统相关信息显示完毕或单击鼠标左键，“闪屏”即可消失。

图 7-27　软件启动画面

(1)冷却曲线的查询

使用本系统的方法很简单，首先在左边窗口中选择一种钢材和一种淬火介质，再单击“查询”按钮，此时如果有所选的钢材和淬火介质的相关数据，下面的操作按钮会被激活。如果没有相关数据，系统会提示“相关数据尚未输入”。

查询出数据后，系统会默认首先显示冷却曲线和冷却速度曲线，如图 7-28 所示。如果用户需要观察某个局部的曲线状况，只需在曲线上按住鼠标左键将所要观察的区域划进鼠标的矩形轨迹区域中即可。可以看到，放大后坐标数据也随之改变，从而可以更详细地观察局部的曲线状况。更具体的显示方式可以通过打开“淬火曲线”的“设置”按钮，在弹出的对话框中进行显示设置。可以选择的显示方式有离散显示曲线、单独显示冷却曲线和单独显示冷却速度曲线，也可以对显示区域进行特殊限定。

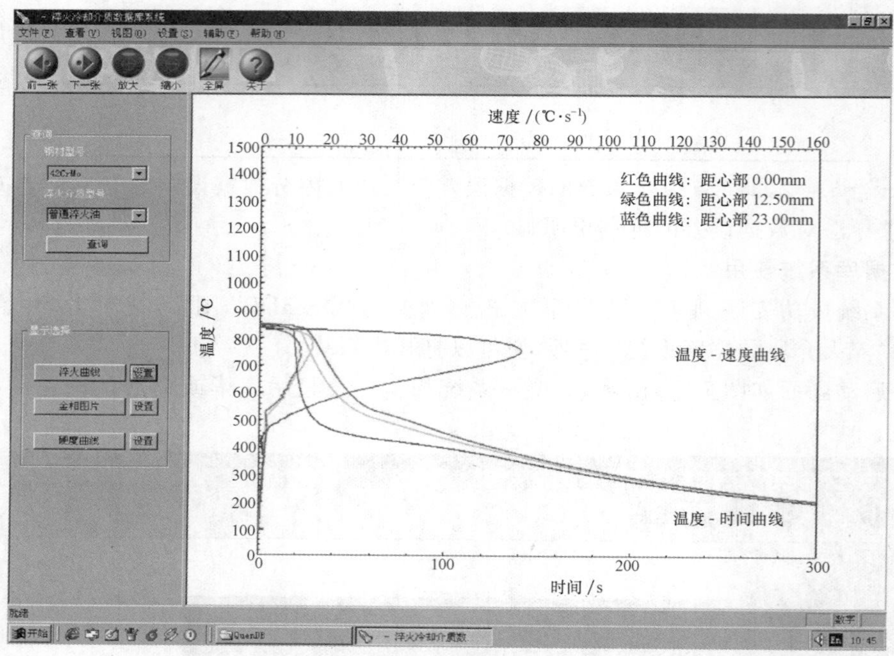

图 7-28　冷却曲线和冷却速度曲线

(2)金相图片的查询

要查看某种钢材用某种淬火介质进行热处理后的金相图片时，只需单击“金相图片”按钮。此时在右侧显示窗口中会显示所有相关的金相图片。每张图片下面标有距心部距离和组织描述，如图 7-29 所示。

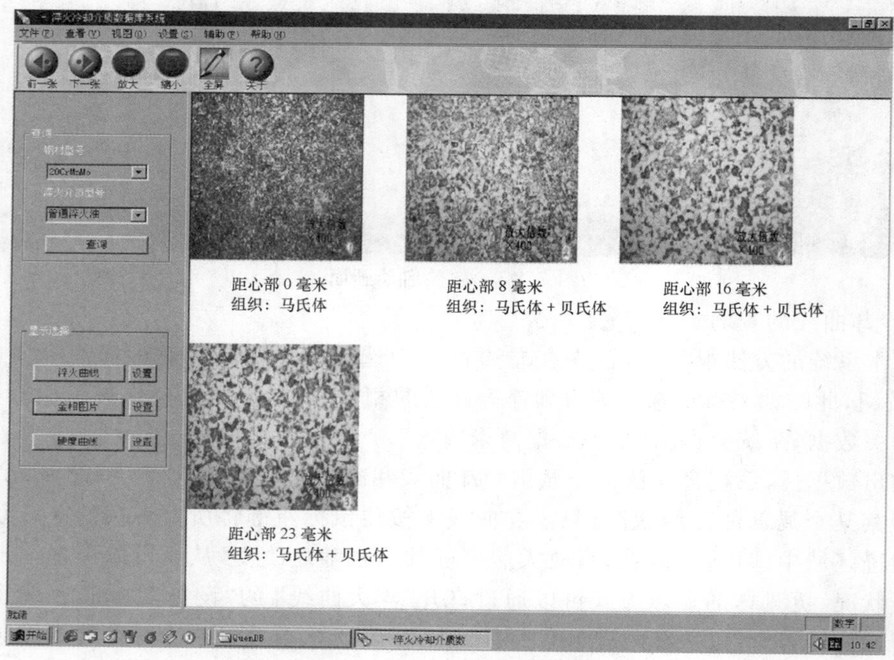

图 7-29　显示金相图片

为了方便用户更好地观察金相图片，在工具栏中制作了几个相关按钮。其中“上一张”和“下一张”按钮用来浏览单张图片。“放大”和“缩小”按钮用来对单张图片进行放大和缩小。另外，用户也可以在显示窗口中双击某张图片，单独显示这张图片。

例如要单独显示图 7-29 中距心部 16 mm 的金相图片，可以双击这张图片，此时就会看到这张图片单独显示在观察窗口中，如图 7-30 所示。

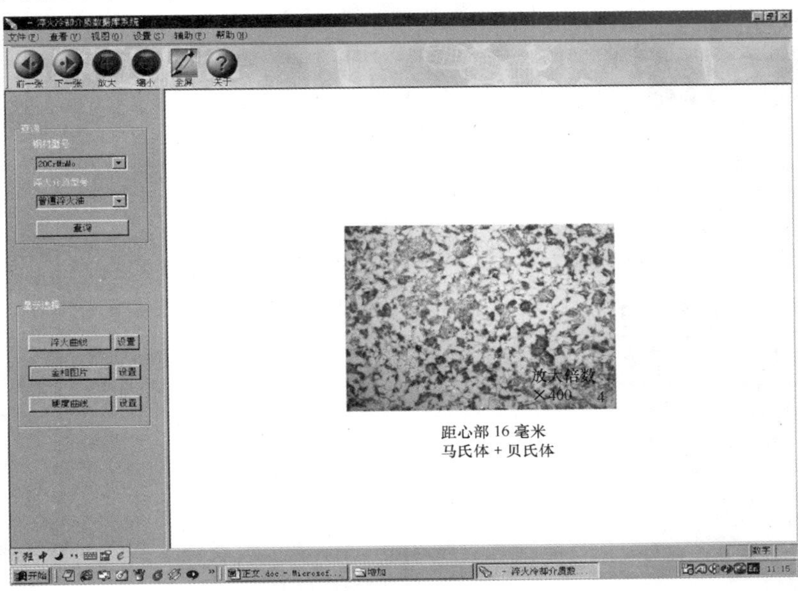

图 7-30　单独显示某张图片

若要放大或缩小这张图片，可以单击工具栏中的“放大”或“缩小”按钮，图 7-31 所示为放大图 7-30 中的图片后的效果。

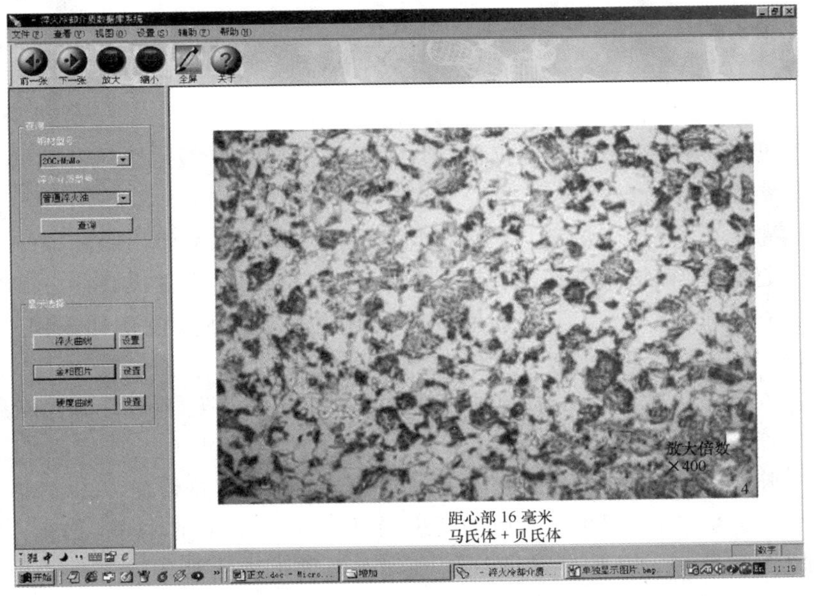

图 7-31　放大某张图片后的效果

(3)硬度分布的查询

要查看硬度分布,单击“硬度曲线”按钮即可在右侧显示窗口中显示出对应此钢材和淬火介质的硬度分布。如果需要以其他方式显示硬度,可以通过“硬度曲线”的“设置”按钮来进行设置。

可以选择的显示方式主要有,改变最大、最小显示硬度范围、离散显示硬度分布和网格显示硬度分布。图 7-32 所示为经过网格剖分后的硬度分布图。

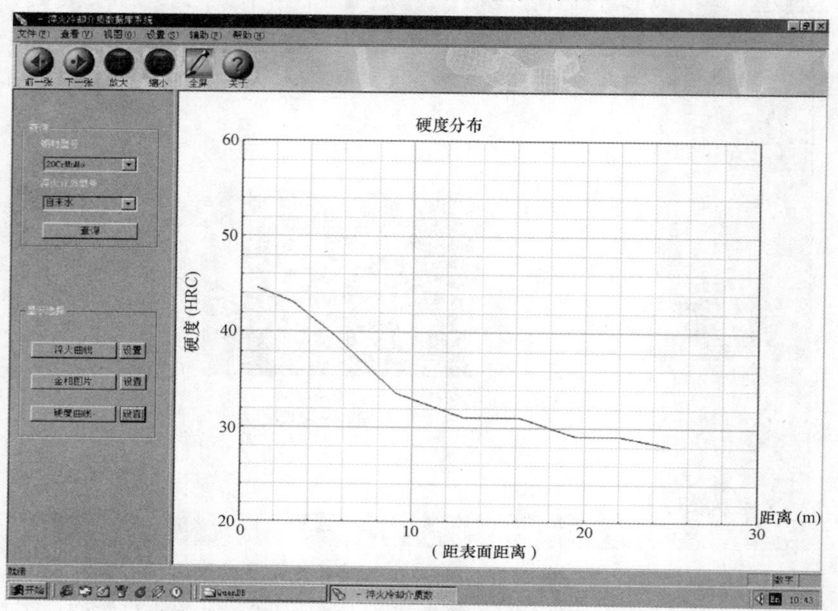

图 7-32　经过网格剖分后的硬度分布图

参考文献

[1] 杨新荣. 现代测控技术与智能仪器[M]. 长沙:湖南科学技术出版社,1996.

[2] 施伯乐. 数据库系统教程[M]. 北京:高等教育出版社,1999.

[3] 王能斌,董逸生. 数据库设计与实现[M]. 湖北:华中理工大学出版社,1991.

[4] 王树青,赵鹏程. 集散型计算机控制系统[M]. 杭州:浙江大学出版社,1998.

[5] 张立文,刘承东,裴继斌,等. 船用钢板激光弯曲成型过程温度位移数据采集系统[J]. 计算机测量与控制,2003,11(8):606.

[6] 张立文,刘承东. 基于 Windows 的温度数据采集系统开发[J]. 计算机应用研究(精扩刊)2002,8:297-298.

[7] 李凡东,陈鹏. 热处理炉群集散控制系统(DCS)[J]. 金属热处理,2000,25(3):44-46.

[8] 李茂山,张克俭. 热处理淬火介质的新进展[J]. 金属热处理,1994,4:39-42.

[9] 陈乃录,潘健生,廖波. 用冷却曲线估测动态条件下淬火油的冷却能力[J]. 金属热处理,2002,27(12):46-48.

[10] 陈春怀，周敬恩．淬火介质冷却能力的测定和应用[J]．金属热处理，2001，26(11)：28-31.

[11] Tamura I, Shimizu N, Okada T. A method to judge the quench－hardening of steel from cooling curve of quenching oils[J]. Journal of Heat Treating, 1984, 3(4): 335-343.

[12] Bodin J, Segerberg S. Measurement and evaluation of the power of quenching media for hardening[J]. Heat Treating, 1992, 4: 24-26.

[13] Liscic B, Filetin T. Computer — Aided evaluation of quenching intensity and prediction of hardness distribution[J]. J Heat Treat, 1988, 5(2): 115-124.

[14] 罗新民，刘惠南．探头及其冷却行为对淬火介质冷却特性评定的影响[J]．江苏理工大学学报，1995，17(5)：50-55.

[15] 陈乃录，潘健生，廖波，等．淬火油动态下换热系数的测量及计算[J]．热加工工艺，2002，3：6-7.

[16] 顾剑锋，潘健生，胡明娟．淬火冷却过程中表面综合换热系数的反传热分析[J]．上海交通大学学报，1998，32(2)：19-31.

[17] 陈乃录，高长银，单进，等．动态淬火介质冷却特性及换热系数的研究[J]．材料热处理学报，2001，22(3)：41-44.

[18] Kim H K, Oh S I. Evaluation of heat transfer coefficient during heat treatment by inverse analysis[J]. Journal of Materials Processing Technology, 2001, 112: 157-165.

[19] 潘健生，胡明娟．计算机模拟与热处理智能化[J]．金属热处理，1998，23(7)：21.

[20] 王丹，胡晓静．智能化电阻炉温度控制系统[J]．自动化仪表，1996，17(10)：31.

[21] 贺秋良，都军民，白作霖．热处理工艺专家系统的开发与研究[J]．金属热处理．1997，22(1)：19-22.

[22] 李凡东，陈鹏．热处理炉群集散控制系统(DCS)[J]．金属热处理，2000，25(3)：44-46.

[23] 赵亮，张立文，张全忠，等．热处理生产过程控制系统的开发与应用[J]．金属热处理，2006，31(2)：75-78.

[24] 王明伟，李世勇，张立文，等．热处理生产计算机管理系统开发与应用[J]．金属热处理，2004，29(3)：45-47.

[25] 何占伟，张立文，裴继斌．常规热处理全程计算机管理与控制的设计与实现[J]．金属热处理，2008，33(3)：105.

[26] 何占伟，张立文，裴继斌．常规热处理生产计算机集成化系统的应用[J]．航空制造技术，2008，16：91.

第8章

计算机数值模拟技术在材料加工领域的应用进展

8.1 船用钢板激光弯曲成型过程的数值模拟

8.1.1 金属板材激光弯曲成型研究进展

近年来，一种以激光束作为成型工具的板材激光弯曲成型技术正在引起工程界的注意。如图 8-1 所示，金属板材的激光弯曲成型技术是一种利用激光束扫描板材表面时形成的非均匀温度场所导致的热应力来实现弯曲变形的方法，具有不需外力、生产柔性大、加工成本低、成型精度高、能进行硬脆材料变形等特点。这项技术一旦成熟，可建立激光无模具自动快速成型系统。利用该系统可实现汽车、飞机、轮船等外壳的无模具快速原型制造，大大节省新产品的研究开发周期和费用。对汽车制造业、飞机制造业、造船业等的发展将有极大的推动作用。

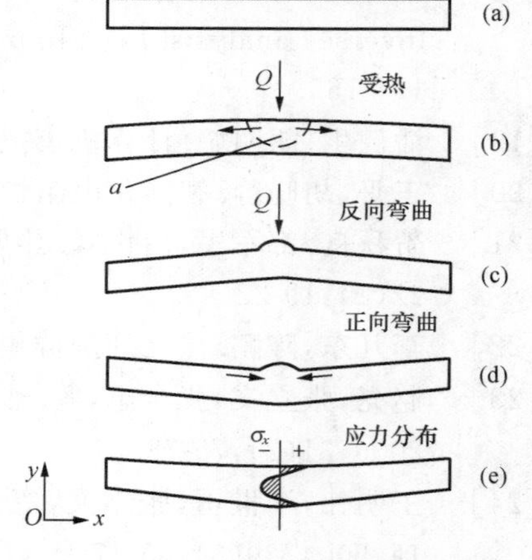

图 8-1　金属板材激光弯曲成型原理图

船体的外板通常用厚度为 8 ～ 20 mm 的中厚钢板经弯曲成型制成。由于船舶制造属于非大批量生产，每一条船的外板曲面形状均有所不同，不可能制成统一的模具对船板进行冲压加工。一般的滚弯机只能加工筒形、锥形等规则形状的钢板，而对于帆形板、鞍形板等复杂形状的曲面板通常采用胎具热压法或水火弯板法加工。胎具热压法要制备专用的胎具，生产成本较高，所以在加工复杂形状的曲面板时较多采用水火弯板法。水火弯板法通常用氧乙炔焰作为热源，这种热源的稳定性差，难以精确地控制其功率和能量分布，所以人们尝试用其他热源加热。激光由于其功率的稳定性和光斑中能量分布的确定性，是一种理想的可精确控制的局部加热热源。目前万瓦级以上的大功率 CO_2 激光器和千瓦级的 YAG 固体激光器已商业化。特别是 YAG 固体激光器，是一种可用光纤远距离传送激光的柔性光学系统，光纤的激光输出端尺寸小、重量轻，把它安装在一个可多自由度运动的机械臂上，就可以精确地控制它的多自由度运动。

建立一套自动激光弯板系统，可以实现船用复杂曲面钢板的自动弯曲成型，把工人从复杂、艰苦而且凭手工经验的工作环境中解放出来，实现由劳动力密集型模式向高技术密集型模式转化，提高生产效率，缩短造船周期，降低成本。

早在 1985 年，Y. Namba 就提出了一种在不加外力的条件下，仅利用热应力使金属板材塑性变形的新加工方法 —— 激光成型法(laser forming，laser bending)。20 世纪 90 年代以来，M. Geiger 和 F. Vollertsen 等对金属板材激光弯曲成型做了较多的研究。到目前为止，美国、英国、中国、德国、日本、波兰、希腊等多个国家已经对金属板材激光弯曲成型进行了研究。

影响金属板材激光弯曲成型的因素很多，如何获得弯曲角度与激光扫描工艺参数组合的关系是研究人员关心的问题。仅凭实验研究已经不能全面地得到理想的激光弯曲成型工艺参数。金属板材激光弯曲成型过程的数值模拟技术是有效分析激光弯曲成型机理、制定合理工艺方案的强有力工具。近年来，金属板材激光弯曲成型过程的数值模拟研究已逐渐成为激光弯曲成型研究的热点。

F. Vollertsen 等建立了有限元模型(FEM) 和有限差分模型(FDM) 模拟激光弯曲成型过程。An. K. Kyrsanidi 等使用有限元软件 ANSYS，建立了三维非线性瞬态热 - 力耦合模型，计算随时间变化的温度场、应力场及应变场，预测了板材的最终弯曲角度。Z. Hu 等对激光直线扫描薄板进行了三维有限元分析，模拟了 AISI304 不锈钢和铝在多道扫描时的温度场及弯曲角度的变化。

我国西北工业大学的季忠、吴诗惇等采用准静态非耦合模型，对激光束扫描板材表面时形成的三维瞬态温度场及变形场进行了有限元数值模拟，分析了激光束能量、板材的几何形状对板材激光弯曲成型的影响，并获得了理想的工艺参数范围。李纬民等用弹塑性有限元法，模拟并分析了板材激光弯曲成型过程中的变形规律，讨论了板材的几何形状和激光弯曲成型工艺参数对板材最终弯曲变形的影响。山东大学的管延锦等用有限元法分析了激光弯曲成型过程的温度场、应变场的变化，提出了三维激光弯曲成型过程中合理规划扫描路径和扫描顺序的基本原则。北京航空航天大学的王秀凤等对板材激光弯曲成型机理进行了数值模拟和试验研究。以上这些研究都是针对薄板的，对于船用厚板的激光弯曲成型研究则未见报道。为此，作者在国家自然科学基金的资助下开展了船用厚板激光弯曲成型的数值模拟和相应的实验研究，为这项技术在造船工业的实际应用奠定了理论基础。

8.1.2　金属板材激光弯曲成型过程热 - 力耦合模型的建立

针对板材激光弯曲成型过程的实际情况，建立了板材激光弯曲成型过程三维弹塑性热 - 力耦合模型，充分考虑了材料的热物理性能和力学性能参数与温度的非线性关系。模型采用的假设条件如下：

(1)材料各向同性；

(2)工件为三维有限大物体，初始温度恒定；

(3)材料表面对激光的吸收系数不随温度变化；

(4)入射激光束功率恒定，能量分布为矩形均匀分布；

(5)考虑工件的自由对流换热；

(6)材料的性能参数(比热、热导率、屈服强度、弹性模量)随温度变化;

(7)材料的屈服服从 Von Mises 屈服准则;

(8)塑性区内的行为,服从 Prandtl-Reuss 流动准则;

(9)塑性变形不引起体积改变,泊松比等于 0.5。

1. 传热学模型

(1)热传导方程

$$\rho C_p \frac{\partial T}{\partial t} = \frac{\partial}{\partial x}\left(\lambda \frac{\partial T}{\partial x}\right) + \frac{\partial}{\partial y}\left(\lambda \frac{\partial T}{\partial y}\right) + \frac{\partial}{\partial z}\left(\lambda \frac{\partial T}{\partial z}\right) + q \tag{8-1}$$

式中 ρ—— 材料的密度,kg/m^3;

C_p—— 材料的比热,J/(kg·℃);

λ—— 热导率,W/(m·℃);

q—— 热源项,这里视为激光束扫描所产生的面热流,$J/(m^2 \cdot s)$。

(2)边界条件

①对流换热

板材经激光束扫描后在空气中自然冷却,外表面与空气的对流换热边界条件为

$$-\lambda \frac{\partial T}{\partial n}\bigg|_{\Gamma_1} = h(T - T_a) \tag{8-2}$$

式中 h—— 材料表面对流换热系数,$W/(m^2 \cdot ℃)$;

T—— 材料表面温度,℃;

T_a—— 环境温度,℃。

② 热流密度

在激光光斑照射区域,激光束能量作为均匀分布的外加热流输入,其边界条件为

$$-\lambda \frac{\partial T}{\partial n}\bigg|_{\Gamma_2} = \frac{AP}{d^2} \tag{8-3}$$

式中 A—— 材料对激光的吸收系数;

P—— 激光束的输出功率,W;

d—— 方形光斑边长,m。

(3)初始条件

在激光弯曲成型过程中,板材的初始温度为

$$T|_{t=0} = T_0 \tag{8-4}$$

式中,$T_0 = 20$ ℃。

2. 热弹塑性力学模型

(1)本构关系

采用增量理论建立热弹塑性应力增量及应变增量的关系。

在弹性区,增量本构关系为

$$\mathrm{d}\{\boldsymbol{\sigma}\} = [\boldsymbol{D}]_e \mathrm{d}\{\boldsymbol{\varepsilon}\} - \{\boldsymbol{C}\}_e \mathrm{d}T \tag{8-5}$$

式中,$\{\boldsymbol{C}\}_e = [\boldsymbol{D}]_e \left(\{\boldsymbol{\alpha}\} + \frac{\partial [\boldsymbol{D}]_e^{-1}}{\partial T}\{\boldsymbol{\sigma}\}\right)$。

在塑性区，增量本构关系为

$$d\{\boldsymbol{\sigma}\} = [\boldsymbol{D}]_{ep} d\{\boldsymbol{\varepsilon}\} - \{\boldsymbol{C}\}_{ep} dT \tag{8-6}$$

式中　$[\boldsymbol{D}]_{ep}$—— 弹塑性矩阵。

$$[\boldsymbol{D}]_{ep} = [\boldsymbol{D}]_{e} - \frac{[\boldsymbol{D}]_{e} \dfrac{\partial \bar{\sigma}}{\partial \{\boldsymbol{\sigma}\}} \left(\dfrac{\partial \bar{\sigma}}{\partial \{\boldsymbol{\sigma}\}} \right)^{T} [\boldsymbol{D}]_{e}}{H' + \left(\dfrac{\partial \bar{\sigma}}{\partial \{\boldsymbol{\sigma}\}} \right)^{T} [\boldsymbol{D}]_{e} \dfrac{\partial \bar{\sigma}}{\partial \{\boldsymbol{\sigma}\}}} \tag{8-7}$$

$$\{\boldsymbol{C}\}_{ep} = [\boldsymbol{D}]_{ep} \{\boldsymbol{\alpha}\} + [\boldsymbol{D}]_{ep} \frac{\partial [\boldsymbol{D}]_{e}^{-1}}{\partial T} \{\boldsymbol{\sigma}\} - \frac{[\boldsymbol{D}]_{e} \dfrac{\partial \bar{\sigma}}{\partial \{\boldsymbol{\sigma}\}} \dfrac{\partial H}{\partial T}}{H' + \left(\dfrac{\partial \bar{\sigma}}{\partial \{\boldsymbol{\sigma}\}} \right)^{T} [\boldsymbol{D}]_{e} \dfrac{\partial \bar{\sigma}}{\partial \{\boldsymbol{\sigma}\}}} \tag{8-8}$$

(2)边界条件

板材激光弯曲成型过程中一端夹持固定，在固定端各方向的位移为零。

(3)初始条件

板材激光弯曲成型前经退火处理，其内部初始应力为零。

3. 有限元方程

板材激光弯曲成型过程数值模拟结果的精度与有限元模型网格单元的划分密切相关，为提高有限元分析的精度和效率，在应力变化大的区域将网格加密，其他区域保持疏松网格。在所建立的模型中采用三维八节点六面体单元对板材进行划分。考虑到激光束照射后，在板材热作用区产生强烈的温度和应力梯度，沿激光束扫描路径局部单元加密。将板材长度方向的一端作为夹持端，约束该端所有节点的平动自由度，以避免板材发生刚体位移。实际成型过程中的板材尺寸为 300 mm×150 mm×4 mm、300 mm×150 mm×5 mm、300 mm×150 mm×6 mm、300 mm×150 mm×9 mm、300 mm×150 mm×11 mm、300 mm×150 mm×13 mm，建立的有限元网格如图 8-2 所示。在计算过程中采用有限元网格自适应技术，提高了厚板激光弯曲成型过程数值模拟的计算速度。

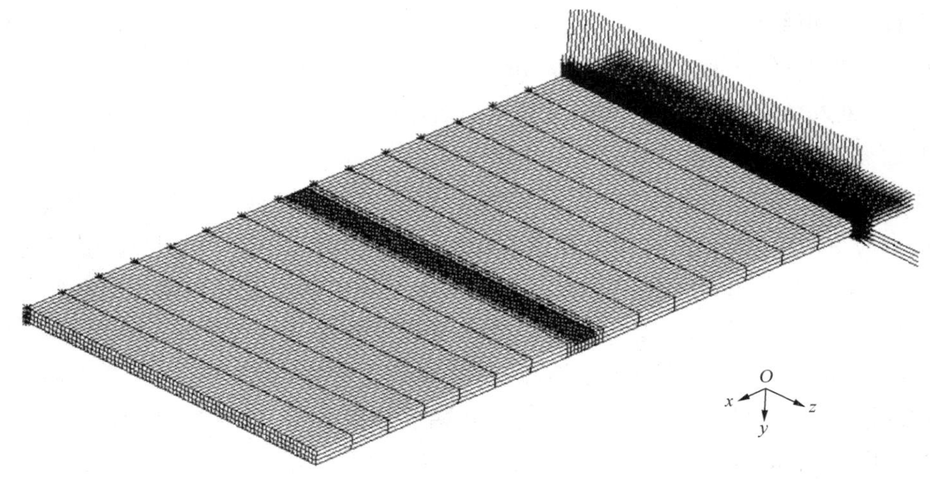

图 8-2　板材的有限元网格图

温度场的有限元方程：

$$[\boldsymbol{k}_T]\{\boldsymbol{T}\}+[\boldsymbol{n}]\{\dot{\boldsymbol{T}}\}=\{\boldsymbol{p}\} \tag{8-9}$$

热弹塑性变形有限元方程：

$$[\boldsymbol{k}]\Delta\{\boldsymbol{\delta}\}=\Delta\{\boldsymbol{Q}\} \tag{8-10}$$

联立热弹塑性变形有限元方程和温度场的有限元方程，得到激光弯曲成型过程热－力耦合模型的有限元方程：

$$\begin{bmatrix}[\boldsymbol{0}] & [\boldsymbol{0}] \\ [\boldsymbol{0}] & [\boldsymbol{n}]\end{bmatrix}\begin{Bmatrix}\{\dot{\boldsymbol{u}}\} \\ \{\dot{\boldsymbol{T}}\}\end{Bmatrix}+\begin{bmatrix}[\boldsymbol{k}] & [\boldsymbol{0}] \\ [\boldsymbol{0}] & [\boldsymbol{k}_{\mathrm{T}}]\end{bmatrix}\begin{Bmatrix}\Delta\{\boldsymbol{\delta}\} \\ \{\boldsymbol{T}\}\end{Bmatrix}=\begin{Bmatrix}\Delta\{\boldsymbol{Q}\} \\ \{\boldsymbol{p}\}\end{Bmatrix} \tag{8-11}$$

式中　$\Delta\{\boldsymbol{Q}\}$——力增量矢量，包括节点力增量矢量和热应变引起的力增量矢量。

在热－力耦合计算中，温度变化引起屈服应力及一些与温度相关的材料性能的变化，热膨胀会引起热应力和热应变。变形产生的塑性功中的一部分会转化为热量(通常取为90%)，从而影响温度场。

材料的力学性能参数包括屈服强度、弹性模量和硬化指数，热物理性能参数主要是材料的比热及热导率，它们均随温度的变化而变化。材料的密度ρ和泊松比μ随温度变化不大，取为常数，$\rho=7.8\times10^3\ \mathrm{kg/m^3}$；弹性变形时，$\mu=0.29$，塑性变形时，$\mu=0.5$；热膨胀系数取为12 μm/(m·℃)。

8.1.3　数值模拟结果与分析

数值模拟计算的对象为船用中厚矩形钢板，一端夹持。板材尺寸为300 mm×150 mm×4 mm、300 mm×150 mm×5 mm、300 mm×150 mm×6 mm、300 mm×150 mm×9 mm、300 mm×150 mm×11 mm、300 mm×150 mm×13 mm六种。激光功率为600～1 200 W，表面吸收系数为0.65，激光光斑大小为8 mm×8 mm、12 mm×12 mm、16 mm×16 mm三种。激光束沿钢板上表面中线由一端向另一端以1.0～8.0 mm/s的速度连续扫描。

1. 温度场模拟结果

下面是在板材尺寸为300 mm×150 mm×6 mm、激光功率为1 000 W、表面吸收系数为0.65、激光光斑大小为8 mm×8 mm、激光束扫描速度为7.5 mm/s的工艺条件下，板材激光弯曲成型过程温度场的有限元数值模拟结果。

图8-3～图8-5为激光加热不同时间时板材上表面温度场云图。可看出，激光加热区域局限在很小的空间内，加热区域附近存在着强烈的温度梯度，这是产生热应力、热应变的主要原因之一。图8-6所示为距板材上表面不同深度三点的温度随时间变化的曲线。可见，板材上、下表面之间存在很大的温度梯度，这个温度梯度在加热过程中越变越大，当上表面达到最高温度时，加热过程结束。冷却过程中，上表面快速降温；由于热传导，下表面的温度继续上升，滞后于上表面的温度变化，且温度变化幅度相对较小。板材厚度方向上的温度梯度也是产生热应力、热应变的主要原因之一。

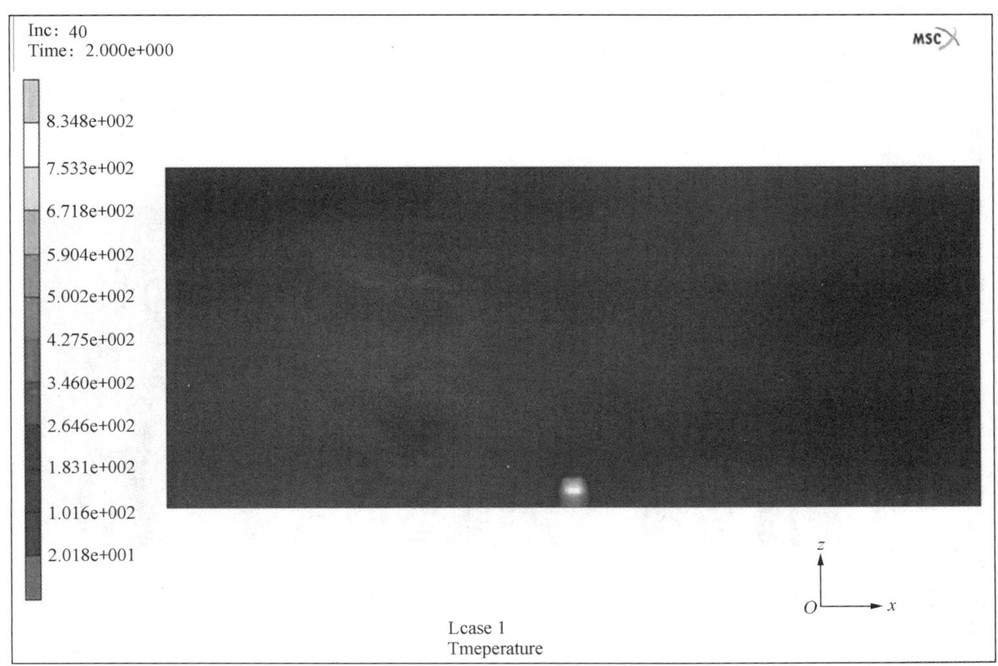

图 8-3　激光加热 2.00 s 时板材上表面温度场云图

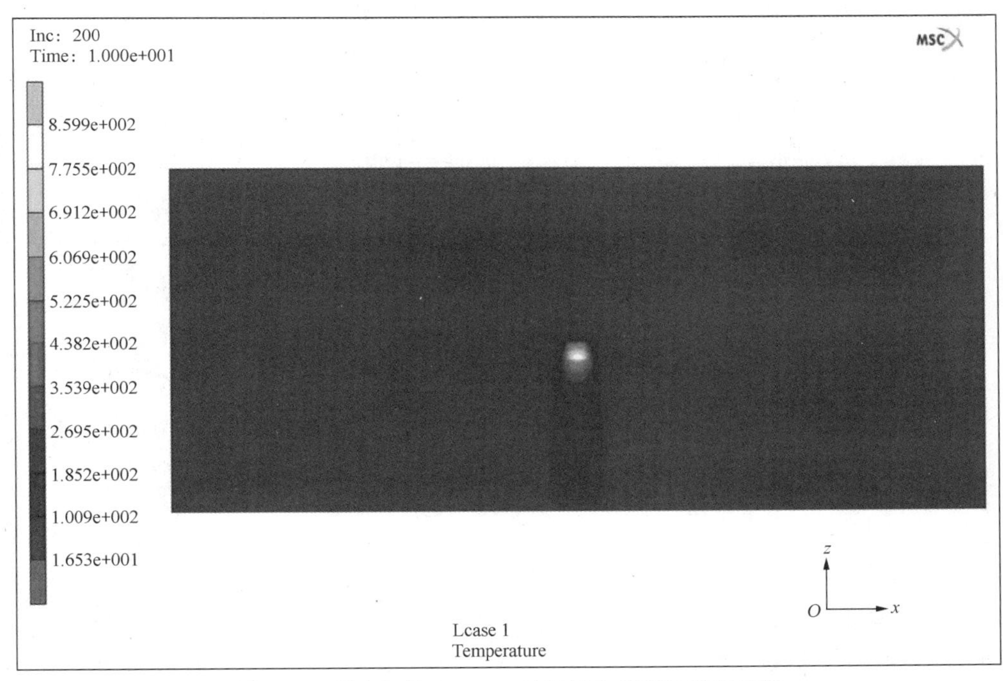

图 8-4　激光加热 10.00 s 时板材上表面温度场云图

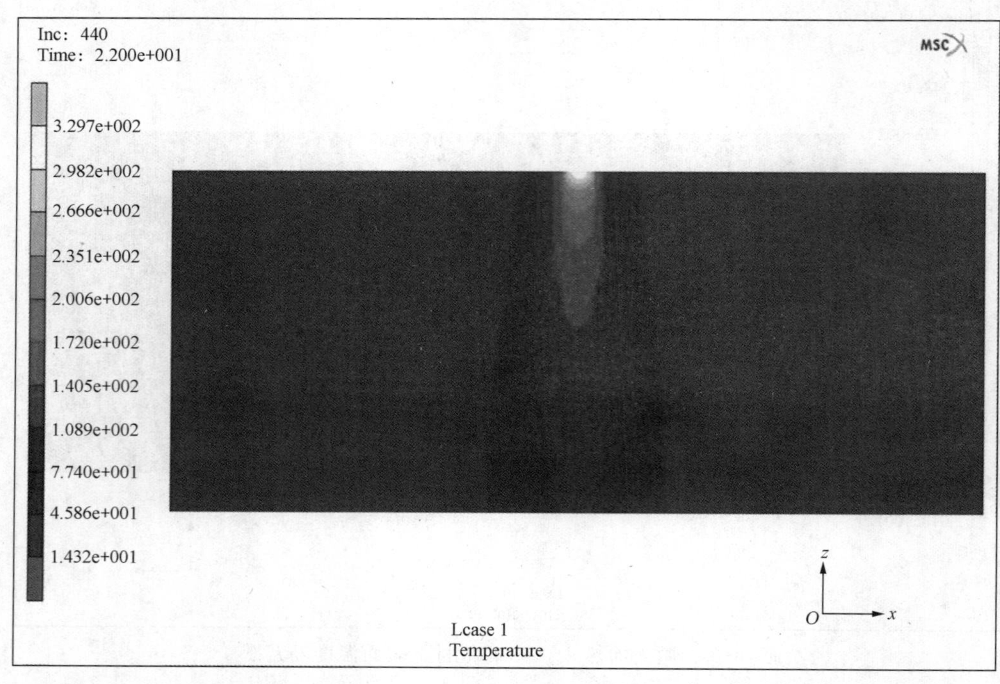

图 8-5　激光加热 22.00 s时板材上表面温度场云图

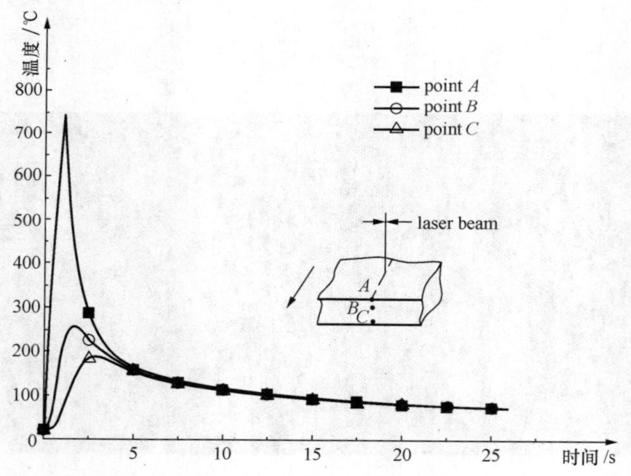

图 8-6　距板材上表面不同深度三点的温度随时间变化的曲线

2. 应力场与变形场的数值模拟结果与分析

图 8-7～图 8-9 是激光弯曲过程中 10.00 s时板材三个面上的应力σ_x分布云图，图 8-10 是钢板上下表面两点 x 方向上应力σ_x随时间变化的曲线。

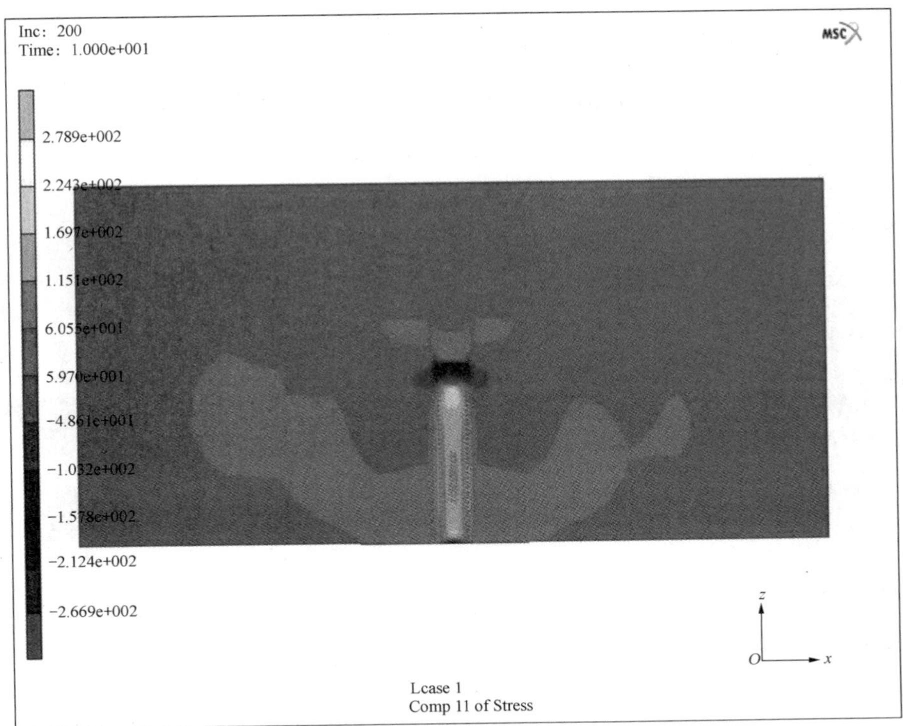

图 8-7　10.00 s 时板材上表面（xOz 面）应力 σ_x 分布云图

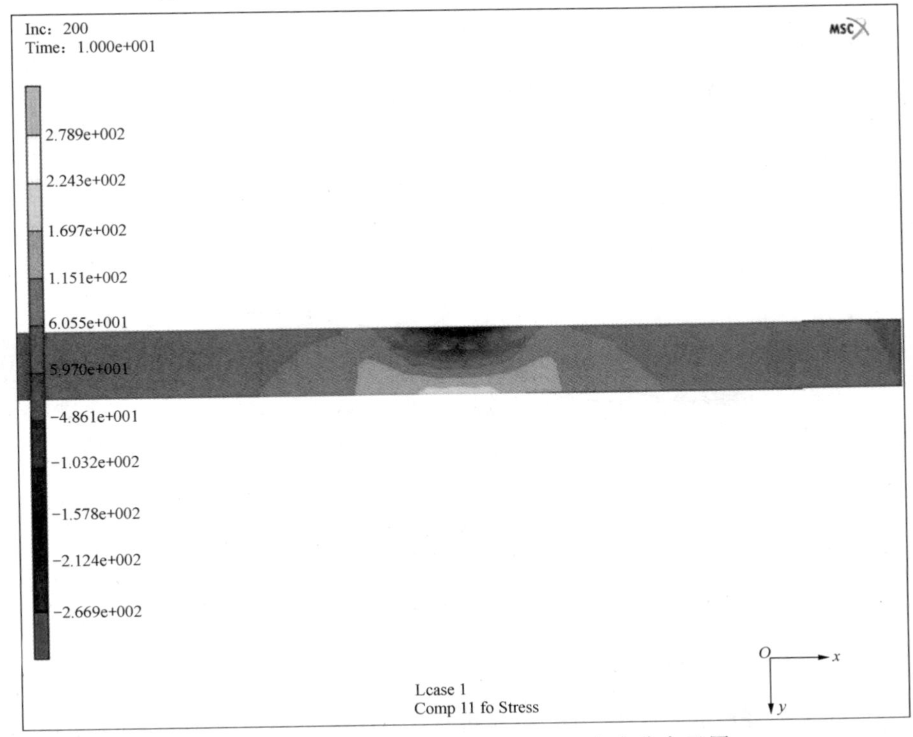

图 8-8　10.00 s 时板材 xOy 截面 σ_x 应力分布云图

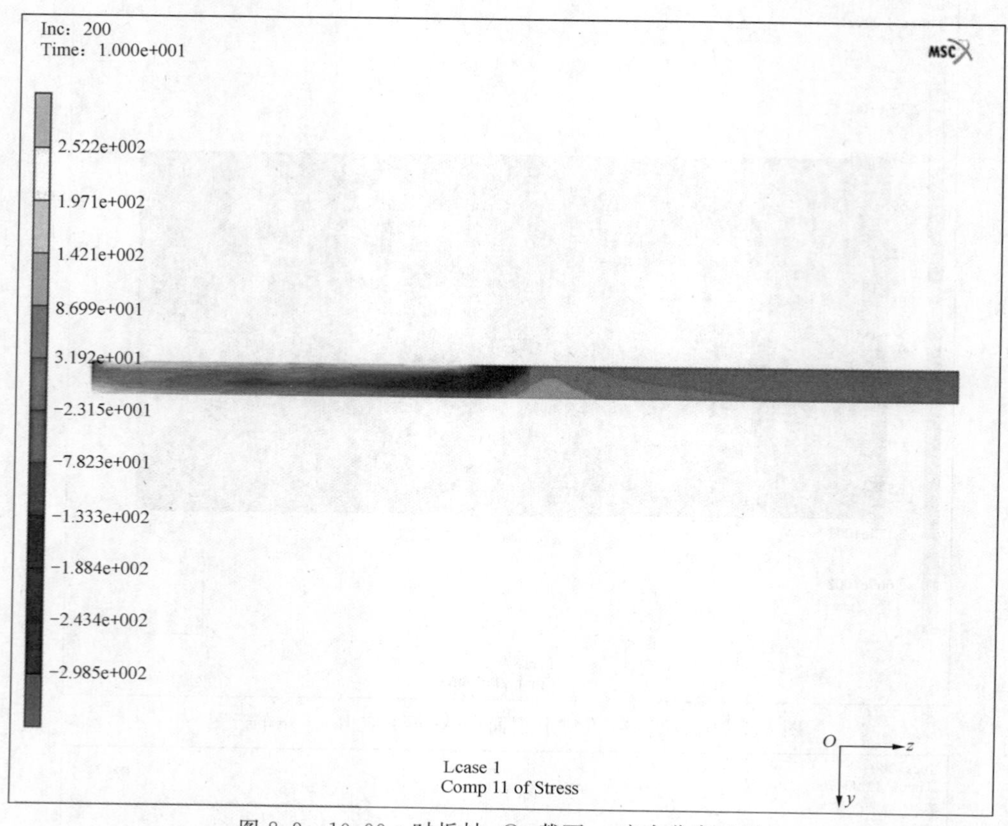

图 8-9　10.00 s 时板材 yOz 截面 σ_x 应力分布云图

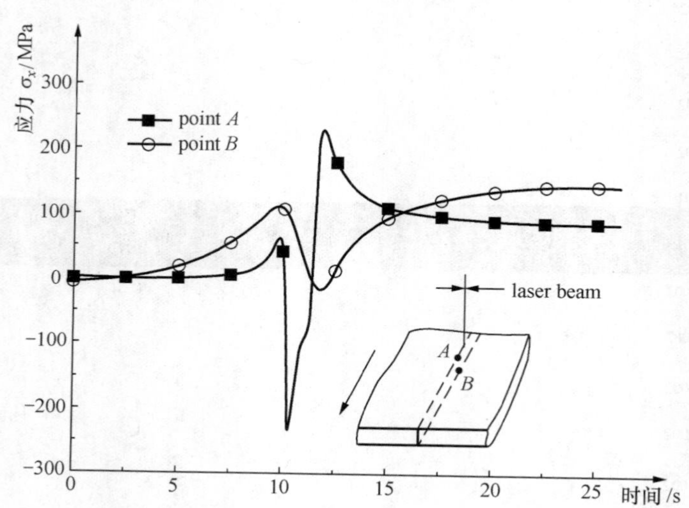

图 8-10　钢板上下表面两点 x 方向上应力 σ_x 随时间变化的曲线

以上各图可以解释激光弯曲成型过程的机理。从对激光弯曲成型过程温度场的计算结果分析可知，激光加热板材表面，在扫描区域特别是板厚方向上产生明显的温度梯度。由于材料上表面的温度很高，所以其热膨胀量大而且屈服极限低。热作用区的热态材料受到周围冷态材料的约束，会产生一定的压应力，当压应力逐渐增加，最后超过材料的屈服极限时，就会导致该区域产生非均匀的压缩塑性变形，并形成材料堆积。材料下表面的温度低，屈服极限高，基本不产生或只产生很小的压缩塑性变形，所以激光加热的结果是板材产生方向与激光束方向相反的弯曲。

当激光束离开后，上表面温度迅速降低，温度梯度减小，材料开始收缩，使基体对表层的压应力逐渐减小至零并转变为拉应力。同时由于激光加热区域材料收缩变硬，使产生的材料堆积不能复原，从而使板材又产生面向光源的正向弯曲变形。这一变形随着冷却时间的增加而逐渐增大。当一次扫描结束后，最终形成永久的正向弯曲变形。激光加热 1.50 s 和 26.00 s 时板材在 y 方向的位移云图分别如图 8-11、图 8-12 所示。

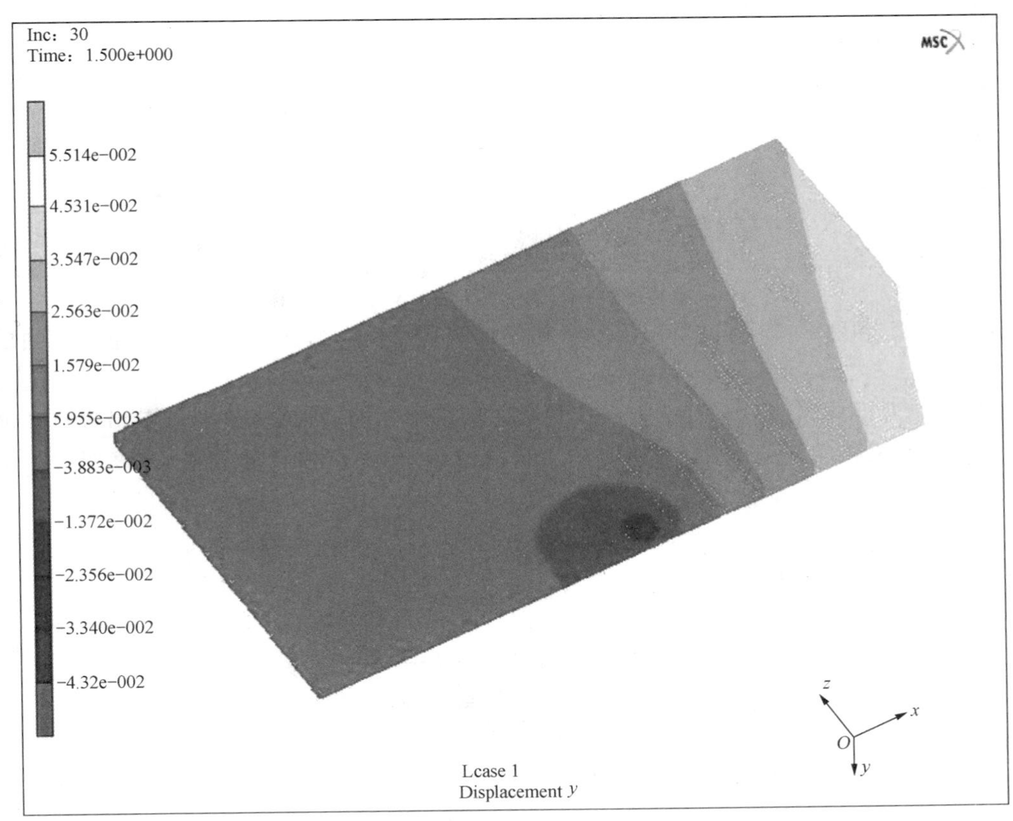

图 8-11　激光加热 1.50 s 时板材在 y 方向的位移云图

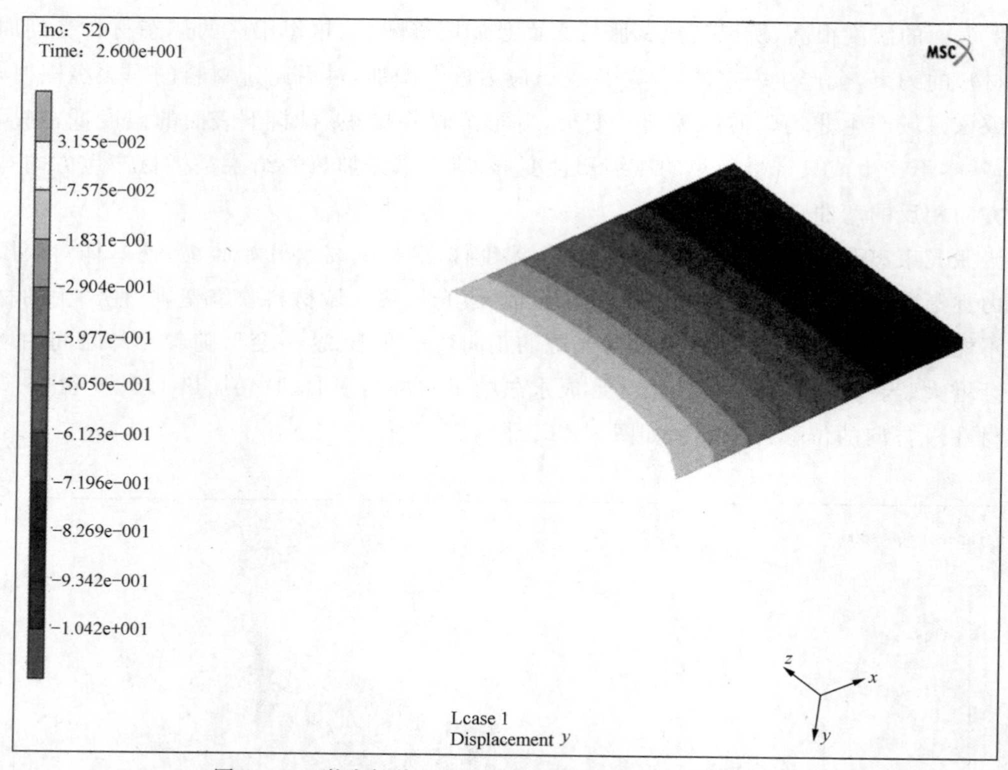

图 8-12　激光加热 26.00 s 时板材在 y 方向的位移云图

从图 8-11 和图 8-12 可以看出板材从初始加热产生反向弯曲到最后产生正向弯曲的变形过程。

图 8-13 为板材端部一点沿 y 方向位移随时间的变化曲线，从中也可以看出板材在激光束扫描下变形位移的变化规律。开始时产生反向位移，然后产生正向位移，最终产生一个稳定的永久位移。

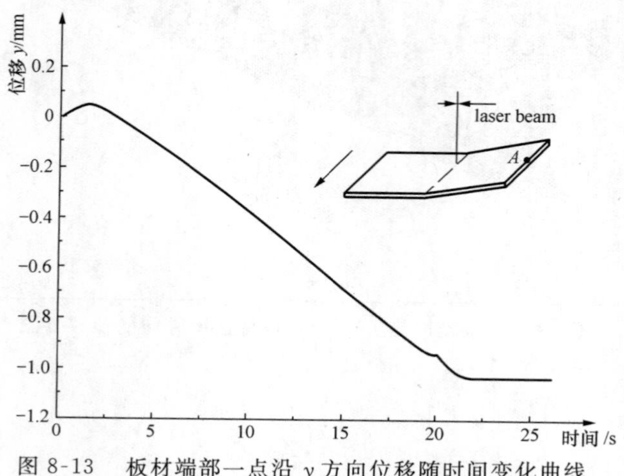

图 8-13　板材端部一点沿 y 方向位移随时间变化曲线

8.1.4　数值模拟结果的实验验证

为验证数值模拟结果的准确性，采用 CO_2 激光器对一端夹持的船用钢板进行了激光弯曲成型的实验研究，对激光弯曲成型过程的温度和弯曲位移进行了实时测量。实验在三束材料改性国家重点实验室进行，选用 HL-1500 型无氦横流 CO_2 激光器。钢板表面涂覆吸收涂料以增加材料对激光的吸收率。对尺寸为 300 mm×150 mm×4 mm、300 mm×150 mm×5 mm、300 mm×150 mm×6 mm、300 mm×150 mm×9 mm、300 mm×150 mm×11 mm、300 mm×150 mm×13 mm 六种共 80 块钢板进行了激光弯曲成型实验。对这些钢板下表面三点温度随时间的变化以及端部一点位移随时间的变化进行了实时测量。

图 8-14 为实验装置图，钢板 ② 被夹持在夹具 ① 上，夹具固定在工作台上，钢板与工作台一起移动，从激光器 ⑧ 所发出的激光束 ⑨ 照射在钢板的上表面，扫描过程所产生的温度及位移的模拟信号被热电偶 ③ 和位移传感器 ⑤ 获得，经过数据调理模块 ⑥ 处理后送到计算机中的 A/D 转换卡，模拟信号转换为便于计算机处理的数字信号。每块钢板的下表面布置了三根热电偶，分别距离激光扫描中心线 0 mm、4 mm 和 8 mm，热电偶的布置如图 8-14 中 ⑩ 所示。

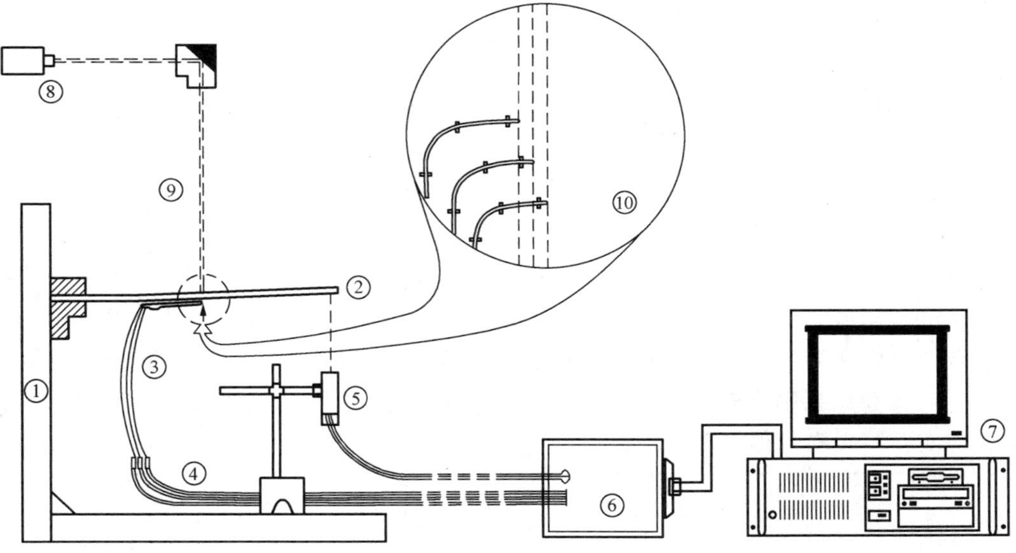

图 8-14　实验装置图

①— 夹具；②— 钢板；③— 热电偶；④— 补偿导线；⑤— 位移传感器；⑥— 数据调理模块；⑦— 工控机；⑧— 激光器；⑨— 激光束；⑩— 钢板背面热电偶的布置

弯曲位移的测量选用 L-GAGE 激光测量传感器，分辨率小于 10 μm。L-GAGE 激光测量传感器以光学三角测量为设计基础。发射器将可见激光通过镜头射向被测物。激光束通过物体反射及其他镜头散射到达传感器的 PSD 元件(位置检测元件) 的接收装置。被测物与接收器的距离决定光束到达接收器的角度；此角度决定光束落到 PSD 元件的位置。光束射到 PSD 元件的位置通过模拟及数字电子元件处理并由微处理器进行分析，计算出相应的输出值。

实验所用材料为船用热轧钢板，对不同几何尺寸的工件在不同激光扫描工艺参数(激光功率及扫描速度）下进行了一系列实验，使用此采样系统测量了相应的温度和位移数据。图 8-15 是经过限幅滤波和均值滤波处理后的激光弯曲成型过程的实验结果，直观地显示出被测点在激光弯曲成型过程中温度和位移随时间的变化。

此系统能满足激光弯曲成型过程温度和位移实时采集的需要，稳定的采样频率可达 500 Hz，且具有友好的界面，可方便的设置采样参数，实时显示采样数据，数字滤波功能的加入使采样数据的处理更容易。

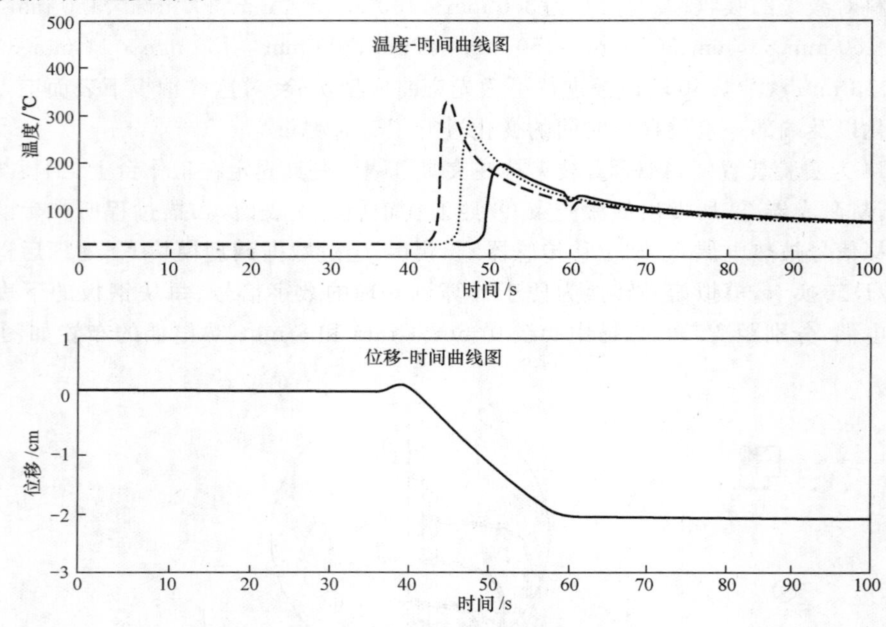

图 8-15　激光弯曲成型过程实验结果

图 8-16、图 8-17 为 300 mm×150 mm×6 mm 钢板在激光功率为 1 000 W，激光扫描速度为 7.5 mm/s，激光光斑尺寸为 8 mm×8 mm 条件下激光弯曲成型过程中下表面热影响区附近三点的温度和端部一点 y 方向的位移随时间变化的计算值与实验值的比较。可以看出计算结果与实验结果吻合较好。其他几种厚度的钢板激光弯曲成型过程的温度和位移的计算结果与实验结果吻合得也较好。

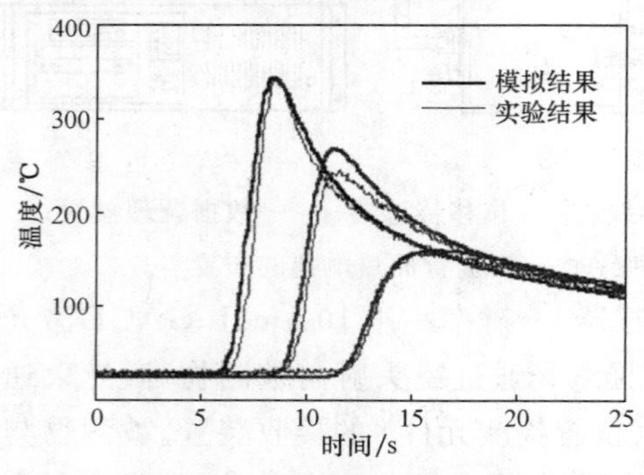

图 8-16　钢板下表面热影响区附近三点温度随时间变化的计算值与实验值的比较

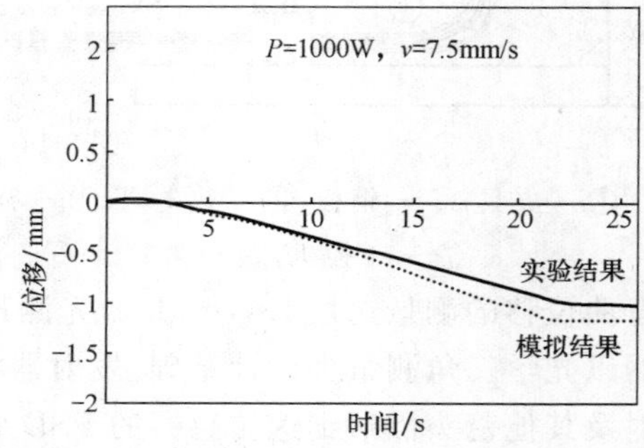

图 8-17　钢板端部一点 y 方向的位移随时间变化的计算值与实验值的比较

图 8-18(a)～图 8-18(d) 分别是 9 mm、11 mm、13 mm 厚钢板和 2 mm 厚 OT4 钛合金板

激光弯曲成型后的板材实物图。

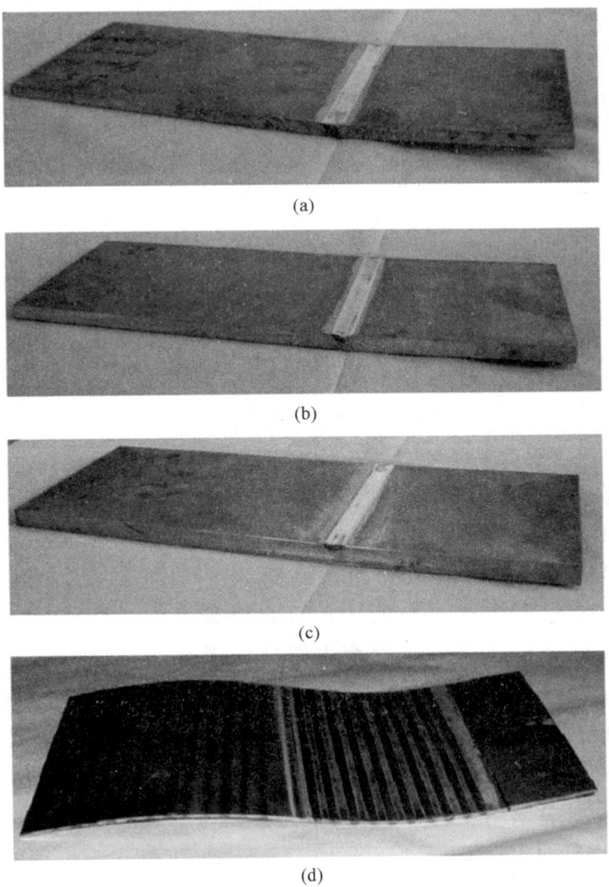

(a)

(b)

(c)

(d)

图 8-18　激光弯曲成型后的板材实物图

8.1.5　金属板材形状对激光弯曲成型影响的数值模拟研究

激光弯曲成型最终角度是激光工艺参数、板材几何参数和性能等多种因素综合作用的结果。通过数值模拟并结合一定的工艺实验优化激光工艺参数，可以为实际生产提供最佳的工艺参数组合，使板材最终获得所要求的变形。

1. 板材厚度对弯曲成型的影响

图 8-19 为在特定的工艺条件下，y 方向最终变形量与板材厚度的关系。从图中可以看到，在特定的工艺条件下，厚度越大，所获得的最终变形量就越小。当板材厚度超过某极限值时，将无法进行激光弯曲成型。一方面，板材越厚，受热区域所能产生的温度峰值越低，材料的热膨胀量也越小，同时由温升引起的屈服应力的下降值也越小。另一方面，板材越厚，弯曲时所需的弯曲力矩也越大，对内部热应力的要求也越高，而由于板材厚度增加造成的过小的应力使钢板难以产生弯曲变形。以上两方面的综合作用使塑性变形量减小。但板材厚度也不能太小，当厚度低于某极限值时，材料将发生熔化或烧损，变形量反而减小。所以，对于一组特定的工艺参数，在一定的厚度范围内可以产生合适的弯曲变形。图 8-19 同时也显示了板材厚度与最终变形量

的关系的实验结果，可以看出数值模拟计算的结果与实验结果基本吻合。

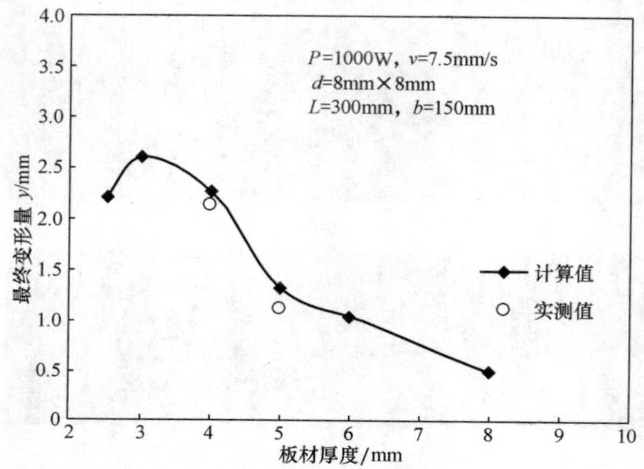

图 8-19 y 方向最终变形量与板材厚度的关系

2. 板材宽度对弯曲成型的影响

图 8-20 为 y 方向最终变形量与板材宽度的关系。从图中可以看出，板材的宽度对弯曲变形的影响较大。板材宽度越大，弯曲成型的最终变形量越大。这是因为激光加热是沿着板材的宽度方向连续进行的，通常激光光斑的边长相对板宽很小，使得同一时刻被加热材料的范围也很小。在特定的工艺条件下被加热处产生塑性变形时，其他在宽度方向上没被加热的材料阻碍加热区域材料的变形，起到了一定的刚端抑制作用。钢板越宽，刚端作用越明显。又因为刚端对加热过程中弯曲的阻碍作用大于对冷却过程中正向弯曲的阻碍作用，所以钢板越宽，背向激光源的反向弯曲变形量越小，而朝向激光源的最终弯曲变形量越大。但是当板材的宽度达到某一值后，刚端作用不再加强，曲线逐渐趋于平缓。

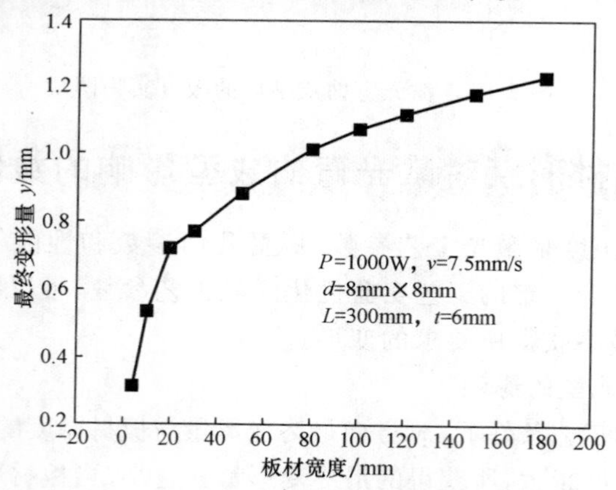

图 8-20 y 方向最终变形量与板材宽度的关系

8.1.6 激光工艺参数对激光弯曲成型影响的数值模拟

影响激光弯曲变形程度的激光工艺参数为激光束对板材弯曲线上各质点的加热时间 t 和热流密度 I。在实现具体工艺时，上述两个参数由激光设备的功率 P、激光光斑的边长 d 和激光沿板材弯曲线的扫描速度 v 决定。下面将讨论激光功率 P 及激光扫描速度 v 对激光弯曲成型的影响。

1. 激光功率对弯曲成型的影响

图 8-21 是在其他条件一定的情况下，不同的激光功率对最终变形量的影响。

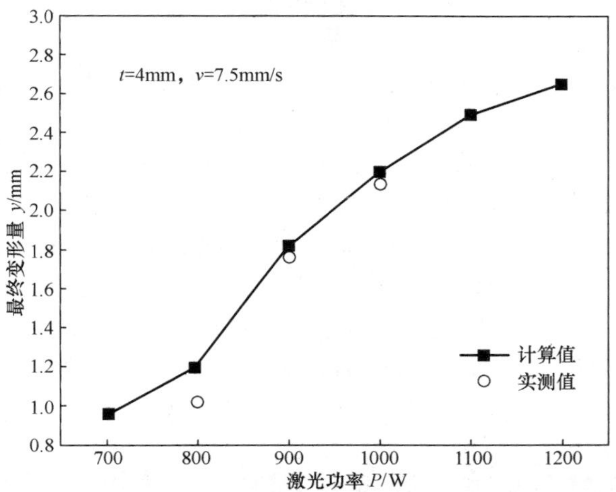

图 8-21　y 方向最终变形量与激光功率的关系

在激光弯曲成型过程中，当扫描速度一定时，随着激光功率的增大，弯曲变形量呈上升趋势。在激光功率很小时，注入板材中的能量太少，板材温度较低，不足以在厚度方向上产生足够的温度梯度，所以板材的弯曲变形很小，尤其是在高速扫描时，几乎没有弯曲现象。随着功率的加大，板材温度升高，上下表面温差加大，板材屈服强度降低，加热区发生塑性变形的金属增多。此时，弯曲变形量随着激光功率增大几乎呈线性增长。若继续加大功率，板材表面会出现熔化现象，弯曲变形量反而会出现减小的趋势。图 8-21 同时也显示了激光功率与最终变形量关系的实验结果，可以看出数值模拟计算的结果与实验结果吻合较好。

2. 激光扫描速度对弯曲成型的影响

图 8-22 为在其他参数一定的条件下，不同的激光扫描速度对弯曲变形量的影响。在相同的激光功率下，增加扫描速度，会减少光斑在加热位置的滞留时间，从而减少能量输入。因此，随着扫描速度的增加，板材上下表面的温度随之降低，弯曲变形量也呈减小的趋势。

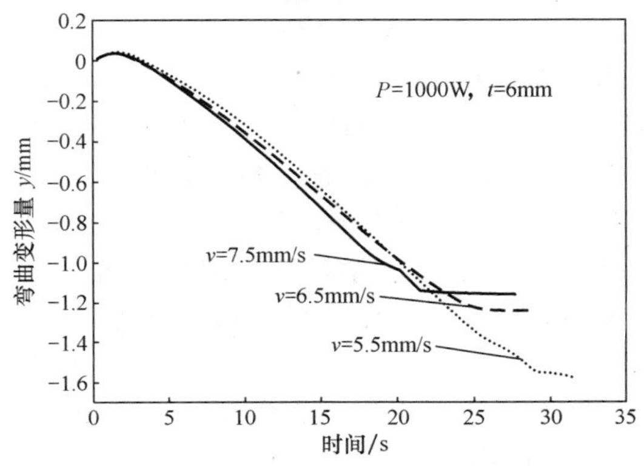

图 8-22　y 方向弯曲变形量与激光扫描速度的关系

8.2 特殊钢棒线材热连轧过程的数值模拟

一个高速棒线材热连轧生产线包括多组轧机，共几十架，轧机之间有喷水冷却控温装置，最后还有斯太尔摩冷床，是一个复杂的系统。过去的轧制过程三维数值模拟研究工作一般都是对整个热连轧过程的一个环节（一组几架轧机）的热连轧过程进行数值模拟，模型的建立往往采用缩短轧辊之间距离，采用等效换热系数来代替实际换热系数的方法。这种方法不能真实地反映实际轧制过程，而且等效换热系数也很难确定。另外这种方法只是对整个热连轧过程一个环节的数值模拟，不能反映棒线材热连轧生产线的全局。所以需要对整个高速棒线材热连轧生产线的热连轧过程进行全局模拟。就现在的计算机速度和内存来看，对整个高速棒线材热连轧生产线的热连轧过程进行全局模拟是不可能的。为此提出对各个环节分别进行数值模拟，相邻环节通过数据映射方法实现场量的传递，上一个环节出口的场量值可作为下一个环节入口的场量初始值。这样通过对高速棒线材热连轧生产线热连轧过程各个环节的顺序分散模拟就可实现对整个高速棒线材热连轧生产线的全局模拟。

8.2.1 特殊钢棒线材热连轧过程热 - 力耦合模型的建立

图 8-23 为特殊钢棒线材轧制生产线的主轧机组分布图。轧件在加热炉中均匀加热后经过高压水除鳞，去掉轧件表面的氧化皮后进入 6 道粗轧机组，H1 ～ V6。粗轧机组与第一个中轧机组 H7 ～ V12 之间通过传送带设定一定的距离，传送带可以起到传送、保温以及变速的作用。轧件离开传送带后进入第一个中轧机组 H7 ～ V12。然后直接进入第二个中轧机组 H13 ～ V18。从 H13 开始，每个道次前都通过设置一个活套对轧制过程进行动态调节。在 V18 轧机后，对于棒材，经过两道定径轧制后进入成品收集线，在冷床上收集、处理直条棒材；对于线材，通过水冷线进入精轧机组及斯太尔摩冷床。

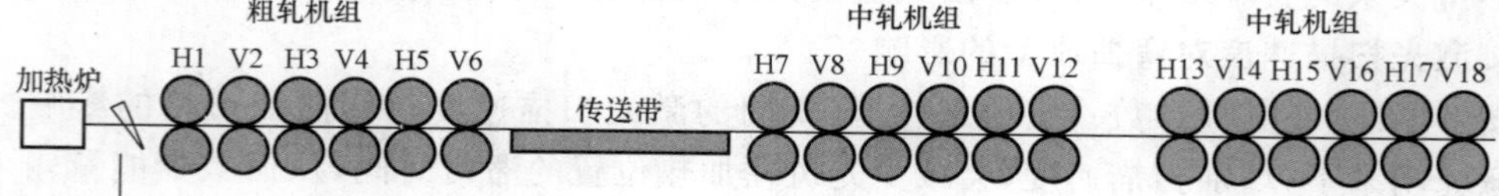

图 8-23 特殊钢棒线材轧制生产线的主轧机组分布图

根据特殊钢棒线材生产线的特点，在数值模拟研究中将图 8-23 所示的热连轧过程分离成不同的环节分别建立模型，其中包括出炉后轧件的除鳞传热模型、1 ～ 6 道次的轧制热 - 力耦合模型、传送带上的辐射对流换热温降模型、7 ～ 12 道次（考虑 H7 前飞剪去除头部）的轧制热 - 力耦合模型和 13 ～ 18 道次（考虑 H13 前飞剪去除头部）的轧制热 - 力耦合模型。对于 13 ～ 18 道次间的活套，将其等效为轧辊间距变长。每个环节分别计算，通过有限元插值计算原理将上一环节的温度场计算结果作为当前计算模型的初始条件代入。待分别计算完各环节温度场后，将各环节温度场数据首尾衔接，即得到轧件在整个生产线全局的三维温度场。其他场量也可这样处理。

轧制过程热 - 力耦合模型的建立采用如下的基本假定：

（1）材料的材质均匀，各向同性；

（2）轧制过程中，上下轧辊直径相等，转速相同，完全对称；

（3）轧辊定义为刚性体，没有变形；

(4)考虑轧件自由表面对流换热、与轧辊间的接触换热以及塑性变形功生热的影响；

(5)材料的热物理性能参数(比热、热导率、密度、热膨胀系数)及力学性能参数(屈服强度、弹性模量)随温度变化；

(6)轧制接触摩擦过程采用剪切摩擦模型描述；

(7)材料的屈服服从 Von Mises 屈服准则；

(8)塑性区内的行为,服从 Prandtl-Reuss 流动准则；

(9)考虑材料的加工硬化。

特殊钢棒线材生产线实际轧辊间距为 2 ～ 5 m,坯料截面尺寸为 150 mm × 150 mm。以 1 ～ 6 道次粗轧为例,轧辊间距为 2 600 mm,考虑到坯料满足 1 道次轧制后长度必须大于 2 600 mm,则坯料长度最短应在 2 200 mm 左右,那么其网格划分后单元数将大于 15 000,计算时间需 30 多天,这对于当前计算机的计算速度是接受不了的。为此采用一种简化的方法,考虑到轧件从咬入后处于稳态轧制阶段,将轧件长度取为 400 mm,每个道次轧制后采用一个刚性体以当前的轧制速度推动轧件运动。这样轧件单元划分为 1 800 个,计算时间只需十几个小时,提高计算效率几十倍,大大减少了计算量。

热连轧过程各环节的模型如图 8-24 所示。

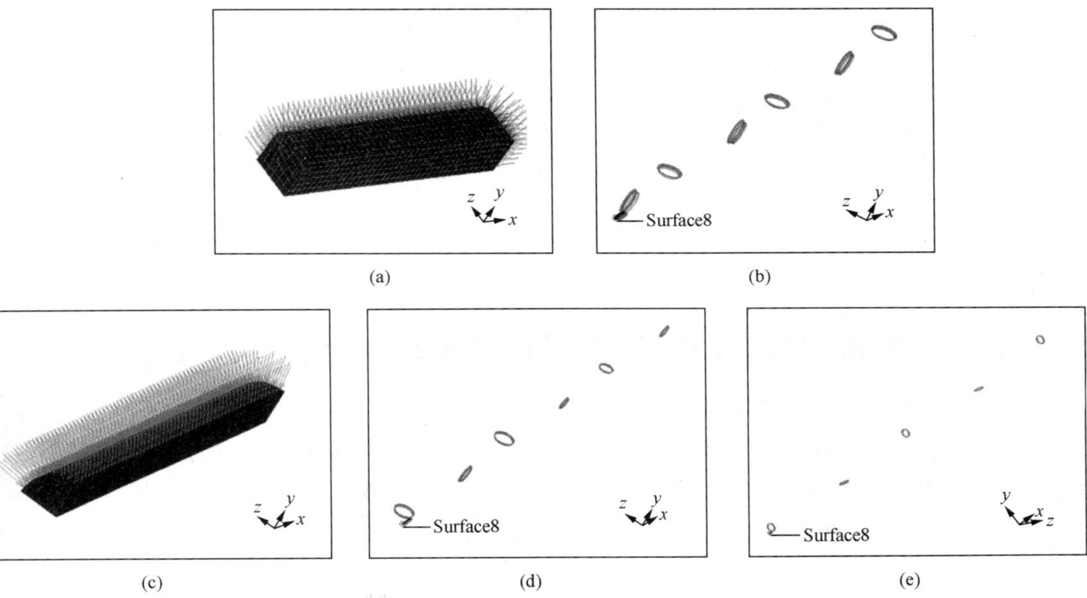

图 8-24　热连轧过程各环节的模型

图中,(a) 为轧件出炉后高压水除鳞过程的传热学模型;(b) 为 1 ～ 6 道次轧制过程的热 - 力耦合模型;(c) 为轧件在传送带上的传热学模型;(d) 为 7 ～ 12 道次轧制过程的热 - 力耦合模型;(e) 为 13 ～ 18 道次轧制过程的热 - 力耦合模型。

对于整个热连轧过程,各环节建立模型后可分别进行模拟计算。上一个环节的计算结果可作为下一个环节计算的初始条件。上下两个环节之间的数据传递可通过插值映射技术实现。

1. 边界条件

(1)位移约束

模型中轧辊的孔型尺寸以及轧速等数据都是棒线材实际生产中的真实数据。上下两个轧辊对称，单个轧辊左右对称，根据对称性以及模型优化的要求，取轧件的1/4作为研究对象，取单个轧辊的1/2作为研究对象，如图8-24所示，定义对称面上节点的位移为零。

(2)热边界条件

轧件的对称面为绝热面。轧件的自由表面与外界环境有辐射换热和对流换热，另外与轧辊接触时有接触换热和摩擦生热。

2. 初始条件

轧件在加热炉中均匀加热，轧件内应力为零，轧件的出炉温度可作为高压水除鳞传热过程数值模拟的初始条件：

$$T|_{t=0} = T_0(x,y,z) \tag{8-12}$$

高压水除鳞传热过程数值模拟的结果可作为1～6道次轧制过程数值模拟的初始条件。1～6道次轧制过程数值模拟的结果可作为轧件在传送带上传热过程模型的初始条件。以后其他环节依此类推。

材料的性能参数包括力学性能参数和热物理性能参数。材料的力学性能参数包括弹性模量、屈服强度、泊松比和加工硬化参数，热物理性能参数主要是材料的热膨胀系数、比热、热导率和密度。在计算过程中考虑了材料的性能参数随温度变化的关系。这些数据由辽宁特殊钢棒线材工厂的内部资料获得。其中变形抗力采用以下数学模型：

$$\sigma = s \cdot \sigma_0 \cdot \dot{\varepsilon}^a \cdot (10\varepsilon)^b \left(\frac{T}{1\ 000}\right)^c \tag{8-13}$$

式中 $\dot{\varepsilon}$—— 应变率，s^{-1}；

ε—— 应变；

T—— 温度，℃；

σ_0——$T = 1\ 000$ ℃、$\dot{\varepsilon} = 1\ s^{-1}$、$\varepsilon = 0.1$时的变形抗力，称为变形抗力基值，MPa；

s、a、b、c—— 系数。

8.2.2 特殊钢棒线材热连轧过程温度场的数值模拟结果

1. 轧件温度场的数值模拟结果

通过数值模拟计算可以得到轧件从出炉到18道次轧制过程中任意时刻的温度场。图8-25为轧件出炉后高压水除鳞过程中5 s和10 s时的温度场。

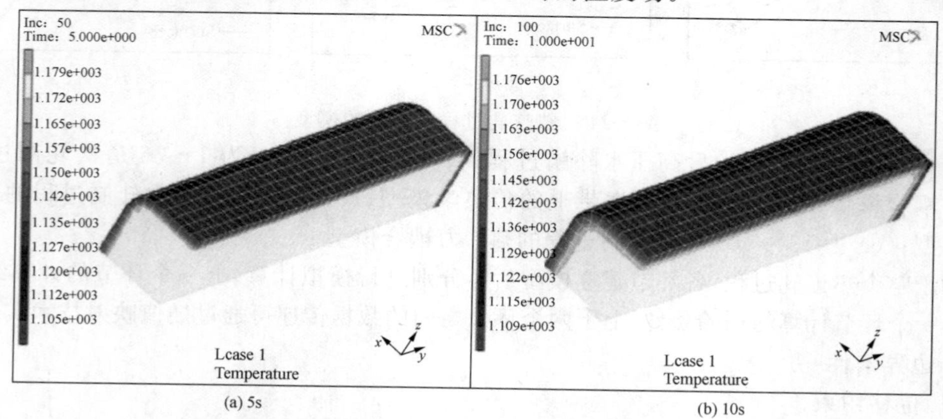

图8-25 轧件出炉后高压水除鳞过程中5 s和10 s时的温度场

图 8-26 为 1 ～ 6 道次轧制过程中轧件在不同时刻、不同道次的温度场。从图中可以看到轧件在轧制过程中处于轧制阶段的轧向部分与轧辊表面存在着剧烈的接触换热，温度瞬间降低。接触压力越大，换热作用越明显，因此处于轧辊中心下方的部分温度下降最快；而位于表面下层的部位，由于轧制变形产生的热影响最大，因此温升最明显；未轧入的部分主要通过与空气对流换热以及内部进行热传导，温度下降缓慢。

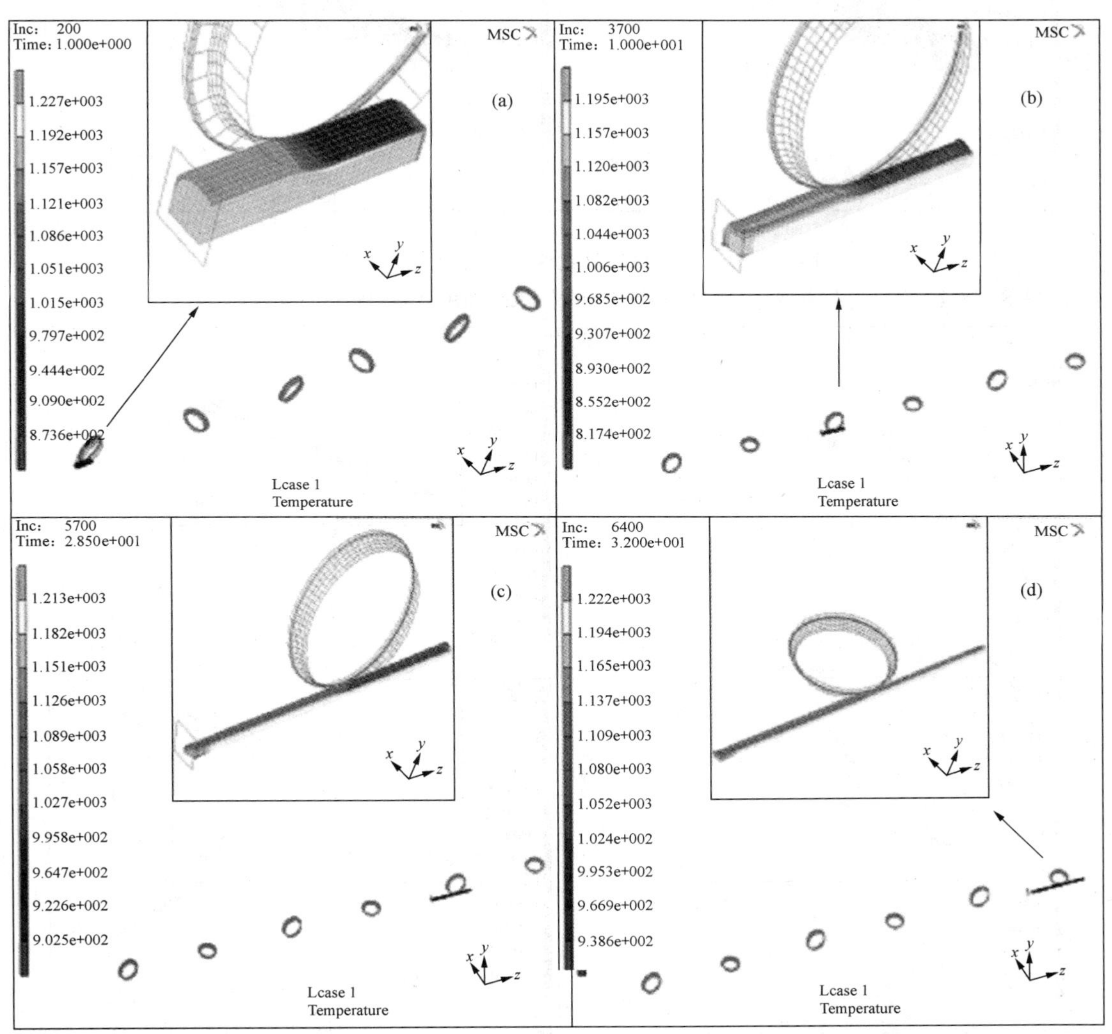

图 8-26　1 ～ 6 道次轧制过程中轧件在不同时刻、不同道次的温度场

图 8-27 为 6 道次粗轧后轧件在传送带上的温降云图。由于 6 道次粗轧后，轧件表面与内部的温差很大，如图 8-27(a) 所示，所以传送带的主要目的是让轧件“均温”。图 8-27(b) 为轧件在传送带上 49.5 s 时的温度场。

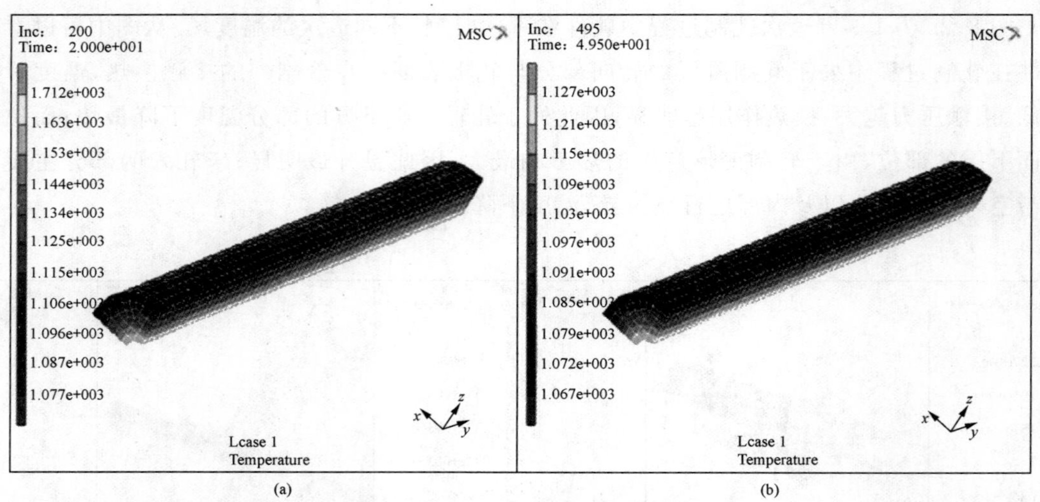

图 8-27　6 道次粗轧后轧件在传送带上的温降云图

图 8-28 是 7 ～ 12 道次轧制过程中不同时刻轧件的温度场。

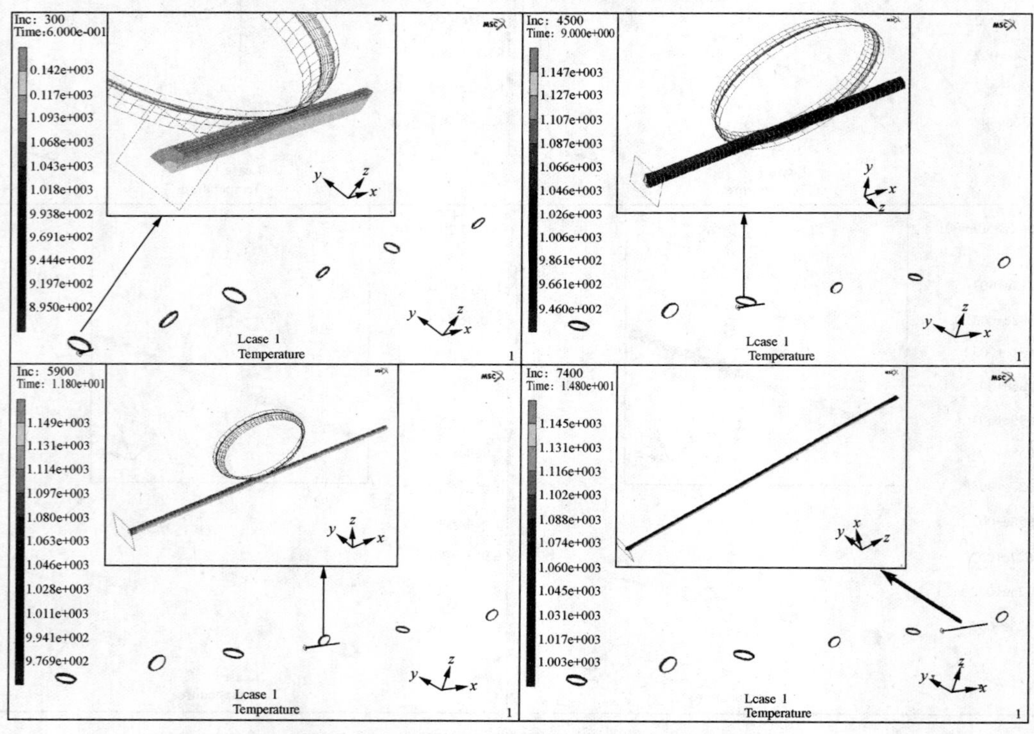

图 8-28　7 ～ 12 道次轧制过程中不同时刻轧件的温度场

图 8-29 是 13 ～ 18 道次轧制过程中不同时刻轧件的温度场。

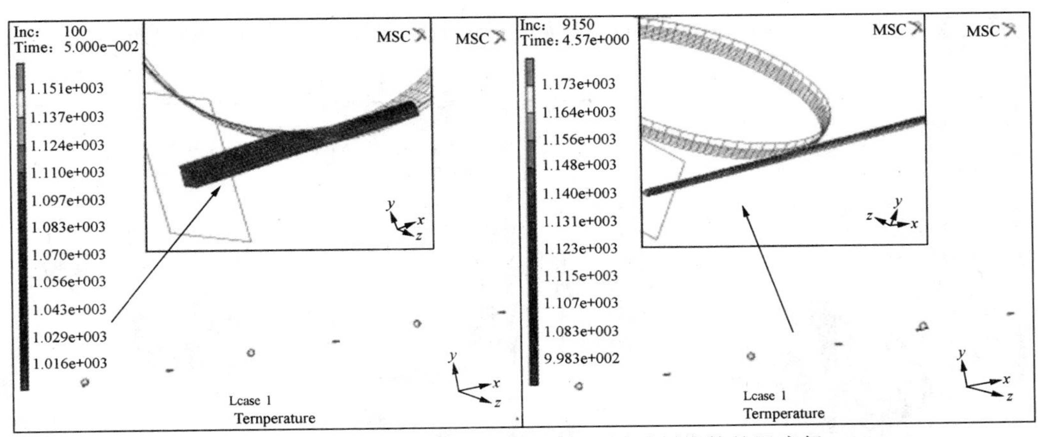

图 8-29　13 ～ 18 道次轧制过程中不同时刻轧件的温度场

2. 轧件温度随时间变化的数值模拟结果

图 8-30 是 304 不锈钢轧件从出炉到 18 道次轧制过程中心部、中部和表面三点的温度随时间变化的曲线。

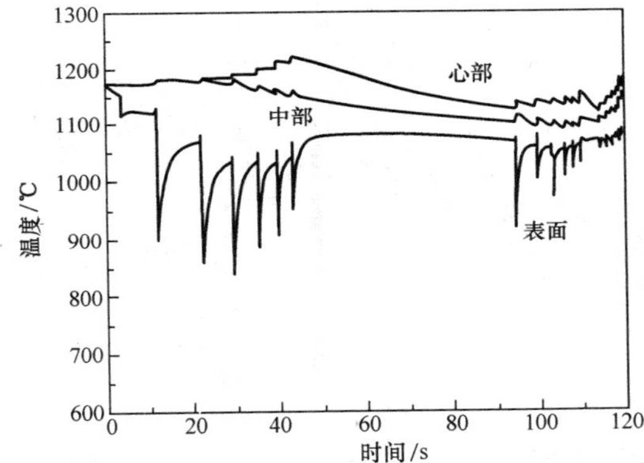

图 8-30　304 不锈钢轧件从出炉到 18 道次轧制过程中不同位置温度随时间变化的曲线

从图 8-30 中可以看到轧制过程的温度分布特点。轧件经过高压水除鳞，表面温度瞬间下降，由于换热时间很短，心部温度没有变化。进入每道次后，表面的温度先是升高一下，然后迅速下降。这是由于所取表面点受轧件已经轧入部分塑性变形生热的影响，温度上升，进入轧辊后，表面与轧辊接触，温度瞬间下降。而在心部，轧制变形产生的热量使该处在 6 道次轧制过程中温度一直上升。中部的点在 1 道次轧制时，由于塑性变形生热对它的影响要比心部的点大，所以此处温度比心部要高，随后受热传导和塑性变形的共同作用，温度曲线呈“阶梯状”。每道次轧制时，表面的温降并不相同。这是由于轧件与轧辊的接触时间、接触压力、接触面积等的不同导致接触换热不同引起的。从图中可以看到，在 6 道次轧制后，表面与心部温差最大。此处设立保温传送带后，内外温差逐渐缩小，尽量满足在进入 7 道次轧制前让轧件“均温”。轧件进入 7 ～ 18 道次轧制后，轧制速度逐渐加快，轧件横截面也不断变小。到 18 道次时，轧制速度将达到 9 m/s，因此轧制接触时间变短，表面与轧辊接触温降变小，而心部在塑性变形生热的影响下温度不断上升。

3. 轧件应力场及应变场的数值模拟结果

热连轧过程的数学模型采用的是热 - 力耦合模型，因此通过模拟计算可以得到热连轧过程每一瞬时的应力场和应变场。图 8-31 为 1 ～ 6 道次轧制过程中不同时刻的等效应变分布。

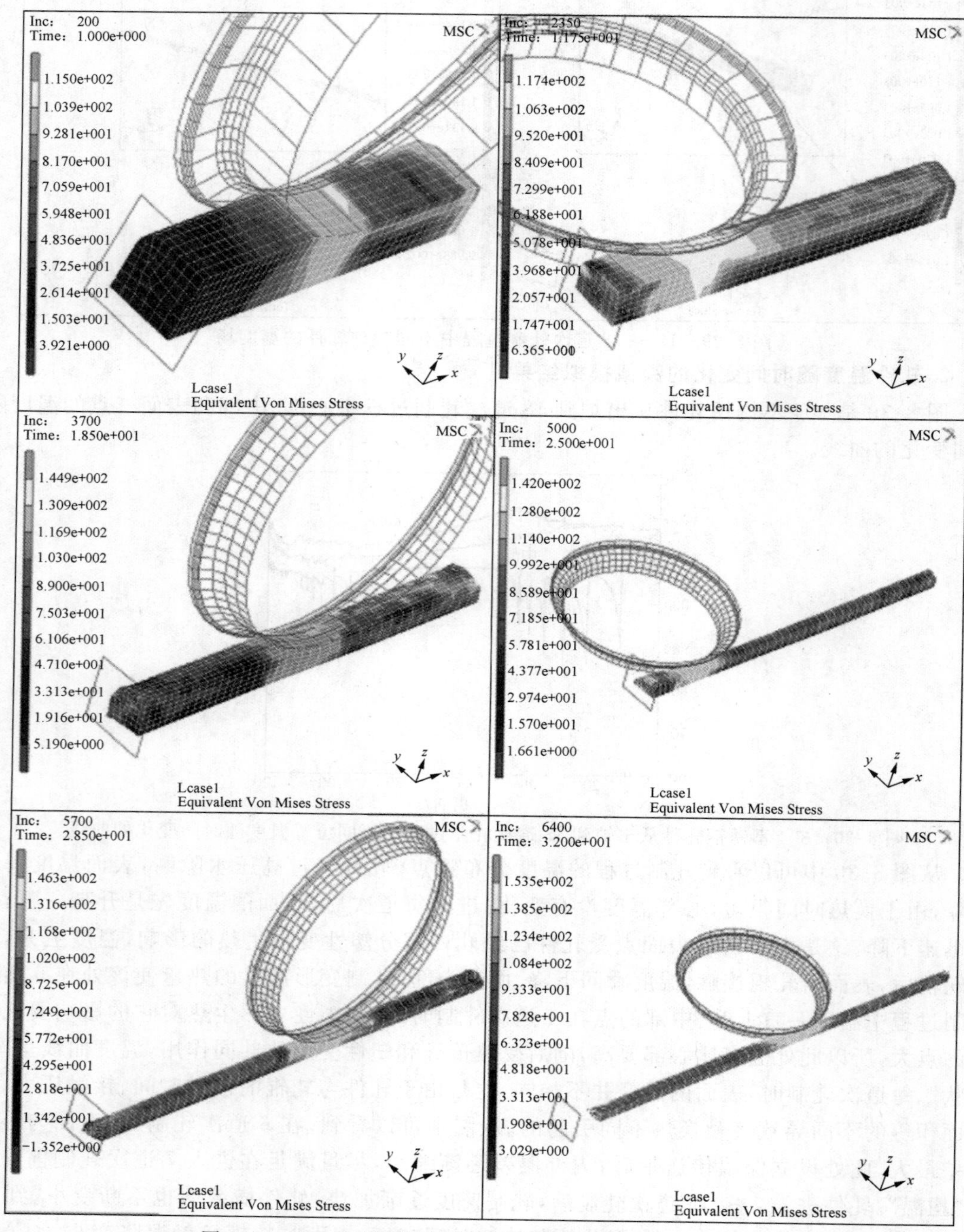

图 8-31　1 ～ 6 道次轧制过程中不同时刻的等效应变分布

图 8-32 为 1 ～ 6 道次轧制过程中不同时刻的等效应力的分布。

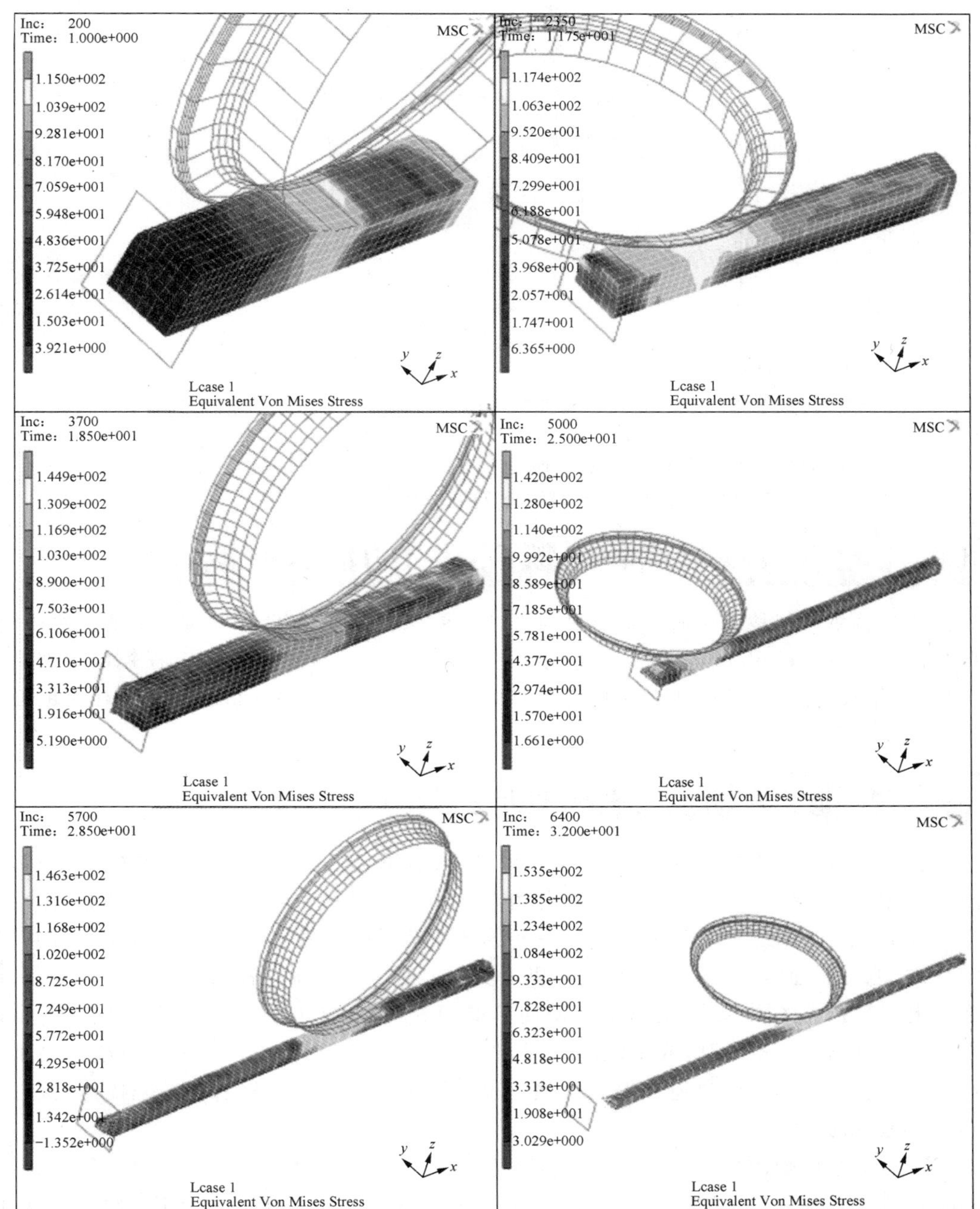

图 8-32　1 ～ 6 道次轧制过程中不同时刻等效应力的分布

4. 温度场数值模拟结果的实验验证

为了验证模型计算结果的准确性，对 304 不锈钢棒线材热连轧过程各道次的轧件表面温度进行了在线测量。测温仪器采用 MIKRON-M90 红外测温仪。图 8-33 为 304 不锈钢棒线材热连轧过程 1 ～ 18 道次轧件表面上一点温度随时间变化的数值模拟计算曲线与实测值的对比图。从图中可以看到计算结果与实测值基本一致。

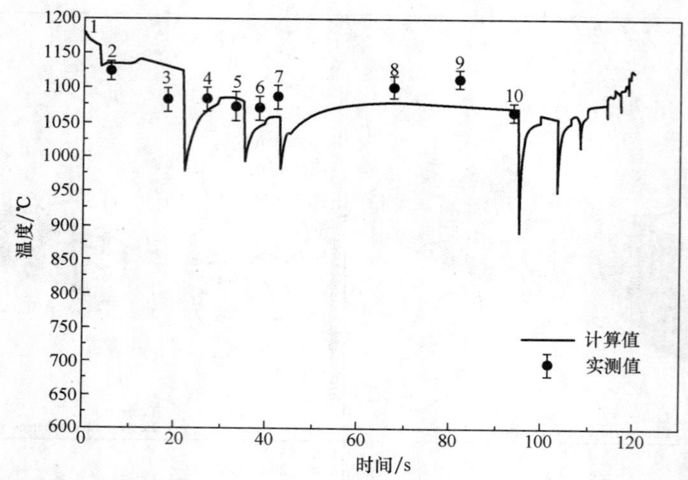

图 8-33 304 不锈钢棒线材热连轧过程 1 ～ 18 道次轧件表面上一点温度随时间变化的数值模拟计算曲线与实测值的对比图

8.3 元胞自动机法材料微观组织的数值模拟

采用计算机模拟技术来研究材料热加工过程是一个新的、有良好发展趋势的研究方向。元胞自动机(CA,Cellular Automata)由于结构简单,易于并行运算而在工程领域有着广泛的应用。近年来,元胞自动机法在材料组织模拟中的应用受到国内外材料科学工作者的高度重视。

8.3.1 元胞自动机的产生和发展

元胞自动机是一类模型的总称,它是一种时间、空间、状态都离散,空间上的相互作用及时间上的因果关系皆为局部的网格动力学模型。它是著名数学家、计算机创始人 V. Neumann 于 20 世纪 50 年代初提出的一种描述复杂系统在分立的时间和空间演化的一种数学算法。他希望通过特定的程序在计算机上实现类似于生物体发育中的细胞自我复制,由于当时电子管技术的限制,他提出了一个简单的模式,把一个长方形平面划分成若干个网格,每一个网格表示一个细胞或系统的基元,他们的状态赋值为 0 或 1,用空格或实格来表示,在事先设定的规则下,细胞或基元的演化就用网格中空格或实格的变动来描述。该方法被称为元胞自动机法。

1970 年,剑桥大学的 J. H. Conway 利用此思想设计出一种单人玩的名为“生命”的游戏(Game of Life),并通过《科学美国人》介绍到全世界。该游戏由几条简单的规则组成,细胞的产生、成活或死亡都由局部的细胞密度所决定;结果细胞或基元在网格中能够产生无法预测的延伸、变形和停止等复杂的模式;充分模拟了生命活动中的生存、灭绝、竞争等复杂现象。20 世纪 80 年代初期,S. Wolfram 系统深入地研究了最简单的一维元胞自动机的演化行为,把元胞自动机的动力学行为分为四大类:平稳型、周期型、混沌型和复杂型。

S. Wolfram 对元胞自动机的研究引起了物理学家、计算机科学家对元胞自动机的极大兴趣。后来这一思想被广泛应用于生物学、人口学、地理学、交通学等科学领域。目前又与人工神经网络融合形成了元胞神经网络(Cellular Neural Networks)。这一最新的交叉学科成为当前迅速发展的前沿学科，是发达国家激烈竞争的领域。

20 世纪 80 年代后期，Packard、Rappaz、Brown 等将元胞自动机引入材料科学研究领域，他们相继用元胞自动机法对金属凝固过程中结晶组织的形成进行了模拟研究。20 世纪 90 年代后期，Davies 用元胞自动机法模拟了形变加工后金属再结晶过程的晶体形核与生长。Marx、Raabe、Gottstein 等用元胞自动机法模拟了金属的初次静态再结晶过程及织构的形成。1991 年，H. W. Hesselbarth 和 I. R. Gobel 应用二维元胞自动机法模拟了金属再结晶过程，结果成功地表述了金属再结晶动力学理论：$f = 1 - \exp(-B \cdot t^n)$，即 JMAK 理论。随后 R. L. Goetz 和 V. Seetharaman 也在这方面做了大量的工作，先后用元胞自动机法模拟了金属静态和动态再结晶过程。在静态再结晶中分析说明了不同类型的形核及不同的形核密度对金属再结晶动力学的影响；在动态再结晶中，进一步阐述了形变率及 D_0/D_s 对金属再结晶微观组织形态和金属再结晶动力学的影响。

8.3.2　元胞自动机的基本思想及原理

在一个元胞自动机模型中，体系被分解成有限个元胞，同时把时间离散化为一定间隔的步长，每个元胞的所有可能状态也被划分为有限个分立的状态。每个元胞在前后时间步长的状态转变按一定的演变规则来决定，这种转变是随时间不断地对体系各元胞同步进行的。因此一个元胞的状态受其邻居元胞状态的影响，同时也影响着邻居元胞的状态。局部之间相互影响，相互作用，通过一定的规则变化而整合成总体行为，以简单离散的元胞来考查复杂体系，这是很有用的思想方法。

8.3.3　元胞自动机的组成

一个元胞自动机由元胞、元胞空间、邻居及规则四部分组成，另外还要考虑随时间的变化。

1. 元胞

元胞又称基元，是元胞自动机最基本的组成部分。元胞分布在离散的一维、二维或多维均匀划分的空间的格点上。元胞的状态可以是$\{0,1\}$的二进制形式，或是$\{s_0, s_1, s_2, \cdots, s_i, \cdots, s_k\}$整数形式的离散集，严格意义上讲，元胞在某一时刻只能有一个状态。

2. 元胞空间

元胞空间指元胞所分布的空间网点集合。

(1)元胞空间的几何划分

目前研究多集中在一维和二维的元胞自动机上。一维元胞自动机的划分只有一种，二维元胞自动机的划分通常有三种：三角形网格、四方形网格、六边形网格(图 8-34)。三角形网格邻居数较少，但不易在计算机上表达与显示，需转换成四方形网格。四方形网格直观简单，易于在计算机上表达与显示，但不能很好地模拟各向同性的现象。六边形网格可以很好地模拟各向同性的现象，模拟结果更接近真实情况，但与三角形网格一样，在表达与显示上较困难。

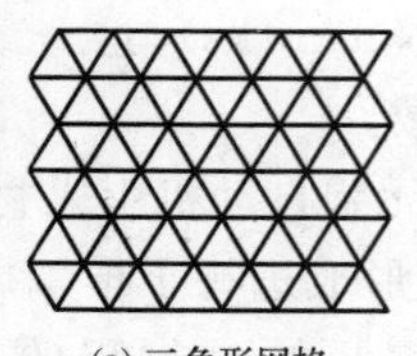
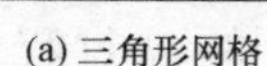
(a) 三角形网格

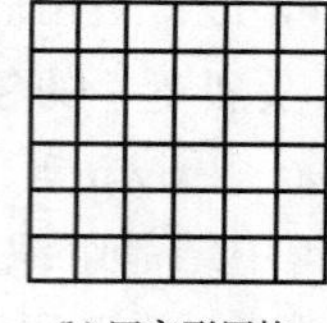
(b) 四方形网格

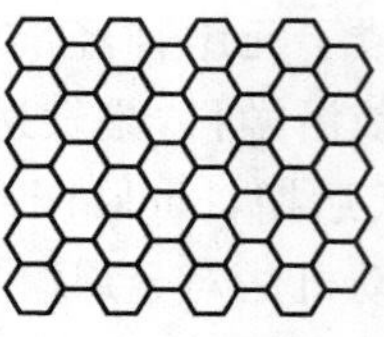
(c) 六边形网格

图 8-34　元胞自动机的网格划分图

(2)边界条件

在理论上,元胞空间应当是无限延伸的,但在实际中无法实现,因此需要定义不同的边界条件。归纳起来,边界条件主要有三种类型:周期型、反射型和定值型。有时,为更加客观自然地模拟实际现象,还可以采用随机型,即在边界产生随机值。周期型是指相对边界连接起来的元胞空间具有周期性。对于一维空间,表现为一个首尾相连的圈,对于二维空间,上下相连,左右相接,形成一个拓扑圆环面。反射型是指在边界外邻居的元胞状态是以边界为轴的镜面反射。定值型是指所有边界外元胞均取某一固定值,如 0,1 等。这三种边界条件类型在实际应用中,尤其是应用于二维或更高维数的模型时,可以相互结合。

(3)构型

构型即某个时刻,在元胞空间上所有元胞状态的空间分布组合。在数学上,它可表示为一个多维的整数矩阵。

3. 邻居

在元胞自动机中,规则是定义在空间局部范围内的,即一个元胞的状态取决于上一时刻该元胞本身和邻居元胞的状态。因此,建立一个元胞自动机模型,必须首先确定其邻居类型。在一维元胞自动机中,以邻域半径 r 来确定。二维元胞自动机中,邻居通常有两种类型:V. Neumann 型和 Moore 型(图 8-35)。

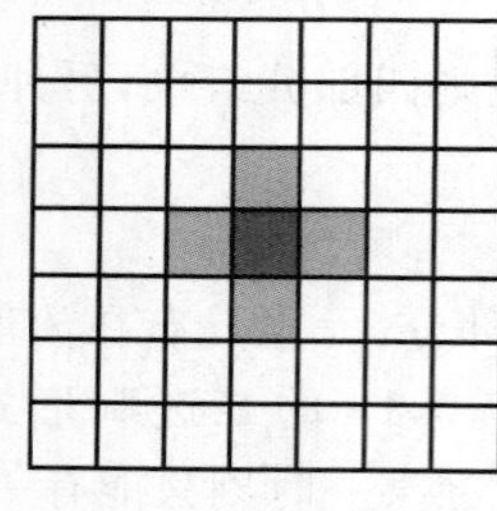
(a) V. Neumann 型

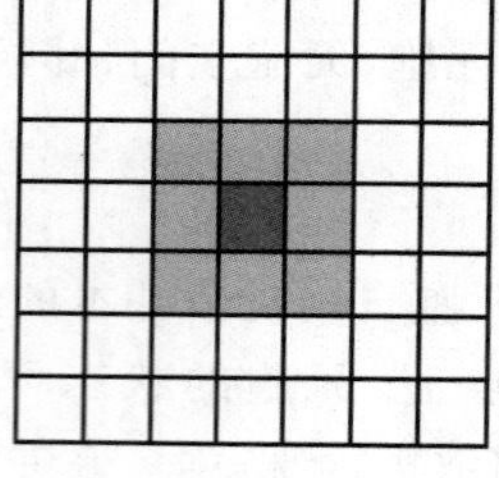
(b) Moore 型

图 8-35　元胞自动机的邻居类型

(1)V. Neumann 型

V. Neumann 型指的是与中心元胞距离最近的四个元胞(邻域半径为 1),也称四邻居型。其邻居定义如下:

$$N_{\text{Neumann}} = \{V_i = (V_{ix}, V_{iy}) \parallel V_{ix} - V_{ox} \mid + \mid V_{iy} - V_{oy} \mid \leqslant 1, (V_{ix}, V_{iy}) \in Z^2\}$$

式中　V_{ix}、V_{iy} —— 邻居元胞的行列坐标值;

V_{ox}、V_{oy} —— 中心元胞的行列坐标值。

此时,对于四方形网格,在维数为 d 时,一个元胞的邻居个数为 $2d$。

(2)Moore 型

Moore 型不仅考虑最近邻的四个元胞，还考虑次近邻即顶角的四个元胞，共 8 个(邻域半径为 1)，其邻居定义如下：

$N_{Moore} = \{V_i = (V_{ix}, V_{iy}) \parallel V_{ix} - V_{ox} \mid \leqslant 1, \mid V_{iy} - V_{oy} \mid \leqslant 1, (V_{ix}, V_{iy}) \in Z^2\}$

式中，V_{ix}、V_{iy}、V_{ox}、V_{oy} 意义同前。

此时，对于四方形网格，在维数为 d 时，一个元胞的邻居个数为($3^d - 1$)。

4. 规则

根据元胞当前状态及其邻居状态确定下一时刻元胞状态的动力学函数，这个函数构造了一种简单的、离散的空间 / 时间范围的局部物理成分。在要修改的范围里采用这个局部物理成分对其结构的“元胞” 重复修改。这样，尽管物理成分本身每次都不发展，但是状态在变化。

5. 时间

元胞自动机是一个动态系统，它在时间维上的变化是离散的，即时间是一个整数，而且连续等间距。假设时间间距 $dt = 1$，若 $t = 0$ 为初始时刻，那么 $t = 1$ 为其下一时刻。在状态转换中，一个元胞在 $t + 1$ 时刻的状态只取决于 t 时刻该元胞及其邻居元胞的状态。

从以上对元胞自动机组成的分析中我们可以得出：一个标准的元胞自动机是一个四元组：

$$A = (L_d, S, N, f)$$

式中　A—— 一个元胞自动机系统；

L—— 元胞空间；

d—— 一个正整数，表示元胞自动机内元胞空间的维数；

S—— 元胞有限的、离散的状态集合；

N—— 一个所有邻域内元胞的组合(包括中心元胞)；

f—— 局部转换函数。

8.3.4　元胞自动机的基本特征

在自然界中，许多体系具有相当复杂的整体行为和形态，但它们的组成单元却可能很简单，这些简单的组成单元内部存在着局部的交互作用，并且这种作用相对来说比较简单。传统的数学建模方法是建立描述体系行为的偏微分方程，它依赖于对体系的成熟的定量理论，而对大多数体系来说，这种定量理论还是比较缺乏的；从微观入手的方法传统上有分子动力学方法和 Monte Carlo 方法，但它们也因为分别依赖于体系内部的原子间势函数和体系内部自由能的计算而难于实现，并且所能模拟的尺寸和时间都是极其微小的。元胞自动机法则另辟蹊径，直接考查体系的局部交互作用，借助计算机数值模拟来再现这种作用导致的总体行为，并得到它们的组态变化。元胞自动机具有简单的构造，然而却能产生非常复杂的行为，因而非常适用于对动态的复杂体系的计算机数值模拟，在许多实际问题中也取得了相当大的成功。

元胞自动机由于结构简单、易于并行运算而在工程领域有着广泛的应用。利用元胞自动机很容易描写单元间的相互作用，不需要建立和求解复杂的微分方程(只要确定简单的单元演化规则即可)。从元胞自动机的构成和规则上分析，标准的元胞自动机应具有如下特征：

(1)齐性

元胞均匀排列,元胞的分布方式、大小、形状均相同,且处于离散的格点上;

(2)离散性

不仅空间离散、时间离散,元胞的状态也是离散的,并且元胞的状态只能取有限个离散值;

(3)同质性

每个元胞的变化都服从相同的规则,即转换函数,而这种演变规则是确定的或随机的;

(4)计算的同步性(并行性)

各个元胞在 $t+1$ 时刻的状态变化是独立的行为,相互没有任何影响,即元胞自动机的处理是同步进行的,特别适合于并行计算;

(5)相互作用的局部性

每个元胞的演化规则是局部的,仅同周围的邻居元胞有关。

这种方法抓住了简单与复杂这一对主要矛盾,从而触及并体现了其他矛盾,如局部与整体、宏观与微观、线性与非线性、决定性与随机性、数学模型与物理本质之间的矛盾。因此它具有利用简单的、局部的和离散的方法描述复杂的、全局的、连续的系统的能力。

8.3.5 元胞自动机的分类

元胞自动机的构建没有固定的数学公式,其构成方式繁杂,变种很多,行为复杂,故分类难度也较大。自元胞自动机产生以来,对于其分类的研究就是一个重要的研究课题和核心理论。基于不同的出发点,元胞自动机可以有多种分类。

1. 基于动力学行为的分类

其中,最具影响力的当属 S. Wolfram 在 20 世纪 80 年代初做的基于动力学行为的元胞自动机分类,分为平稳型、周期型、混沌型和复杂型。

(1)平稳型

自任何初始状态开始,经过一定时间运行后,元胞空间趋于一个空间平稳的构型,即每一个元胞处于固定状态,不随时间变化而变化;

(2)周期型

经过一定时间运行后,元胞空间趋于一系列简单的固定结构或周期结构;

(3)混沌型

自任何初始状态开始,经过一定时间运行后,元胞自动机表现出混沌的非周期行为;

(4)复杂型

出现复杂的局部结构,或者说是局部的混沌,其中有些会不断地传播。

2. 基于元胞空间维数的分类

另外,根据元胞空间维数,元胞自动机通常可以分为:

(1)一维元胞自动机

元胞按等间隔方式分布在一条向两侧无限延伸的直线上,每个元胞具有有限个状态 s,$s \in S = \{s_1, s_2, \cdots, s_k\}$,定义邻域半径为 r,元胞的左右两侧共有 $2r$ 个元胞作为其邻居集合 N,定义在离散时间维上的转换函数 $f: S^{2r+1} \rightarrow S$ 可以记为

$$S_i^{t+1} = f(S_{i-r}^t, \cdots, S_{i-1}^t, S_i^t, S_{i+1}^t, \cdots, S_{i+r}^t) \tag{8-14}$$

式中　S_i^t—— 第 i 个元胞自动机在 t 时刻的状态。

对一维元胞自动机的系统研究最早，相对来说，其状态、规则等较为简单，往往其所有可能的规则可以一一列出，易于处理，研究也最为深入。目前对元胞自动机理论的研究多集中在一维元胞自动机上。

(2)二维元胞自动机

元胞分布在二维欧几里得平面上规则划分的网格上，通常为方格划分。以 J. H. Conway 的生命游戏为代表，应用最为广泛。由于世界上很多现象是二维分布的，还有一些现象可以通过抽象或映射等方法，转换到二维空间上，所以二维元胞自动机的应用最为广泛，多数应用模型都是二维元胞自动机模型。

(3)三维元胞自动机

目前，Bays 等在这方面做了若干实验性工作，包括在三维空间上实现了生命游戏，延续和扩展了一维和二维元胞自动机的理论。

(4)高维元胞自动机

只是在理论上进行了少量的探讨，实际的系统模型较少。Lee Meeker 在他的硕士论文中，进行了对四维元胞自动机的探索。

8.3.6　生命游戏

生命游戏是 J. H. Conway 设计的一种单人玩的计算机游戏。它在某些外观特征上与现在玩的围棋有些类似，不过它的元胞分布在网格内，而不像围棋分布在节点上。每个元胞的状态有{生，死}，用{0，1}来表示，元胞的生死由局部规则而定。将一个平面划分成方形网格，每个方格代表一个元胞。元胞有两种状态：死亡 —— 设置为黄色；活着 —— 设置为蓝色。初始时刻给每个元胞随机赋一种状态。边界条件是周期型，即上下相接，左右相接，形成一个拓扑圆环面，形似车胎。

以下是生命游戏元胞自动机的构成及规则：

(1)元胞分布在规则划分的网格上；

(2)元胞具有 0、1 两种状态，0 代表“死”，1 代表“生”或“复活”；

(3)邻居类型为 Moore 型，即 8 邻居；

(4)一个元胞的状态由其在该时刻本身的状态和 8 个邻居的状态共同决定：当前时刻，如果元胞状态为“生”，且 8 个邻居中有 2 个或 3 个为“生”，则下一时刻该元胞继续为“生”；否则为“死”。当前时刻，如果元胞状态为“死”，且 8 邻居中正好有 3 个为“生”，则下一时刻该元胞“复活”，否则保持为“死”。

我们将其转换成数学模型，把一个平面划分成方形网格，每一个方格代表一个元胞。

元胞状态：0— 死亡，1— 活着；

邻域半径：1；

邻居类型：Moore 型；

演化规则：

(1)若 $S^t=1$,则 $S^{t+1}=\begin{cases}1, S=2,3\\0, S\neq 2,3\end{cases}$

(2)若 $S^t=0$,则 $S^{t+1}=\begin{cases}1, S=3\\0, S\neq 3\end{cases}$

式中　S^t——t 时刻元胞的状态;

S——8 个邻居元胞中活着的元胞数。

图 8-36 是生命游戏程序的流程图。生命游戏是一个二维元胞自动机,它能够模拟生命活动中的生存、灭绝、竞争等复杂现象。尽管它的规则看上去很简单,但生命游戏是具有产生动态图案和动态结构能力的元胞自动机模型,能产生丰富、有趣的图案。生命游戏的优化与初始元胞状态的分布有关,给定任意的初始状态分布,经过若干步的运算,有的图案会很快消失;有的图案固定不动;有的周而复始重复两个或几个图案;有的蜿蜒而行;有的则保持图案定向移动,形似阅兵阵;有的则呈现混沌状态,并不断扩张。

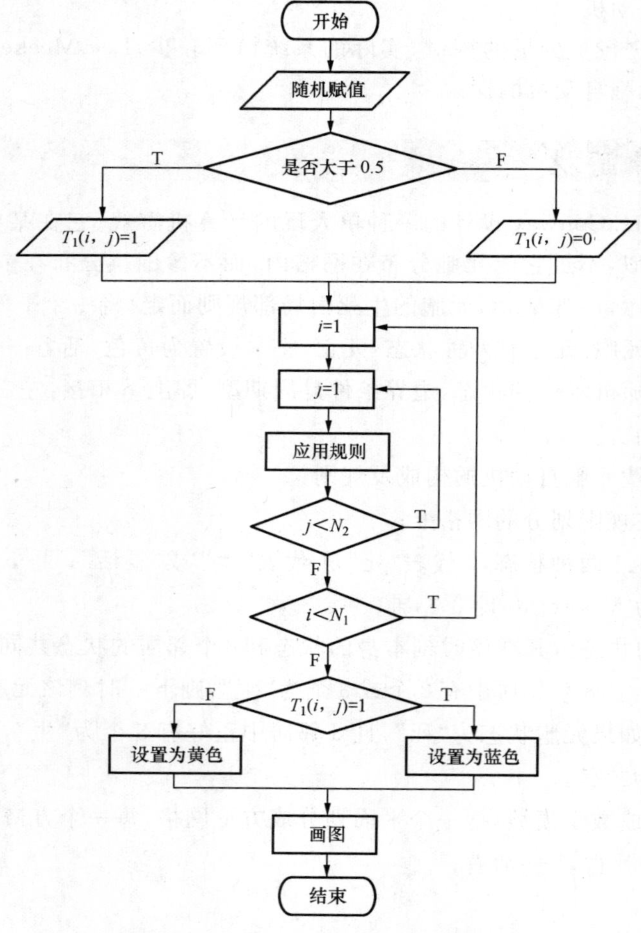

图 8-36　生命游戏程序的流程图

图 8-37 为各个元胞状态随时间不断演化的示意图。当一个"活"元胞周围有 2 个或 3 个

元胞状态为“活”时，下一时刻继续“活”；当一个“死”元胞周围正好有 3 个元胞状态为“活”时，下一时刻“复活”。因此在初始时刻，由于生命密度过大，生存环境恶化，资源短缺，元胞间相互竞争而出现生命危机，元胞相继“死去”；演化一段时间后，由于局部生命密度过小，缺乏繁殖机会，缺乏互助也会出现生命危机。只有在生命密度适中的情况下，元胞才能生存和繁衍后代，最后呈现稳定或周期状态。

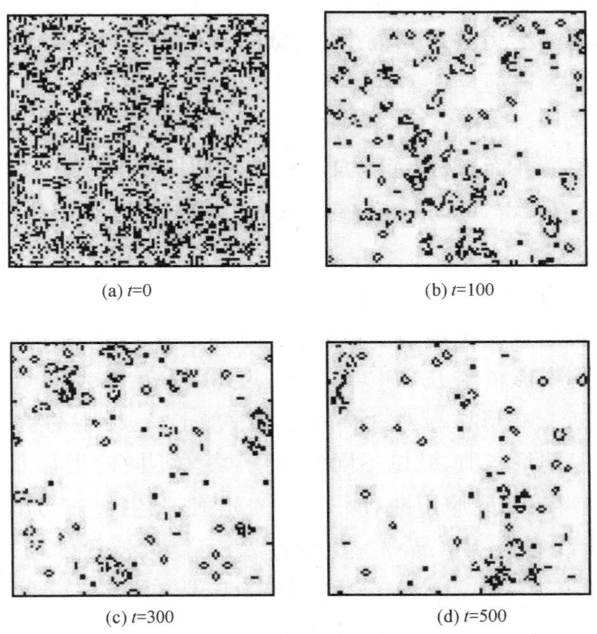

(a) t=0　(b) t=100

(c) t=300　(d) t=500

图 8-37　各个元胞状态随时间不断演化的示意图

图 8-38 为一组稳定态的元胞图案。生命游戏模型形象地体现了环境与生存的制约关系，因而又被称为“环境 - 生存(Environment-Fertility)”模型。

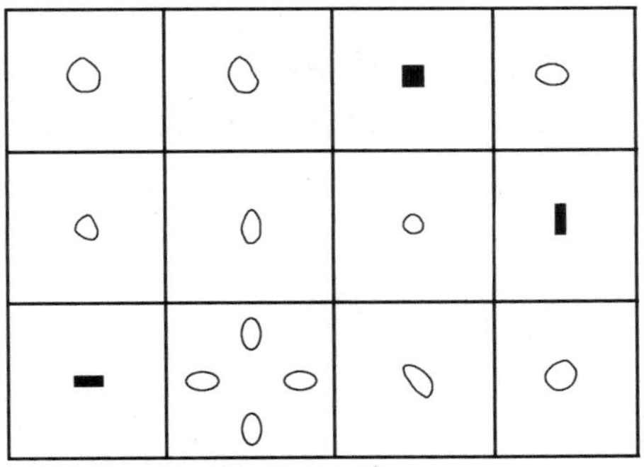

图 8-38　处于稳定态的元胞图案

生命游戏模型在很多方面都已得到应用。它的演化规则近似地描述了生物群体的生存繁衍规律：在生命密度过小($S<2$)时，由于孤单、缺乏配种繁殖机会、缺乏互助会出现生命危机，元胞状态值由 1 变为 0；在生命密度过大($S>3$)时，由于环境恶化、资源短缺以及相互竞争也会出现生存危机，元胞状态值由 1 变为 0；只有处于个体适中($2\leqslant S\leqslant 3$)位置的生物才能生存(元胞的状态值保持为 1)和繁衍后代(元胞状态值由 0 变为 1)。正由于它能够模拟生命活动中的生存、灭绝、竞争等复杂现象，因而得名“生命游戏”。J. H. Conway 还证明，这个元胞自动机具有与图灵机等价的计算功能，即给定适当的初始条件，生命游戏模型能够模拟任何计算机。

8.3.7 方形铸件凝固过程的数值模拟

作者建立了简单的方形铸件凝固模型，模型中不考虑溶质再分配、枝晶等问题，只简单地模拟晶粒的形核、长大、碰撞等现象。

1. 模型的物理描述

本模型模拟铸件的横断面，采用元胞自动机法将截面划分成许多均匀的方形网格，每个网格代表一个元胞。相应开辟两个二维数组，一个用来描述宏观的温度变化，一个用来描述微观组织的形成过程。

凝固开始时如果元胞的温度高于液相线，形核率为 0，即 $P_i = 0$，则将该元胞状态值记为 0。一旦元胞的温度低于液相线温度，在一定的过冷度条件下，元胞内将产生 n 个晶核。一个元胞是否形核主要取决于形核率 P_i，$P_i = n \cdot V_{CA}$，式中 V_{CA} 代表每个元胞的体积。计算时产生随机数 $r(0 < r < 1)$，只有形核率 $P_i \geqslant r$ 的元胞才能形核，元胞的状态由液态转变为固态，并以不同的正整数标记其状态值，赋以不同的颜色，表示不同的生长方向。

晶粒生长时，初始形核的元胞不断吞并相邻的元胞，但生长方向不变。首先为晶粒定位，由于形核有先有后，所以当为一个晶粒选定位置后，可能该位置已经被其他的晶粒占领，则重新为该晶粒定位。每当为一个晶粒定位后，都要为该晶粒选择一种颜色表示其生长方向。

在处理晶粒生长过程时，要对晶核的邻居元胞状态值进行判断，如果是 0，说明该位置是空白点，当前晶粒占领这一点，将这一点用当前颜色着色；如果不是 0，则表示该位置已经形核或被其他的元胞占领，发生晶粒间的碰撞现象，在这一方向上将停止生长。

2. 模型的数学描述

将平面划分成均匀的方形网格，每个网格代表一个元胞，元胞的状态是一个整数集：$S = \{0, 1, 2, \cdots, n\}$。其中 0 表示液态，赋以红色；其他正整数表示固态，不同的数值赋以不同的颜色，表示不同的晶向。

数学模型描述如下：

元胞状态：0—— 液态；1，2，…，n—— 固态；

邻域半径：1；

邻居类型：V. Neumann 型；

边界条件：采用定值型边界，即 $S_{边界} = 1$；

演化规则：

(1)若 $T^t_{i,j} \geqslant T_L$，则 $S^t_{i,j} = 0$；

(2)若 $T^t_{i,j} \leqslant T_L - \Delta T$，且 $P_i \geqslant r$，则 $S^t_{i,j} = n$(n 是任意一个正整数)；

(3)若 $S^t_{i,j} \neq 0$，且 $S^t_{i+1,j} = 0$，$T^t_{i+1,j} \leqslant T_L$，则 $S^{t+1}_{i+1,j} = S^t_{i,j}$。

四个邻居元胞均按此规则演化。其中 $T^t_{i,j}$ 表示第(i,j) 个元胞在 t 时刻的温度，℃；T_L 表示液相线温度，℃；ΔT 表示过冷度；$S_{i,j}^{t}$ 表示第(i,j)个元胞在 t 时刻的状态；$S_{i+1,j}^{t}$ 指邻居元胞在 t 时刻的状态；$T_{i+1,j}^{t}$ 指邻居元胞在 t 时刻的温度，℃；$S_{i+1,j}^{t+1}$ 指邻居元胞在 $t+1$ 时刻的状态。

图 8-39 为凝固过程的流程图。

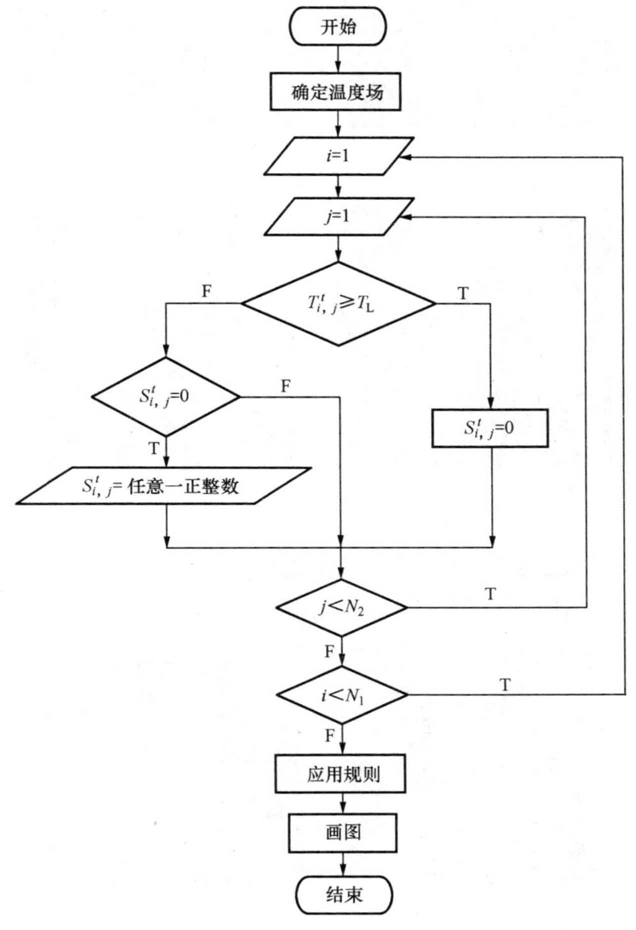

图 8-39　凝固过程的流程图

为达到最大限度的简化，形核率、生长速度均采用定值。模型中不考虑形核引起的溶质再分配和对流引起的枝晶脱落。当铸液浇注到型腔中时，由于激冷，沿铸型内壁形成一层等轴晶，即表面细晶区。随着结晶潜热的放出，界面前沿温度升高，使得细晶区不能扩展，而此时界面前温度梯度较大，成分过冷区小，一些细晶区的晶体转向以枝晶状单向延伸生长，即形成内部的柱状晶区。在柱状晶长大过程中，界面前沿始终保持较小的成分过冷区，且前方液体中没有新的晶体形成，柱状晶一直延伸到铸件中心，直到与对面的柱状晶相撞，晶体停止生长。这种柱状晶称为“穿晶”。

3. 方形铸件凝固过程的数值模拟结果

图 8-40 为方形铸件凝固过程示意图。这一模型已初步表现出晶粒的形核、长大、碰撞等

现象。

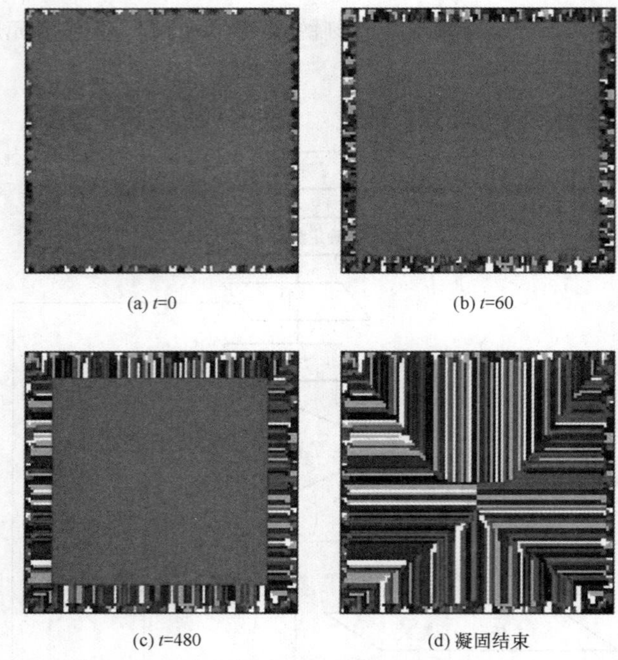

(a) t=0　(b) t=60

(c) t=480　(d) 凝固结束

图 8-40　方形铸件凝固过程示意图

4. 方形铸件均匀形核凝固过程的数值模拟结果

图 8-41 所示为方形铸件均匀形核凝固过程示意图

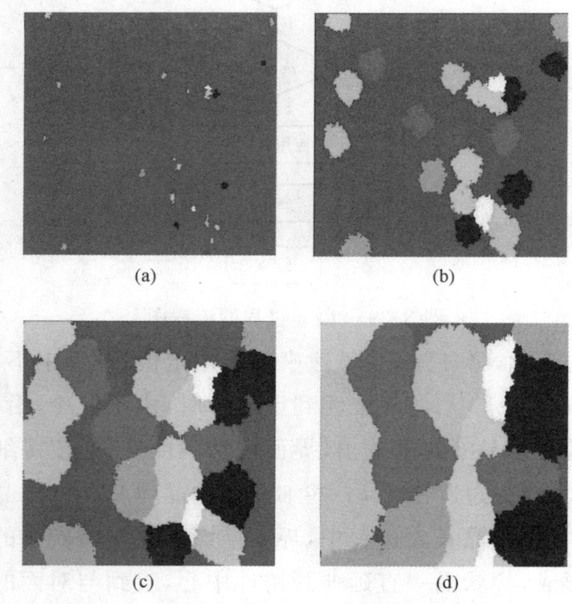

(a)　(b)

(c)　(d)

图 8-41　方形铸件均匀形核凝固过程示意图

8.3.8　动态再结晶过程的数值模拟

1. 再结晶

将经过大量冷变形的金属加热到大约 $0.4T_m$（T_m 为金属熔点）的温度，经过一段时间后，就会有晶体缺陷密度大为降低的新等轴晶粒在冷变形的基体内形核并长大，直到冷变形晶粒完全耗尽为止，这个过程就叫作静态再结晶。再结晶开始之前发生的过程叫静态回复。

金属在较高的温度下变形时，回复和再结晶可能在变形过程中相继发生，这种回复和再结晶称为动态回复和动态再结晶。

2. 再结晶动力学规律

(1)静态再结晶的动力学规律

Johnson、Mehl、Avrami 等用 Avrami 方程描述了静态再结晶的形核与生长动力学，再结晶体积分数 F 是再结晶时间 t 的函数：

$$F = 1 - \exp(-Bt^k) \tag{8-15}$$

式中　B—— 常数；

k——Avrami 指数。

(2)动态再结晶的动力学规律

动态再结晶的形核与生长动力学也应符合 Avrami 方程。

3. 动态再结晶理论

关于动态再结晶，人们先后发展了三个理论用以解释动态再结晶原理，分别是唯象理论、改进理论和位错理论。每一个理论都是在前一个理论基础上，改进并完善动态再结晶机理。

(1)唯象理论

唯象理论是在金属镍扭转实验的基础上提出来的。设热变形量达临界值 ε_c 后发生动态再结晶，而且动态再结晶晶粒变形达到 ε_c 后可再次发生动态再结晶。同时设动态再结晶过程符合静态再结晶的规律。对于再结晶的体积分数 F 的计算由下式确定：

$$F = 1 - \exp\left(-\frac{t}{t_R}\right)^s \tag{8-16}$$

当应变率不变时，可如下计算时间 t：

$$t = \frac{\varepsilon - \varepsilon_c}{\dot{\varepsilon}} \tag{8-17}$$

式中　$\varepsilon - \varepsilon_c$—— 发生动态再结晶后产生的应变。

由式(8-16)可知，当 $t = t_R$ 时，有 $F = 0.632$。可以认为再结晶时间 t_R 是基体大部分发生再结晶所需要的时间。在热变形过程中 t_R 时间间隔内所发生的应变为 ε_R，所以有

$$t_R = \frac{\varepsilon_R}{\dot{\varepsilon}} \tag{8-18}$$

因此

$$\frac{t}{t_R} = \frac{\varepsilon - \varepsilon_c}{\varepsilon_R} \tag{8-19}$$

设变形组织的流变应力是 τ_D，再结晶组织的流变应力是 τ_R，则热变形过程中整体流变应

力 τ 为

$$\tau = F\tau_R + (1-x)\tau_D \tag{8-20}$$

将式(8-16)和式(8-19)代入式(8-20)可得

$$\tau = \tau_R + (\tau_D - \tau_R)\exp\left[-\left(\frac{\varepsilon-\varepsilon_c}{\varepsilon_R}\right)^s\right] \tag{8-21}$$

调整 ε_c、ε_R 和 s 可使由式(8-21)计算出来的应力 - 应变曲线与实际测量的曲线十分接近。

如果 $\varepsilon_R \ll \varepsilon_c$，例如当变形速度很慢、变形温度很高或合金含量很少时，动态再结晶可以在到达下一个临界变形之前充分完成，这样就形成了周期性的再结晶。这时动态再结晶发生而使流变应力下降。动态再结晶完成之后由于再结晶晶粒进一步的变形而造成加工硬化，使流变应力重新上升，由此产生了周期性抖动的流变应力曲线[图 8-42(a)]。

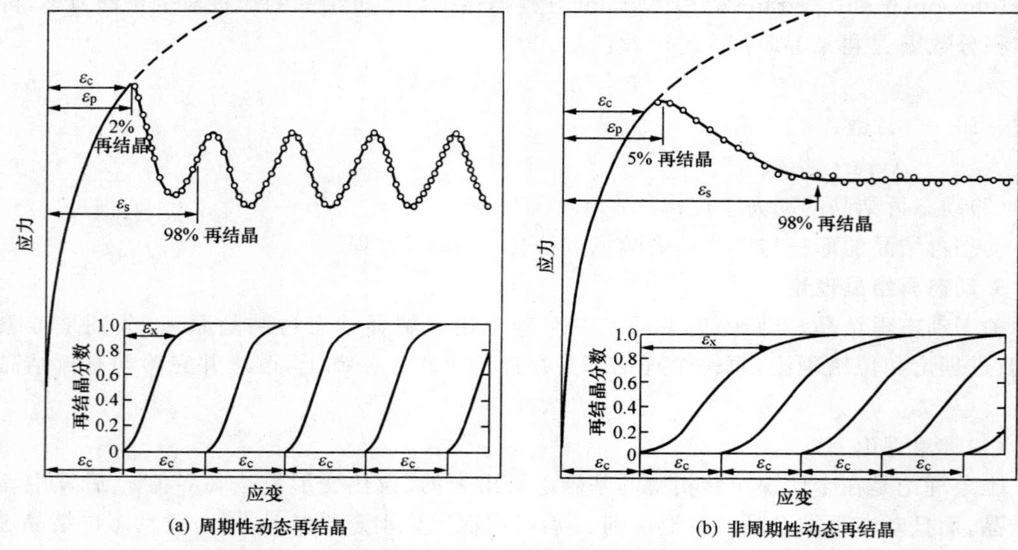

(a) 周期性动态再结晶　　(b) 非周期性动态再结晶

图 8-42　唯象理论推算的动态再结晶应力 - 应变曲线[55]

如果 $\varepsilon_R \gg \varepsilon_c$，例如当变形速度很快、变形温度较低或合金元素含量很高时，前后不同的动态再结晶过程会叠加在一起。前一周期的动态再结晶尚未完成，后一周期的动态再结晶已经开始。这样在流变应力曲线上只会出现一个峰值[图 8-42(b)]，这与实际观察到的结果完全相符(图 8-43)。与周期性动态再结晶不同，人们有时称这种再结晶为连续再结晶。应该注意的是这里的连续再结晶与静态的连续再结晶不同，它不是一个强的回复过程。

这个理论虽然在一定程度上解释了动态再结晶过程，但它仍有很大局限性。当 $\varepsilon_R \ll \varepsilon_c$ 时，唯象理论把加工硬化和再结晶看成两个互相独立的事件，因此流变应力曲线可以无限等幅抖动下去。而实际观察结果却是抖动不断衰减，通常衰减 2 ～ 8 个周期后就看不到抖动现象了(图 8-43)。其次这里流变应力曲线抖动周期只与 ε_c 有关，而实际上应与 ε_R 也有关。另外，根据唯象理论计算出来的流变应力曲线上的峰位、峰值及平稳值等都与许多实测值不尽相符，因此不断有人设法改进唯象理论。

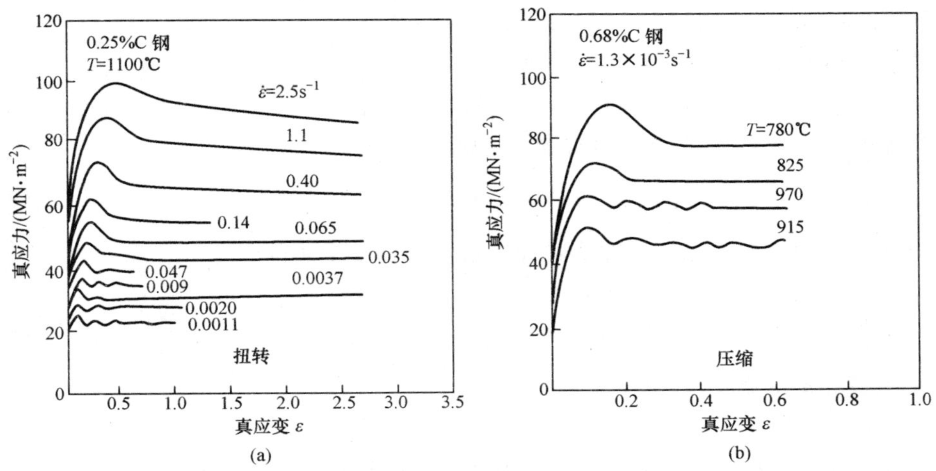

图 8-43　碳钢在不同温度变形时的应力 - 应变曲线[55]

(2)改进理论

针对唯象理论的不足,人们提出一些改进设想。例如:某周期动态再结晶所需的临界应变明显比前一周期动态再结晶所需的临界应变小。金属基体内某些特殊区域内的再结晶应变 ε_R^* 明显低于宏观的再结晶应变 ε_R。某周期的再结晶晶粒内进行了下一周期的再结晶,则这部分晶粒将以两种不同的方式进行再下一周期的再结晶。也就是说金属基体内各处并不是同步发生动态再结晶,不同部位在同一时刻可能处于不同的再结晶阶段。

尽管唯象理论定性地描述了动态再结晶过程,但这一理论没能认真考虑变形与再结晶的物理过程,因此没有物理基础。

(3)位错理论

施迪沃(Stuwe)等提出了以位错密度为基础的理论模型,模型中假设热变形金属的位错密度达到临界值 ρ_c 后就会造成动态再结晶。这时再结晶晶粒以速度 v 生长并消耗掉变形组织中的临界位错密度 ρ_c。由于不断变形,使再结晶晶粒内的位错密度以 $\dot{\rho}$ 的速度增长。在再结晶晶粒生长到再结晶结束时的终了尺寸 d_R 之前,再结晶晶粒内的位错密度是否达到了 ρ_c 并引起下一周期的动态再结晶决定了流变应力曲线的形状。

如果再结晶晶粒尺寸达到 d_R 之前晶粒内的位错密度也达到 ρ_c,则不同的再结晶过程相互叠加,呈连续动态再结晶性质,流变应力曲线具有一个最大峰值;反之,再结晶晶粒尺寸生长到 d_R,然后晶粒内位错密度才达到 ρ_c。这样各再结晶过程互相独立,呈周期性动态再结晶,流变应力曲线表现出周期性抖动。再结晶晶粒长到 d_R 的时间可用再结晶时间 t_R 表示,且

$$t_R = d_R/(2v) \tag{8-22}$$

因此当 $\dot{\rho}t_R \leqslant \rho_c$ 时为周期性再结晶。参照式(8-22)可知

$$\dot{\rho}d_R/2 \leqslant \rho_c v \tag{8-23}$$

式中　$\rho_c v$—— 晶界迁移造成的位错消耗率;

$d_R\,\dfrac{\dot{\rho}}{2}$—— 再结晶晶粒内的位错生成率。

根据式(8-22),当再结晶晶粒内的位错生成率小于金属基体内的位错消耗率时可获得

周期性的动态再结晶，反之则得到连续性的动态再结晶。

一般来说位错密度增长率正比于应变率，因此有

$$\dot{\varepsilon} = \beta \dot{\rho} \tag{8-24}$$

通常临界流变应力 τ_c 与临界位错密度 ρ_c 的关系为

$$\tau_c = \alpha \mu b \sqrt{\rho_c} \tag{8-25}$$

因此结合 $p = \rho E \approx \frac{1}{2}\rho \mu b^2$ 可按下式计算再结晶晶粒生长的速度 v：

$$v = mp = m \cdot \frac{1}{2}\rho_c \mu b^2 = \frac{m\tau_c^2}{2\alpha^2 \mu} \tag{8-26}$$

式中　m—— 晶界运动率；

　　p—— 驱动力。

将式(8-22) ~ 式(8-25) 代入式(8-26) 整理后，对周期性动态再结晶可得

$$m\tau_c^4/\dot{\varepsilon} > K_{pk} \tag{8-27}$$

其中

$$K_{pk} = d_R b^2 \mu^3 \alpha^4 / \beta \tag{8-28}$$

而对连续性动态再结晶，则有

$$m\tau_c^4/\dot{\varepsilon} < K_{pk} \tag{8-29}$$

由此可见，当应变率 $\dot{\varepsilon}$ 升高或晶界运动率 m 降低(如由温度降低或合金元素含量升高造成) 时，易于造成连续性动态再结晶。反之，则易成周期性动态再结晶。

需要说明的是，至今为止尚没有一个完整的动态再结晶理论能够同时描述动态再结晶所有的规律性。人们今天仍在进一步研究动态再结晶理论，希望能够预测临界位错密度，并能断定不同材料发生动态再结晶的条件和过程。

4. 元胞自动机法对动态再结晶的模拟

(1)动态再结晶物理模型的建立

动态再结晶是一个复杂的组织演变过程，一般要经历动态回复、形核和生长三个阶段。最终决定微观组织结构的两个最重要的因素是形核和生长，而这两个因素又都与位错密度息息相关。因此为了简化模型，我们采用以下几个假设：

a. 母相晶粒中的初始位错密度分布一致，并随应变量的增加不断增加，当达到临界值 ρ_c 时，动态再结晶开始形核；

b. 新生再结晶晶粒初始位错密度为零，并随应变量的增加而增加，当达到临界值 ρ_c 时，晶粒停止生长；

c. 再结晶晶粒在晶界处形核，包括母相晶界和再结晶晶粒晶界(这项假设根据很多实验证实的动态再结晶边界形核机制而定)。

①动态回复

动态回复是加工变形金属的另一软化效应。金属在加工变形过程中存在一定的加工硬化，因此金属变形的流变应力会随着应变量的增加而增加。当变形温度很低时应力基本上随应变呈线性增长趋势。变形量很高时，位错密度的增长趋势逐渐减弱，加工硬化效应也会逐

渐低于线性增长规律。这种现象主要是由变形过程中的回复引起的，因此又称其为动态回复。随着变形程度的增加动态回复效应也会增强。当变形量高到某一程度时，流变应力会达到某一饱和值而不再增加。这时动态回复效应完全抵消了加工硬化效应，此时位错密度的增加和降低相等。模型中每一时间步长选取一定数量 N 的元胞使其位错密度降低一半：

$$\rho_{i,j}^{t} = \rho_{i,j}^{t-1}/2 \tag{8-30}$$

$\rho_{i,j}^{t}$ 代表当前时刻(i, j)元胞的位错密度。这就使得母相中的位错密度呈不均匀分布。当只有动态回复时，位错密度达到平衡的平均值为 ρ_c，则此时加工硬化引起的位错密度增加和动态回复引起的位错密度降低相等：

$$M \cdot (\mathrm{d}\rho/\mathrm{d}t) = N \cdot \rho_c/2 \tag{8-31}$$

只有动态回复时，平衡状态下流变应力为

$$\sigma_{ss} = (\rho_A)^{1/2} \tag{8-32}$$

$$\rho_A = M \cdot \rho_c \tag{8-33}$$

结合 σ_{ss} 的幂指数方程：

$$\sigma_{ss} = K(\mathrm{d}\rho/\mathrm{d}t)^m \tag{8-34}$$

得出：

$$\rho_c = K^2(\mathrm{d}\rho/\mathrm{d}t)^{2m}/M \tag{8-35}$$

代入式(8-31)中得

$$N = 2 \cdot (M/K^2) \cdot (\mathrm{d}\rho/\mathrm{d}t)^{(1-2m)} \tag{8-36}$$

式中　K—— 常系数；

M—— 应变率敏感系数，高温下为常数，通常取其值为 0.2，与 Peczak 和 Luton 的回复模型取值一致。

②形核与生长

动态再结晶的形核与位错密度的累积有关，很多研究表明，动态再结晶只有在位错密度达到一个临界值时才开始形核。金属在热变形过程中，位错密度随着应变的增加而增长，其变化速率为 $\mathrm{d}\rho/\mathrm{d}t$。当位错密度增长到某一临界值 ρ_c 时，动态再结晶晶粒开始在晶界处以一定的速率$\dot{n}$ 形核。研究表明形核速率几乎与应变率 $\dot{\varepsilon}$ 成线性关系：

$$\dot{n} = C \cdot \dot{\varepsilon}^{\alpha} \tag{8-37}$$

取 $\alpha = 1$。C 为常系数，取 $C = 200$。由式(8-36)可以得到临界位错密度 ρ_c 为

$$\rho_c = 2M \cdot (\mathrm{d}\rho/\mathrm{d}t)/N \tag{8-38}$$

晶粒形核后其内部位错密度为零，随后按照一定的速率 $\mathrm{d}\rho/\mathrm{d}t$ 增长，再结晶晶粒在两种情况下停止生长。一种情况是当位错密度增长到饱和值 ρ_s 时，晶粒停止生长。另一种情况是当两个再结晶晶粒发生碰撞时，则在该方向上两个晶粒同时停止生长。饱和位错密度 ρ_s 的推导如下：

$$D_s = B \cdot G \cdot t_G \tag{8-39}$$

$$t_G = \rho_s/(\mathrm{d}\rho/\mathrm{d}t) \tag{8-40}$$

$$D_s = B \cdot \rho_s/(\mathrm{d}\rho/\mathrm{d}t) \tag{8-41}$$

式中　D_s—— 稳态晶粒尺寸，μm；

G—— 径向晶界移动速率(这里设为 1);

B—— 常数;

t_G—— 晶粒长大的总时间。

Derby 的研究表明 D_s 与稳态的流变应力也存在一定关系:

$$\sigma_s = (D_s)^{-2/3} \tag{8-42}$$

结合幂指数方程 $\sigma_s = (\mathrm{d}\rho/\mathrm{d}t)^{0.2}$ 可以得出:

$$D_s = (\mathrm{d}\rho/\mathrm{d}t)^{-0.3} \tag{8-43}$$

将式(8-41)与式(8-43)联立,可推出:

$$\rho_s = (1/B)\cdot(\mathrm{d}\rho/\mathrm{d}t)^{0.7} \tag{8-44}$$

动态再结晶体积分数 F 由下式给出:

$$F = N_{\mathrm{recry}}/M \tag{8-45}$$

③位错密度的演化

热变形过程中,应变的增加导致位错密度的增长。而位错密度又与形核生长等再结晶过程息息相关。但在实际生产中无法测得位错密度的值,更加无法控制位错密度的大小,这就给人们对动态再结晶过程的控制带来困难。后来人们发现位错密度增长率与应变率成正比关系,因此我们可以通过控制应变率来计算出每一时刻的位错密度,从而实现对动态再结晶过程的控制。本模型中采用 Roberts 和 Ahlblom 的关系式:

$$\dot{\rho} = \dot{\varepsilon}/bl \tag{8-46}$$

式中 $\dot{\rho}$—— 位错密度增长率,$\dot{\rho} = \mathrm{d}\rho/\mathrm{d}t$;

$\dot{\varepsilon}$—— 应变率,s^{-1},$\dot{\varepsilon} = \mathrm{d}\varepsilon/\mathrm{d}t$;

b——Burgers 矢量;

l—— 亚晶尺寸,μm。

式(8-46)将微观变量 $\dot{\rho}$ 与宏观加工参数 $\dot{\varepsilon}$ 之间建立了联系。位错密度的增长导致加工硬化的增强,流变应力也随之增加,通常情况下流变应力 σ 正比于平均位错密度 $\bar{\rho}$,可以用下式描述:

$$\sigma = \alpha\mu b\sqrt{\bar{\rho}} \tag{8-47}$$

式中 μ—— 剪切模量;

α—— 位错密度交互作用系数,一般情况下取 $\alpha = 0.5$;

$\bar{\rho}$—— 平均位错密度,其值由下式得到:

$$\bar{\rho} = \frac{1}{M}\cdot\sum\rho_{i,j} \tag{8-48}$$

(2) 动态再结晶二维元胞自动机法模型

模型将模拟区域划分成 500×500 的正方形二维元胞空间,每个元胞边长为 2 μm,则整个元胞空间代表 1 mm×1 mm 的实际样品尺寸(图 8-44)。邻居类型采用 V. Neumann 型,图中黑色区域代表中心元胞,灰色区域代表其邻居元胞。边界条件采用周期型边界,用来模拟无限大空间。模型中每个元胞都被赋予三个控制变量:状态变量(颜色信息)、位错密度变量和晶界变量。

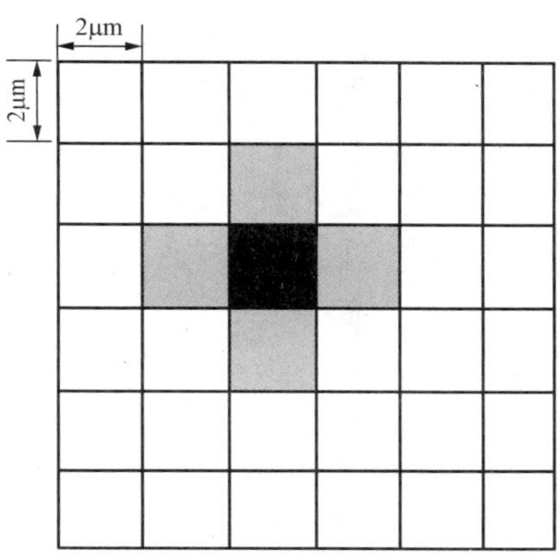

图 8-44　二维元胞自动机模型

①状态变量

模型用不同的整数记录当前元胞的状态信息，并在结果显示模块中将不同的整数赋以不同的颜色(在黑白图中以不同的灰度表示)，来区分母相、再结晶晶粒和晶界。整数 0 表示元胞在母相中；整数 1 ～ 50 表示元胞为再结晶晶粒，不同的数值表示不同的晶粒取向；整数 100 表示元胞在晶界上。显示的结果中用红色表示母相，黑色表示晶界，其他颜色表示再结晶晶粒。元胞的状态在不同时刻按照一定的规律进行演化，实现再结晶晶粒的形核和生长，模拟出整个动态再结晶组织演变的过程。任意一元胞在 $t + \Delta t$ 时刻的状态由下式描述：

$$X_{i,j}^{t+\Delta t} = f(X_{i-1,j}^{t}, X_{i+1,j}^{t}, X_{i,j}^{t}, X_{i,j-1}^{t}, X_{i,j+1}^{t}) \tag{8-49}$$

$X_{i,j}^{t}$ 代表元胞(i, j)在 t 时刻的状态，f 为决定元胞状态演变的转化规则，根据动态再结晶的微观演化机制确定，并且该转化规则只作用在邻域内。

②位错密度变量

位错密度变量用来记录每个元胞的位错密度。影响位错密度的因素有两个：应变引起位错密度增加，回复引起位错密度降低。

③晶界变量

晶界变量用来存放晶界元胞，记录晶界元胞的位置。模拟动态再结晶之前，首先用背底模型模拟出母相微观组织的形貌，其元胞自动机模型与动态再结晶模型相同，也是 V. Neumann 型邻居，周期型边界。随机均匀形核后，晶粒以等轴方式生长。设定元胞的形核率为 P，模型对每个已形核元胞的邻居元胞进行扫描，并为每个邻居元胞取一个随机数 P_i，$0 < P_i < 1$，当$P_i > P$ 时，该邻居元胞的状态值由中心元胞的状态值取代，实现晶粒的等轴生长。取向不同的晶粒发生碰撞时，两晶粒在该方向上同时停止生长。当体积分数为 1 时程序停止，模拟结束，将最终元胞的状态值输出作为该模型的输出结果。

动态再结晶模型将背底模型的输出结果作为状态变量的初始条件输入。模型对元胞逐个扫描，将处于边界的元胞存入晶界变量中，并将其状态值重新定义为 100，其他元胞作为母相晶粒，状态值定义为 0。位错密度变量的初值由输入端输入且分布均匀，即每个元胞的初始位错密度是相同的。模型经历动态回复后，位错密度分布不均匀，而且随着应变的增加，位错密度按照一定增长率$\dot{\rho}$ 增加。当晶界上的元胞位错密度大于临界值，即 $\rho_{i,j} > \rho_c$ 时，将该元胞的状态值被随机赋予 1 ～ 50 中的整数，该元胞形核，不同的整数代表不同的晶粒取向。新生晶粒内部位错密度为 0。晶粒仍采用等轴方式生长，一个未再结晶元胞转化为再结晶元胞的条件是：元胞在已再结晶元胞邻域内，且该中心元胞的位错密度大于饱和位错密度。对符合条件的元胞随机取值 P_i，$0 < P_i < 1$，若 $P_i > P$，则元胞当前的状态值被中心元胞所取代，即动态再结晶晶粒实现生长。模型的计算时间由预先设定的应变量 $\varepsilon_{\max}$ 和应变增量 $\Delta\varepsilon$ 决定，总计算步数为 $\varepsilon_{\max}/\Delta\varepsilon$，当达到预定的应变量 ε 时，计算终止。

(3)动态再结晶三维元胞自动机模型的建立

为了使模拟更加接近真实情况，我们进一步探讨了三维模型的建立和结果。三维模型建立在二维模型的基础上。模型将模拟区域划分为 $300\times300\times300$ 的立方体网格，每个元胞边长 2 μm，则整个元胞空间代表 0.6 mm×0.6 mm×0.6 mm 的实际样品尺寸。边界条件和状态演化规则不变，但邻居类型根据需要采用的是修正的 Moore 型(图 8-45)，邻居数目增加到 18，再结晶晶粒在相互碰撞前其形状近似球体。

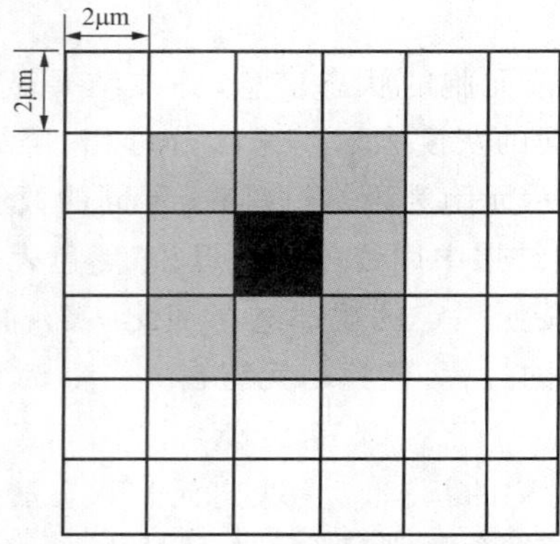

图 8-45　三维元胞自动机模型的截面图

相应地，作为初始数据的背底模型也升级成三维模型，我们将母相晶粒近似看作球体，则有

$$P\cdot\frac{4}{3}\pi r^3 = M\cdot a^3 \tag{8-50}$$

母相晶粒的尺寸 l 为

$$l = 2a\cdot\sqrt[3]{(3/4)\cdot(M/\pi)\cdot P} \tag{8-51}$$

动态回复采用与二维模型相同的回复机制，但回复的元胞数为

$$N = 2M^2\cdot(\mathrm{d}\rho/\mathrm{d}t)^{1-3m}/K^3 \tag{8-52}$$

三维模型的形核机制与二维模型不同，本书分别模拟了三种不同形核方式并进行了讨论：

①晶界形核，形核速率由晶界元胞的数目确定：

$$\dot{n} = 0.003\,6\cdot N_{\mathrm{b}} \tag{8-53}$$

式中　N_{b}—— 母相中晶界上的元胞数。

②晶界形核，形核速率由应变率确定：

$$\dot{n} = C\cdot\dot{\varepsilon} \tag{8-54}$$

③第二相粒子激发形核，第二相粒子数为

$$U = 0.000\,4\cdot M \tag{8-55}$$

则形核速率为

$$\dot{n} = (C + U) \cdot \dot{\varepsilon} \tag{8-56}$$

形核所需的临界位错密度和决定晶粒尺寸的饱和位错密度不变：

$$\rho_c = 2M \cdot (d\rho/dt)/N \tag{8-57}$$

$$\rho_s = (1/B) \cdot (d\rho/dt)^{0.7} \tag{8-58}$$

位错密度的演化机制与计算均与二维模型相同。

(4)动态再结晶元胞自动机模型流程图

动态再结晶元胞自动机模型的主程序流程图如图 8-46 所示。

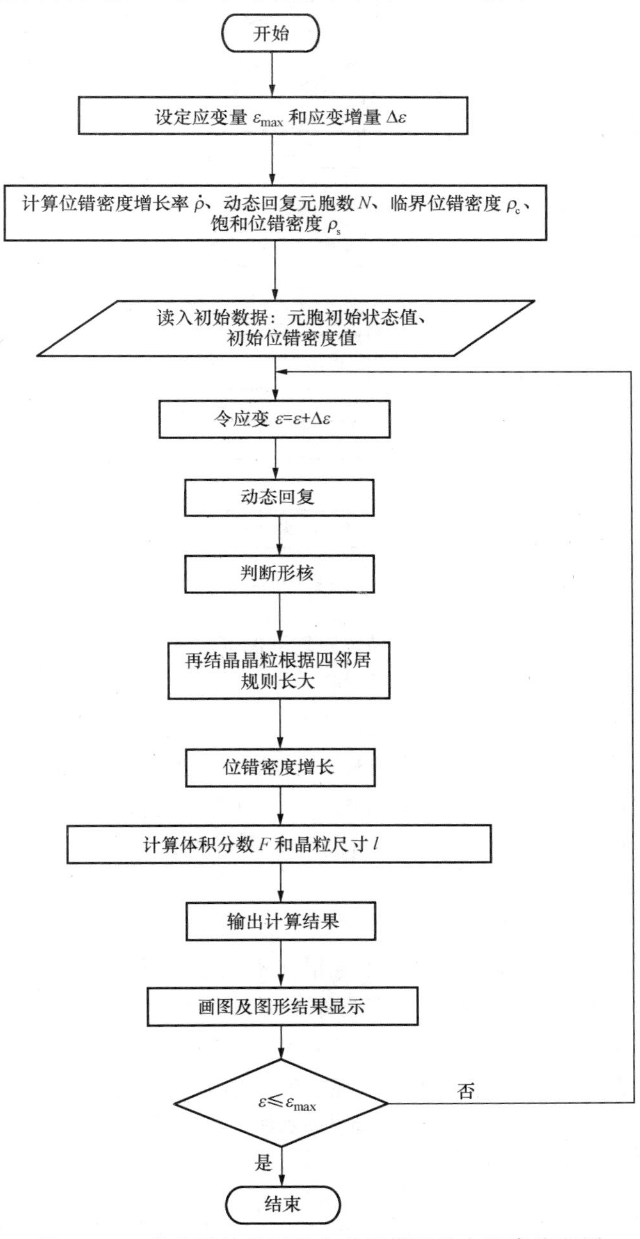

图 8-46　动态再结晶元胞自动机模型的主程序流程图

动态回复子程序流程图如图 8-47 所示。

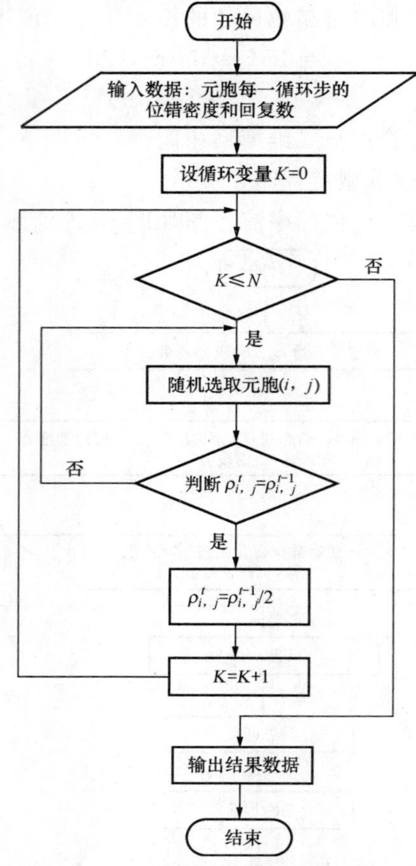

图 8-47　动态回复子程序流程图

(5)纯铜动态再结晶过程模拟结果与分析

①初始组织模型的模拟结果

初始晶粒组织是采用元胞自动机模型模拟随机形核和晶粒等轴长大得到的。为了模拟不同初始晶粒尺寸对动态再结晶过程的影响，我们首先通过初始组织模型生成了晶粒尺寸分别为 11 μm、15 μm、79.8 μm 和 240.6 μm 的初始晶粒组织，如图 8-48 所示。图中不同颜色(灰度)代表不同的晶粒。

②微观组织结构的演化过程

利用动态再结晶元胞自动机模型计算了纯铜在不同条件下(温度为 725～1 075 K，应变率为 0.000 1～0.002 s^{-1})热变形过程中动态再结晶微观组织变化。模型中计算时所采用的铜的材料参数列于表 8-1。模拟时采用初始微观组织的平均晶粒尺寸为 79.8 μm[如图 8-48(c) 所示，不同灰度代表不同的晶粒]，与实验时初始微观组织的平均晶粒尺寸 78.0 μm 相近。

表 8-1　铜的材料参数

T_m/K	μ/GPa	b/nm	Q_b/(kJ·mol^{-1})	δD_{ob}/(m^3·s^{-1})	Q_a/(kJ·mol^{-1})	θ_m/(°)	γ_m/(J·m^{-2})
1 356	42.1	0.256	104	3.5×10^{-15}	261	15	0.625

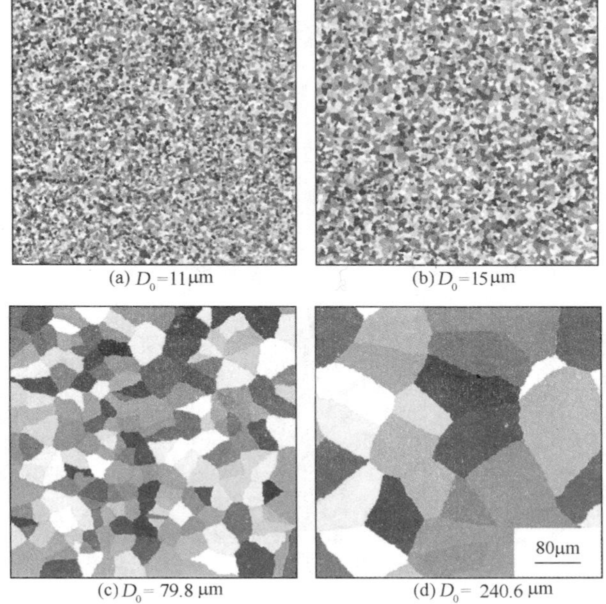

图 8-48　不同晶粒尺寸的初始晶粒组织

图 8-49 显示了温度为 775 K，应变率为 0.002 s^{-1}，应变分别为 0.142、0.164、0.190、0.214 和 0.350 时，纯铜动态再结晶的微观组织形貌的模拟结果，对应的再结晶体积分数分别为 13.8%、33%、60.6%、80.8% 和 100%。从图中可以看出，随着应变的增加，动态再结晶不断在晶界上形核，再结晶晶粒逐渐长大，再结晶平均晶粒尺寸和再结晶体积分数快速增加。在应变较小时还可观察到明显的项链状组织形貌[图 8-49(a)]。

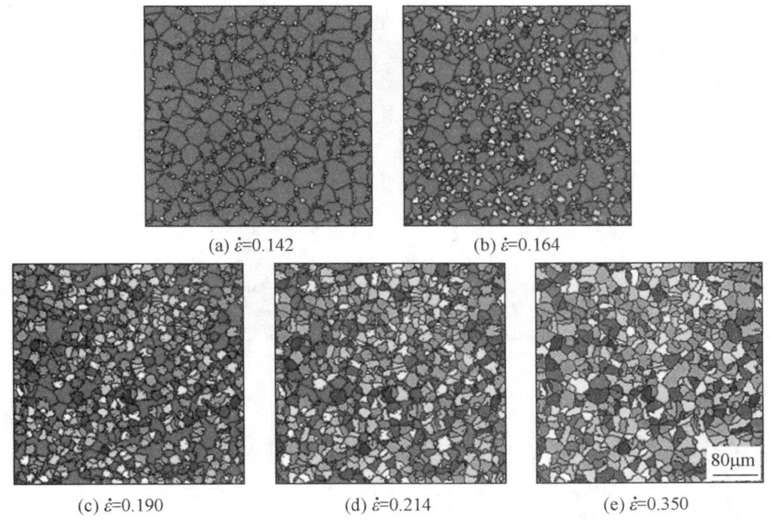

图 8-49　温度为 775 K，应变率为 0.002 s^{-1} 时，纯铜动态再结晶微观组织形貌的模拟结果

③热变形条件对动态再结晶行为的影响

图 8-50 给出了温度为 775 K，应变为 0.146 时，不同应变率下微观组织形貌的模拟结果。从图中可以看出，当应变率由 0.000 1 s^{-1} 增加到 0.002 s^{-1} 时，再结晶体积分数从 100%

减至 20%，平均晶粒尺寸从 41.49 μm 减小到 10.37 μm。可见，增加应变率虽然会减慢动态再结晶速度，但是可细化晶粒结构。

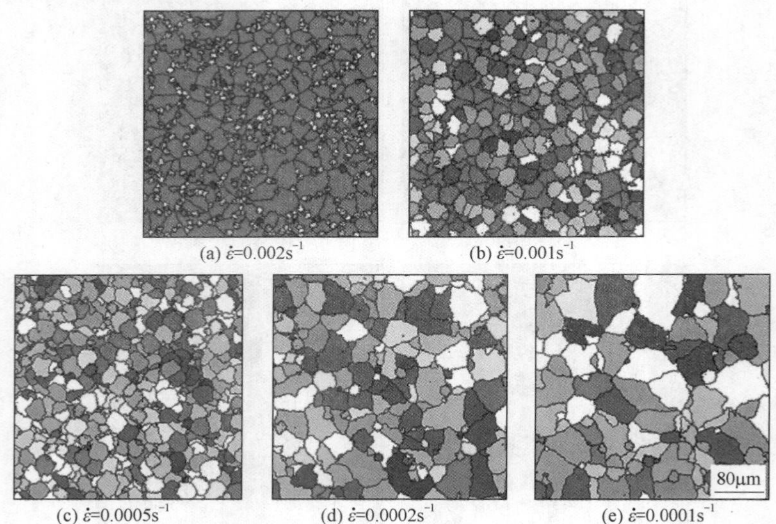

(a) $\dot{\varepsilon}$=0.002s^{-1} (b) $\dot{\varepsilon}$=0.001s^{-1} (c) $\dot{\varepsilon}$=0.0005s^{-1} (d) $\dot{\varepsilon}$=0.0002s^{-1} (e) $\dot{\varepsilon}$=0.0001s^{-1}

图 8-50 温度为 775 K，应变为 0.146 时，不同应变率下微观组织形貌的模拟结果

回复与再结晶都是热激活过程。一般来讲，这些过程进行的速度与 $\exp\left(\frac{-Q}{kT}\right)$成正比。其中 Q 是相应的激活能。也就是说，温度的线性变化对应着速度的指数变化，所以温度的改变会对回复与再结晶过程产生很大的影响。在金属的热变形过程中同时发生回复和再结晶，即动态回复和动态再结晶，这两个过程均是热激活过程，也受到温度的影响。

图 8-51 给出了应变率为 0.002 s^{-1}，应变为 0.238 时，不同温度下微观组织形貌的模拟结果。从图中可以看出，当温度由 725 K 增到 1 075 K 时，再结晶体积分数从 45% 增加至 100%，平均晶粒尺寸也从 8.35 μm 增至 89.22 μm。由此可见，升高温度虽可使再结晶速度加快，但晶粒结构发生明显的粗化。

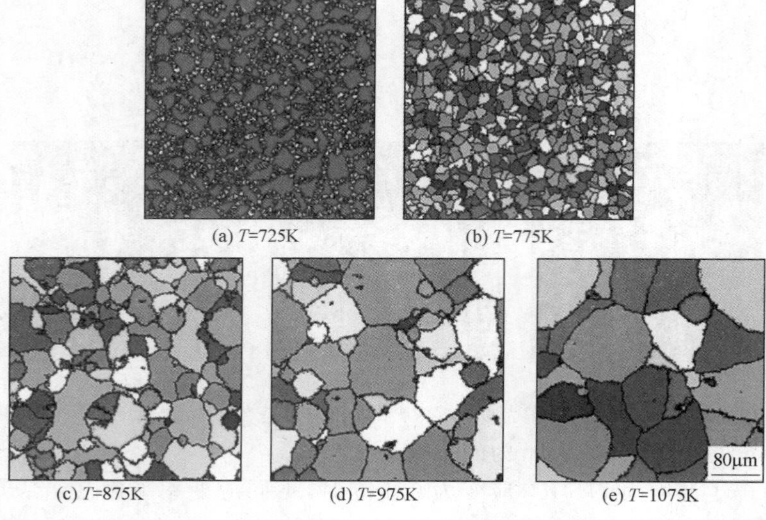

(a) T=725K (b) T=775K (c) T=875K (d) T=975K (e) T=1075K

图 8-51 应变率为 0.002 s^{-1}，应变为 0.238 时，不同温度下微观组织形貌的模拟结果

以应变为横坐标，动态再结晶体积分数为纵坐标，得到对应于不同温度、不同应变率条件下动态再结晶体积分数随应变的变化曲线，如图 8-52、图 8-53 所示。从图上可以看出，温度的升高，应变率的降低使动态再结晶速度加快，得到与图 8-50、图 8-51 相同的结论。从图 8-52 和图 8-53 中还可以看出，在一定温度和应变率下，应变总是达到某一个临界值后，动态再结晶才发生，即存在孕育期。这与 Roberts、Boden 和 Ahlblom 观察到的实验现象相符。随着温度的升高、应变率的降低，孕育期缩短。这种现象主要与位错密度的累积速度和引发动态再结晶的临界位错密度大小有关。位错密度累积速度越快，所需临界位错密度越小，相应孕育期越短。随温度升高，虽然由于动态回复较强，位错密度攀移和交滑移速度快，使位错密度累积速度缓慢，但同时由于所需的临界位错密度也明显减小，因此能在较短时间内达到所需的临界位错密度，也就是说，所需的临界应变较小。

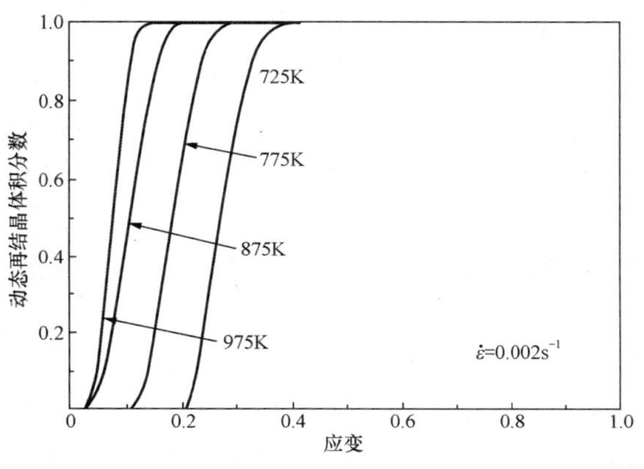

图 8-52　不同温度下动态再结晶体积分数随应变的变化曲线

图 8-53　不同应变率下动态再结晶体积分数随应变的变化曲线

图 8-54(a) 为模拟得到的应变率为 0.002 s^{-1} 时，不同温度条件下的应力 - 应变曲线。图 8-54(b) 是由 Blaz、Sakai 和 Jonas[57] 做出的相应条件下的应力 - 应变曲线的实验结果。

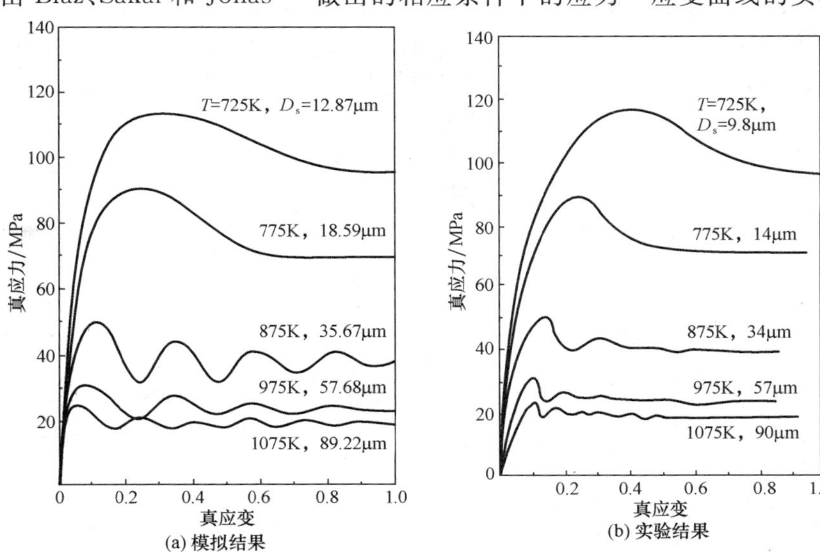

图 8-54　应变率为 0.002 s^{-1} 时，不同温度下应力 - 应变曲线模拟结果与实验结果[57] 的对比

比较表明,模拟曲线与实验曲线基本一致,模拟结果再现了实验上观察到的应力-应变曲线特征:在动态再结晶的开始阶段,应力随应变的增加逐渐增加;随着应变的继续增加,应力在应变超过一定值后,出现明显的下降;在温度较低,如 725 K 时,应力单调下降,直至达到稳定状态,应力-应变曲线类似于典型的单峰动态再结晶曲线;当温度较高,如 1 075 K 时,在应力下降阶段,应力-应变曲线发生明显振动,呈现典型的周期性动态再结晶特征,而且振动部分的振幅随应变的递增逐渐减小,在应变足够大时,振动消失,应力逐渐达到一个稳定状态。

将应变率为 0.002 s^{-1} 时不同温度下的峰值应力 σ_p 和稳态应力 σ_s 的模拟结果与实验结果进行了对比,如图 8-55 所示。

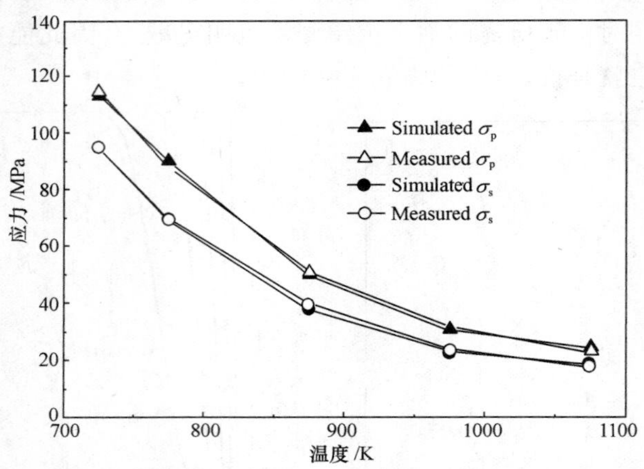

图 8-55　应变率为 0.002 s^{-1} 时不同温度下的 σ_p 和 σ_s 的模拟结果与实验结果[57]的对比

从图中可以看出,在其他条件相同的情况下,峰值应力和稳态应力的模拟结果和实验结果吻合较好。从图中还可以看出,温度越高,对应的峰值应力和稳态应力越小。在温度较高的区域,随温度的升高,峰值应力和稳态应力快速下降,而当温度达到一定值后,温度的大小对峰值应力和稳态应力影响较弱,曲线逐渐趋于平稳。

图 8-56、图 8-57 分别给出了对应于不同温度、不同应变率的稳态晶粒尺寸。从图上可以看出,随着温度的降低,应变率的提高,稳态晶粒尺寸减小。在图 8-56 中,还将不同温度下的模拟结果与实验结果进行了比较,在其他条件相同的情况下,不同温度时稳态晶粒尺寸的模拟结果与实验结果[57]大致相符,在高温情况下吻合很好。

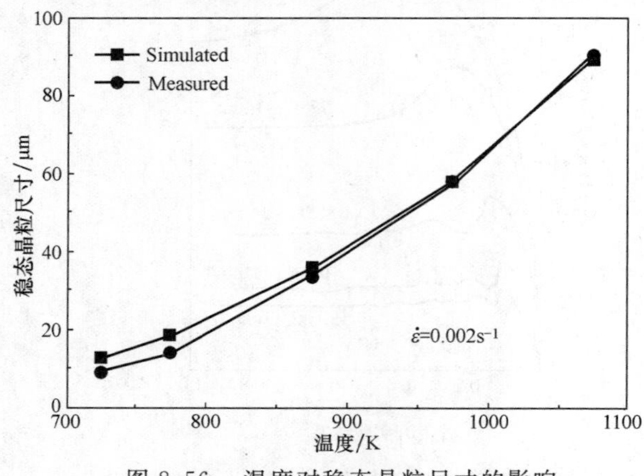

图 8-56　温度对稳态晶粒尺寸的影响

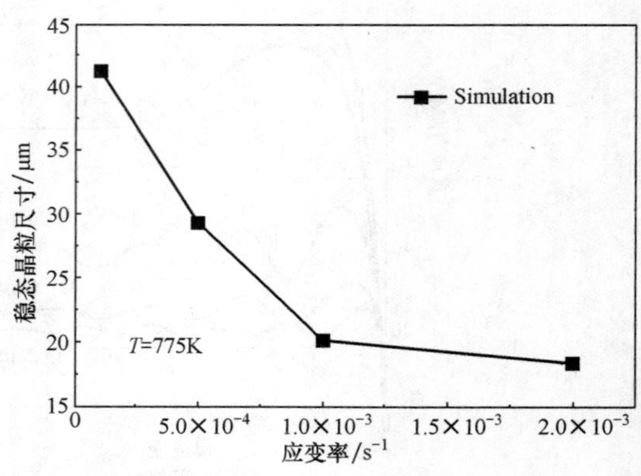

图 8-57　应变率对稳态晶粒尺寸的影响

从图 8-57 还可以看出，在应变较低的区域，应变率对稳态晶粒尺寸影响较大，而当应变率达到一定值时，应变率的大小对动态再结晶的稳态晶粒尺寸影响不大，曲线趋于平稳。

④初始晶粒组织对动态再结晶过程的影响

日本学者 Sakui 等采用大量的实验研究了初始晶粒尺寸对动态再结晶的影响。就低碳钢和微合金钢而言，在粗大的初始晶粒材料中，较容易观察到单峰转变曲线。这种特征主要是由动态再结晶引起的，因为动态再结晶后，优先在母相晶界上形成一些细小的晶核，随后慢慢地长入变形基体中心部分，同时消耗掉变形的母相组织。对细小的初始晶粒材料而言，观察到多峰的振荡应力曲线相对容易些。研究表明，应力的反复振荡主要与材料的周期性动态再结晶有关，只有当晶粒尺寸与实验条件相适应时，晶粒粗化才会停止，此时动态再结晶组织也达到稳定状态。

采用初始组织模型可以得到四种不同晶粒尺寸的初始组织，如图 8-58 所示，初始晶粒尺寸分别为 11 μm、15 μm、79.8 μm、240.6 μm。将这四种初始组织模型的输出结果作为初始条件输入到动态再结晶模型中，模拟了初始晶粒尺寸对动态再结晶过程的影响，得到温度分别为 725 K 和 775 K 时，不同初始晶粒条件下动态再结晶过程的应力 - 应变曲线，如图 8-58(a) 和图 8-59(a) 所示，图 8-58(b) 和图 8-59(b) 是对应条件下的实验结果[57]。

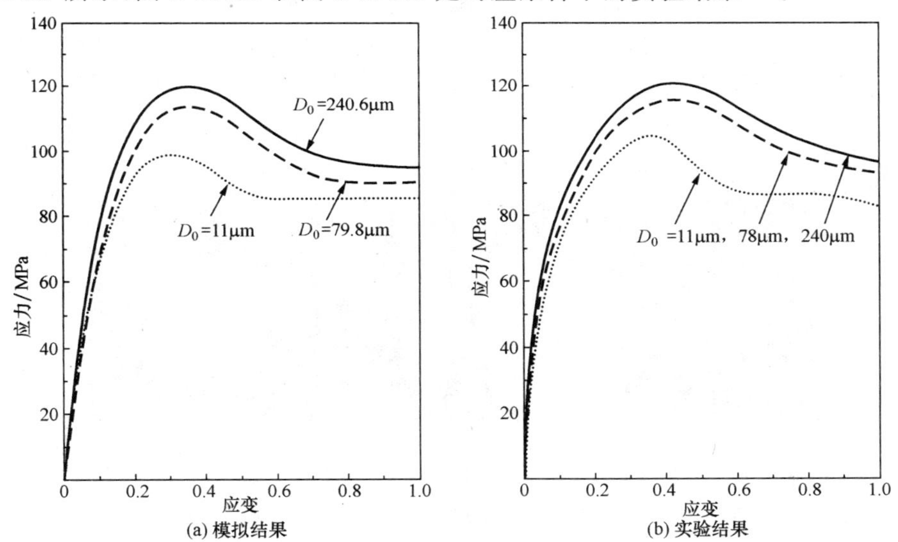

图 8-58　应变率为 0.002 s^{-1}，温度为 725 K 时，不同初始晶粒尺寸下的应力 - 应变曲线模拟结果与实验结果[57] 的对比

从图中可以看出，在其他条件相同的情况下，不同初始晶粒组织的应力 - 应变曲线的模拟结果与 L. Blaz、T. Sakai、J. J. Jonas[57] 的实验结果吻合较好。随着初始晶粒尺寸的减小，动态再结晶曲线逐渐从单峰向多峰转变。从图中还可以看出，随着初始晶粒的细化，峰值应力明显减小，其对应的峰值应变也减小，而稳态应力基本保持不变，不受初始晶粒尺寸的影响。因此，可以说初始晶粒尺寸对峰值应力有很大的影响，对稳态应力影响较弱，这一结果进一步验证了 W. Roberts 等人的实验结果。

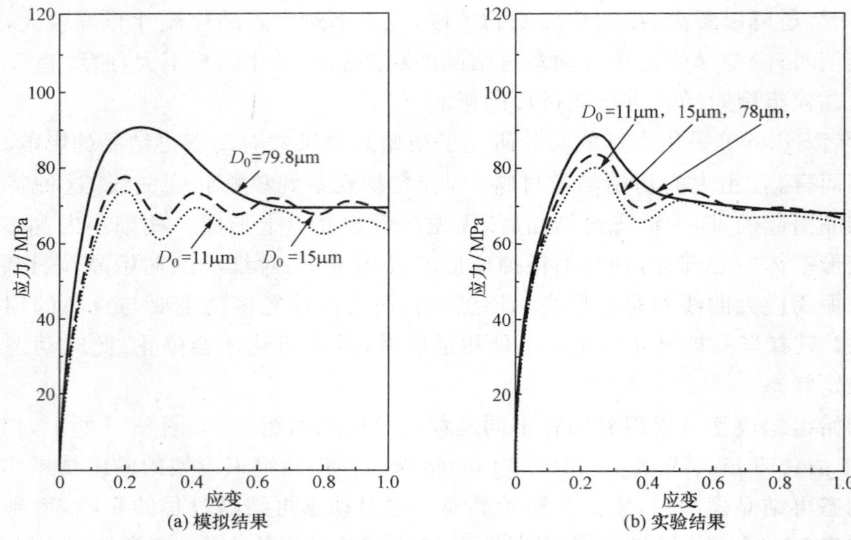

图 8-59 应变率为 0.002 s^{-1}，温度为 775 K 时，不同初始晶粒尺寸下的应力 - 应变曲线模拟结果与实验结果[57] 的对比

模型进一步模拟了初始晶粒尺寸对动态再结晶平均晶粒尺寸的影响。实验研究表明，初始晶粒尺寸对动态再结晶的稳态平均晶粒尺寸无明显的影响。为了验证上述实验结果，模型模拟了初始晶粒尺寸分别为 11 μm、15 μm、79.8 μm 的情况，其初始晶粒的微观组织如图 8-48 所示，其动态再结晶稳态晶粒的微观组织如图 8-60 所示。

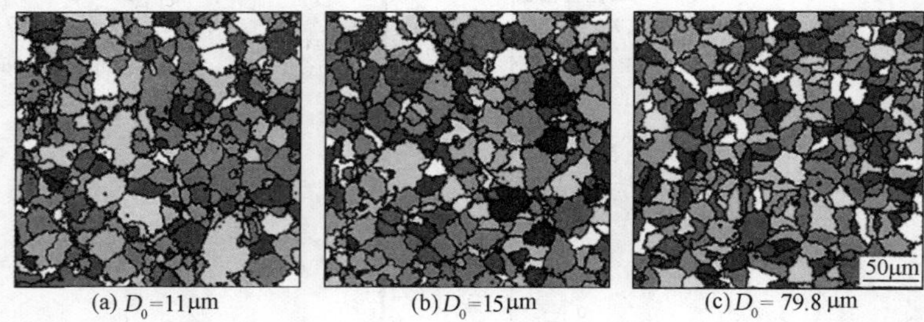

图 8-60 应变率为 0.002 s^{-1}，温度为 775 K 时，不同初始晶粒尺寸下模拟得到的动态再结晶微观组织

图 8-60 显示了三种不同初始晶粒尺寸的原始组织得到的最终动态再结晶微观组织，模拟的温度为 775 K，应变率为 0.002 s^{-1}，应变为 1.0。图 8-60(a) 的初始晶粒尺寸 D_0 = 11 μm，稳态晶粒尺寸 D_s = 15.5 μm；图 8-60(b) 的初始晶粒尺寸 D_0 = 15 μm，D_s = 15.9 μm；图 8-60(c) 的初始晶粒尺寸 D_0 = 79.8 μm，D_s = 16.3 μm。由图 8-60 可以看出，三种初始晶粒尺寸不同的原始组织得到的动态再结晶组织几乎相同，并且它们的稳态平均晶粒尺寸也相差无几，其中的微小的差别是由于模型在形核、长大等规则上多处采用随机性规则而引起的。因此可以说动态再结晶稳态平均晶粒尺寸与初始晶粒尺寸无关，这一结果与 L. Blaz 等观察到的实验结果相吻合。

(6)纯镍动态再结晶过程模拟结果与分析

①初始组织模型的模拟结果

首先利用初始组织模型模拟了随机形核和晶粒等轴长大过程，得到了初始晶粒组织，如

图 8-61 所示，其平均晶粒尺寸约为 200 μm，不同的颜色(灰度) 表示不同晶粒。同时，将初始晶粒组织中所有元胞的状态参量作为数据文件输出，输出结果将作为初始条件输入到动态再结晶模型。

图 8-61　初始晶粒组织

利用动态再结晶元胞自动机模型计算了不同应变率下纯镍动态再结晶过程的微观组织变化。模型中采用的初始晶粒组织与实验中采用的初始晶粒组织尺寸(200 μm) 相同。模型中计算时用到的材料参数见表 8-2。

表 8-2　　镍的材料参数

T_m/K	μ/GPa	b/nm	Q_b/(KJ · mol^{-1})	δD_{ob}/(m^3 · s^{-1})	Q_a/(KJ · mol^{-1})	θ_m/°	γ_m/(J · m^{-2})
1 726	80.2	0.249	115	3.50×10^{-15}	234	15	0.8

②微观结构的演化过程

图 8-62 给出了应变率为 6.60×10^{-2} s^{-1}，温度为 934 ℃ 时，纯镍动态再结晶过程的微观组织随应变的变化，其中(a) ～ (e) 对应的应变分别为 0.61、0.85、1.07、1.25 和 1.95，对应的动态再结晶体积分数分别为 14%、37.2%、61.5%、79.4% 和 99.7%。从图中可以看出，随着应变的增加，动态再结晶不断在晶界上形核，再结晶晶粒逐渐长大，再结晶体积分数迅速增加。在应变较小时还可观察到明显的项链状组织形貌，如图 8-62(a) 所示。

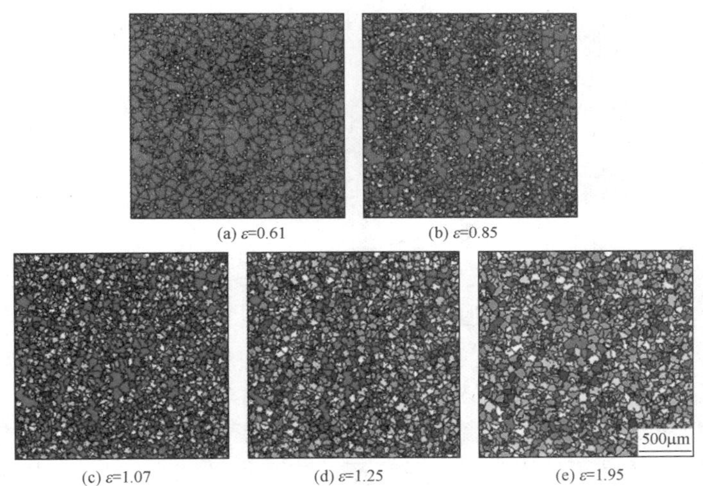

图 8-62　应变率为 6.60×10^{-2} s^{-1}，温度为 934 ℃ 时，纯镍动态再结晶过程的微观组织随应变的变化

③热变形条件对动态再结晶行为的影响

图 8-63 是温度为 934 ℃，应变为 4.0 时，不同应变率下微观组织的模拟结果。

图 8-63(a) ～ 图 8-63(e) 对应的应变率分别为 3.96 s^{-1}、0.495 s^{-1}、6.60×10^{-2} s^{-1}、1.63×10^{-2} s^{-1}、2.06×10^{-3} s^{-1}。动态再结晶百分比均为 100%，微观组织均为完全动态再结晶组织。对应的平均晶粒尺寸分别为 48.8 μm，93.48 μm，110.65 μm，161.5 μm 和 234.32 μm。

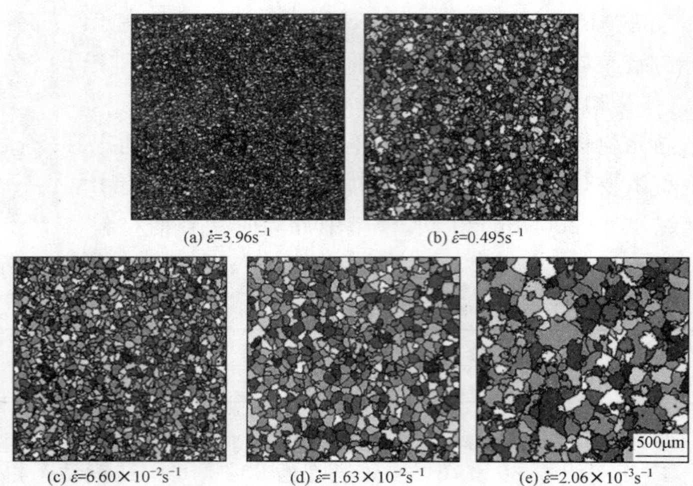

图 8-63　温度为 934 ℃，应变为 4.0 时，不同应变率对应的动态再结晶微观组织

以应变率为横轴，稳态晶粒尺寸为纵轴，得到稳态晶粒尺寸随应变率变化的曲线，如图 8-64 所示。

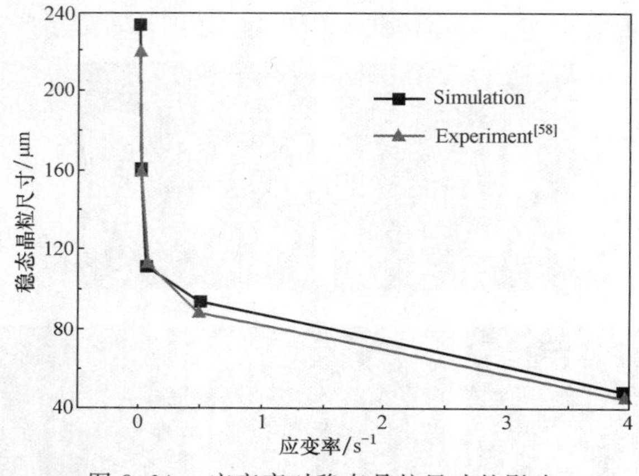

图 8-64　应变率对稳态晶粒尺寸的影响

从图 8-64 可以更加清楚地看到稳态晶粒尺寸随应变率变化的规律，随着应变率的增加，稳态晶粒尺寸逐渐减小，因此可以通过提高应变率的方法得到细小的晶粒。从图 8-64 还可以看出，在应变较低的区域，应变率对稳态晶粒尺寸影响较大，而当应变率增长到一定值时，应变率对动态再结晶的稳态晶粒尺寸影响不大，曲线趋于平稳。在图 8-64 中，还将不同应变率下的模拟结果与实验结果[58] 进行了比较，平均晶粒尺寸的模拟结果与实验结果基本吻合。

图 8-65 给出了不同应变率下动态再结晶百分比随应变的变化，五条曲线分别与图 8-63 中的五个应变率相对应。从图 8-65 可以看出，当应变较小时，应变率越大，动态再结晶转变量越小，即动态再结晶越不充分，有时甚至不发生动态再结晶。从图 8-65 还可以看出，在一定温度和应变率下，应变总是达到某一个临界值后，动态再结晶才发生。这与 Roberts、Boden 和 Ahlblom 观察到的实验现象相符。人们将发生动态再结晶之前的这一段时间，叫作孕育期，随着应变率的降低，孕育期缩短。这种现象主要与位错密度的累积速度和引发动态再结晶的临界位错密度大小有关。位错密度累积速度越快，所需临界位错密度越小，相应孕育期越短。

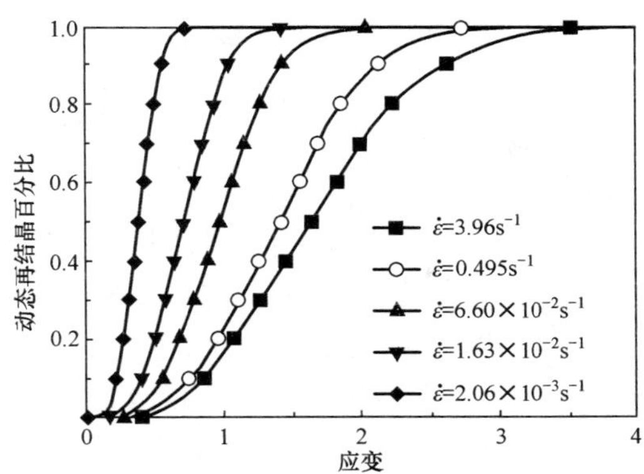

图 8-65　不同应变率下动态再结晶百分比随应变的变化

图 8-66(a) 为模拟得到的温度为 934 ℃,不同应变率条件下的应力 - 应变曲线。图 8-66(b) 是由 Luton 和 Sellars[58] 做出的相应条件下的应力 - 应变曲线的实验结果。比较表明,模拟曲线与实验曲线基本一致,模拟结果再现了实验观察到的应力 - 应变曲线特征。在动态再结晶的开始阶段,应力随应变的增长逐渐增加。随着应变的继续增加,应力在应变超过一定值后,出现明显的下降。在应变率较高,如 $\dot{\varepsilon}$ 为 3.96 s^{-1} 时,应力单调下降,直至达到稳定状态,应力 - 应变曲线类似于典型的单峰动态再结晶曲线。当应变率较低,如 $\dot{\varepsilon}$ 为 2.06 × 10^{-3} s^{-1} 时,在应力下降阶段,应力 - 应变曲线发生明显振动,呈现典型的周期性动态再结晶特征,而且振动部分的振幅随应变的递增逐渐减小,在应变足够大时,振动最终消失,应力逐渐达到一个稳定状态。从图 8-66(a) 还可以看出,应变率越低,对应的峰值应力和稳态应力越小。

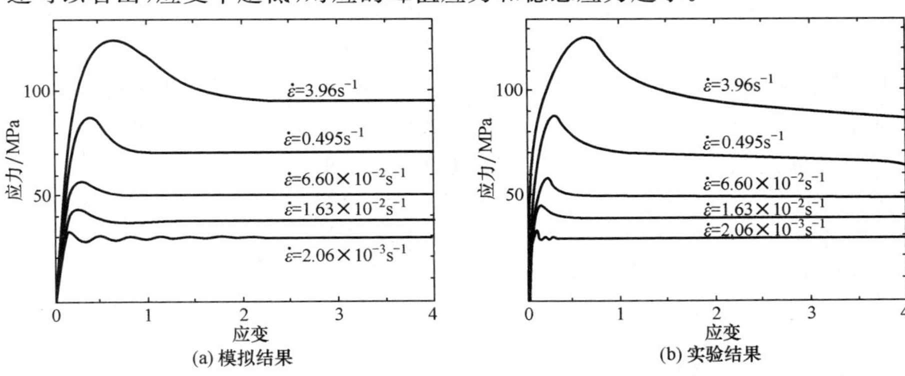

图 8-66　温度为 934 ℃ 时,不同应变率下应力 - 应变曲线模拟结果与实验结果[58] 的对比

(7) 动态再结晶三维模型的结果

① 三维背底模型的结果

三维模型的初始晶粒仍然采用随机均匀形核,等轴方式长大,晶粒相互碰撞之前呈近似的球体。在结果显示上,我们做出正面、上表面和左侧面的截面图,形成三视图。由于模型的边界采用了周期型边界,因此模型在空间上具有无限可扩展性。图 8-67 显示了三维背底模型得到的初始晶粒组织的微观结构,晶粒的平均尺寸为 88 μm。图中不同的颜色(灰度)代表了不同的晶粒取

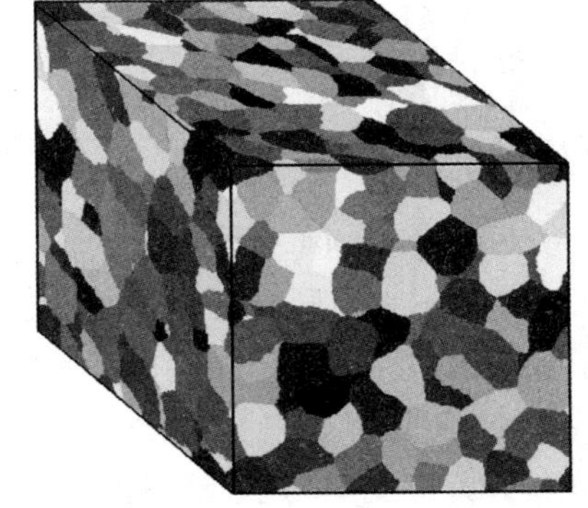

图 8-67　三维背底模型得到的初始晶粒微观组织

向，相同取向的元胞碰撞在一起形成一个晶粒，不同取向的晶粒相碰撞，则在该方向上，两晶粒同时停止生长。

②动态再结晶三维模型的结果

三维模型得到的Avrami曲线示于图8-68中。图中模拟了应变率分别为0.001 s^{-1}、0.005 s^{-1} 和0.01 s^{-1} 的情况。我们将曲线中的点进行回归，得到各直线的斜率即k值为3.0～3.4。而二维模型中回归得到的各直线的k值为2.0～2.4。在Johnson、Mehl和Avrami等的研究中，三维模型的k值为3～4，二维模型的k值为2～3。k值的大小反映了动态再结晶转变的速度，k值越大，转变的速度越快，k值越小，转变的速度越慢。从二维模型和三维模型的模拟结果可以看出，应变率对k值的影响并不大。而三维模型的k值比二维模型大的原因是，在三维模型中，考虑的演变规则所作用的邻居元胞比二维模型多得多。

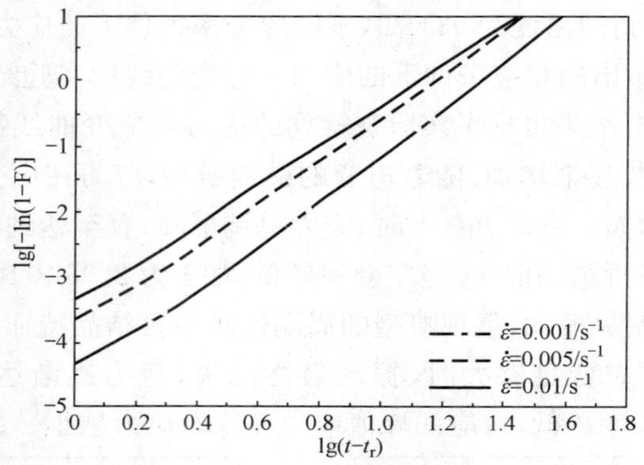

图8-68　三维模型得到的动态再结晶Avrami曲线

图8-69显示的是与图8-68中相对应的应变率下得到的动态再结晶稳态平均晶粒尺寸。从图中的结果可以看出，应变率越大，则稳态平均晶粒尺寸越小。且应变率越大，对稳态平均晶粒尺寸的影响就越不明显。这一结论与二维模型得到的结论相同。

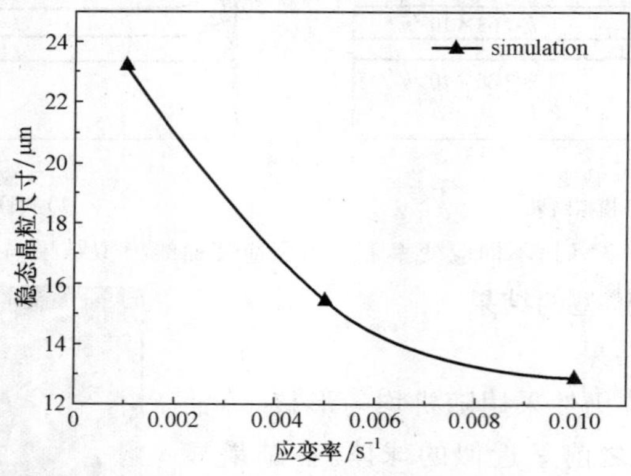

图8-69　三维模型得到的动态再结晶稳态平均晶粒尺寸随应变率的变化曲线

图8-70为不同应变率下的动态再结晶稳态微观组织，(a)的应变率为0.001 s^{-1}，平均晶粒尺寸为46 μm；(b)的应变率为0.005 s^{-1}，平均晶粒尺寸为30 μm；(c)的应变率为0.01 s^{-1}，平均晶粒尺寸为23 μm。从图中可以看出应变率越大，动态再结晶晶粒越细，组织也较均匀；应变率越小，动态再结晶晶粒越粗，且容易出现混晶组织。

图 8-70　不同应变率下的动态再结晶稳态微观组织

图 8-71 为应变率 $\dot{\varepsilon}=0.01\ \mathrm{s}^{-1}$ 时，不同时刻的动态再结晶微观组织，图中显示的是正面的截面图。黑色部分代表处于晶界的元胞，灰色部分代表处于初始晶粒内部的元胞。其他颜色的晶粒代表动态再结晶晶粒，且不同颜色表示不同的晶粒取向。其中(a) 为 $t=0$ 时刻，动态再结晶还没有开始；(b) 为 $t=20$ 时刻，动态再结晶开始在晶界形核，其体积分数为 0.28%；(c) 为 $t=30$ 时刻，动态再结晶晶粒长大，大部分再结晶晶粒在母相晶界形核，形成项链状组织结构，其体积分数为 51.8%；(d) 为 $t=40$ 时刻，动态再结晶接近稳定状态，其体积分数为 99.2%。当转变结束，其微观组织的三维视图示于图 8-72 中。

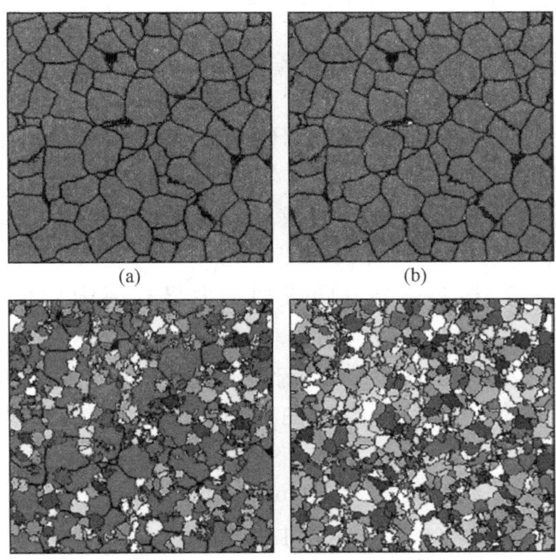

图 8-71　不同时刻的动态再结晶微观组织图(应变率为 $0.01\ \mathrm{s}^{-1}$)

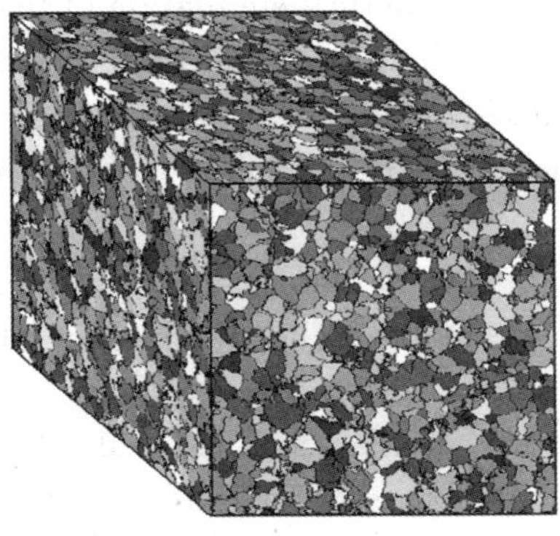
图 8-72　应变率为 $0.01\ \mathrm{s}^{-1}$ 的动态再结晶微观组织三维视图

参考文献

[1] 吕波,张立文,裴继斌,等.网格自适应技术在船用钢板激光弯曲成型过程数值模拟中的应用[J].塑性工程学报,2004,4(1):25.

[2] 张立文,吕波,裴继斌,等.船舶钢板激光弯曲成型的数值模拟及实验研究[J].科学技术与工程,2004,11(5):28.

[3] Zhang Liwen,Zhong Qi,Pei Jibin,et al. FEM simulation of laser forming process of shipbuilding steel plate[J]. J Phys Ⅳ France,2004,120:681.

[4] 裴继斌,张立文,吕波,等.中厚船舶钢板激光弯曲成型几何效应的数值模拟[J].塑性工程学报,2005,12(1):34.

[5] 裴继斌,张立文,吕波,等.钢板激光多次扫描弯曲成型的数值模拟[J].哈尔滨工业大学学报,2005,37(6):782.

[6] 裴继斌,张立文,张全忠,等.厚钢板激光弯曲成型机理的模拟研究[J].材料工程,2006,增刊:180.

[7] 裴继斌,张立文,王存山,等.厚钢板激光多次扫描弯曲成型的研究[J].中国机械工程,2007,18(12):1434.

[8] 裴继斌,张立文,张全忠,等.扫描次数对钢板激光弯曲成型影响的模拟[J].中国激光,2007,34(12):1721.

[9] 裴继斌.船用钢板激光弯曲成型机理及成型规律的研究[D].大连:大连理工大学,2008.

[10] 季忠,焦学健,吴诗惇.板料激光弯曲成型动力显式有限元模拟[J].应用基础与工程科学学报,2001,9(2):208-214.

[11] 季忠,吴诗惇. 板料激光弯曲成型数值模拟[J].中国激光,2001,28(10):953-956.

[12] 陈敦军,龙丽,吴诗惇,等.板料激光曲线弯曲成型的数值模拟[J].中国机械工程,2003,14(13):1152-1154.

[13] Kyrsanidi A K,Kermanidis T B,Pantelakis S G. Numerical and experimental investigation of the laser forming processs[J]. Journal of Material Processing Technology,1999,87(1-3):281-290.

[14] Shen H,Shi Y J,Yao Z Q. Numerical simulation of the laser forming of plates using two simultaneous scans[J]. Computational Materials Science,2006,37(3):239-245.

[15] Yue Chongxiang,Zhang Liwen,Liao Shulun,et al. Research on the dynamic recrystallization behavior of GCr15 steel[J]. Materials Science and Engineering A,2009,499:177-181.

[16] Yue Chongxiang,Zhang Liwen,Liao Shulun,et al. Mathematical models for predicting the austenite grain size in hot working of GCr15 steel[J]. Computational Materials Science,2009,45:462-466.

[17] Yue Chongxiang,Zhang Liwen,Liao Shulun,et al. Kinetic analysis of the austenitic grain growth in GCr15 steel[J]. Journal of Materials Engineering and Performance,2010,19(1):112-115.

[18] Yue Chongxiang, Zhang Liwen, Liao Shulun, et al. Dynamic recrystallization kinetics of GCr15 bearing steel[J]. Materials Research Innovation, 2008, 12(4): P213-216.

[19] Yue Chongxiang, Zhang Liwen, Ruan Jinhua, et al. Modelling of recrystallization behavior and austenite grain size evolution during the hot rolling of GCr15 rod[J]. Applied Mathematical Modelling, 2010, 34: 2644-2653.

[20] 岳重祥,张立文,阮金华,等. 棒材轧制过程多场耦合三维有限元模拟[J]. 钢铁研究学报,2009,21(增刊 1):29-33.

[21] 廖舒纶,张立文,岳重祥,等. GCr15 轴承钢棒材热连轧过程的二维和三维模拟[J]. 特殊钢,2007,28(5):31-33.

[22] 廖舒纶,张立文,原思宇,等. GCr15 棒线材热连轧过程有限元模拟[J]. 大连理工大学学报,2007,47(6):814-817.

[23] Yuan S Y, Zhang L W, Liao S L, et al. Simulation of deformation and temperature in multi-pass continuous rolling by three-dimensional FEM[J]. Journal of Materials Processing Technology, 2009, 209: 2760-2766.

[24] Yuan S Y, Zhang L W, Liao S L, et al. Static and dynamic finite element analysis of 304 stainless steel rod and wire hot continuous rolling process [J]. Journal of University of Science and Technology Beijing, 2008, 15(3): 324-329.

[25] Yuan S Y, Zhang L W, Liao S L, et al. 3D FE analysis of thermal behavior of billet in rod and wire hot continuous rolling process [J]. Journal of Iron and Steel Research, International, 2007, 14(1): 29-32.

[26] Liao S L, Zhang L W, Yuan S Y, et al. Modeling and finite element analysis of rod and wire steel rolling process [J]. Journal of University of Science and Technology Beijing, 2008, 15(4): 412-419.

[27] Bianchia J H, Karjalainen L P. Modelling of dynamic and metadynamic recrystallisation during bar rolling of a medium carbon spring steel[J]. Journal of Materials Processing Technology, 2005, 160: 267-277.

[28] Liu Y, Lin J. Modelling of microstructural evolution in multipass hot rolling [J]. Journal of Materials Processing Technology, 2003, 143/144: 723-728.

[29] 何纯玉,吴迪,赵宪明. 高速线材生产过程组织性能预测模型仿真[J]. 钢铁研究学报, 2007,19(6):56-60.

[30] 吴迪,赵宪明,何纯玉. 高碳钢高速线材轧制组织性能预测模型研究[J]. 钢铁,2003,38(3):43-46.

[31] 原思宇. 特殊钢棒线材热连轧过程的有限元模拟与分析[D]. 大连:大连理工大学,2007.

[32] 廖舒纶. GCr15 轴承钢棒线材热连轧过程微观组织演化的数值模拟[D]. 大连:大连理工大学,2008.

[33] 岳重祥. 棒线材轧制过程多场耦合数值模拟与工艺优化[D]. 大连:大连理工大学,2010.

[34] Hesselbarth H W, Göbel I R. Simulation of recrystallization by cellular automata[J]. Acta Metal Mater, 1991, 39: 2135-2143.

[35] Davies C H J. The effect of neighbourhood on the kinetics of a cellular automaton recrystallisation model[J]. Scripta Metallurgicaet Materialia,1995,33(7):1139-1143.

[36] Davies C H J. Growth of nuclei in a cellular automaton simulation of recrystallization[J]. Scripta materialia,1997,36(1):35-40.

[37] Davies C H J,Hong L. The cellular automata simulation of static recrystallization in cold-rolled AA1050[J]. Scripta materialia,1999,40(10):1145-1150.

[38] Goetz R L,Seetharaman V. Static recrystallization kinetics with homogeneous and heterogeneous nucleation using a cellular automata model[J]. Metall Meter Trans, 1998,29:2307-2321.

[39] van der Meer R A, Rath B B. Modeling recrystallization kinetics in a deformed iron single crystal[J]. Metall Trans A,1989,20(3):91-401.

[40] van der Meer R A. Modeling microstructural evolution during recrystallization[J]. Scripta Metallurgica et Materialia,1992,27(11):1563-1568.

[41] van der Meer R A,Jensen D Juul. Modeling microstructural evolution of multiple texture components during recrystallization[J]. Acta Metallurgica et Materialia, 1994,42(7):2427-2436.

[42] Marx V,Reher F R,Gottstein G. Simulation of primary recrystallization using a modified three-dimentional cellular automaton[J]. Acta Mater,1999,47(4): 1219-1230.

[43] Gottstein G,Marx V,Sebald R. Integral recrystallization modeling[J]. Journal of Shanghai Jiaotong University,2000,5(1):49-57.

[44] Raabe D,Becker R C. Coupling of a crystal plasticity finite-element model with a probabilistic cellular automaton for simulating primary static recrystallization in aluminium[J]. Modelling Simul Mater Sci Eng,2000,8:445-462.

[45] Koenraad G F Janssens. Random grid,three-dimensional,space-time coupled cellular automata for the simulation of recrystallization and grain growth[J]. Modelling Simul Mater Sci Eng,2003,11:157-171.

[46] Kugler G,Turk R. Study of the influence of initial microstructure topology on the kinetics of static recrystallization using a cellular automata model[J]. Computational Materials Science,2006,37:284-291.

[47] Goetz R L,Seetharaman V. Modeling dynamic recrystallization using cellular automata[J]. Scripta Mater,1998,38:405-413.

[48] Ding R,Guo Z X. Microstructural modeling of dynamic recrystallization using an extended cellular automaton approach[J]. Comput Mater Sci,2002,23:209-218.

[49] Qian M, Guo Z X. Cellular automata simulation of microstructural evolution during dynamic recrystallization of an HY-100 steel[J]. Mater Sci. Eng,2004,A365: 180-185.

[50] Goetz R L. Particle stimulated nucleation during dynamic recrystallization using a cellular automata model[J]. Scripta Materialia,2005,52:851-856.

[51] 金文忠,王磊. 元胞自动机方法模拟再结晶过程的建模[J]. 机械工程材料,2005, 29(10):10-13.

[52] 李殿中，杜强，胡志勇，等.金属成型过程中组织演变的 Cellular Automaton 模拟技术[J]. 金属学报，1999，35(11)：1201-1205.

[53] 肖宏，柳本润.采用 Cellular automaton 法模拟动态再结晶过程的研究[J].机械工程学报，2005，41(1)：148-152.

[54] 肖宏，徐玉辰，闫艳红.考虑晶粒变形动态再结晶过程模拟的元胞自动机法[J].中国机械工程，2005，16(24)：2245-2248.

[55] 毛卫民，赵新兵. 金属的再结晶与晶粒生长[M].北京：冶金工业出版社，1994.

[56] 郭洪民，刘旭波，杨湘杰. 元胞自动机方法模拟微观组织演变的建模框架[J].材料工程，2003，8：23-27.

[57] Blaz L，Sakai T，Jonas J J. Effect of initial grain size on dynamic recrystallization of copper[J]. Metal Science，1983，17(12)：609-616.

[58] Luton M J，Sellars C M. Dynamic recrystallization in Ni and Ni-iron alloys during high temperature deformation[J]. Acta Metal，1969，17：1033-1043.

[59] 何燕，张立文，牛静. CA 法及其在材料介观模拟中的应用[J].金属热处理，2005，30(5)：72-77.

[60] 何燕，张立文，牛静，等.元胞自动机方法对动态再结晶过程的模拟[J].材料热处理学报，2005，26(4)：120-125.

[61] 邓小虎，张立文，何燕，等.应变率对金属动态再结晶影响的数值模拟[J].塑性工程学报，2007，14(2)：24-29.

[62] 邓小虎，张立文，卢瑜，裴继斌. 动态再结晶过程的三维元胞自动机模拟[J].金属热处理.2009，34(4)：96-99.

[63] 邓小虎，张立文. CA/MC 法模拟焊缝凝固微观组织的形成[J].大连理工大学学报，2011，51(1)：36-40.

[64] 卢瑜，张立文，邓小虎，等.纯镍动态再结晶过程的元胞自动机模拟[J].塑性工程学报，2008，15(2)：70-75.

[65] 卢瑜，张立文，邓小虎，等.变形温度对纯铜动态再结晶影响的 CA 法模拟研究[J].钢铁研究学报，2007，(19)：128-132.

[66] 张立文，卢瑜，邓小虎，等.不同形核机制下对动态再结晶过程模拟研究[J].大连理工大学学报，2008，48(3)：351-355.

[67] 卢瑜，张立文，邓小虎，等.纯铜动态再结晶过程的元胞自动机模拟[J].金属学报，2008，44(3)：292-296.

[68] 何燕.金属材料动态再结晶过程的元胞自动机法数值模拟[D].大连：大连理工大学，2005.

[69] 卢瑜.纯铜及纯镍动态再结晶过程的二维元胞自动机模拟[D].大连：大连理工大学，2007.

[70] 邓小虎.金属热变形及焊缝凝固过程的元胞自动机模拟[D]. 大连：大连理工大学，2009.